BIM 应用工程师丛书

中国制造2025人才培养系列丛书

建筑BIM应用工程师教程

工业和信息化部教育与考试中心　编

机 械 工 业 出 版 社

本书是建筑信息模型（BIM）专业技术技能培训考试（中级）的配套教材。本书主要讲解了 Revit、Bentley、ArchiCAD 在建筑 BIM 中的解决方案。

在 Revit 解决方案中，讲述了建筑 BIM 的发展历程，BIM 技术在建筑设计中的特点、应用，BIM 技术在建筑专业中的应用流程。项目案例详细介绍了 BIM 在建筑项目的解决方案，讲解了 BIM 在建筑项目的各个难点中的解决方法。在 Bentley 解决方案中，主要介绍了 Bentley 各个软件的特点，在 BIM 解决方案中的应用，及 Bentley BIM 设计流程，讲解了操作的流程和原则，并分享了学习 Bentley 的资源路径。在 ArchiCAD 解决方案中，主要介绍了 ArchiCAD 在建筑 BIM 中重要环节的应用特点，以及相关案例应用的简单介绍。

本书不仅可以作为建筑信息模型（BIM）专业技术技能考试用书，还可作为建筑专业工作人员及建筑专业在校就读人员的辅导用书，以及希望学习了解 BIM 技术在建筑行业应用的工程技术人员的学习参考用书。

图书在版编目（CIP）数据

建筑 BIM 应用工程师教程／工业和信息化部教育与考试中心编. —北京：机械工业出版社，2019.6
（BIM 应用工程师丛书. 中国制造 2025 人才培养系列丛书）
ISBN 978-7-111-62717-3

Ⅰ.①建… Ⅱ.①工… Ⅲ.①建筑设计-计算机辅助设计-应用软件-技术培训-教材 Ⅳ.①TU201.4

中国版本图书馆 CIP 数据核字（2019）第 090037 号

机械工业出版社（北京市百万庄大街 22 号　邮政编码 100037）
策划编辑：李　莉　　责任编辑：李　莉　王靖辉　常金锋
责任校对：刘雅娜　　封面设计：鞠　杨
责任印制：孙　炜
保定市中画美凯印刷有限公司印刷
2019 年 7 月第 1 版第 1 次印刷
184mm×260mm · 17 印张 · 456 千字
标准书号：ISBN 978-7-111-62717-3
定价：76.00 元

电话服务
客服电话：010-88361066
010-88379833
010-68326294

网络服务
机　工　官　网：www.cmpbook.com
机　工　官　博：weibo.com/cmp1952
金　　书　　网：www.golden-book.com
机工教育服务网：www.cmpedu.com

丛书编委会

本书编委会

本书编委会主任：

成月　广东天元建筑设计有限公司

王大鹏　杭州金阁建筑设计咨询有限公司

本书编委副主任：

喻志刚　上海益埃毕建筑科技有限公司

王闹　郑州市第一建筑工程集团有限公司

赵顺耐　BENTLEY 软件（北京）有限公司

崔瀚文　上海益埃毕建筑科技有限公司

本书编委：

孙健　江苏达瑞工程管理咨询有限公司

刘杨　昆明乐宁教育信息咨询有限公司

赵祥　上海益埃毕建筑科技有限公司

赵万里　上海益埃毕建筑科技有限公司

包静龙　杭州金阁建筑设计咨询有限公司

陈大伟　上海交通大学建工项目中心

李海源　广东天元建筑设计有限公司

苗万龙　甘肃益埃毕建筑科技有限公司

李淼　菏泽市建筑信息模型（BIM）技术应用创新联盟

左文星　新疆国运天成教育科技有限公司

林丽　新疆农业大学

耿旭光　上海益埃毕建筑科技有限公司

龚东晓　北京华文燕园文化有限公司

丁雪艳　福建信息职业技术学院

吴超　万科中西部区域建造平台（四川时宇建设工程有限公司）

黄开良　云南筑模科技有限公司

易溪　中建五局华东建设有限公司

袁菲菲　杭州金阁建筑设计咨询有限公司

肖智忠　上海益埃毕建筑科技有限公司

翟乾　上海益埃毕建筑科技有限公司

陆征宇　广西建工集团第五建筑工程有限责任公司

粟兆莹　广西微比建筑科技有限公司

出版说明

为增强建筑业信息化发展能力，优化建筑信息化发展环境，加快推动信息技术与建筑工程管理发展深度融合，工业和信息化部教育与考试中心聘任BIM专业技术技能项目工作组专家（工信教［2017］84号），成立了BIM项目中心（工信教［2017］85号），承担BIM专业技术技能项目推广与技术服务工作，并且发布了《建筑信息模型（BIM）应用工程师专业技术技能人才培训标准》（工信教［2018］18号）。该标准的发布为专业技术技能人才教育和培训提供了科学、规范的依据，其中对BIM人才岗位能力的具体要求标志着行业BIM人才专业技术技能评价标准的建立健全，这将有利于加快培养一支结构合理、素质优良的行业技术技能人才队伍。

基于以上工作，工业和信息化部教育与考试中心以《建筑信息模型（BIM）应用工程师专业技术技能人才培训标准》为依据，组织相关专家编写了本套BIM应用工程师丛书。本套丛书分初级、中级、高级。初级针对BIM入门人员，主要讲解BIM建模、BIM基本理论；中级针对各行各业不同工作岗位的人员，主要培养运用BIM的技术技能；高级针对项目负责人、企业负责人，将BIM技术融入管理。本套丛书具有以下特点：

1. 整套丛书围绕《建筑信息模型（BIM）应用工程师专业技术技能人才培训标准》编写。要求明确，体系统一。
2. 为突出广泛性和实用性，编写人员涵盖建设单位、咨询企业、施工企业、设计单位、高等院校等。
3. 根据读者的基础不同，分适用层次编写。
4. 将理论知识与实际操作融为一体，理论知识以够用、实用为原则，重点培养操作能力和思维方法。

希望本套丛书的出版能够提升相关从业人员对BIM的认知和掌握程度，为培养市场需要的BIM技术人才、管理人才起到积极推动作用。

本丛书编委会

序

国务院办公厅在国办发［2017］19号文件中提出“加快推进建筑信息模型（BIM）技术在规划、勘察、设计、施工和运营维护全过程的集成应用，实现工程建设项目全生命周期数据共享和信息化管理，为项目方案优化和科学决策提供依据，促进建筑业提质增效。”国家发展和改革委员会（发改办高技［2016］1918号文件）提出支撑开展“三维空间模型（BIM）及时空仿真建模”。同时，住建部、水利部、交通运输部等部委，铁路、电力等行业，以及各地房管局、造价站、质监局等均在大力推进BIM技术应用。建筑业信息化是建筑业发展战略的重要组成部分，也是建筑业发展方式、提质增效、节能减排的必然要求。

工业和信息化部教育与考试中心依据当前建筑行业信息化发展的实际情况，组织有关专家，根据BIM人才培训标准，编写了本套BIM应用工程师丛书。希望本套丛书能为我国BIM技术的发展添砖加瓦，为广大建筑业的从业者和BIM技术相关人员带来实质性的帮助。在此，也诚挚地感谢各位BIM专家对此丛书的研发、充实和提炼。

这不仅是一套BIM技术应用丛书，更是一笔能启迪建筑人适应信息化进步的精神财富，值得每一个建筑人去好好读一读！

住房和城乡建设部原总工程师

姚兵

18/5/2018.

前　言

本书是建筑信息模型（BIM）专业技术技能培训考试（中级）的配套教材之一，其中第 2 部分 Revit 技能实操使用的软件版本为 Auto desk Revit 2019。

在 Revit 解决方案中，对项目案例进行了详细介绍，在案例中讲解了项目准备、项目样板设置、初模、中间模、终模、出图表达等内容，并明确了项目的设计深度及标准，对重难点的详细操作（如异形屋顶的解决方法）进行了说明。在 Bentley 解决方案中，主要介绍了 AECOsim Building Designer、工程数据平台 MicroStaiton 等软件的功能特点及在 BIM 解决方案中的应用，明确了 Bentley 软件使用下的 BIM 设计流程，讲解了 AECOsim Building Designer 的通用操作，并分享了学习 Bentley 的资源。本书还介绍了 ArchiCAD 在建筑 BIM 解决方案中整体规划、协同设计、运维等重要环节中的应用特点，带给读者更加多元化的建筑 BIM 应用体验。

本书主要章节后面都有课后练习，可供读者检测自己的学习情况。本书为方便读者学习，还配套提供了书中需要用到的附件，读者可使用附件随书进行操作。习题答案和样板文件可登录机械工业出版社教育服务网 www. cmpedu. com 注册下载或扫描以下二维码下载。

由于时间紧张，书中难免存在疏漏和不妥之处，恳请各位读者不吝赐教，以期再版时改正。

编　者

配套资源

目　录

第 3 部分 Bentley 案例实操及应用

第 4 部分 其他软件的建筑 BIM 解决方案

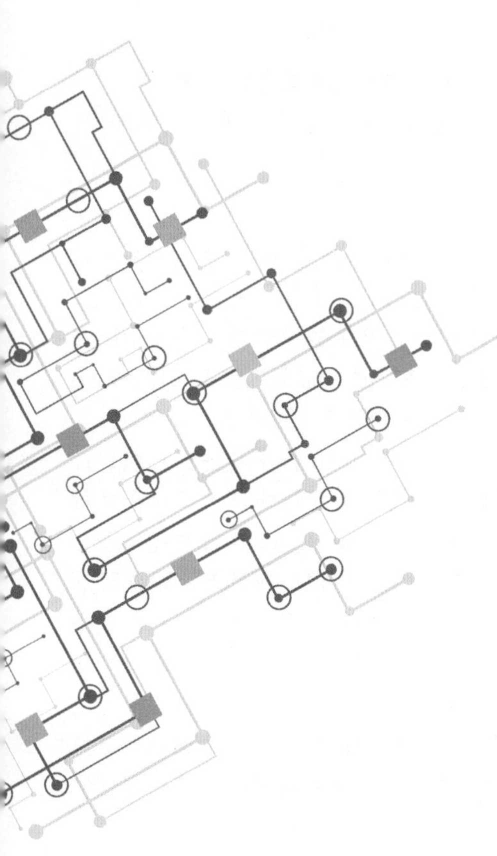

第 1 部分
建筑 BIM 概述

PART 01

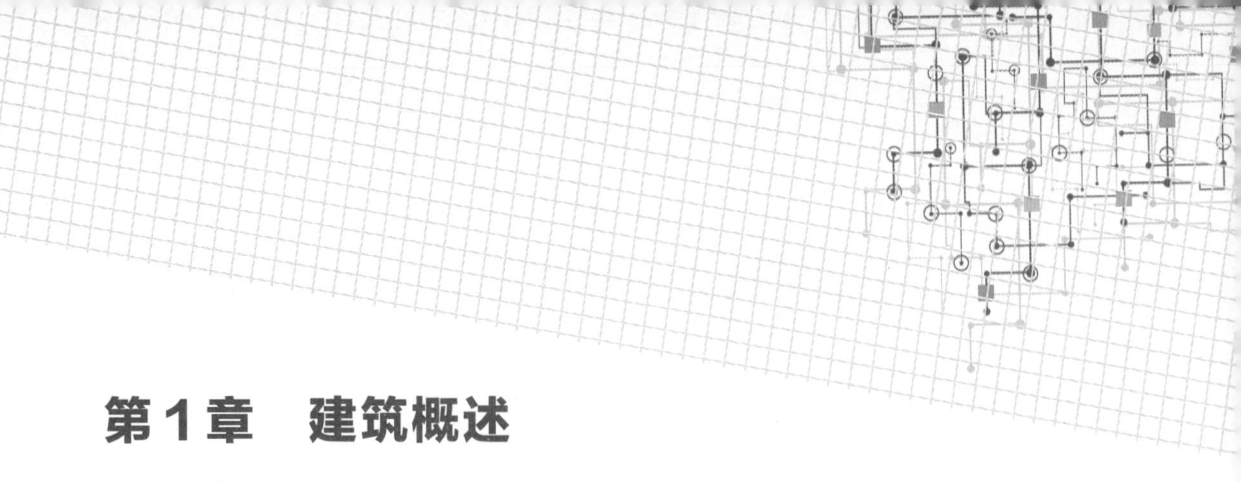

第1章　建筑概述

1.1　建筑设计建造发展历程

1. 手工绘图时代

20 世纪 80 年代初期，设计单位工作的基本模式是设计人员用不同粗细的墨笔、丁字尺、三角板、曲线板、铅笔、针管笔、橡皮等工具搁在三角架上绘图，各种绘图工具在手里不停地更换，费时又费力，而且一旦画错，重新修改，图面就会显得脏乱。

2. 计算机辅助绘图时代

20 世纪 90 年代初期，计算机辅助设计（CAD-Computer Aided Design），逐步取代传统的手工绘图。计算机辅助设计是指利用计算机及其图形设备帮助设计人员进行设计工作。在设计中通常要用计算机对不同方案进行大量的计算、分析和比较，并由计算机自动产生的设计结果快速做出图形，利用计算机可以进行图纸的编辑、放大、缩小、平移和旋转等有关的图形数据加工工作。CAD 计算机辅助设计不仅仅是计算机辅助出图，也是计算机辅助设计成果的综合应用表达。

计算机辅助设计技术的出现，使科学技术加速转化为社会生产力，CAD 技术几乎在一切设计领域内掀起了一场革命。CAD 技术在建筑工程设计中的应用是目前较为活跃的一个领域，各种 CAD 软件的应用给设计工作带来了极大的方便。随着多媒体技术的不断发展，CAD 技术将使图样不再是设计院的主要产品介质，取而代之的是多媒体磁盘或光碟，图样将退为辅助产品。这种崭新的表现形式将使建筑设计在使用功能、空间造型、比例尺度、交通绿化、光影色彩、材料设备乃至城市天际线等方面表现得更直观、更清晰、更具有真实感。以计算机为主体的信息载体和表现形式的变化导致了信息量的大量增加，设计的深度和直观性更强，设计师与业主和施工单位的信息交流更方便、更透彻。信息载体和表现形式的变化使信息量可随设计的需要任意增加，这是以纸为主要载体的建筑设计很难做到的。以强大功能、高速度和大储存量为依托的计算机多媒体技术与建筑工程设计技术有效地结合在一起，使得设计产品能更快更好地生成、编辑、制作、修改、传送和展现。设计师应用计算机键盘、鼠标、数字化仪器等，使过去几天的工作量现在几个小时便可完成，方案设计变成了简单直观的计算机操作。技术日趋成熟的计算机建筑画图的出现，受到了建筑师和业主的欢迎。在丰富的工程设计专业数据库和软件支持下，多方案的比较、多因素的综合分析并非难事，更充分的创作思维、更详尽的施工设计、更全面的优化设计，都将成为可能。CAD 技术的应用给建筑工程设计带来了巨大的变化，同时也使其对技术设备的依赖性更强，信息的加工、处理、储存、检索和再利用将成为建筑工程设计单位重要的经常性工作。

3. 集成设计时代

近年来随着经济的发展，人们的需求、个性化目标越来越多样化，建筑结构形式的复杂性日益增加，单纯依靠 CAD 技术已经不能解决由于信息的复杂多样带来的一系列问题，如因初始设计考虑不周而频繁变更设计影响施工正常进行、施工风险大、施工失误多、人力物力的浪费、施工进度的计算失误等。在这一需求的背景下，建筑信息模型（Building Information Modeling，BIM）技术应运而生，建筑信息模型（BIM）作为一种全新的管理理念和先进技术，即将在建筑业领域引领继 CAD 之后的又一次革命，这一革命不仅是技术上的一次革命，而且也是管理上的一次革命。BIM 作为一种先进的工具与生产方式，是信息化、模拟技术在建筑业的直接应用，从 BIM 概念的提出到发展相对成熟的过程中，BIM 技术已经给美国等发达国家的建筑行业带来了巨大的变化。BIM 技术通过把与建筑工程项目相关的数字化的信息转化成 BIM 参数模型，以参数模型为基础服务于建设项目的设计、施工、运营维护等整个生命周期，为提高生产效率、保证生产安全、节约投资成本、缩短工期等发挥巨大的作用。

（1）BIM 技术在建筑设计中的特点　在建筑设计过程中，传统方式以二维图样为主，存在图样繁多、失误多、经常进行变更、各利益相关方不能很好地融合在一起等不足等缺点，而 BIM 的出现克服了这些缺点，极大地体现出其真正的价值。

1）前期模拟设计。BIM 技术在建筑设计阶段的应用是通过构建信息模型的方式，为建筑设计提供参考与支撑。在建筑设计之前，设计人员可以利用 BIM 技术模拟建筑工程的施工内容与施工方案，构建立体化、可视化的建筑设计模型，通过直观地观察与感受，更加清晰地明确建筑施工过程与建筑设计问题，提高设计质量，减少建筑设计中的错误与缺陷，并及时发现施工中可能存在的漏洞，以便于制订更加完善的施工方案，进一步提升建筑工程的施工质量与施工效果。另外，以往的建筑设计都是平面化的，二维线条形式的建筑构件无法对真正的构造形式加以描述和表达，在审阅建筑设计图时，具体的构件形式往往需要施工者依靠立体想象力在脑中营造，而利用 BIM 技术就能够提供立体化、可视化的三维立体实物模型，提高建筑构件的展示效果，构件设计就具备了互动性与反馈性。

2）动态控制设计。BIM 技术在建筑设计中的应用，可以实现动态化的控制设计，能够有效控制建筑设计进度，通过建筑信息模型的构建，模拟建筑现场信息，模拟真实世界中的具体事物，进而在建筑设计环节加以完善，以达到更好的建筑质量与建筑效果。例如，BIM 技术可以在建筑设计环节模拟节能系统、紧急疏散系统、日照系统与供热系统等，为建筑设计的合理性提供参考依据，最终确保建筑工程设计的科学性与系统性。另外，运用 BIM 技术还能够对建筑工程的特殊施工项目进行优化设计，比如异形的建筑裙楼、异形幕墙、异形屋顶等，这些异形设计通常不会占据建筑物的太大比重，但由于其形状的不规则，因此需要投入更多的人力物力，施工难度也比较大。而采用 BIM 技术就可以对这些异形结构的设计方案进行优化，减少不必要的资源浪费，甚至模拟施工过程，进一步提高施工方案的有效性，缩短施工周期。

（2）集成设计在建筑设计中的应用　集成设计是指将多个有内在联系或者无内在联系的物体有机地融合在一起，通过这样的融合，最终的产品是一个具有多事物特征的有机整体。建筑集成设计是在设计过程中集合各个专业的设计信息，汇聚所有建筑要素，输出的载体既有二维图也有三维模型和项目信息库，引领后续的造价分析、能耗模拟、项目施工、运营管理等工作。

1）方案从图样到模型。建筑集成设计在方案设计阶段采用基于模型设计、图样模型合一的方法。建筑师输入构件相关信息，三维模型、平面图、立面图、剖面图、表格等同时生成，图样文件是建筑模型的相关图文成品，是它的衍生品。初始设计时一次性操作完成了以前多次劳动内容，后期修改时各相关模型和图纸互相联动，因为所有图形都是同一个基本建筑模型下的图元，所以可以迅速并且一致体现出改动情况。另外，模型可以直接输入到渲染软件里进行后期制作，这样的模型和建筑施工图数据一致，可以在设计的过程中随时生成并输出，节约了工时和设计费用。

2）专业之间从孤立到协同。建筑集成设计能够体现出建筑设计各专业的协同工作。在互联网大数据技术的支持下，建筑构件信息是在统一模型下的管理和共享，成为一个数据库，信息在数据库里是即时上传和使用的，使相关专业能够协同工作。项目主持人在自己的终端上只需发布一次变更通知，建筑施工图、结构施工图、设备施工图、装饰施工图能够实现同步调整。另外，各专业图样在设计过程中总会有冲突的地方，比如管线在钢筋密集处穿过或者是各专业不同管线有碰撞情况。以前要等到具体施工时才会发现，现在利用集成设计的软件模拟功能，可以在建模阶段检查构件之间是否有冲突、管线之间是否发生碰撞、围护结构是否闭合。

3）与后续工序无缝衔接。施工图设计后序工作是建筑能耗评估、工程造价计算以及现场施工工作。以建筑能耗评估为例，目前能够做能耗模拟分析的软件比较多，其在建筑节能工作中发挥了作用，但是这些能耗模拟分析工作与设计阶段没有有效衔接，需要重新建立模型，赋予构件材料信息和建筑地理信息。建筑集成设计从开始设计时便建立了模型和建筑所有信息的信息库，设计师在这个共同的平台上对模型和信息库进行完善，之后通过文件转化能够完整导入到能耗模拟软件中直接进行分析工作。集成设计的节能工作已经从单个构件的节能标准限定升级到对整个建筑能源使用情况的评估，从单一因素的影响分析转变为多因素交互作用的权衡综合，从相互割裂的阶段性节能评估和监测连续贯通到建设项目全寿命周期的能耗使用和环境管理。

基于 BIM 的建筑集成设计，充分体现了可持续发展理念，数字技术以及计算机技术的应用大大提升了设计的灵活性，能够同时兼顾多方的设计要求，将所有建筑信息都包含在三维建筑模型内，变更设计时可以直接在计算机中修改参数，非常方便，因此这种设计理念有利于我国建筑行业的进一步发展。

1.2 现阶段建筑设计建造行业现状

现阶段我国建筑设计行业推行的是以建筑师统管进行设计的传统模式。传统建筑设计的工作方法，主要依靠图样和图表文字等来传递信息，加上项目设计涉及的专业较多，所以在信息传递时难免会存在传达不全面、交付期滞后、信息共享不及时等状况，没有一个统一的主体去管控全过程，在实际设计项目时，往往各专业只能单一解决自己内部的问题，在与其他专业对接时需要讨论、开会，往往找不到明确的责任人。

建筑信息模型（BIM）的出现，为改善建筑设计行业的现状带来了希望。BIM 应用的核心优势包括三个技术要点：信息模型代替二维图样、全周期数据模型、全新的协同工作流程。但是这三个优势的实现，还存在着较大的困难需要解决，目前市场上主流的 BIM 应用软件掌握较为复杂，从业人员需要深入学习才能熟练运用，同时又需要培养自己的 BIM 思维，之前建筑设计都是在相应的设计阶段完成相应的深度，现在由于 BIM 技术对建筑细节的精细化把控，所以需要将很多在方案后期所需要考虑的细节提早到前期设计中来。而构建一个含有建筑信息的参数化模型是需要花费大量时间的，即使从时间总量上来说是节省了，但在建筑设计阶段前期所需要花费的时间却增多了，设计任务增重了，这使得原本已习惯于传统设计方法的建筑设计师反而不愿意去学习并使用新软件、新技术，阻碍了 BIM 技术在建筑设计行业内的发展。

当前真正的 BIM 理念尚不能在建筑设计单位普及，建筑设计 BIM 的应用并没有实现 BIM 的真正价值，很多建筑设计单位关于 BIM 的项目多数是咨询业务。建设单位经常找三家建筑设计单位实现 BIM 的应用，其中两家完成二维图样的绘制，最后一家利用 BIM 根据二维图样建立模型完成审核与优化的目的。这样的 BIM 咨询业务并不是建设单位理想的咨询，建设单位需要 BIM 咨询单位利用 BIM 对项目全寿命周期进行指导，包括设计、施工、运维等所有阶段。这就要求咨询单位有设计的能力、实践的经验等。目前提供的咨询服务会让建设单位对 BIM 理解出现偏差，认为 BIM 有名无实。这样的情况使很多建设单位仅选取建筑设计阶段利用 BIM，所有的信息不能完整共享给其他各参与方，模型信息被割裂，不能够充分发挥 BIM 的作用。

课后练习

1. 建筑设计的新理念是对建筑设计的创新，其主要表现为（　　）、建筑使用功能的创新理念及建筑建造技术的创新理念等几个方面。
   A. 建筑外观形态的创新理念　　B. 建筑外表面的设计理念
   C. 建筑内在形态的创新理念　　D. 建筑设计师的创新理念
2. 建筑设计智能化的实质是借助现代先进的科技与数据传输技术，使其巧妙融入现代建筑设计理念中，将智能化技术与（　　）有效地结合。
   A. 建筑外观　　B. 建筑内在创新　　C. 建筑艺术　　D. 建筑设计
3. CAD 技术在（　　）中的应用是目前最为活跃的一个领域，各种 CAD 软件的应用给设计工作带来了极大的方便。
   A. 机械设计制造及自动化　　B. 建筑工程设计
   C. 设备设计与制造　　D. 工业生产设计
4. BIM 技术在建筑设计阶段的应用是通过构建（　　）的方式，为建筑设计提供参考与支撑。
   A. 二维图纸　　B. 平面、立面、剖面　　C. 信息模型　　D. 建筑形态
5. 基于 BIM 的（　　）充分体现了可持续发展理念，数字技术以及计算机技术的应用大大提升了设计的灵活性。
   A. 建筑集成设计　　B. 建筑三维设计　　C. 建筑智能设计　　D. 建筑一体化设计
6. 传统建筑设计的工作方法主要依靠（　　）等来传递信息，加上项目设计涉及的参与专业较多，所以在信息传递时难免会存在传达不全面、交付期滞后、信息共享不及时等状况。
   A. 设计成果　　B. 图纸和图表文字　　C. 项目负责人　　D. 建筑的内在联系

第 2 章　BIM 应用架构

第 1 节　BIM 技术在项目中的应用

1.1　建筑 BIM 技术全过程应用内容

BIM 技术基本应用不仅可以在单一阶段实施，也可在其他阶段或全生命期实施。考虑 BIM 技术应用项的复用性和延续性，建筑 BIM 技术全过程应用内容包括以下几点。

1. 建筑性能模拟分析

建筑性能模拟分析在方案设计、初步设计、施工图设计阶段均有应用。在方案设计阶段，其帮助设计师确定合理的建筑方案，例如通过日照模拟分析建筑和周边环境的日照及遮挡情况，确定合理的建筑形体。在初步设计阶段，其帮助设计师确定合理的建筑内部功能布局及机电系统方案，例如通过能耗模拟分析对比不同空调系统方案的优劣，选择高效合理的空调系统形式；通过采光分析确定合理的开窗位置及尺寸。在施工图设计阶段，用于验证设计方案的合理性，并优化设计方案，例如通过室内空调气流组织模拟分析，优化送回风口的位置及气流参数，使室内空间的舒适性和系统的节能性达到最佳平衡；通过对火灾烟气和人员疏散的模拟分析，验证建筑消防设计的安全性。由于流程基本相同，故在方案设计阶段对建筑性能模拟分析进行描述，其他阶段不作重复描述。

2. 虚拟仿真漫游

虚拟仿真漫游在方案设计、初步设计、施工图设计、施工准备、施工实施阶段均有应用。在方案设计阶段，其帮助设计师等相关人员进行方案预览和比选；在初步设计阶段，它能帮助进一步检查建筑结构布置的匹配性、可行性、美观性以及设备干管排布的合理性；在施工图设计阶段，可以预览设计成果，帮助设计师分析、优化空间布置等；在施工准备阶段，它可以进行虚拟进度和实际进度的对比，从而帮助合理控制工期、优化进度安排；在施工实施阶段，可以有助于模拟重要节点的施工方案和安装流程，从而帮助优化施工方案和安装流程。

3. 建筑专业模型构建以及面积明细表统计

建筑专业模型构建以及面积明细表统计在初步设计、方案设计、施工图设计阶段均有应用。面积明细表统计在各阶段的用途相同，流程也相同；建筑、结构专业模型构建在各阶段的应用流程基本相同，只是模型深度不同。关于模型深度的描述详见配套资源“BIM 模型深度标准”。

1）建筑专业模型构建在初步设计、施工图设计、施工准备阶段均有应用，在初步设计阶段以局部应用为主，其主要在施工图设计阶段和施工图深化设计阶段完成。为了在初步设计阶度解决局部重要问题，可以提前应用建筑专业模型构建。建筑专业模型的构建过程详见第8~10章。

2）明细表的应用。其在方案设计、初步设计、施工图设计、施工准备、施工实施、竣工等阶段均有应用，在各阶段应用各种格式及功能的明细表，满足不同阶段的需求。

施工图设计阶段常用的明细表有图纸列表、构件数量统计表、面积明细表等。

4. 建筑BIM建模

1）首先要考虑模型结构和组成的正确性及协调一致性。

2）模型的协调一致性是使其可用于后续流程的关键，如果模型有重要的结构错误，就不能可靠地使用该模型所包含的信息。

3）应根据需要，分阶段创建模型，如策划阶段、概念阶段、方案阶段、初步设计阶段、施工图设计阶段等。

4）模型的建模深度及详细程度应满足各阶段的设计、交付要求，要避免过度建模或建模不足。

5）使用正确的构件类型，以反映构件的实际功能。

6）模型中的所有构件应合理分组，应当区分类型构件和实例构件，并区分通用信息和特定产品信息（如类型属性、实例属性等）。

7）模型不能包含不完整的结构或与其他构件没有关联关系的构件；模型应避免使用重复和重叠的构件，在输出BIM模型前，应当在建模工具内或使用模型检查工具进行检查。

8）检查构件之间的正确关系。重要的关系包括区域（空间构件分组）和系统（主要技术性构件分组）。

9）检查构件属性及特性中文本域的使用，即构件名和类型名是否符合命名规则。为了在后续流程中使用BIM模型，必须严格遵守已制定的标准。

5. 三维可视化交底及指导施工

通过BIM软件优化后，整个项目的设计情况已实现三维可视。使用三维模型的可视化功能，能够直观地把模型和实际的工程相比较，发现项目中实际与理论的差距以及不合理性，既直接又方便。

1.2 BIM应用方案

BIM技术应用模式根据阶段不同，一般分为以下两种。

①全生命期应用。方案设计、初步设计、施工图设计、施工准备、施工实施、运维的全生命期的BIM技术应用。

②阶段性应用。选择方案设计、初步设计、施工图设计、施工准备、施工实施、运维的某一阶段或者部分阶段应用BIM技术。

在确定BIM应用模式后，项目应当编制BIM应用方案，通过BIM应用方案更好地协同各参与方，发挥BIM技术优势，并使工程设计和施工的错误降低到最少，控制投资，按时、优质完成项目建设和实施运维管理。

1. 基于全生命期应用模式下的方案

1）详细描述全生命期BIM应用实施目标和实施方案；详细定义建立应用后的评估方式和数据

化指标，进而对采用 BIM 后项目在成本节约、效率提升、质量安全、施工周期缩短、返工降低等多方面进行论证。

2）详细定义全生命期 BIM 应用实施组织方式和管理组织构架，定义管理组织构架中的主要角色和岗位职责。

3）详细定义不同应用阶段的 BIM 主要实施方，定义不同阶段的 BIM 应用项和应用项具体内容，以及基于 BIM 技术的协同方法和数据传递的统一格式。

4）详细定义不同阶段应用项的交付成果、交付成果的管理与更新以及数据安全管理，说明成果交付时间及其要求，定义模型深度和数据格式以及文件的命名方式和原则。

5）详细定义 BIM 建模、应用和协同管理的软件选型，以及相应的硬件配置。

2. 基于阶段性 BIM 应用模式下的方案

1）详细定义所处的应用阶段和 BIM 主要实施方。

2）详细定义 BIM 应用实施组织方式和管理组织构架，定义管理组织构架中的主要角色和岗位职责。

3）详细定义该阶段的 BIM 应用项和应用项具体内容。

4）详细定义 BIM 应用项的模型深度，定义交付成果的管理与更新以及数据安全管理，定义交付成果的数据格式。

5）详细定义 BIM 建模、应用和协同管理的软件选型，以及相应的硬件配置。

3. 基于 BIM 的运维管理平台应用模式下的方案

1）详细定义运维阶段的运维管理主体、运维管理平台供应商、专业咨询服务商的角色和职能。

2）详细定义运维阶段的运维需求和策划实施方案，推荐尝试建立初步应用后评估体系。

3）详细定义运维管理平台的架构和实施方案；详细定义平台的数据安全措施、功能模块、数据传递格式、平台接口的开放性、升级能力等。

4）详细定义运维模型的数据内容和分类组织方式，并详细定义满足运维管理需求的运维模型的深度。

5）详细定义运维阶段的 BIM 主要功能模块和实施方案，主要针对建筑空间、建筑资产、设备设施、应急管理、能源管理等用户所关心的核心需求。

6）详细定义运维系统维护方案，主要包括数据安全管理、模型维护管理、数据维护管理以及系统升级计划。

第 2 节　项目组织架构与分工职责

2.1　项目组织架构

BIM 工程具体项目组织架构如图 2－1 所示。

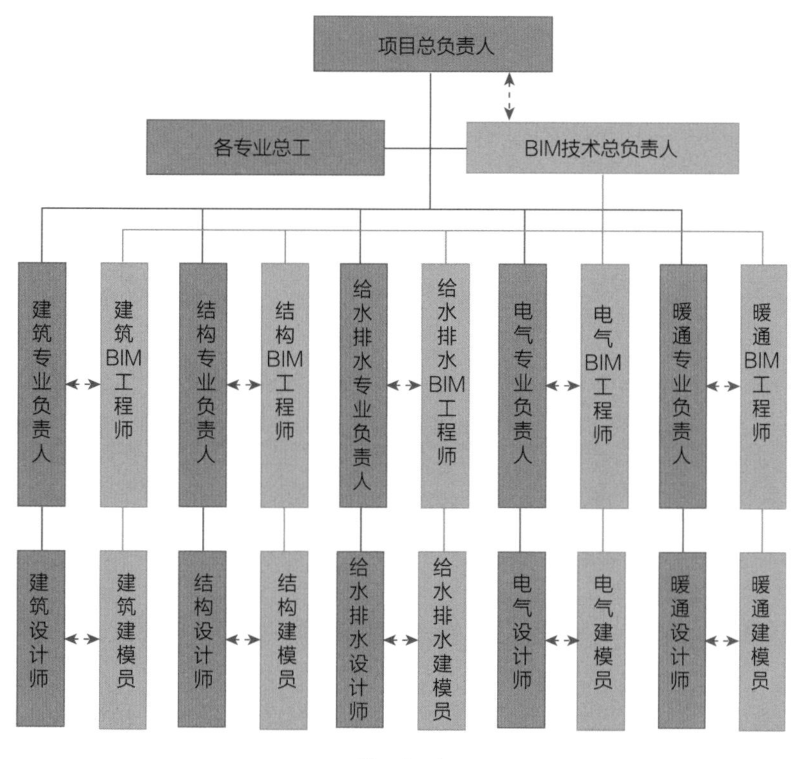

图 2-1

2.2 BIM 成员分工职责

1. BIM 技术总负责人

制定 BIM 工作规范和设计标准，协助项目总负责人对项目进行 BIM 应用综合评估，协调 BIM 团队资源，对 BIM 项目实施包括过程控制、软件技术等总体策划，协助设计总负责人管理专业间 BIM 协作，审核项目 BIM 交付成果，创建与管理企业族库 BIM 资源等。

能力要求：熟悉 BIM 相关软件操作与应用流程，熟悉设计业务流程，具备工民建相关专业知识与设计经验。

2. BIM 工程师

协助项目总负责人与对应专业负责人的 BIM 实施，针对各专业 BIM 建模及数据应用进行技术指导，对各专业设计人员进行 BIM 技术培训；协助 BIM 技术总负责人制定 BIM 建模标准和管理标准，根据各专业应用需求进行技术研发与资源的管理创建。

能力要求：具备本专业较丰富的设计经验，熟悉与本专业相关的 BIM 软件操作、建模标准和 BIM 数据拓展应用。

3. BIM 建模员

根据设计师意图完成建模工作；对模型进行二维注释；协作完成重复性多、专业技术性低的建模工作；协助创建项目族库与模型管理。

第3节　BIM 技术应用文件管理和命名规则

3.1　模型深度和交付成果

BIM 技术的应用是建筑信息化和数字化集成的过程，建筑信息模型深度应当以满足 BIM 应用过程的要求为准。

根据现行的工程建设管理体制，模型深度一般可以按照设计概算模型、施工图预算模型、竣工结算模型分别描述模型深度。预算模型至结算模型，通常依据相同的工程量计算规范与要求，随着项目推进，模型深度和信息深度不断完善与深化，具有很强的延续性。应当做好各阶段模型数据的衔接和传递，特别是设计模型和施工模型的衔接。企业宜根据工程量计算不同阶段模型应用的深度，结合工程项目实际情况或 BIM 应用项需求，对模型所需的内容和信息进行修改及补充，避免过度建模和重复建模。

对于实际项目模型深度的具体要求，建设单位宜在招标和合同中约定。

对工程量计算各阶段因软硬件条件或模型处理工作量过大的构件进行说明，在应用过程中可根据实际情况酌情考虑模型范围和深度。

每项 BIM 应用的交付成果除相应的建筑模型外，还应包括相应的报告，也包括由模型输出的二维图纸和三维视图，或者与模型相一致的二维图纸。

3.2　模型共享与交换

建筑信息模型是 BIM 应用的基础，有效的模型共享与交换能够实现 BIM 应用价值的最大化。在建筑项目全生命期的 BIM 应用过程中，建筑项目参与方宜建立模型共享与交换机制，以保证模型数据能够在不同阶段、不同主体之间进行有效的传递。其中，对于与建筑信息模型及其应用有关的利益分配，建设单位宜根据合同的方式进行明确与约定，确定模型从设计向施工以及运维的传递。

3.3　模型名称及软件选用

模型的名称划分原则首先是根据项目所处的不同阶段、不同专业以及特殊用途进行划分，其次确保原则上不会与我国工程领域现有的专业名称发生冲突。模型名称解读如下。

1）按照阶段划分的模型名称：方案设计模型、初步设计模型、施工图设计模型、施工深化设计模型、竣工模型、运维模型。

2）按照专业划分的模型名称：建筑专业模型、结构专业模型、机电专业模型等。

3）按照特殊用途划分的模型名称：场地模型、性能化分析模型、施工作业模型、施工场地规划模型、施工过程演示模型、施工进度管理模型、施工设备与材料管理模型、预制构件模型、预制构件加工模型、预制构件施工演示模型、设计概算模型、施工图设计预算模型、施工过程造价管理模型、竣工结算模型。

需要特别指出的是，一个单独的模型名称不意味着要重新创建一个独立模型；为了强调模型的复用性，按照阶段划分和特殊用途划分的模型名称都有基本的内在逻辑，那就是模型的延续性使用和可传递性。例如，施工深化设计模型是在施工图设计模型基础上深化完成的；施工设计预算模型是在施工图设计模型的基础上深化完成的。

目前市场上存在多种BIM建模和应用软件，每种BIM软件都有各自的特点和适用范围。建筑项目所有参与方在选择BIM软件时，应根据工程特点和实际需求选择一种或多种BIM软件。应注意，当选择使用多种BIM软件时，建议充分考虑软件的易用性、适用性以及不同软件之间的信息共享和交换的能力。在技术层面上，建议考虑使用协同软件或平台，以保证项目协同管理，有效实现BIM应用的价值。

3.4 BIM文件管理

1）为了方便项目的协同，企业宜根据自身工作习惯，对文件的快速查找和保存制定统一的文件命名规则。采用数字化交付审批审查的命名规则要遵守管理部门文件命名规则。

2）应用BIM实施项目建设时，需要输出二维图纸，以满足工程实施和政府审批、验收、归档的需要。二维图纸宜从三维模型中剖切形成。

3）丰富的构件库可提高三维建模效率，宜注重构件库的建立和维护，构件和设备等厂商应当提供符合标准和主流建模软件要求的模型，特别是为配合装配式建筑的发展，构件厂商应建立通用构件模型资源库。

4）使用统一的建筑信息模型进行设计和施工是发挥BIM价值的关键，实施单位宜将模型作为设计和施工的依据，及时修正和深化模型。其中，施工阶段要建立施工图设计模型或者施工深化设计模型，考虑其与实物的准确性和可对比性，由此进行适当的施工调整。

课后练习

1. 下列关于BIM技术基本应用说法正确的是（　　）。
   A. BIM技术基本应用只能在单一阶段实施
   B. BIM技术基本应用只能在前期阶段实施
   C. BIM技术基本应用只能在后期阶段实施
   D. BIM技术基本应用不仅可以在单一阶段实施，也可在其他阶段或全生命期实施
2. “制定BIM工作规范和设计标准，协助项目总负责人对项目进行BIM应用综合评估，协调BIM团队资源”是（　　）的分工职责。
   A. BIM技术总负责人　　B. BIM工程师　　C. BIM建模员　　D. 各专业总工
3. 关于建筑性能模拟分析的应用说法正确的是（　　）。
   A. 建筑性能模拟分析在方案设计阶段没有应用
   B. 建筑性能模拟分析仅在方案设计阶段有应用
   C. 建筑性能模拟分析仅在施工图设计阶段有应用
   D. 建筑性能模拟分析在方案设计、初步设计、施工图设计阶段均有应用
4. 关于明细表的应用说法错误的是（　　）。
   A. 明细表统计在各阶段的应用用途相同

B. 明细表统计在各阶段的应用流程相同

C. 在方案设计、初步设计、施工图设计、施工准备、施工实施、竣工等阶段均有应用

D. 在各阶段应应用同种格式及功能的明细表

5. 为了方便项目的协同，企业宜根据自身工作习惯，对文件的快速查找和保存制定统一的（　　）。

A. 文件格式　　B. 文件命名规则

C. 文件保存路径　　D. 项目样板

6. 关于模型深度和交付成果说法错误的是（　　）。

A. BIM 技术的应用是建筑信息化和数字化集成的过程，建筑信息模型深度应当以满足 BIM 应用过程的要求为准

B. 根据现行的工程建设管理体制，模型深度一般可以按照设计概算模型、施工图预算模型、竣工结算模型分别描述模型深度

C. 对于实际项目模型深度的具体要求，建设单位无须在招标和合同中约定

D. 企业宜根据工程量计算不同阶段模型应用的深度，结合工程项目实际情况或 BIM 应用项需求，对模型所需的内容和信息进行修改及补充，避免过度建模和重复建模

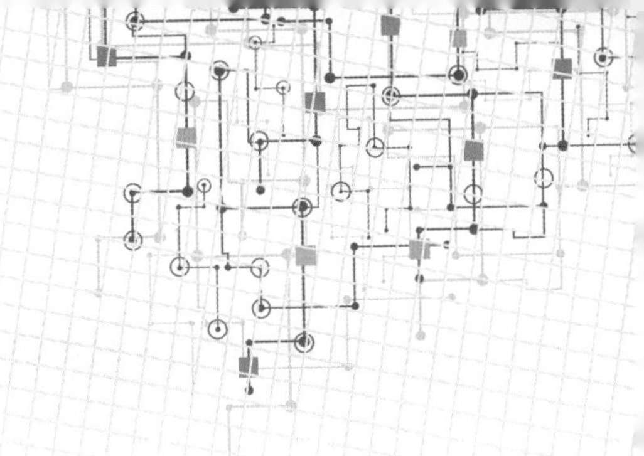

第3章 建筑 BIM 应用流程

第1节 BIM 技术设计环节应用流程

1.1 应用内容

1. 方案设计阶段

建筑方案的设计是建筑施工的前提和基础，对整个建筑项目的质量和工程进度起着至关重要的作用。在建筑设计的初级阶段对建筑项目进行大致的建模工作，等到初始方案成型后，基本上完成了建筑模型设计的大部分工作。此时，可以观察到整个建筑项目的平面、立面以及剖面缩略，并结合建筑项目的实际参数要求进行初始方案的调整和优化。利用 BIM 技术，可以实现三维虚拟模型与建筑缩略图的完美融合，从而保证设计方案和设计图纸的配套统一，并直观地将建筑设计模型和设计想法呈现给相关项目审核人，便于项目审核人和建筑师之间的交流和沟通，是进行现代化建筑设计的全新途径。将 BIM 技术广泛地应用于建筑设计中，可以实现三维空间建模，平面、立面和剖面建模，并实现对模型的动态实时更新。这种将 BIM 技术贯穿于建筑设计全过程中的做法，大大提高了方案设计阶段的工作效率，加强了不同设计小组之间的交流和合作，推动建筑设计从初级绘图设计进入到了辅助设计阶段。

2. 技术设计阶段

在技术设计阶段，BIM 技术和建筑设计技术的结合可以快速地实现二维工作图纸和三维建筑模型的转换，实现平面和立体之间的无缝对接转换。利用 BIM 技术，可以方便快捷地进行实际建筑的构件对象添加，如门、窗户、墙体、楼梯等构件的添加，根据建筑的实际尺寸要求和属性要求进行相应的添加，可以快速地观察到不同构件组合的效果图。这种虚实对照的比较和模拟，大大提高了建筑设计的合理性和可行性。此外，对于一些结构相对比较复杂的建筑形体，可以利用 BIM 技术实现任意位置的剖面分析和模拟，从而有效地避免了设计盲区带来的质量安全问题。利用 BIM 技术，只需要将相应的计算公式添加到明细表中，就可以快速计算出整个建筑项目的实际面积。

3. 施工图绘制阶段

在完成建筑的方案设计和技术设计工作之后，可以进入到建筑设计的最后阶段，即建筑施工图绘制阶段。在该阶段，需要完成对建筑构件的添加和相关平面、立面、剖面模型的完善，并在施工图纸上明确标记建筑构件的具体尺寸，最后完成施工图的绘制工作。此外，利用 BIM 技术还

可以在三维建筑模型效果图上增加相应的材质，从而使项目审核人能够从视觉上感受到整个建筑的形式风格。

1.2 BIM 正向设计与传统建筑设计的比较

CAD 技术的普及推广使得建筑师、各专业工程师从手工绘图走向电子绘图，其将传统图纸转变成 2D 电子图文件，CAD 基本上是通过计算机仿真手绘图，其处理对象是几何实体，包括点、线、圆、多边形等，是工程设计领域的第一次革命。

BIM 为工程设计领域带来了第二次革命，BIM 的应用不仅仅局限于设计阶段，而是贯穿整个工程项目全生命周期的各个阶段：设计、施工和营运管理；BIM 能够让参与项目的各专业团队信息共享，建筑设计专业可以直接生成 3D 模型，BIM 在整个工程项目从上游到下游的各个团体间，实现项目全生命周期的信息化管理。

在建立 3D 几何模型的同时添加建筑信息，其相对于传统建筑设计的优势如下。

1. 3D 可视化设计，提升设计质量

以往设计沟通都是靠二维的平面图，传统 2D 图无法直接于脑海中呈现 3D 图像，参与者需重复耗时读图，且因每个人专业不同而解读不同，而且将不同专业的平面图互相套图，检查设计及碰撞问题时，不容易一目了然，当设计图面更加复杂时，势必使疑义点不易察觉，产生认知差异与沟通高风险性。利用 BIM 软件进行三维设计，可以很具体地看到基础、梁、柱、支撑、设备器材配置及相关管道配管、电缆线槽等可视化 3D 设计图像。对于机电设计来说，就可以避开有可能发生碰撞或有错误的地方，事先侦测并做预防性应变处理，或者可以以动画或虚拟现场场景模拟方式讨论未来现场安装工法，减少后续施工阶段的设计变更及降低重新施工机率，并可加速施工界面整合，大大提升设计质量。

2. 结合分析计算功能，提升 BIM 模型效益

在 BIM 模型中，提供了相关信息可以链接储存的数据库，因此在 BIM 软件中便可以充分利用这些设计信息，直接在 BIM 软件中作分析及计算。例如，在照明设计中，由于灯具组件数据库中已经预置了光损失系数、照度等参数，因此就可以在 BIM 软件中直接作照度分析，提升 BIM 模型效益。

3. 3D 组件及数据整合

在 BIM 作业中建制的每一个组件，除了可以表现出 3D 及 2D 的形状、尺寸等外形数据，还包含该对象的相关信息。例如，光损失系数、照度等，这样可以确保从设计到建造的每一个阶段，不同的项目人员都可以从一致的 BIM 模型中取得各自相关信息。另外，还可直接从 BIM 数字模型中筛选出特定的组件数据并自动加以统计，将其表格化呈现。例如，门窗数量的计算统计可以 Excel 表格方式输出呈现。

1.3 专业提资内容和要求

1. 第一次提资

项目开始设计之前，应有计划书，计划书中应包括各阶段设计及各专业提资及反资的时间安排；第一次提资的时间应严格按计划执行，避免影响其他专业的设计进度。

第一次提资通常称为小样提资，即建筑的平面、立面、剖面。此阶段的内容深度对结构专业来说，首先需要该资料来计算确定结构形式、基础形式以及梁、柱的断面尺寸等。所以，建筑提

资必须满足结构计算所需要的数字依据。其内容应包括：

1）建筑物的类别、用途、耐火等级、设计合理使用年限。

2）建筑物的轴线定位、柱网尺寸或开间尺寸等。

3）各主要层平面及各房间的功能。

4）建筑物各楼层标高、总高度、室内外高差等。

5）楼梯、电梯的位置、尺寸。

6）墙体的厚度、定位及拟采用的墙体材料。

7）对于有特殊要求的外墙装修应说明主要材料厚度。

以上内容完成后，可首先向结构提资。对于其他专业，除上述的第1）~5）条内容外，还应给出各种机房和管井的初步位置及尺寸，厨房、卫生间内部设施的相对位置等，供水、电专业进行系统设计。

根据上述内容，深度上不要求有第三道尺寸、大样索引、细部做法、门窗编号等。总之，不要求有与其他专业要求无关的内容，从而缩短第一次提资时间，让其他专业的设计尽可能地与建筑同步进行。

2. 第二、三、……、终次提资

完成第一次提资后，应着手第二、三、……、终次大样细部提资工作，内容包括：

1）结合立面布置小样平面中的门窗、洞口尺寸及窗间墙尺寸等第三道尺寸及细部尺寸，便于水、电专业的各种竖向立管位置的合理排放。

2）完成厨房、卫生间大样；阳台、雨篷构件大样；墙身节点大样；外廊栏杆檐口大样；空调架板构造大样；屋顶构件大样；电梯、楼梯详图等与结构有关的内容，便于结构专业开展梁、板配置设计。

3）完成电梯的型号、载重等技术参数及电梯样本。

4）完成地下室顶板覆土厚度、环境及地下车库的坡道等。

除上述内容外，同时完成对结构专业的反配合提资工作，如建筑要求结构梁的控制高度；板底、梁底的控制标高及建筑要求的挂板等。在此期间应会同各专业就第一次提资后的反资内容进行各专业碰头协调，并记录在案。

提交终次资料的时间应控制在计划设计周期的1/2时间之内，不宜拖延，以保证其他专业有足够的时间完成设计。

3. 提资要求

实施初步设计和施工图设计阶段设计文件的完成是建立在调整后完善的方案基础上的。为能达到方案所表达的效果，建筑专业应协调各专业尽可能地服从建筑总体要求。

提资必须有校审人签字，以保证资料的准确。

1.4 基于BIM应用的建筑设计流程

基于BIM技术进行建筑设计，设计人员能快速提取数据、进行信息交换及实现协同设计，从而提高工作效率，大大缩短设计周期；为施工单位和运营维护单位提供准确直观的建筑信息模型，方便业主对项目全生命期进行控制和管理；改变设计团队内部工作模式及业主、设计、施工方之间的关系模式。

建筑设计分为设计前期、方案设计、初步设计和施工图设计四个阶段。

1. 设计前期阶段

设计前期阶段主要是从项目本身地形条件出发，根据项目具体要求研究分析场地概况、规划指标，初步设定项目设计流程，确保方案设计的可行性。

场地设计：根据地勘报告、工程水文资料、建筑属性等原始数据建立地形模型，并进行场地分析、土石方计算等。

匹配规划条件：根据气象数据、热负荷等资料，运用 BIM 软件建立模型，对建筑物理环境因子进行分析，寻求在满足规划指标条件下的最佳规划方案。

投资估算：运用 BIM 技术把项目技术指标、经济数据等信息储存并加以分析，形成企业自身 BIM 数据库，在新项目投资决策阶段提取以往类似项目信息，再根据自身特点形成新项目模型，自动计算工程总量、工程造价等指标数据。

BIM 实施规划：在设计前期还应制定 BIM 实施规划，包括项目基本情况和 BIM 实施组织等。

2. 方案设计阶段

方案设计阶段主要建立设计目标与设计环境基本关系，提出空间架构设想等，为后续工作提供指导性文件。通过创建 BIM 方案模型，为方案比选和优化提供量化依据，并基于 BIM 模型进行建筑性能分析，从而优化设计方案。

方案建模：搭建方案体量模型，分析建筑形体和空间，待方案确定后，进行体量模型构件化。

建筑性能化分析：将处理后的模型导入分析软件，进行所需性能化模拟，据分析结果调整和优化设计方案。

可视化分析与表现：基于 BIM 模型创建渲染效果图和漫游动画，可视化地展示设计师的创意和项目设计效果。

3. 初步设计阶段

初步设计阶段，建筑、结构专业分别进行各项初步设计，机电专业分别进行各自管线设计和设备选型，并对机电设计方案合理性和可行性进行验证。

模型设计：完善方案设计阶段土建模型，校验模型表达是否统一、专业设计是否有遗漏，导出结构分析模型，部分构件根据计算结果进行调整，并同步调整建筑模型；创建机电专业初步设计模型，协调与土建专业间的硬碰撞，完善各专业设计方案。

图纸完善：基于模型导出各专业图纸，再完善标注信息至交付初步设计图纸深度。

工程概算：加入构件参数化信息，完善各专业 BIM 模型成本信息，将 BIM 模型导入造价软件中，关联成本数据库，形成工程概算报表。

4. 施工图设计阶段

完善各专业上阶段模型设计，按需对各专业 BIM 模型进行冲突检测、三维管线综合、竖向净空优化等应用，完成对施工图设计的多次优化。

各专业模型设计与深化：完善各专业初步设计阶段模型，根据施工特点及需求添加工程实体信息；完成管线布设与土建平面布置和竖向净空协调设计工作，尽可能减少碰撞，最终生成可指导施工的深化设计图。

辅助模型信息深化：将各专业模型整合并导入分析软件检测模型完整性和碰撞点，并反馈进行调整及修改，同时寻找最佳高程控制点、最合理动线安排，整合成安全、合理、经济方案。

专项设计：在可视化环境下确定材料材质、灯光布置、家具等；建立钢结构模型，对复杂节点进行深化设计；创建幕墙模型并将细部尺寸、材料、幕墙和主体结构间的关系在模型中进行表达，同时对幕墙材料进行统计等。

第 2 节　BIM 技术施工环节应用流程

2.1　BIM 技术施工阶段应用内容

1. 全专业 BIM 模型工程量提取

利用 Autodesk Revit 明细表功能，根据现场施工进度，按楼层、施工段、变形缝或构件类别进行工程量提取，快速精准解决施工员手算不准、材料员限额放料没有计划等问题。

2. 施工现场三维平面布置及动态管理

依照施工场地的布设方案建立 3D 模型，对实际施工过程中的施工路径、大型设施、材料堆放、人员安全通行、防火设施布置等进行仿真模拟。从施工全过程角度出发考虑施工场地布置，根据施工进度的推进，针对不同的施工阶段进行场地布置。建立带有场地布置的 BIM 模型，将模型进行施工模拟，找到产生冲突的关键位置。根据进度，演示场地内的永久建筑、临时建筑、材料堆场、施工机械运行等过程中的冲突，合理进行施工平面布置和施工交通组织，避免现场混乱，减少二次搬运。

3. 二次砌体施工

基于 BIM 技术的排砖功能，通过设置砖类型、塞缝砖尺寸、导墙高度、灰缝厚度、构造柱位置、圈梁位置、洞口位置，对排砖方案进行模拟设计，导出排砖图，提高施工现场人员排砖方案的合理性和科学性。通过形象出图，避免传统模式因交互不畅造成的砌体不必要的浪费。通过最大损耗量的计算结果配置最优方案，减少用料，生成准确的物料表，更精确地提供材料用料量，降低二次搬运的成本，同时所有部位均按排砖效果图砌筑，可以提升二次结构整体效果，提高观感度。

4. 墙地砖排布

基于 BIM 技术的三维可视化特点，通过实测实量、确定安装厚度及施工顺序、初步排布、班组调整、出图、交底实施等流程，以直观的三维模型、标准化的排布方案、合理有序的作业流程，达到进一步提高施工质量、减少材料损耗的目的。同时，配合记录有经验心得的工作文档，将技术经验有效固化，为经验传递与技术改进提供比文本资料更具使用价值的资料积累。

5. 幕墙深化设计

BIM 模型可以进行幕墙专业的深化设计，对关键复杂的节点进行放样分析，明确节点细部做法，用模型指导加工制作及现场施工。选择 Rhino 作为深化设计软件，并使用 CAD 辅助出图。使用 Rhino 不仅是考虑到能方便、快捷地创建整体模型，还能准确快捷地导出深化图纸。

6. 4D 施工模拟

3D 模型配合预定的施工流水段划分和施工进度计划将工地现状在计算机中进行仿真，找出施工中会产生的设计及时间冲突，及时调整施工总体方案，让拟定的施工流水段更科学，施工进度计划更合理、完整。进度管理系统自身根据模型进展情况、进度计划执行情况，动态显示进度执行情况，不仅可对实体工作任务进行跟踪，同时能将施工日报的数据内容同步到进度计划后，可以查看计划进度和实际进度的对比，对滞后工作及可能滞后的工作提出预警。

7. 质量安全管理

通过三维模型用移动通信设备随时对发现的质量安全问题进行定位并记录问题，对发现的问题进行责任人分派并实时跟踪问题处理状态，实现质量安全过程管理的可视化、可追溯，达到统一管理、形象展示和实施监控的目的，具体可以实现问题定位、记录、跟踪、展示等目的。

2.2 基于 BIM 施工与传统建筑施工的比较

1. 工程提量

传统的工程量计算是预算人员根据施工蓝图人工测量，面对堆积如山的图纸，不仅消耗大量时间、精力，而且容易出现错算甚至漏算。利用 BIM 数据信息平台，可以快速、准确、高效地提取工程量，并避免了不同部门的重复计算。

2. 过程数据管控

项目进展过程中的数据管控频繁，如施工用料申报、工程进度款申请、分包工程款支付、供应商材料款支付等。传统模式下往往都是粗放式估算，待工程竣工后进行精细决算，经常会出现少报进度款、多付分包工程款的现象，数据不透明，给部分素质低的管理人员留下浑水摸鱼的机会。BIM 可以准确提供过程基础数据，让过程数据管控精准、透明、高效。

3. 技术管理

技术管理是施工过程管理的核心。传统模式的技术方案及图纸均是二维形式，BIM 恰恰可以改变二维模式，施工前对各专业的碰撞问题、施工难点问题进行三维模拟，生成并提供可整体化协调的数据，解决传统的二维图纸会审耗时长、效率低、发现问题难的问题。

4. 沟通方式

传统模式下是点对点地去沟通交流，而 BIM 的出现把所有的参建方或职能部门放在了一个以 BIM 数据为中心的平台上，相互之间资源共享，沟通交流及时方便，不仅便利了工作开展，而且能实时查看项目进展。

2.3 基于 BIM 应用的项目管理流程

施工阶段项目管理的主要目标是建设项目各项指标达到设计要求，并且工程质量满足国家现行法律、法规、技术标准、设计文件及工程合同要求，实现“质量、费用、工期”三大目标的最优组合。下面对施工阶段项目中关键的进度管理、成本管理如何应用 BIM 技术进行研究，提出新的业务管理流程，以实现优化工作流程、提高工作效率、降低工程成本。

1. 进度管理

在进度管理过程中，进度计划的确定是一个由粗到细、反复优化调整的过程。在编制进度计划时，要综合考虑技术可行性、执行成本及各项资源的合理投入等因素，当下级计划执行出现异常时将直接影响上级计划。图 3－1 是传统的进度管理业务流程图。传统方式编制的进度计划很难呈现上述各类因素对计划的影响，必然导致进度计划偏差引起的修正和调整。在计划执行过程中，跟踪进度的信息分散在各个业务部门的项目管理者手中，很难及时收集到信息进行综合分析，不能有效指导后期计划的优化和调整。

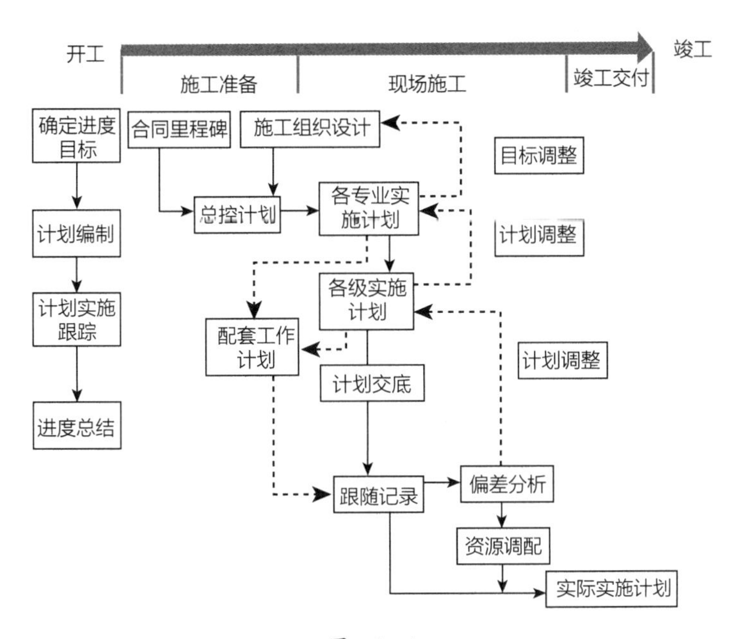

图　3-1

图3-2是应用BIM技术的进度管理业务流程，可为项目管理人员提供进度管理新的功能和数据支持。首先，利用BIM可视化优势对施工组织设计中的关键工况穿插、专项施工方案、资源调配等进行模拟，通过虚拟模拟评估进度计划的可行性，识别关键控制点；其次，以BIM模型为载体集成各类进度跟踪信息，将方案审批、深化设计、招标采购等工作纳入辅助工作并跟踪其进展状况，便于管理者根据自己的要求及时查阅到全面的现场信息，客观评价进度执行情况，为进度进一步优化和调整提供参考；另外，可为进度管理提供模型工程量数据，为物料准备以及劳动力分配提供依据。

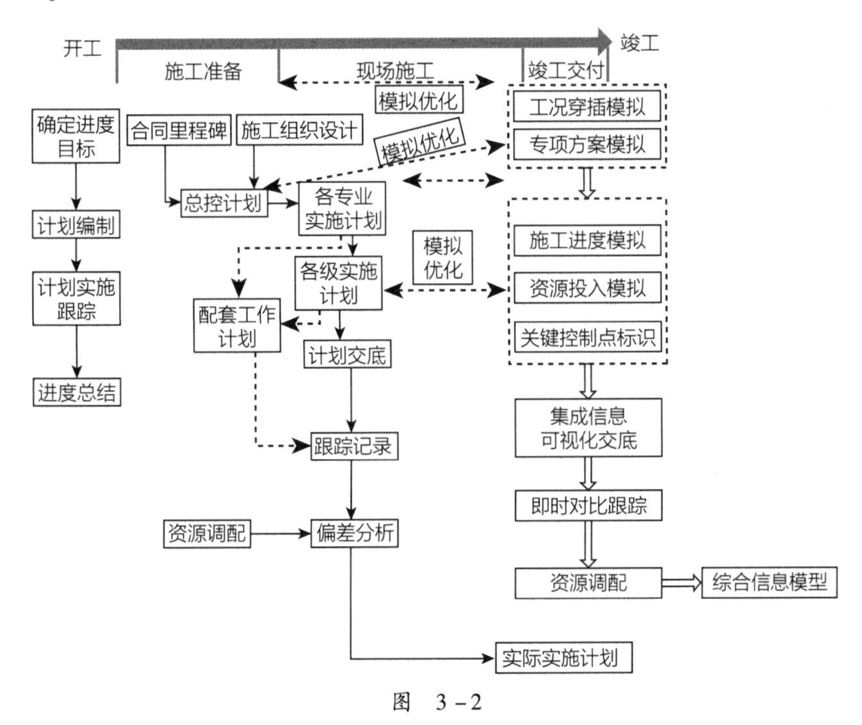

图　3-2

2. 成本管理

传统的成本管理包括成本测算、成本计划、成本控制、成本核算、成本分析、成本总结等环节，如图 3－3 所示。其中成本测算、成本计划和成本核算过程统计数据工作繁杂、工作量大；成本控制过程落实较困难；成本分析结果比较滞后，不能及时为成本决策提供支持。

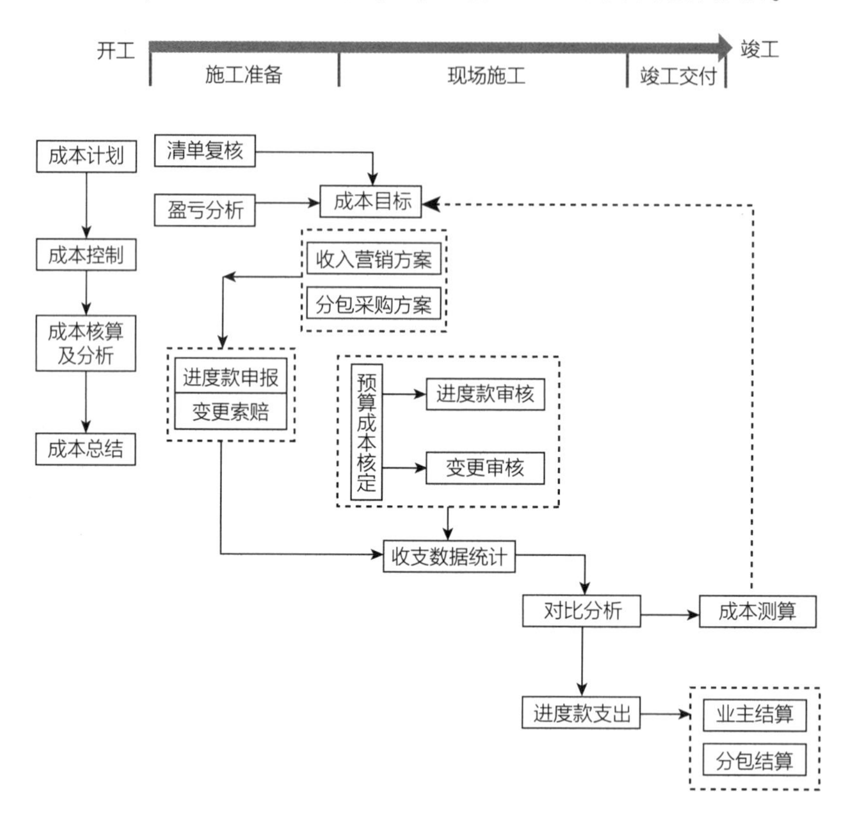

图 3－3

图 3－4 是应用 BIM 技术的成本管理业务流程。利用模型快速准确算量能减少计量工作量，同时通过将总包清单、项目分包成本与模型相关联，可基于模型按专业、时间、构件属性等不同维度查询总分包清单工程量，从而可为成本测算、成本计划、成本核算、物资计划、业主报量、分包审核、合同结算等业务过程快速提供准确的工程量数据，有助于成本动态控制。此外，可提供多维度成本对比分析，以便发现成本异常时及时纠偏，避免事后发现成本超支现象。

3. 质量管理

图 3－5 是应用 BIM 技术的质量管理业务流程。利用模型分析项目内外环境，对工程可能存在的质量问题进行分析。制定质量管理计划，并按质量计划进行现场质量管理的实施，实施中采用 BIM 模型和现场质量问题进行关联，并要求相关责任人进行质量问题整改，质检部门进行质量问题的验收处理，形成质量闭环管理，最终完成建筑合格产品，申报有关部门鉴定。

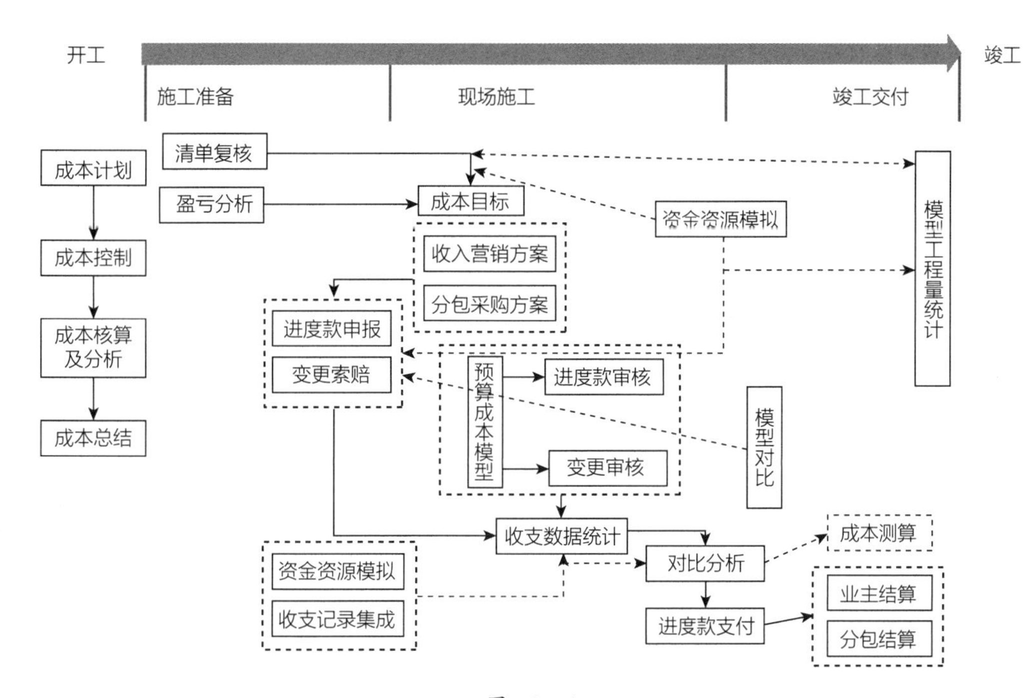
开工
竣工
施工准备
现场施工
竣工交付
成本计划
成本控制
成本核算及分析
成本总结
清单复核
盈亏分析
成本目标
资金资源模拟
模型工程量统计
收入营销方案
分包采购方案
进度款申报
变更索赔
预算成本模型
进度款审核
变更审核
模型对比
收支数据统计
对比分析
成本测算
资金资源模拟
收支记录集成
进度款支付
业主结算
分包结算

图 3-4

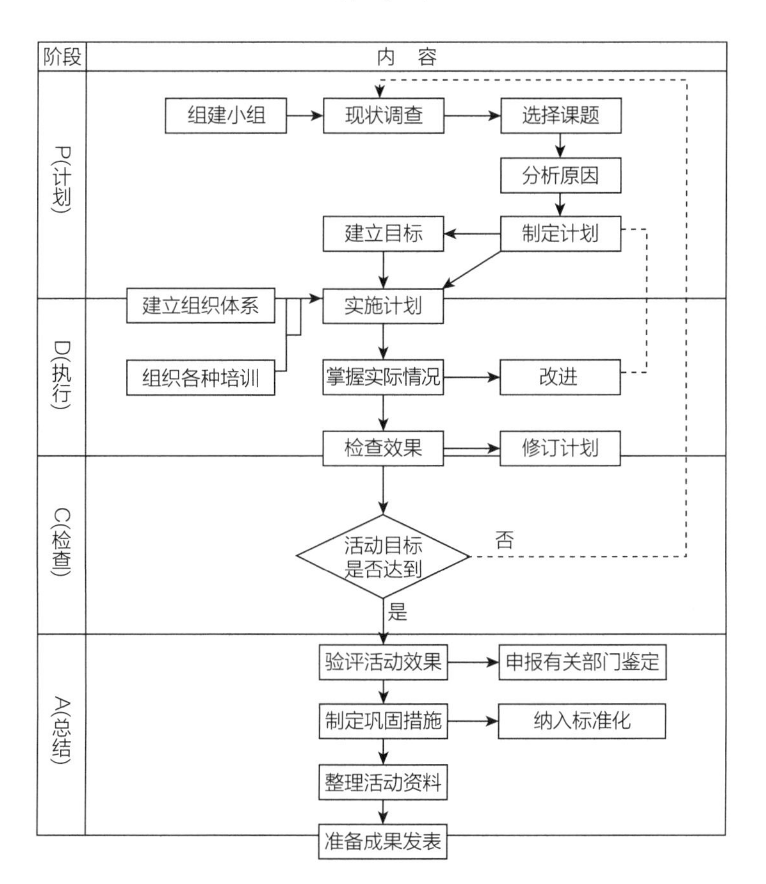
阶段
内 容
P(计划)
D(执行)
C(检查)
A(总结)
组建小组
现状调查
选择课题
分析原因
建立目标
制定计划
建立组织体系
实施计划
组织各种培训
掌握实际情况
改进
检查效果
修订计划
活动目标是否达到
否
是
验评活动效果
申报有关部门鉴定
制定巩固措施
纳入标准化
整理活动资料
准备成果发表

图 3-5

课后练习

1. 下列选项中（　　）不是 BIM 在设计阶段的应用体现。
   A. 通过设置参数对排砖方案进行模拟设计，导出排砖图，提高施工现场人员排砖方案的合理性和科学性
   B. 利用 BIM 技术，只需要将相应的计算公式添加到明细表中，就可以快速计算出整个建筑项目的实际面积
   C. BIM 技术和建筑设计的技术结合，可以快速地实现二维工作图纸和三维建筑模型的转换
   D. 利用 BIM 技术，可以快捷地进行实际建筑的构建对象添加
2. 下列选项不属于 BIM 技术在设计阶段的应用的是（　　）。
   A. 可视化设计交流　　B. 安全管理
   C. 协同设计与冲突检查　　D. 施工图生成
3. 下列选项中（　　）不是 BIM 技术在建筑施工阶段的应用。
   A. 幕墙节点深化设计　　B. 任意位置的剖面分析与模拟
   C. 砌体施工阶段的三维场地布置　　D. 屋面砖排布
4. 下列对 BIM 技术表达正确的是（　　）。
   A. BIM 技术能快速查找二维图纸不易表达的问题
   B. BIM 技术对技术人员的技术水平要求低
   C. BIM 技术只贯穿于建筑物的施工阶段
   D. BIM 技术协同管理只适用于某个项目
5. 基于 BIM 的项目管理与传统项目管理最大的区别是（　　）。
   A. 应用了 BIM 软件　　B. 信息的协同共享
   C. 流程没有变化　　D. 参与人员进行了变化
6. 基于 BIM 的进度管理，以下说法错误的是（　　）。
   A. 利用 BIM 可视化优势对施工组织设计中的关键工况穿插、专项施工方案、资源调配等进行模拟
   B. 可为进度管理提供模型工程量数据，为物料准备以及劳动力分配提供依据
   C. 以 BIM 模型为载体集成进度跟踪信息，直接调整进度数据
   D. 将方案审批、深化设计、招标采购等工作纳入辅助工作并跟踪其进展状况，便于管理者根据自己的要求及时查阅到全面的现场信息

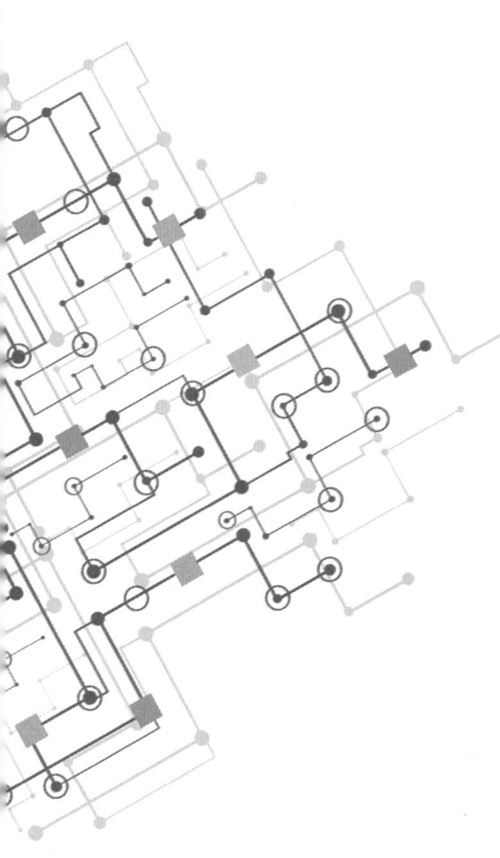

第 2 部分 Auto desk Revit 案例实操及应用

PART 02

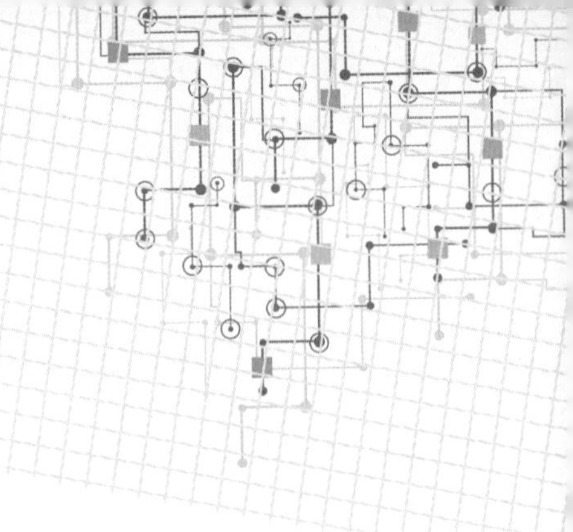

第4章　案例项目

第1节　案例项目概况

本案例项目为杭州某综合楼项目，建筑类型为三层综合楼，建筑功能包括办公、商业及配套车库，建筑占地面积约945m²，建筑面积约3500m²。其中：一层建筑面积约1850m²，层高4.5m；二层建筑面积约827m²，层高3.9m；三层建筑面积约824m²，层高4.5~9.6m。本案例项目建筑结构安全等级为二级，主体结构设计使用年限为50年，抗震设防类别为丙类，抗震设防烈度为6度，结构类型为现浇钢筋混凝土框架结构体系，框架抗震等级为四级，基础形式采用桩基础，桩型为钻孔灌注桩，基础设计等级为二级，桩基设计等级为二级，建筑耐火等级为二级（其中车库部分耐火等级为一级）。

本案例项目效果图如图4－1所示。

图　4－1

第2节　设计要求

2.1　设计阶段

本案例设计阶段为施工图设计。

2.2 所涉专业

设计所涉专业为建筑、结构、给水排水、电气、暖通空调专业。

2.3 施工图设计文件

1. 所涉专业的设计图纸

所涉专业的设计图纸包括图纸总封面、图纸目录、说明、设备材料表、各专业图纸等。

2. 工程预算书

3. 各类专业计算书

日照计算、建筑面积计算、消防疏散计算、节能计算。

2.4 建筑专业施工图深度与要求

1. 建筑专业设计文件

建筑专业设计文件包括图纸目录、设计说明、设计图纸、计算书。

2. 图纸目录

图纸目录按图纸编号排列建筑施工图图纸，先列绘制图纸，后列选用的标准图或重复利用的图纸。

3. 设计说明

1）依据性文件名称和文号，如批文、本专业设计所执行的主要法规和所采用的主要标准（包括标准名称、编号、年号和版本号）及设计合同等。

2）项目概况：包括建筑名称、建设地点、建设单位、建筑面积、建筑基底面积、项目设计规模等级、设计使用年限、建筑层数和建筑高度、建筑防火分类和耐火等级、人防工程类别和防护等级、人防建筑面积、屋面防水等级、地下室防水等级、主要结构类型、抗震设防烈度等，以及能反映建筑规模的主要技术经济指标。

3）设计标高：工程的相对标高与总图绝对标高的关系。

4）用料说明和室内外装修。

5）对采用新技术、新材料和新工艺的做法说明及对特殊建筑造型和必要的建筑构造的说明。

6）门窗表及门窗性能（防火、隔声、防护、抗风压、保温、隔热、气密性、水密性等）、窗框材质和颜色、玻璃品种和规格、五金件等的设计要求。

7）幕墙工程及特殊屋面工程的特点，节能、抗风压、气密性、水密性、防水、防火、防护、隔声的设计要求，饰面材质、涂层等主要的技术要求，并明确与专项设计的工作及责任界面。

8）电梯选择及性能说明。

9）建筑防火设计说明，包括总体消防、建筑单体的防火分区、安全疏散、疏散人数和宽度计算、防火构造、消防救援窗设置等。

10）无障碍设计说明，包括基地总体上、建筑单体内的各种无障碍设施要求等。

11）建筑节能设计说明（本案例不详细说明）。

12）绿色建筑设计说明（本案例不详细说明）。

4. 平面图

1）承重墙、柱及其定位轴线和轴线编号，轴线总尺寸（或外包总尺寸）、轴线间尺寸（柱距、

跨度)、门窗洞口尺寸、分段尺寸。

2）内外门窗位置、编号，门的开启方向，注明房间名称或编号，库房（储藏）注明储存物品的火灾危险性类别。

3）墙身厚度（包括承重墙和非承重墙），柱与壁柱截面尺寸（必要时）及其与轴线关系尺寸，当围护结构为幕墙时，标明幕墙与主体结构的定位关系及平面凹凸变化的轮廓尺寸；玻璃幕墙部分标注立面分格间距的中心尺寸。

4）变形缝位置、尺寸及做法索引。

5）主要建筑设备和固定家具的位置及相关做法索引。

6）电梯、楼梯位置，以及楼梯上下方向示意和编号索引。

7）主要结构和建筑构造部件的位置、尺寸和做法索引，如中庭、天窗、地沟、地坑、重要设备或设备基础的位置尺寸、各种平台、夹层、人孔、阳台、雨篷、台阶、坡道、散水、明沟等。

8）楼地面预留孔洞和通气管道、管线竖井、烟囱、垃圾道等位置、尺寸和做法索引，以及墙体（主要为填充墙、承重砌体墙）预留洞的位置、尺寸与标高（或高度）等。

9）车库的停车位、无障碍车位和通行路线。

10）特殊工艺要求的土建配合尺寸及工业建筑中的地面荷载、起重设备的起重量、行车轨距和轨顶标高等。

11）建筑中用于检修维护的天桥、栅顶、马道等的位置、尺寸、材料和做法索引。

12）室外地面标高、首层地面标高、各楼层标高、地下室各层标高。

13）首层平面标注剖切线位置、编号及指北针或风玫瑰。

14）有关平面节点详图或详图索引号。

15）每层建筑面积、防火分区面积、防火分区分隔位置及安全出口位置示意，图中标注计算疏散宽度及最远疏散点到达安全出口的距离（宜单独成图）；如整层仅为一个防火分区，可不注防火分区面积，或以示意图（简图）的形式在各层平面中表示。

16）住宅平面图中标注各房间使用面积、阳台面积。

17）屋面平面应有女儿墙、檐口、天沟、坡度、坡向、雨水口、屋脊（分水线）、变形缝、楼梯间、水箱间、电梯机房、天窗及挡风板、屋面上人孔、检修梯、室外消防楼梯、出屋面管道井及其他构筑物，必要的详图索引号、标高等；表述内容单一的屋面可缩小比例绘制。

18）根据工程性质及复杂程度，必要时可选择绘制局部放大平面图。

19）建筑平面较长较大时，可分区绘制，但须在各分区平面图适当位置上绘出分区组合示意图，并明显表示本分区部位编号。

20）图纸名称、比例。

21）图纸的省略：如对称平面，对称部分的内部尺寸可省略，对称轴部位用对称符号表示，但轴线号不得省略；楼层平面除轴线间等主要尺寸及轴线编号外，与首层相同的尺寸可省略；楼层标准层可共用同一平面，但需注明层次范围及各层的标高。

5. 立面图

1）两端轴线编号，立面转折较复杂时可用展开立面表示，但应准确注明转角处的轴线编号。

2）立面外轮廓及主要结构和建筑构造部件的位置，如女儿墙顶、檐口、柱、变形缝、室外楼梯和垂直爬梯、室外空调机搁板、外遮阳构件、阳台、栏杆、台阶、坡道、花台、雨篷、烟囱、勒脚、门窗（消防救援窗）、幕墙、洞口、门头、雨水管，以及其他装饰构件、线脚和粉刷分格线等。当为预制构件或成品部件时，按照建筑制图标准规定的不同图例示意。装配式建筑立面应反映出预制构件的分块拼缝，包括拼缝分布位置及宽度等。

3）建筑的总高度、楼层位置辅助线、楼层数、楼层层高和标高以及关键控制标高的标注，如女儿墙或檐口标高等；外墙的留洞应注尺寸与标高或高度尺寸（宽×高×深及定位关系尺寸）。

4）平、剖面未能表示出来的屋顶、檐口、女儿墙、窗台以及其他装饰构件、线脚等的标高或尺寸。

5）在平面图上表达不清的窗编号。

6）各部分装饰用料、色彩的名称或代号。

7）剖面图上无法表达的构造节点详图索引。

8）图纸名称、比例。

9）各个方向的立面应绘齐全，但差异小、左右对称的立面可简略；内部院落或看不到的局部立面，可在相关剖面图上表示，若剖面图未能表示完全时，则需单独绘出。

6. 剖面图

1）剖视位置应选在层高不同、层数不同、内外部空间比较复杂、具有代表性的部位；建筑空间局部不同处以及平面、立面均表达不清的部位，可绘制局部剖面。

2）墙、柱、轴线和轴线编号。

3）剖切到或可见的主要结构和建筑构造部件，如室外地面、底层地（楼）面、地坑、地沟、各层楼板、夹层、吊顶、屋架、屋顶、出屋顶烟囱、天窗、挡风板、檐口、女儿墙、幕墙、爬梯、门、窗、外遮阳构件、楼梯、台阶、坡道、散水、平台、阳台、雨篷、洞口及其他装修等可见的内容。

4）高度尺寸。外部尺寸：门、窗及洞口高度，层间高度，室内外高差，女儿墙高度，阳台栏杆高度，总高度；内部尺寸：地坑（沟）深度、隔断、内窗、洞口、平台、吊顶等尺寸。

5）标高。主要结构和建筑构造部件的标高，如室内地面、楼面（含地下室）、平台、雨篷、吊顶、屋面板、屋面檐口、女儿墙顶、高出屋面的建筑物和构筑物及其他屋面特殊构件等的标高、室外地面标高。

6）节点构造详图索引号。

7）图纸名称、比例。吊顶、屋架、屋顶、出屋顶烟囱、天窗、挡风板、檐口、女儿墙、幕墙、爬梯、门、窗、外遮阳构件、楼梯、台阶、坡道、散水、平台、阳台、雨篷、洞口及其他装修等可见的内容。

7. 详图

1）内外墙、屋面等节点，绘出不同构造层次，表达节能设计内容，标注各材料名称及具体技术要求，注明细部和厚度尺寸等。

2）楼梯、电梯、厨房、卫生间、阳台、管沟、设备基础等局部平面放大和构造详图，注明相关的轴线和轴线编号以及细部尺寸，设施的布置和定位、相互的构造关系及具体技术要求等，应提供预制外墙构件之间拼缝防水和保温的构造做法。

3）其他需要表示的建筑部位及构配件详图。

4）室内外装饰方面的构造、线脚、图案等；标注材料及细部尺寸、与主体结构的连接等。

5）门、窗、幕墙绘制立面图，标注洞口和分格尺寸，对开启位置、面积大小和开启方式以及用料材质、颜色等做出规定和标注。

6）对另行专项委托的幕墙工程和金属、玻璃、膜结构等特殊屋面工程以及特殊门窗等，应标注构件定位和建筑控制尺寸。

8. 贴邻原有建筑

对贴邻的原有建筑，应绘出其局部的平、立、剖面，标注相关尺寸，并索引新建筑与原有建

筑结合处的详图号（本案例不涉及该项设计）。

9. 计算书（本案例不详细说明）

1）建筑节能计算书。根据不同气候分区地区的要求进行建筑的体形系数计算；根据建筑类别，计算各单一立面外窗（包括透光幕墙）窗墙面积比、屋顶透光部分面积比，确定外窗（包括透光幕墙）、屋顶透光部分的热工性能满足规范的限值要求；根据不同气候分区城市的要求对屋面、外墙（包括非透光幕墙）、底面接触室外空气的架空或外挑楼板等围护结构部位进行热工性能计算；当规范允许的个别限值超过要求时，通过围护结构热工性能的权衡判断，使围护结构总体热工性能满足节能要求。

2）根据工程性质和特点，提出进行视线、声学、安全疏散等方面的计算依据、技术要求。

10. 其他要求（本案例不详细说明）

1）当项目按绿色建筑要求建设时，相关的平、立、剖面图应包括采用的绿色建筑设计技术内容，并绘制相关的构造详图。

2）增加保温节能材料的燃烧性能等级，与消防相统一。

课后练习

1. 建筑专业设计文件内容不包括（　　）。

A. 图纸目录　　B. 设计说明　　C. 施工许可证　　D. 计算书

2. 项目概况的内容不包括（　　）。

A. 建筑名称　　B. 建筑地点　　C. 建设单位　　D. 项目工程量

3. 下列选项中（　　）不是建筑专业设计说明的内容。

A. 项目概况　　B. 设计标高

C. 门窗表及门窗性能　　D. 桩基础的设计要求

4. 建筑专业平面图的尺寸要求不包括（　　）。

A. 轴线总尺寸　　B. 门窗洞口尺寸　　C. 轴线间尺寸　　D. 墙高尺寸

5. 建筑专业立面图的内容不包括（　　）。

A. 墙身厚度　　B. 楼层数

C. 在平面图上表达不清的窗编号

D. 各部分装饰用料、色彩的名称或代号

6. 建筑专业剖面图的内容不包括（　　）。

A. 墙、柱、轴线和轴线编号　　B. 高度尺寸

C. 房间使用面积　　D. 节点构造详图索引号

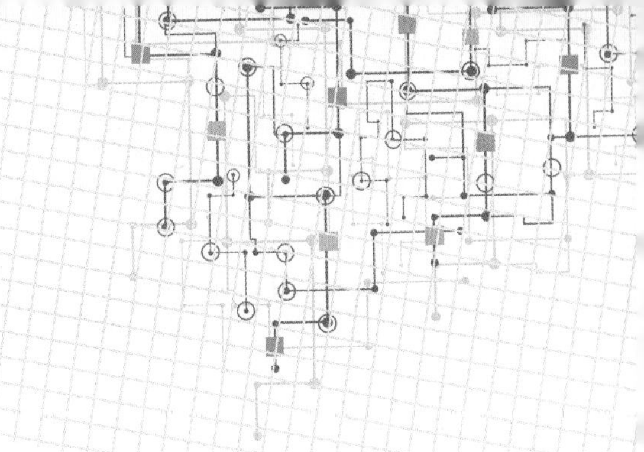

第5章 项目准备

第1节 BIM设计实施导则

1.1 软件硬件配置

与基于CAD的传统二维应用技术不同，BIM是以建筑三维信息模型为基础的新技术应用，BIM技术依托于三维软件平台，对计算机硬件、网络带宽的速度有较高的要求。本项目软硬件配置如下，以供参考。

1. 建模人员标准硬件配置

1）操作系统：Microsoft Windows 10 SP1 64位。

2）CPU：Intel Core i7－6700四核处理器（4GHz，8MB缓存）或性能相当的AMD处理器。

3）内存：16GB，最大支持64GB。

4）视频显示：1920×1080真彩色显示。

5）视频适配器：NVIDIA GeForce GTX 1060M显卡或显存4GB，并支持Direct XR10及Shader Model的显卡。

6）硬盘：256GB＋1000GB HDD。

2. 模型整合工作站

1）操作系统：Microsoft Windows 10 SP1 64位。

2）CPU：Intel xeon四核E5－1620V3。

3）内存：16GB以上，最大支持512GB。

4）视频显示：1920×1200真彩色显示。

5）视频适配器：显存4GB，并支持Direct XR10及Shader Model 3的显卡。

6）硬盘：2000GB HDD。

3. 移动办公硬件配置

1）操作系统：Microsoft Windows 10 SP1 64位。

2）CPU：Intel Core i7-6700HQ处理器（2.6GHz，6MB三级缓存）。

3）内存：8GB，最大支持16GB。

4）视频显示：1920×1200真彩色显示。

5）视频适配器：NVIDIA GeForce GTX 1060M显卡。

6）硬盘：256 GB SSD +500GB HDD。

1.2 BIM设计准备

1. BIM设计策划

在设计阶段使用 BIM 受软硬件环境等影响，为了保证模型的可持续使用和修改，对建模的方法提出了较高要求。为了指导设计者更高效地工作及保证模型的一致性，BIM 设计应在介入项目初期时就做好 BIM 设计策划。项目开始前，应根据项目的类型和需求，由 BIM 经理统筹确定 BIM 应用标准、BIM 设计协同方式、应用点、模型拆分原则、出图方式、绘图进度及工作安排等内容。

（1）项目信息概况

1）项目位置、面积、高度等项目信息。

2）楼栋编号及其使用性质。

3）建筑、结构类型。

4）机电设计条件。

（2）参考标准　确定项目使用的 BIM 建模标准，建筑设计的相关国家标准、规范、措施、图集，业主标准等；设计中均需按照统一的国标进行设计和建模，确保输出图纸满足国家审图机构的要求。

（3）确定协同方式　协同工作的方式分为两种，一种是采用工作集方式，另一种是分楼层进行模型链接的方式。

（4）模型拆分　模型拆分的主要目的在于使每个设计者都能够合理分工，清楚自己所负责的专业内容，同时通过减小模型大小的方式，增加项目运行效率。以边界清晰、个体完整的原则进行拆分，一般项目前期由项目经理根据工程的特点有针对性地进行统筹。

拆分的方式分为以下几种：

1）按专业拆分，根据专业的不同划分为多个子模型，例如建筑模型、结构模型、机电模型、装饰模型等。

2）按建筑楼号或楼层拆分。

3）按施工缝拆分。

模型的拆分可使用多种拆分方式相结合，如在专业拆分的基础上，再按楼层拆分。拆分后的模型在完成建模、形成成果时需将模型整合，模型的整合顺序应对应模型的拆分顺序。

（5）确定 BIM 应用点　项目开始时，是否确定好项目的应用点直接影响到项目的目标和成果，BIM 经理应预先对不同的项目要求和资源配置等因素进行综合考虑。

1）BIM 设计软件应用规划。根据项目特点，确定项目中所需要应用的软件，以及软件之间的工作方式，规划好软件应用的接入点和数据接口等。

2）BIM 绿色、性能化分析应用规划。根据项目特点和要求确定是否使用绿色和性能化分析，从而考虑模型的建模深度以及介入的时间节点。

3）BIM 工程量应用规划。因 BIM 计算工程量对模型的建模深化、建模方式均有不同的要求，所以前期确定是否进行工程量统计对模型深度等十分重要。

4）其他应用规划。综合管线排布，净高分析，配合装配式、铝模建筑应用点，幕墙深化，视频动画展示，BIM5D 等应用。

2. 模型准备

(1) 创建项目通用文件夹　为了项目协同工作需求、资源共享，可根据公司BIM标准创建通用的文件夹，按照项目类型、年份以及工作内容等进行划分，并将项目的相关资料、建筑信息文件以及与建设单位的往来资料等归入对应的文件夹中。

其中输入和输出资料放入对应文件夹后，不得擅自打开修改，只可通过只读模式查看。初步设计阶段的专业提资为CAD软件绘制，施工图阶段提资可以是CAD图纸和BIM模型两种形式，都应严格放在对应文件夹中。以上文件夹为通用项目文件夹，考虑文件的安全性需增加文件夹权限，确保无关人员无法进入，未经BIM经理同意不能擅自复制外传。

文件命名方式应当以相应的施工图中信息命名，如“01项目”应按照施工图项目名称命名，确保名称的统一、规范。Revit模型文件命名方式：项目名-专业代码（建筑-A、结构-S、机电-MEP）。

(2) 软件“选项”设置　项目创建前，需对软件设置进行调整，确认软件自动保存路径、默认文件夹路径以及自动保存时间等，如图5－1所示。

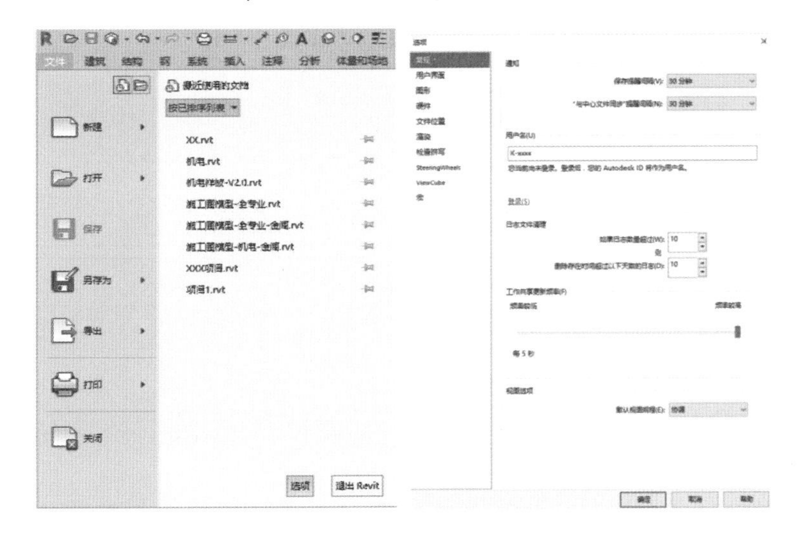

图　5－1

单击“文件”选项。

1）常规：修改保存时间；修改用户名；修改共享同步频率等。

2）用户界面：修改软件选项卡设置；修改快捷键等。

3）图形：图形显示效果；图形颜色；临时标注文字外观等。

4）硬件：是否启用硬件加速等设置。

5）文件位置：修改样本文件默认路径；调整链接文件默认路径；修改族库及族样板默认路径等。

6）其他设置：渲染、检查拼写、SteeringWheels、ViewCube、宏等。

(3) 新建一个协同项目。

(4) 链接专业CAD图纸　根据项目情况，若前期已经用二维做初步设计，可采用链接CAD文件的方式直接翻模。但链接前需对CAD图纸进行简化处理，删除无关内容，只保留轴网及本专业内容，保证链接到Revit中的文件轻量化，处理底图命名方式以专业-子项-楼层确定。如：建施04-一层平面图，如图5－2所示。

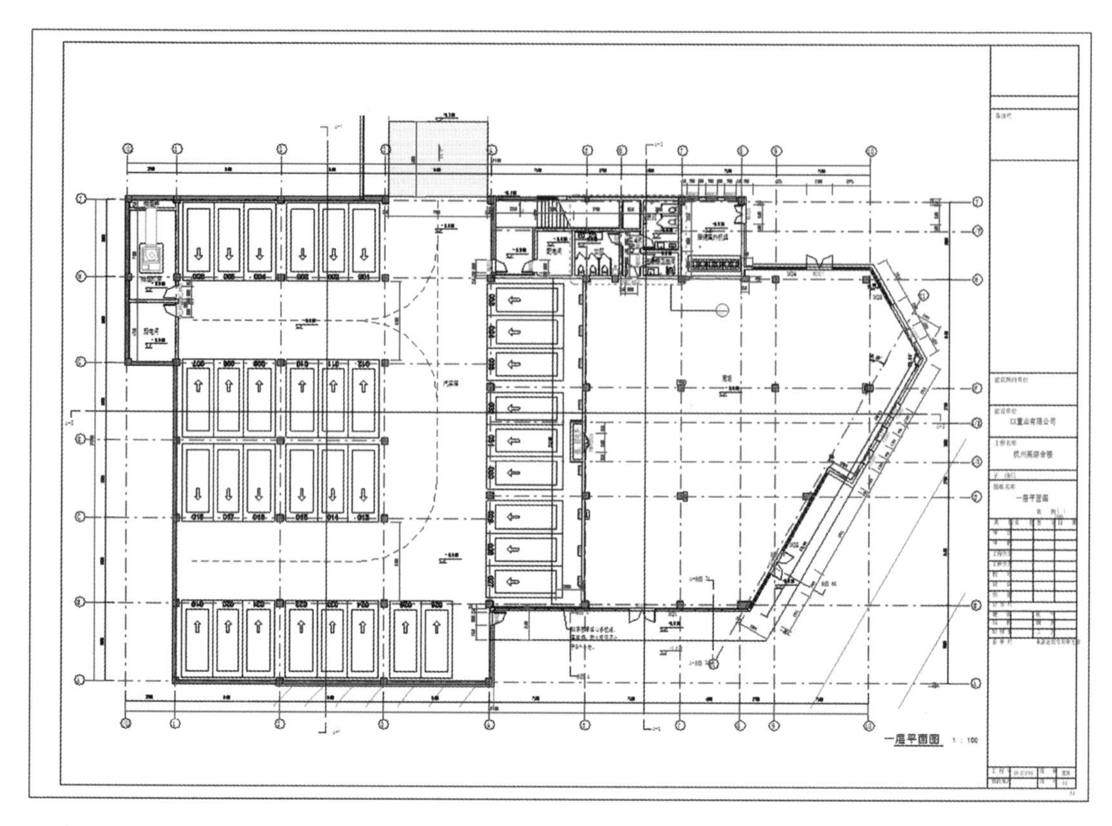

图 5-2

第 2 节　BIM 设计协同原则

Revit 链接主要包括两种方式：链接文件协同和中心文件协同。见表 5-1。

表 5-1

方式	链接文件协同	中心文件协同
项目文件	不同文件：主文件和链接文件	同一中心文件，不同本地文件
数据流向	单向更新	双向同步更新
样板文件	可不同样板文件	同一样板文件
权限管理	构件编制对应文件	构件编制对应工作集
对硬件性能影响	可对模型拆分，性能可控	模型规模容易过大，速度慢
管理难度	管理简单，风险小	容易误操作，风险大
适用情况	专业间协同，子项间参照	专业内协同，子项管线综合

1. 链接文件协同方式

链接文件协同方式主要在专业间协同或专业内子项拼装时使用。不同专业间的模型互相链接参照，如图5－3所示。链接协同方式的基本原则为：

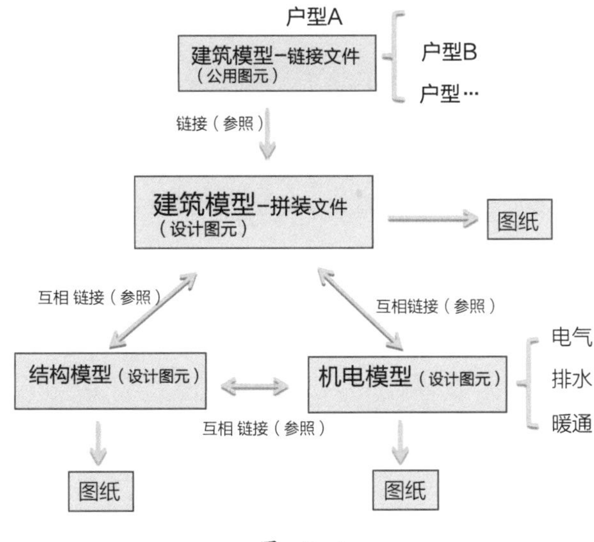

图　5－3

1）子项的所有专业拆分模型应具有相同的共享坐标、公共轴网以及标高系统。

2）结构与机电专业的轴网与标高应使用“复制/监视”建筑模型获取。标高轴网只能由建筑专业负责人统一命名和改动。

3）专业间链接模型时统一规定定位选项为“自动－原点到原点”。专业间模型提供链接前，均应设置好本专业的“提资视图”。

2. 中心文件协同方式

中心文件协同方式主要为专业内配合，或者机电专业管线综合时使用。它是通过工作集的划分，基于服务器同一中心文件通过与本地数据交换进行协同，如图5－4所示。中心文件协同方式的基本原则为：

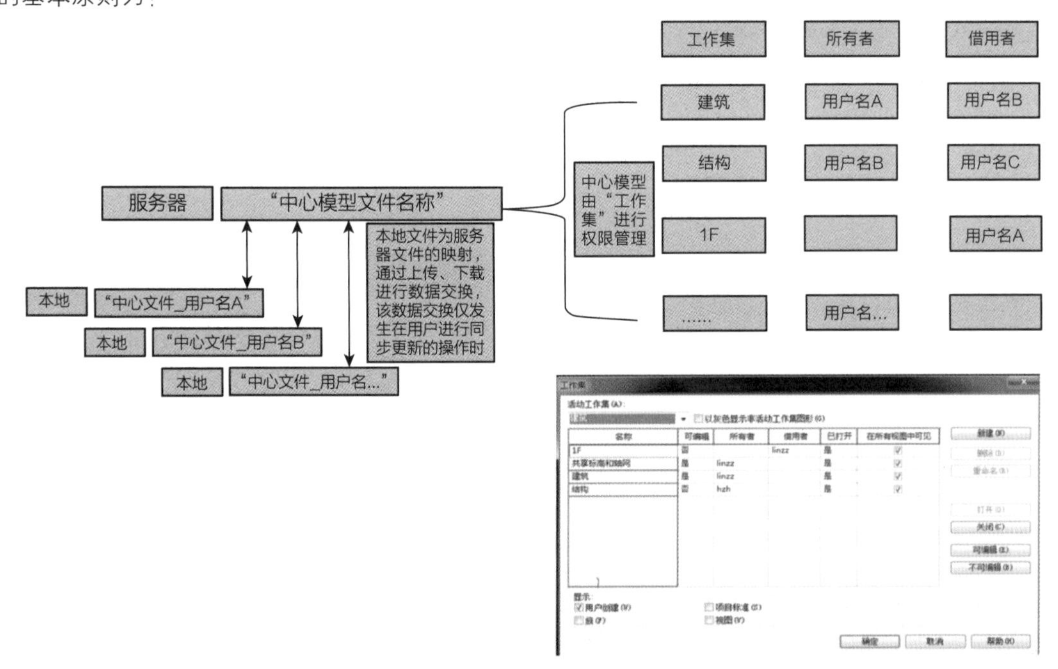

图　5－4

1）除 BIM 技术总负责人外，所有人不得直接打开或者修改中心文件。

2）设计人/建模员应按要求管理本地文件，所有对模型的操作均在本地文件进行，仅通过与服务器中心文件同步更新获得数据交换。

3）本地文件不在中心文件服务器网络环境下，禁止进行同步更新。

4）对本地文件进行任何操作前，必须确认登录用户名称准确。

5）工作集名称禁止使用用户名划分，应根据工作性质或者子项区域划分。

6）所有非项目人员查看项目文件后，应确认完全释放权限并退出。

第 3 节　建筑设计流程与原则

3.1　设计流程

BIM 在设计中的应用流程，如图 5－5 所示。

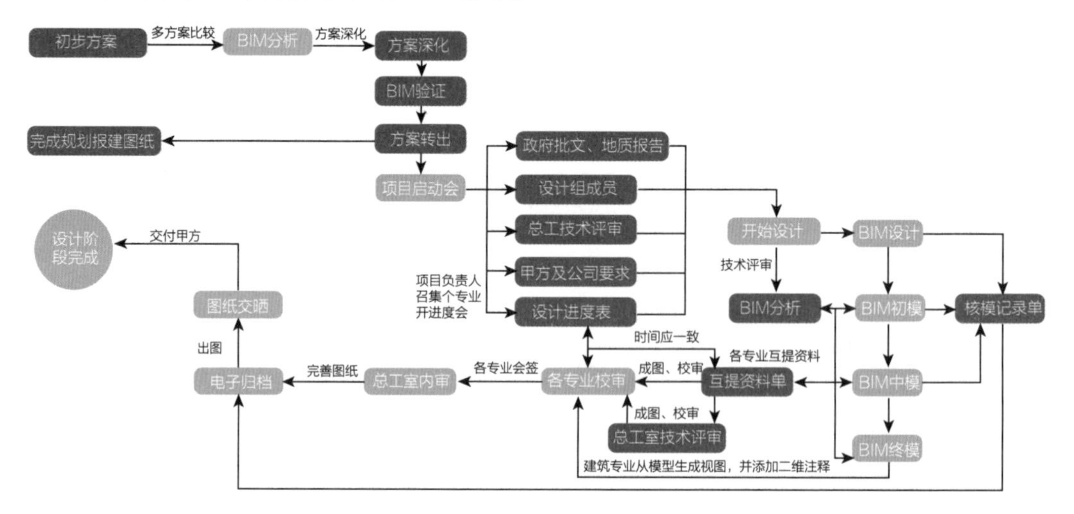

图　5－5

3.2　BIM 建模拆分组织原则

为了更好地管理模型和适应硬件设备条件，应根据项目类型特点与大小进行模型的拆分和组织，其基本原则如下。

1）先按项目子项进行拆分，每个子项再按照建筑、结构、设备等专业进行模型拆分，各专业模型应按相同的轴网标高系统相互链接。

2）对于建筑专业，子项里可根据项目特点再次拆分为“内部”“外部”两部分，对平面空间等技术设计相关模型与立面造型等细部模型进行区分管理。

3）对于公建类型，建筑专业基本按照“塔楼”“裙房”“地下室”的原则进行模型拆分组合，如果规模特别大，则进一步按楼层或防火分区进行拆分。

4）对于住宅类型，基本按照“户型”“单元栋型”“地下室”进行拆分组合。

5）对于结构专业，基本按照“塔楼＋裙房＋地下室”“塔楼＋地下室”的原则进行模型拆分组合。

6）对于规模庞大的综合体项目，经过拆分后的模型文件大小不宜超过100MB。

3.3 建筑专业构件的建模原则

1）应保证BIM模型在各个阶段的完整性，对于实际建筑物中土建部分均应建模型，粉刷层、砂浆层等小于20mm厚度的，若不做预算深度应用要求，可用二维图形表达，其工程量依据土建模型计算。

2）屋面、楼板等结构找坡及大面积建筑找坡，必须通过建模反映真实坡度。

3）建筑墙体应该根据立面材质分类建立，最少应区分内、外两种类型。

4）建筑围护结构的定位线必须为核心层（核心中心、核心外、核心内）。

5）所有专业均使用建筑标高，结构专业所有构件建模均依据建筑标高偏移，不另做结构标高系统。

6）所有模型二维注释的添加原则上使用模型信息的自动注释提取，以保证项目信息模型的关联性。构件族内的细小零件模型，如门窗把手等，不应过度细致，曲面宜用多边形代替。

7）建模过程中应注意对物体进行连接处理，消除不必要或不符合图纸表达的交线。

8）除阳（露）台、中庭上空等非闭合或进行功能描述补充的使用文字注释外，其余均应使用放置“房间”来对功能房间进行注释。房间高度设至上层楼板底或吊顶。

9）模型建立方法应以高效修改、能逐步深化的思路完成。不应使用速度快但通用性差、修改难的建模方法。

10）结构楼板与建筑楼板（含填充层、面层）应分开建模。

11）除因展示用途进行替换外，机械设备、卫生洁具模型应大致反映实际尺寸与形状，避免精细化模型。

第4节　设计各阶段BIM模型核验要点

4.1 初模阶段模型核验

1）核对结构竖向构件对建筑门窗洞口、立面效果、室内空间效果、疏散宽度的影响。

2）核验机房、设备管井是否满足面积及位置要求。

3）根据结构计算调整后的梁柱，复核其对建筑的影响。

4）屋顶排水方式的确认，屋顶雨水立管位置的确认。

5）机房位置与大小的确认。

4.2 中模阶段模型核验

1）复核初模协调结果的落实并确认。

2）核对结构竖向构件对建筑门窗洞口、立面效果、室内空间效果、疏散宽度的影响（所有楼层）。

3）核对结构梁格对房间的影响，梁格对楼梯间、管井的影响。

4）外立面相关立管位置对立面的影响。

5）向弱电专业提平面条件，向建筑专业提降板要求（草图）。

6）户内电箱位置（住宅、别墅）核验。

7）核查墙身构造与结构模型的关系（全部墙身构造）。

8）设备专业专业内管线综合（利用机电一体化，机电专业自身协调好自专业管线排布，完成设备专业内管线碰撞检查及修改）。

9）土建与设备专业管线综合（含立管及水平走向管，其中电气桥架宽度及暖通专业管径大于100mm 的，水专业除喷淋管外，均应核查建筑净高是否符合要求，与结构梁是否碰撞，结构开洞对结构受力的影响）。

10）架空、转换层、地下室的设备专业管线综合（含立管及水平走向管，其中电及暖通专业管径大于 100mm 的，水专业除喷淋管外，均应核查建筑净高是否符合要求，结构开洞对结构受力的影响）。

4.3 终模阶段模型核验

1）复核中模协调结果的落实并确认。

2）核对结构梁格对房间的影响，梁格对楼梯间、管井的影响（所有楼层）。

3）建筑核对外圈梁高度是否符合立面构造要求。

4）核对建筑专业的降板是否满足其他专业要求。

5）首层、屋顶层暖通风机位置是否合适，各层百叶风口位置对建筑的影响。

6）所有竖向立管位置对立面及空间的影响。

7）水平管线对净高的影响。

8）复核各专业模型存在的图面问题，满足在 Revit 中出图的模型需求。

9）各专业确认最终模型并锁定。

10）审核审定意见的落实。

课后练习

1. 关于链接协同方式的基本原则错误的是（　　）。

   A. 子项的所有专业拆分模型应具有相同的共享坐标、公共轴网以及标高系统

   B. 结构与机电专业的轴网与标高应使用“复制/监视”建筑模型获取。标高轴网只能由建筑专业负责人统一命名和改动

   C. 除 BIM 技术总负责人外，所有人不得直接链接或者修改链接文件

   D. 专业间链接模型时统一规定定位选项为“自动－原点到原点”。专业间模型提供链接前，均应设置好本专业的“提资视图”

2. 项目开始前，（　　）不是 BIM 经理的准备工作。

   A. 确定 BIM 应用标准　　B. 工作安排　　C. 确定出图方式　　D. 检验模型

3. 下列关于模型拆分的方式错误的是（　　）。

A. 按专业拆分　　B. 按建筑楼号拆分　　C. 按施工缝拆分　　D. 按建模员习惯拆分

4. 下列关于中心文件协同方式的基本原则说法错误的是（　　）。

A. 所有非项目人员查看项目文件后，应立即退出

B. 除 BIM 技术总负责人外，所有人不得直接修改中心文件

C. 对本地文件进行任何操作前，必须确认登录用户名称准确

D. 工作集名应根据工作性质或者子项区域划分

5. 下列关于建筑专业构件的建模规则，说法错误的是（　　）。

A. 屋面、楼板等结构找坡和大面积建筑找坡，建模必须真实反映坡度

B. 建筑墙体应该根据立面材质分类建立，最少应区分内、外两种类型

C. 构件族内的细小零件模型，如门窗把手等，应做到足够细致

D. 建筑围护结构的定位线必须为核心层（核心中心、核心外、核心内）

6. 关于 BIM 建模拆分组织原则，说法错误的是（　　）。

A. 先按照建筑、结构、设备的专业进行模型拆分，各专业模型应按相同的轴网标高系统相互链接，再按项目子项进行拆分

B. 对于建筑专业，子项里可根据项目特点再次拆分为“内部”“外部”两部分，对平面空间等技术设计相关模型与立面造型等细部模型进行区分管理

C. 对于公建类型，建筑专业基本按照“塔楼”“裙房”“地下室”的原则进行模型拆分组合，如果规模更大，则进一步按楼层或防火分区进行拆分

D. 对于住宅类型，基本按照“户型”“单元栋型”“地下室”进行拆分组合

第6章　通用项目样板设置

项目样板为项目设计提供统一的设计基础环境，对项目的设计质量和效率的提高有直接影响。

项目样板设置内容较多，主要包含项目信息、项目单位、线型图案、线样式、线宽、对象样式、填充样式、材质、标题栏、视口类型、系统族、可载入族、明细表、项目浏览器组织、视图样板、常用过滤器、常用视图及图纸、项目参数及共享参数等。

因为本项目为协同模式，各专业在同一模型中进行建模和出图工作，所以各专业应在通用样板的基础上添加本专业的样板内容，最终形成完整的全专业的项目样板文件。各专业的样板设置内容具体详见各专业篇章。

本项目通用项目样板设置以 Revit 2019 自带的建筑样板文件（DefaultCHSCHS. rte）为基础进行设置操作。

第1节　项目组织设置

1.1　项目单位设置

根据项目及各专业的要求设置单位格式及其精度。

1）单击“文件”选项卡下新建功能后的“项目”命令，以 Revit 自带的建筑样板（DefaultCHSCHS. rte）为样板文件，另存为“GH-项目样板文件 . rte”（另存位置自定），如图 6－1 所示。

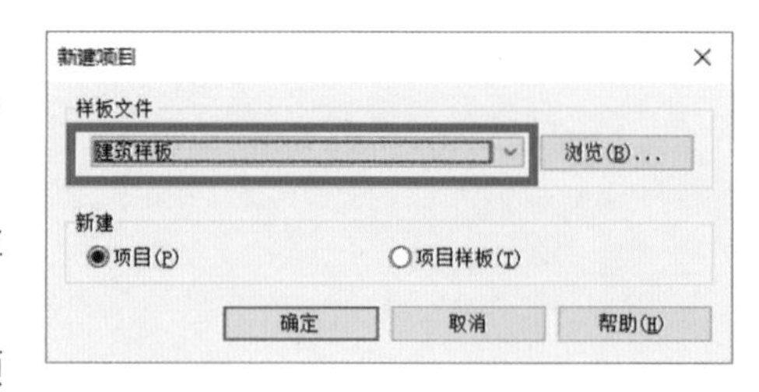

图　6－1

2）单击“管理”选项卡下“设置”面板中的“项目单位”命令，可看到项目单位按规程成组，如图 6－2 所示。

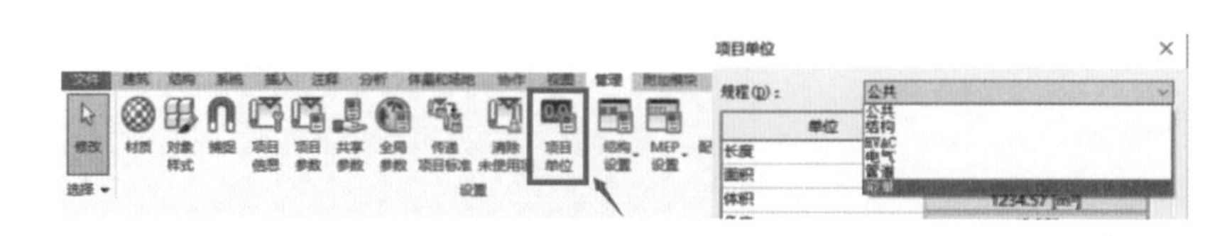

图　6－2

3）在“项目单位”对话框默认的“公共”规程下，单击“长度”右侧“格式”，在弹出的“格式”对话框中按需设置（这里使用默认设置），如图 6－3 所示。

注意：个别尺寸标注、注释、标记的单位格式，可以使用项目单位的设置，也可自行生成所需设置（即不勾选“使用项目设置”），如图 6－4 所示。

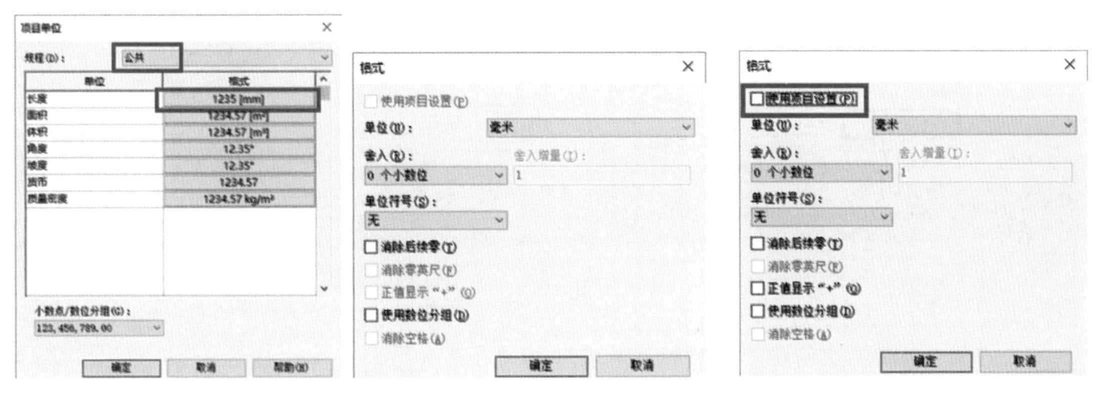

图　6－3　　　　　　　　　　　　　　　图　6－4

1.2　项目参数、共享参数设置

项目参数是定义后添加到项目多类别图元中的信息载体。项目参数可以是非共享参数，也可以是共享参数。共享参数的信息可用于多个族或项目，并出现在相应的明细表中。共享参数保存在文本文件中，允许其他项目访问。

通过共享参数创建项目参数的步骤如下。

1. 删除现文件中的项目参数

单击“管理”选项卡下“设置”面板中的“项目参数”，将对话框左边的参数全部删除，如图 6－5 所示。

2. 创建共享参数文件

1）单击“管理”选项卡下“设置”面板中的“编辑共享参数”，单击“创建”，在指定位置新建名为“GH－共享参数.txt”的文件，如图 6－6 所示。

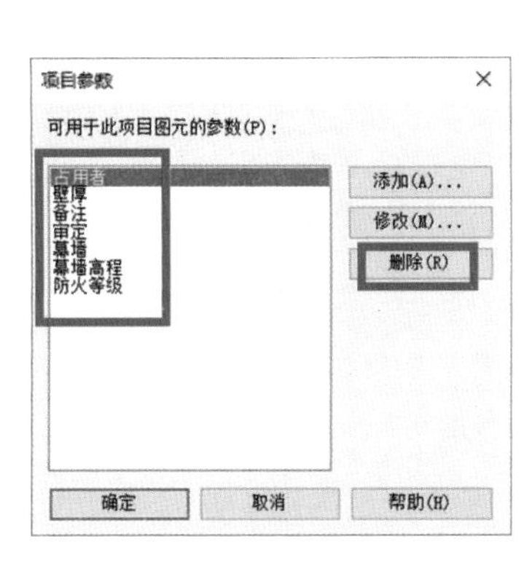

图　6－5

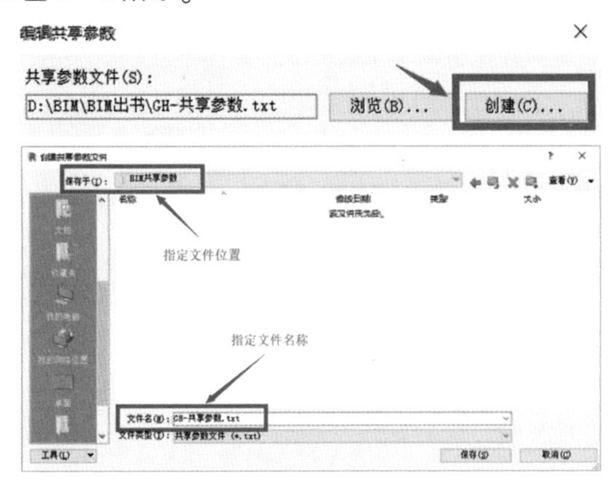

图　6－6

2）单击“组”下的“新建”，在弹出的“新参数组”对话框中，创建“名称”为“项目信息”的组，然后单击“参数”下的“新建”，在弹出的“参数属性”对话框中创建“参数类型”为“文字”，“名称”为“工程负责”的参数，如图 6－7 所示。

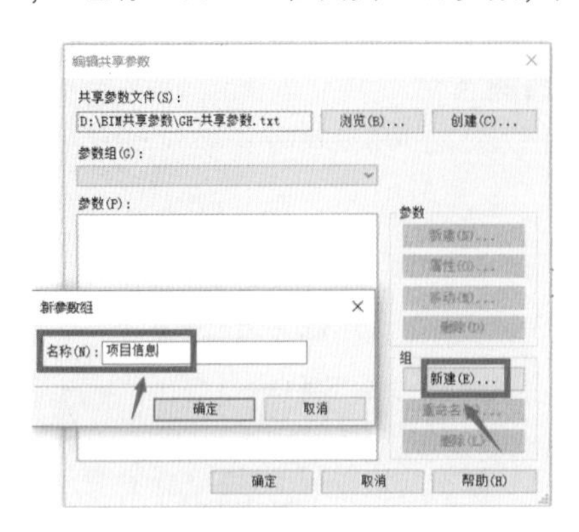

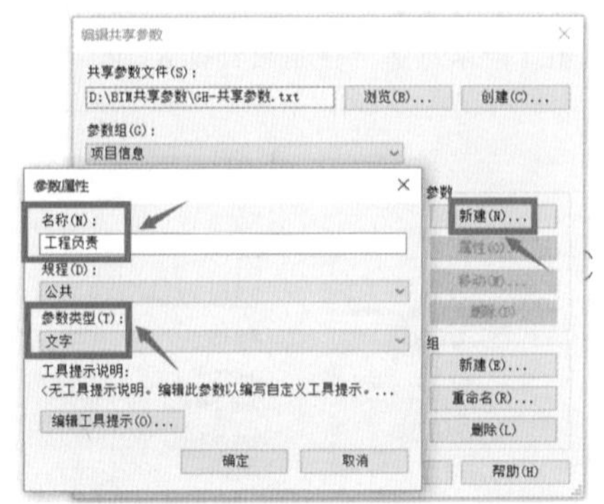

图 6－7

3）在同一组中再次创建“建筑顾问单位”和“子项名称”的参数，“参数类型”同样为“文字”，如图 6－8所示。

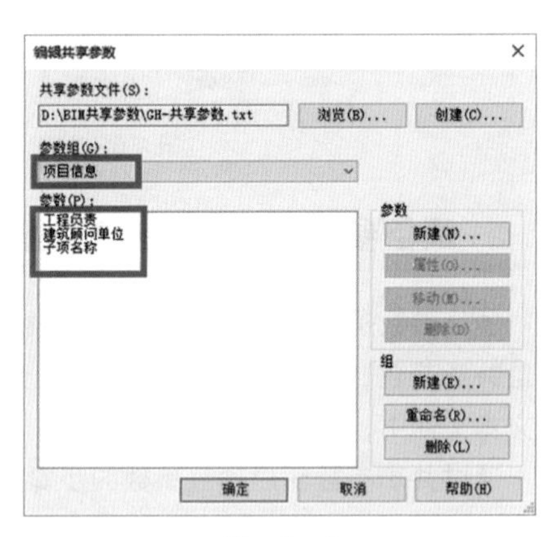

图 6－8

3. 添加项目参数

单击“管理”选项卡下“设置”面板中的“项目参数”，按图 6－9 所示为工程添加共享参数“工程负责”，并用同样方法再添加“建筑顾问单位”和“子项名称”的共享参数，完成后如图 6－9、图 6－10 所示。

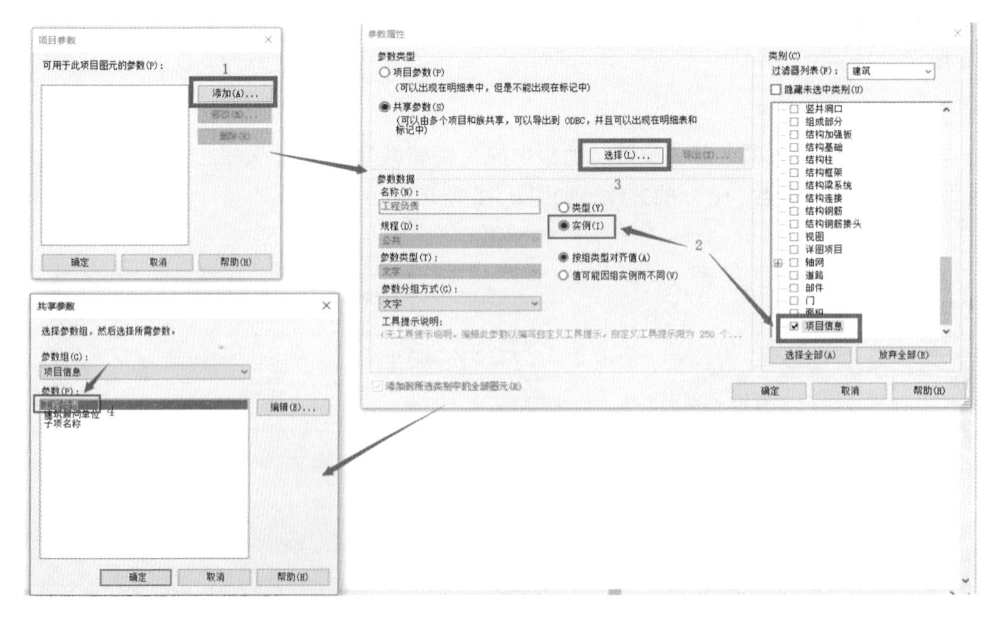

图 6－9

注意：上述3个共享参数类别均为项目信息，它们在项目信息和图纸标题栏设置中均要用到。共享参数的名称及分组名称可根据使用者的实际情况调整。

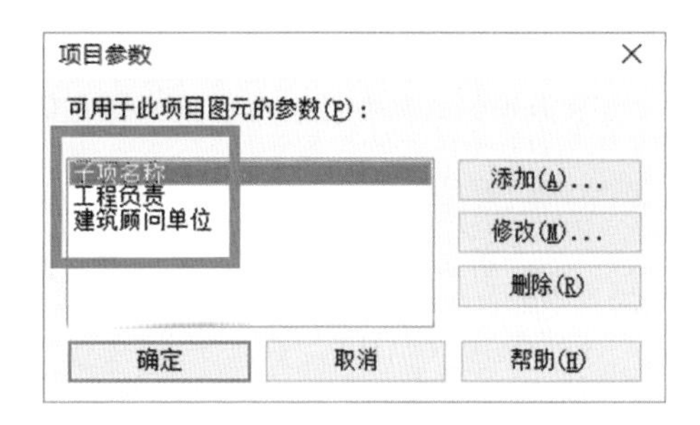

图　6－10

1.3　项目信息设置

项目信息主要是针对整个项目而设置的信息，大多会出现在图纸标题栏中。如果项目信息的参数修改，所有引用此参数的图纸均会随之更改调整。按此原则，工程负责、子项名称、建筑顾问单位等参数可放在项目信息中；而专业负责人、校对、设计、制图等属性参数在不同图纸上可能会有不同内容的参数信息，不应放在项目信息中（这类参数可放在图纸类别中）。

1）单击“管理”选项卡下“设置”面板中的“项目信息”，查看项目信息内容，如图6－11所示。

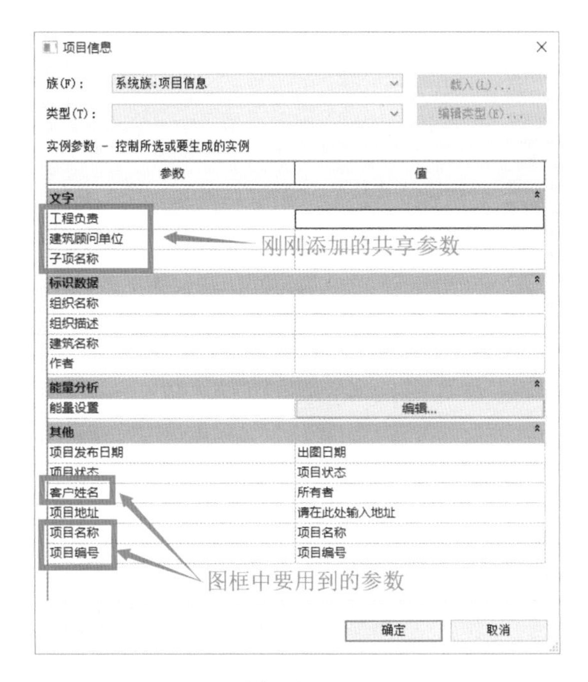

图　6－11

内置的项目信息参数中对应图纸标题栏信息见表6－1。

表　6－1

分组名称	项目信息中的参数名称	对应的图纸标题栏内容
其他	客户名称	建设单位
	项目名称	工程名称
	项目编号	工程号

新添加的共享参数对应图纸标题栏信息见表 6－2。

表　6－2

分组名称	项目信息中的参数名称	对应的图纸标题栏内容
文字	工程负责	工程负责
	子项名称	子项
	建筑顾问单位	建筑顾问单位

2）将相关信息输入“项目信息”对话框，如图 6－12 所示。

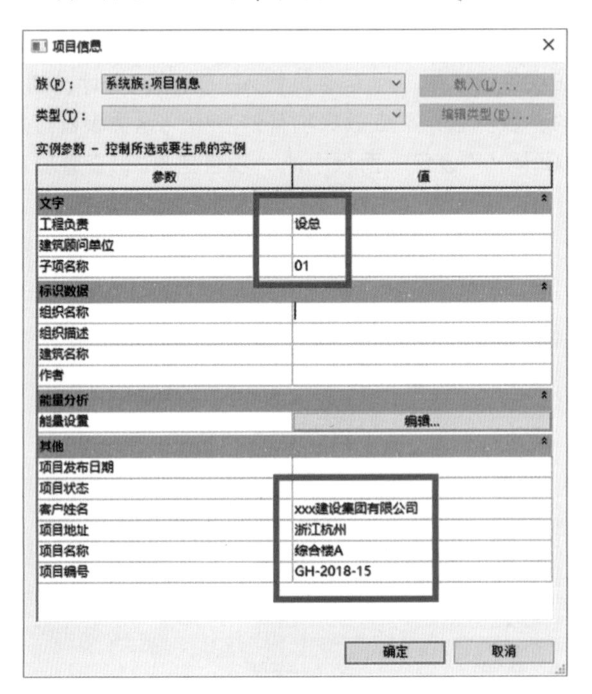

图　6－12

注意： 上述信息均为虚构，各企业可根据自身要求调整项目信息中的参数。

1.4　项目位置设置

项目可从三方面进行位置设置：项目所在地设置、项目正北设置、项目基点设置。

1. 项目所在地设置

单击“管理”选项卡下“项目位置”面板中的“位置”，在“项目地址”栏中输入“杭州”，单击“搜索”按钮，项目地址栏显示为“浙江省杭州市”，单击“确定”设置完成，如图 6－13 所示。也可通过拖动定位点到地图上的项目位置，并在项目地址中给出自定义名称来确定项目所在地。

图　6 – 13

2. 项目正北设置

1）更改视图方向：在“属性”选项板上选择“正北”作为“方向”。

2）单击“管理”选项卡下“项目位置”面板中“位置”下拉列表中的“旋转正北”命令，以图形方式将模型旋转到“正北”，即模型里南北方向与视图 Y 轴方向平行。

3）将场地视图的“方向”重置为“项目北”。

注意： 本项目的正北方向即项目北的方向。

3. 项目基点设置

本项目基点水平方向确定为①轴和Ⓐ轴的交点，竖直方向确定为正负零标高所在平面。设计中项目基点处的场地坐标为［168. 000（南北），666. 000（东西），20. 000（立面）］，单位为 m。

单击“管理”选项卡下“项目位置”面板内“坐标”下拉列表中的“在点上指定坐标”命令，然后在“场地”视图中单击“项目基点”，在弹出的“指定共享坐标”对话框中做如图 6 – 14 所示设置，同时检查确认立面中项目基点位于正负零标高所在平面。

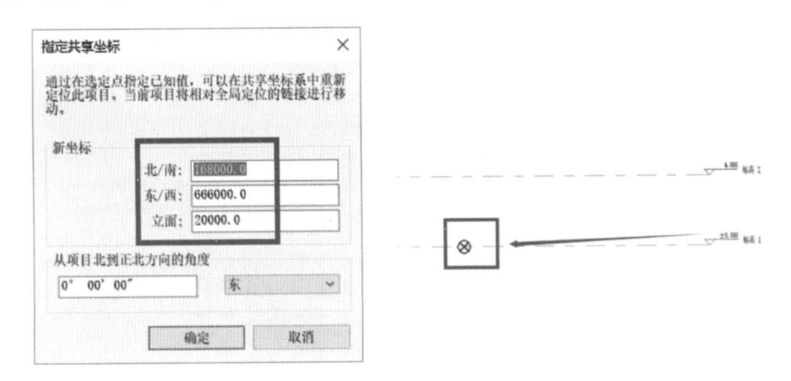

图　6 – 14

注意： 在场地视图可关闭测量点，以便于选中项目基点（测量点不需要修改）。坐标单位输入时要转换成 mm，且需注意南北和东西数值的先后顺序。

第 2 节　样式设置

2.1　线宽、线型图案、线样式设置

1. 线宽设置

模型线、透视视图线、注释线均可设置线宽。线宽在不同比例的视图中可以有不同的粗细设置。可使用“对象样式”对话框，为图元类别（如墙、窗和标记）指定线宽。模型线可以指定正交视图中模型构件（如门、窗和墙）的线宽，线宽取决于视图的比例。透视视图线可以指定透视视图中模型构件的线宽，一般用于透视图图形替换。注释线可以控制注释对象（如剖面线和尺寸标注线）的线宽。

单击“管理”选项卡下“设置”面板内“其他设置”下拉列表中的“线宽”。在“线宽”对话框中，分别单击“模型线宽”（图 6－15）、“透视视图线宽”（图 6－16）或“注释线宽”（图 6－17）选项卡，根据本项目需求设定线宽。

	1:10	1:20	1:50	1:100	1:200	1:500
1	0.1800 mm	0.1800 mm	0.1800 mm	0.1000 mm	0.1000 mm	0.1000 mm
2	0.2500 mm	0.2500 mm	0.2500 mm	0.1800 mm	0.1000 mm	0.1000 mm
3	0.3500 mm	0.3500 mm	0.3500 mm	0.2500 mm	0.1800 mm	0.1000 mm
4	0.7000 mm	0.5000 mm	0.5000 mm	0.3500 mm	0.2500 mm	0.1800 mm
5	1.0000 mm	0.7000 mm	0.6000 mm	0.5000 mm	0.3500 mm	0.2500 mm
6	1.4000 mm	1.0000 mm	1.0000 mm	0.7000 mm	0.5000 mm	0.3500 mm
7	2.0000 mm	1.4000 mm	1.4000 mm	1.0000 mm	0.7000 mm	0.5000 mm
8	2.8000 mm	2.0000 mm	2.0000 mm	1.4000 mm	1.0000 mm	0.7000 mm
9	4.0000 mm	2.8000 mm	2.8000 mm	2.0000 mm	1.4000 mm	1.0000 mm
10	5.0000 mm	4.0000 mm	4.0000 mm	2.8000 mm	2.0000 mm	1.4000 mm
11	6.0000 mm	5.0000 mm	5.0000 mm	4.0000 mm	2.8000 mm	2.0000 mm
12	7.0000 mm	6.0000 mm	6.0000 mm	5.0000 mm	4.0000 mm	2.8000 mm
13	8.0000 mm	7.0000 mm	7.0000 mm	6.0000 mm	5.0000 mm	4.0000 mm
14	9.0000 mm	8.0000 mm	8.0000 mm	7.0000 mm	6.0000 mm	5.0000 mm
15	9.0000 mm	9.0000 mm	9.0000 mm	8.0000 mm	7.0000 mm	6.0000 mm
16	9.0000 mm	9.0000 mm	9.0000 mm	9.0000 mm	8.0000 mm	7.0000 mm

图　6－15

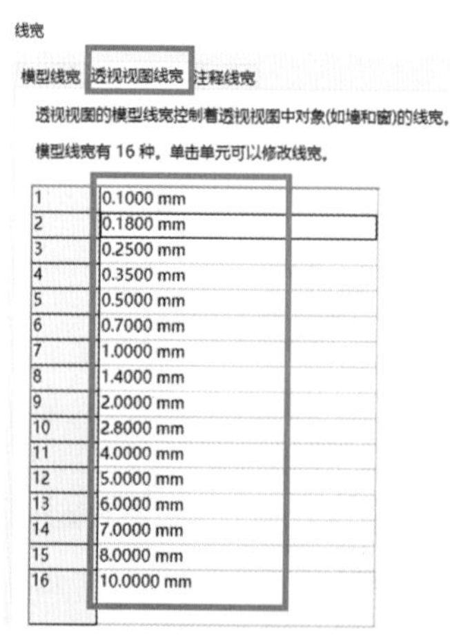

1	0.1000 mm
2	0.1800 mm
3	0.2500 mm
4	0.3500 mm
5	0.5000 mm
6	0.7000 mm
7	1.0000 mm
8	1.4000 mm
9	2.0000 mm
10	2.8000 mm
11	4.0000 mm
12	5.0000 mm
13	6.0000 mm
14	7.0000 mm
15	8.0000 mm
16	10.0000 mm

图　6－16

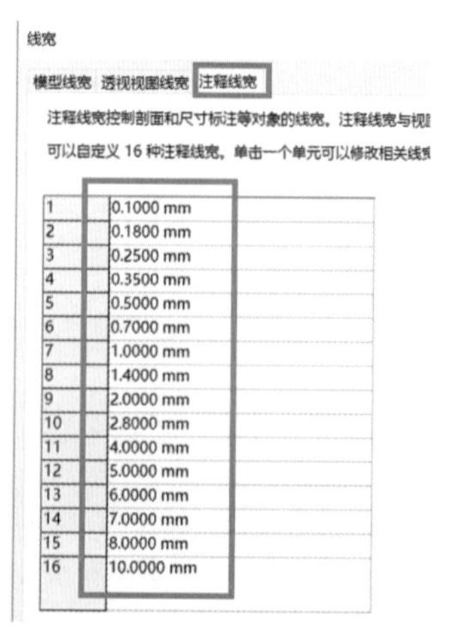

1	0.1000 mm
2	0.1800 mm
3	0.2500 mm
4	0.3500 mm
5	0.5000 mm
6	0.7000 mm
7	1.0000 mm
8	1.4000 mm
9	2.0000 mm
10	2.8000 mm
11	4.0000 mm
12	5.0000 mm
13	6.0000 mm
14	7.0000 mm
15	8.0000 mm
16	10.0000 mm

图　6－17

注意：注释符号的宽度与视图比例无关。

2. 线型图案设置

各专业可分别根据需求设置并命名各自的线型图案。

1）单击“管理”选项卡下“设置”面板内“其他设置”下拉列表中的“线型图案”。

2）在“线型图案”对话框中单击“新建”，如图 6－18 所示。

3）在“线型图案属性”对话框中，按图 6－19 中红框显示输入操作，并单击“确定”。

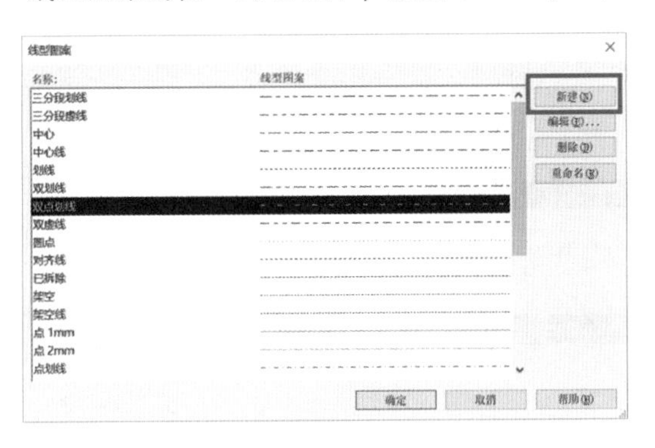

图　6－18

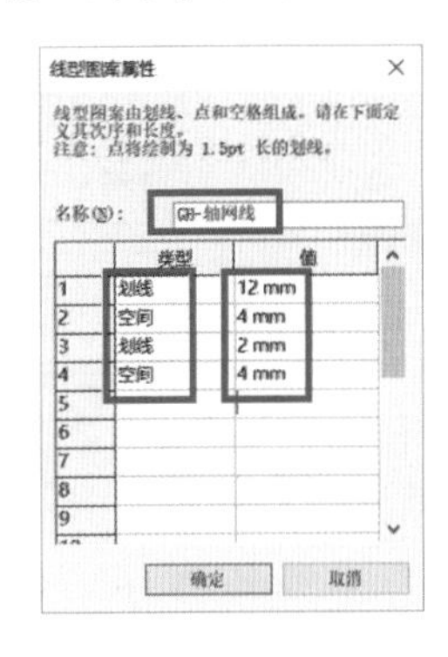

图　6－19

注意：如果线型图案属性中有圆点，其自动以 1.5mm 的间距绘制。

3. 线样式设置

每一种线样式均由线宽、线颜色和线型图案三部分组成，用于表现模型线和详图线的效果。各专业可分别根据各自需求设置各自的线型图案，并分别命名。

1）单击“管理”选项卡下“设置”面板内“其他设置”下拉列表中的“线样式”。

2）在“线样式”对话框中，单击“新建”，输入名称为“GH－架空线”，单击“确定”，该名称会在“线样式”对话框的“类别”下显示，如图 6－20 所示。

3）单击“确定”完成线样式创建。

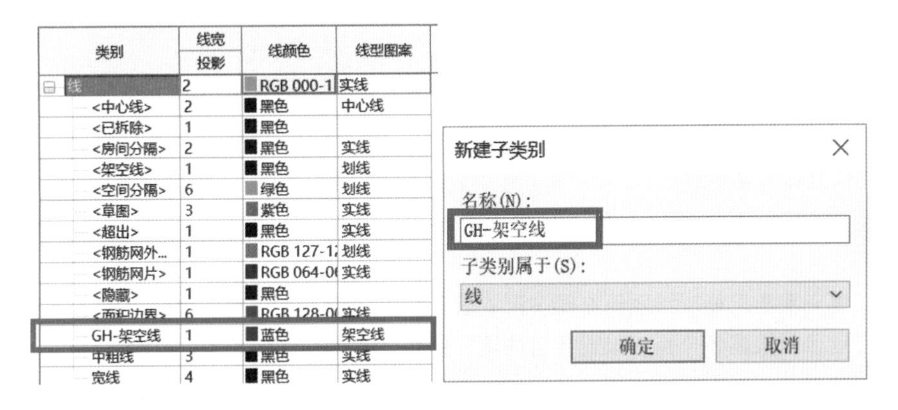

类别	线宽 投影	线颜色	线型图案
线	2	RGB 000-1	实线
<中心线>	2	黑色	中心线
<已拆除>	1	黑色	
<房间分隔>	2	黑色	实线
<架空线>	1	黑色	划线
<空间分隔>	6	绿色	划线
<草图>	3	紫色	实线
<超出>	1	黑色	实线
<钢筋网外...	1	RGB 127-1	划线
<钢筋网片>	1	RGB 064-0	实线
<隐藏>	1	黑色	
<面积边界>	6	RGB 128-0	实线
GH-架空线	1	蓝色	架空线
中粗线	3	黑色	实线
宽线	4	黑色	实线

图　6－20

2.2 填充样式设置

1. 填充样式的主要应用场合

1）材质“图形”属性中的“表面填充图案”和“截面填充图案”，如图 6-21 所示。

2）“类型属性”对话框中填充区域中的填充样式，如图 6-22 所示。

3）“可见性/图形替换”中的“投影/表面”填充图案和“截面”填充图案，如图 6-23 所示。

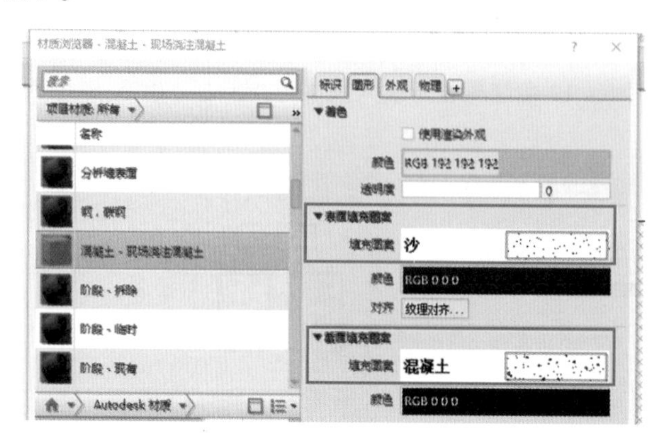

图 6-21

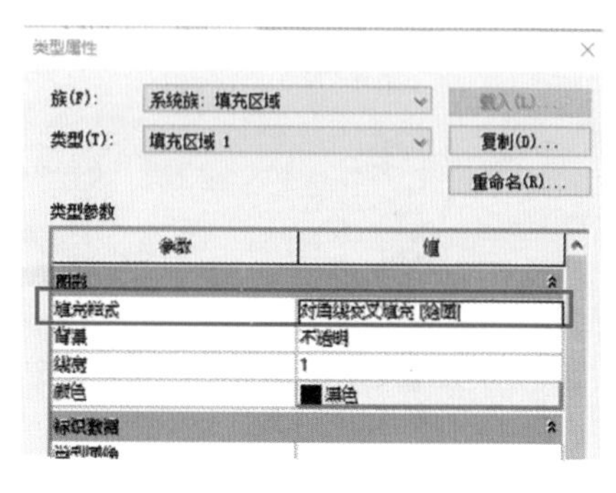

图 6-22

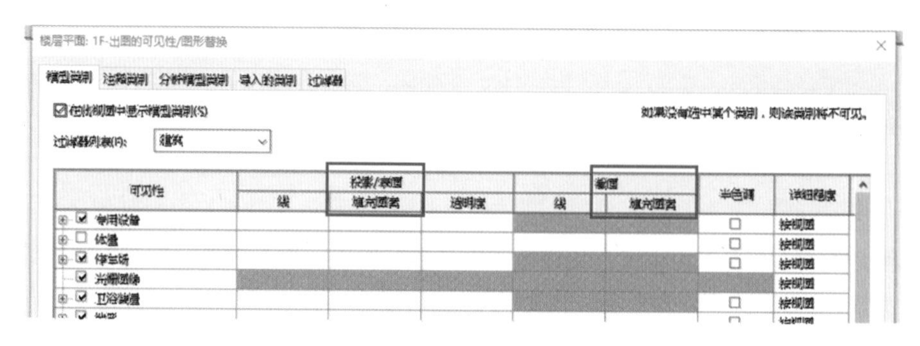

图 6-23

注意：在视觉样式的真实模式下填充图案无显示。

2. 填充样式分类

填充样式分为绘图填充图案及模型填充图案两种。绘图填充图案相对于图纸关系固定，模型填充图案相对于模型构件图元关系固定。

3. 填充样式设置原则

1）模型填充图案可以进行拖拽、对齐、移动和旋转操作，主要用于表示建筑专业的构件外观。

2）截面填充图案只能以绘图填充图案形式表示，主要用于表示构件截面的材质信息。

3）各专业分别根据各自需求设置各自的填充图案，并分别命名。

4. 填充图案创建

1）单击“管理”选项卡下“设置”面板中“其他设置”下拉列表中的“填充样式”。

2）在“填充样式”对话框的“填充图案类型”下，根据需要选择“绘图”或“模型”，单击“新填充图案”，如图 6－24 所示。

3）按图 6－25 所示完成操作，并单击“确定”。

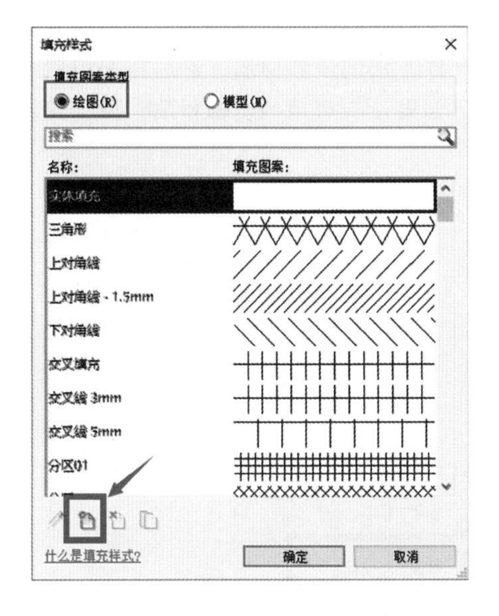

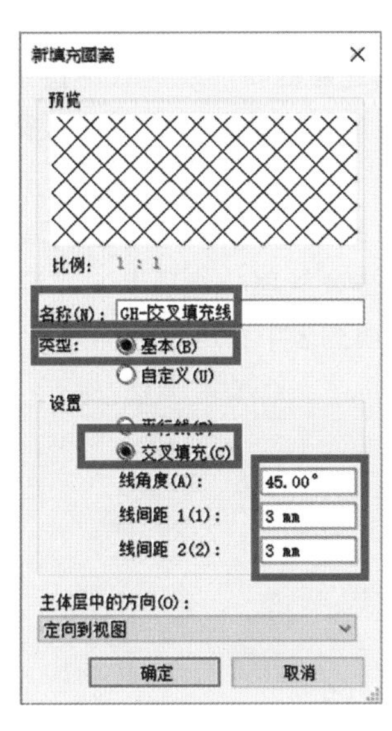

图　6－24

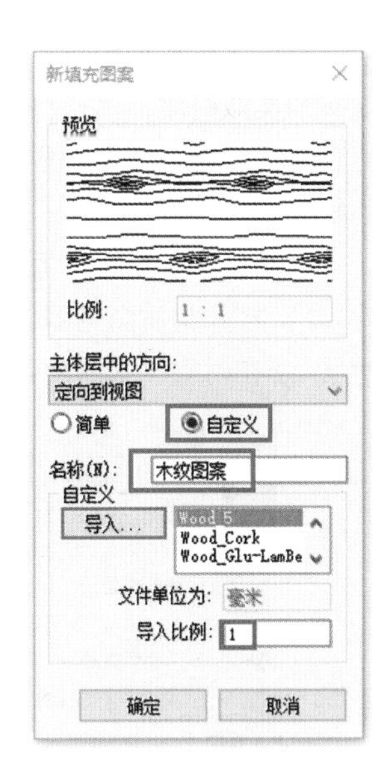

图　6－25

5. 自定义填充图案创建

1）单击“管理”选项卡下“设置”面板中的“其他设置”下拉列表中的“填充样式”命令。

2）在“填充样式”对话框的“填充图案类型”下，根据需要选择“绘图”或“模型”，单击“新建”。

3）按图红框显示操作，单击“浏览”按钮，选择自带文件中的 revit metric. pat 文件（C:\ Program Files \ Autodesk \ Revit2018 \ Data，当然也可以选择其他所需的填充图案文件），并在导入按钮右侧的菜单栏中选择“Wood_5”，单击“确定”。按图 6－26 完成操作。

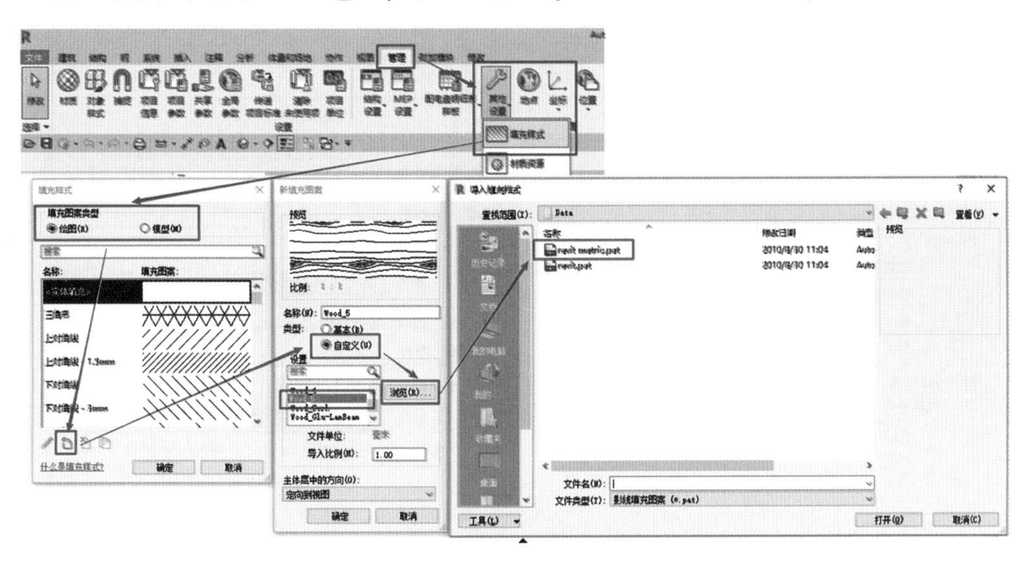

图　6－26

2.3 材质设置

材质控制模型图元在视图和渲染图像中的显示方式。创建新材质的方法有两种，一种是复制现有的类似材质，另一种是创建新的材质。建议尽量用第一种方法创建新材质，然后按需编辑名称和其他属性，这样一些相同的属性特征可以保留或微调；如果没有可用的类似材质，再创建新的材质。

在样板文件中可根据项目的实际需求设置好材质库以方便调用。

1）打开材质浏览器，单击“管理”选项卡下“设置”面板中的“材质”命令，选择“新建材质”。在材质浏览器项目材质列表中会出现名称为“默认为新材质”的材质，如图 6－27 所示。

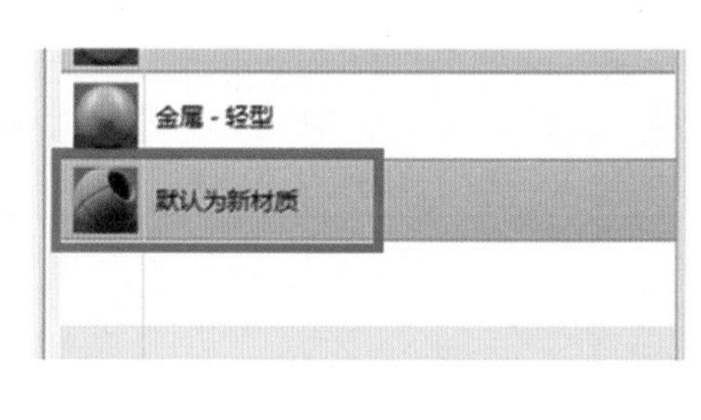

图 6－27

2）在材质浏览器项目材质列表中单击“默认为新材质”，在“材质编辑器”面板中按图 6－28～图 6－30 所示进行设置。

标识 图形 外观 +
名称 GH-钢筋混凝土
说明信息
说明
类别 混凝土
注释
关键字
产品信息
制造商
模型
成本
URL
Revit 注释信息
注释记号
标记 钢筋混凝土

标识 图形 外观 +
▼着色
使用渲染外观
颜色 RGB 120 120 120
透明度 0
▼表面填充图案
填充图案 <无>
颜色 RGB 120 120 120
对齐 纹理对齐…
▼截面填充图案
填充图案 混凝土 - 钢砼
颜色 RGB 0 0 0

图 6－28

注意：外观尽量在 Revit 提供的内置资源中选取，如不能满足需求，可在选取的外观基础上进行调整。此时要重新命名外观以免影响已调用此外观的材质效果。

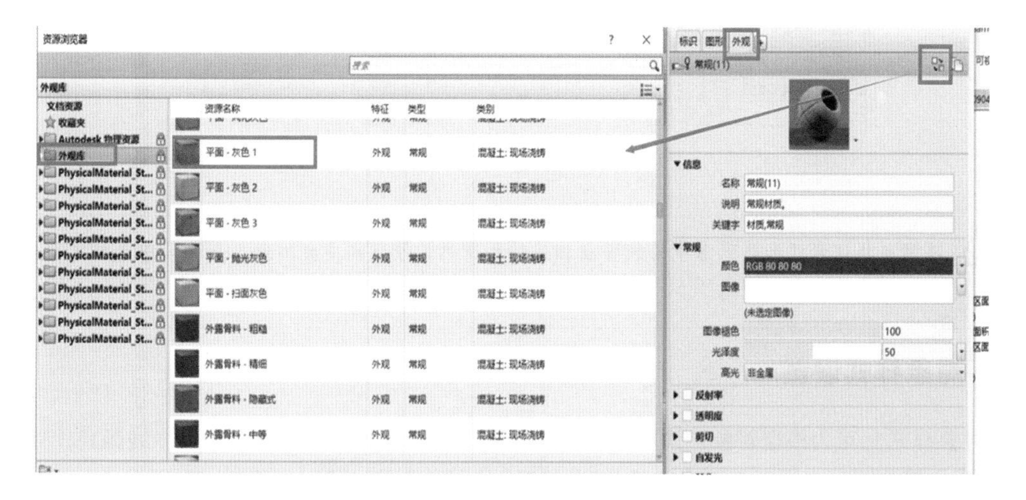

图　6 – 29

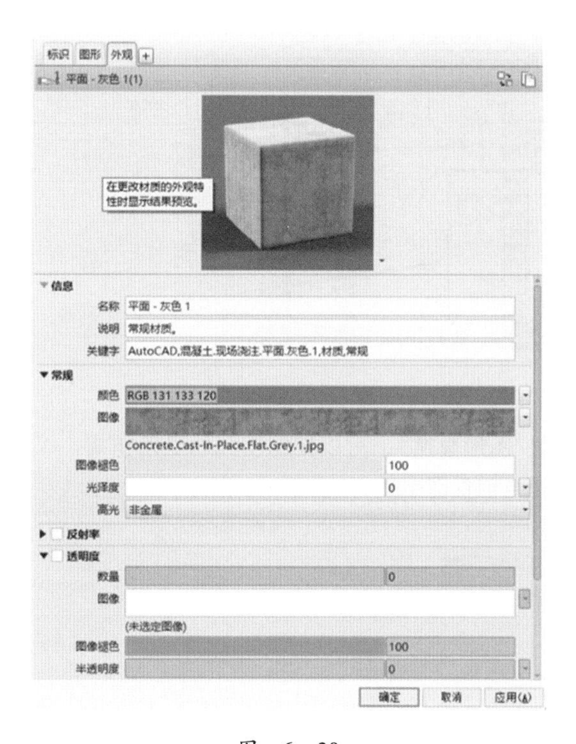

图　6 – 30

3）如需将资源添加到材质，可在“材质编辑器”面板中单击 ⊞ “添加资源”，按图 6 – 31 所示操作添加“物理资源”。采用同样方式可将“热资源”添加到材质中。

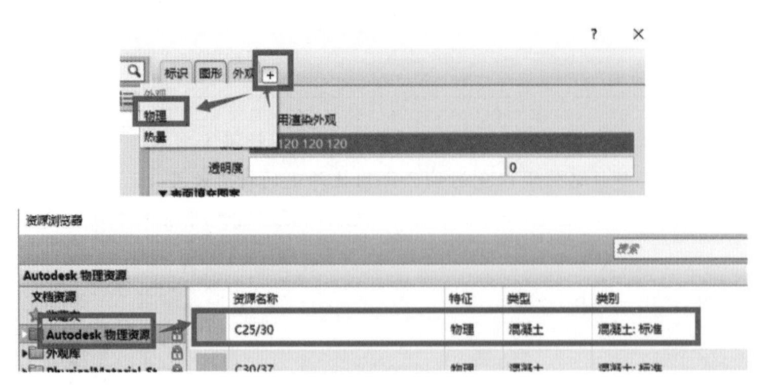

图 6－31

注意：物理资源和热资源中的数据在相关结构及热工等运算中会用到，如设计中无相关计算则可不添加此资源。

2.4 对象样式设置

“对象样式”可为模型对象、注释对象、分析模型对象和导入对象指定线宽、线颜色、线型图案、材质。模型图元在类别下还设有子类别，可以分别指定其样式，如图 6－32 所示。

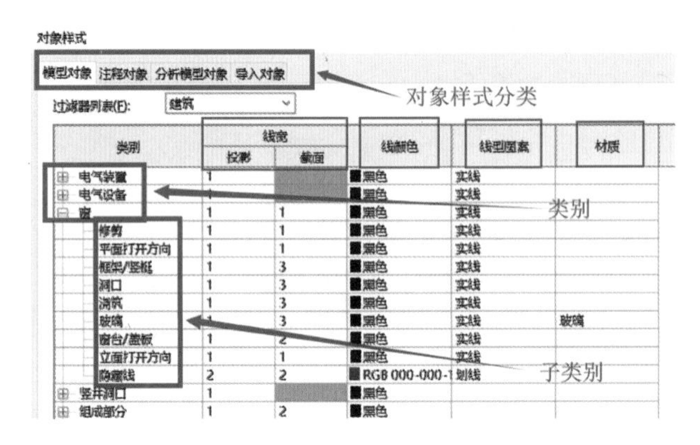

图 6－32

项目视图中的“可见性/图形替换”，可以控制图元的显示样式，以及模型对象类别和子类别在本视图的可见性（仅限于当前视图中），如图 6－33 所示。

楼层平面: 标高 1的可见性/图形替换

模型类别 注释类别 分析模型类别 导入的类别 过滤器

☑ 在此视图中显示模型类别(S)　　如果没有选中某个类别，则该类别将不可见。

过滤器列表(F): 建筑

可见性	投影/表面 线	投影/表面 填充图案	投影/表面 透明度	截面 线	截面 填充图案	半色调	详细程度
☑ 卫浴装置						☐	按视图
☐ 地形						☐	按视图
☑ 场地						☐	按视图
☑ 坡道						☐	按视图
☑ 墙						☐	按视图
☑ 天花板						☐	按视图
☐ 家具	替换...	替换...	替换...			☐	按视图

图 6－33

各专业可先在“对象样式”中进行样式设置，然后根据视图的具体显示需求在项目视图中的“可见性/图形替换”中进行进一步设置。

1）在“对象样式”中更改结构柱的显示样式。单击“管理”选项卡下“设置”面板中的“对象样式”，按图 6－34 所示操作。

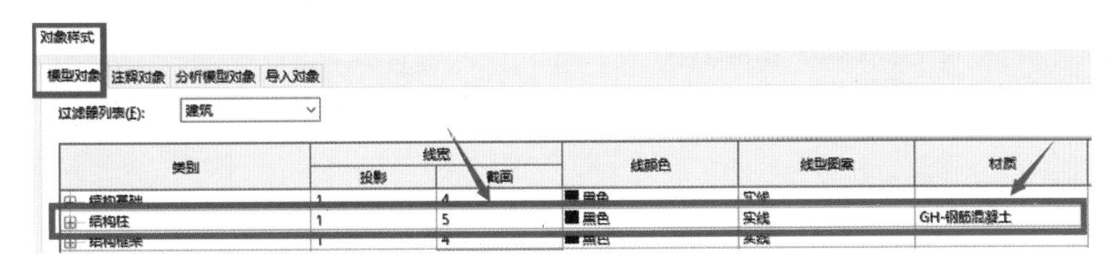

图　6－34

2）在视图中的“可见性/图形替换”中再次设置结构柱的显示样式。在标高 1 的平面视图属性中打开“可见性/图形替换”对话框，按图 6－35 所示调整截面填充图案。

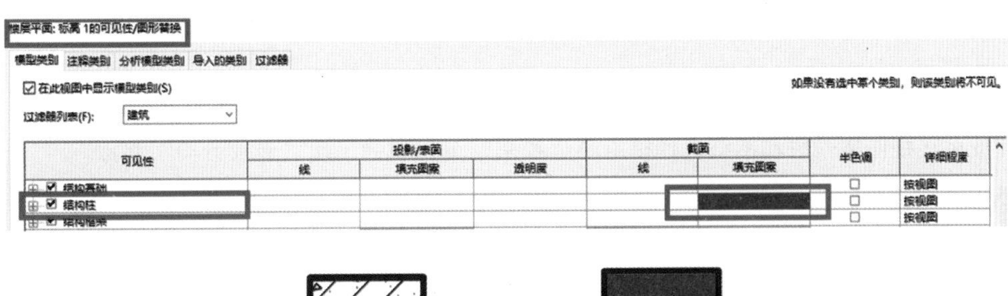

图　6－35

3）图 6－35 左边为其他平面视图的结构柱隐藏线显示效果，右边为标高 1 视图结构柱的隐藏线显示效果。

注意：这里左边结构柱属性的材质设为“按类别”才会有此效果。如果结构柱另设材质，则按另设材质显示效果。

第 3 节　视图与图纸的相关设置

3.1　浏览器组织设置

可以使用浏览器组织工具对视图和图纸进行编组和排序。项目浏览器默认显示所有视图（按视图类型）、所有图纸（按图纸编号和图纸名）。

使视图和图纸在项目浏览器中按专业显示，操作步骤如下。

1. 添加项目参数

单击“管理”选项卡下“设置”面板中的“项目参数”命令，在“项目参数”对话框中单击

“添加”，在“参数属性”对话框中按图 6－36 所示输入。

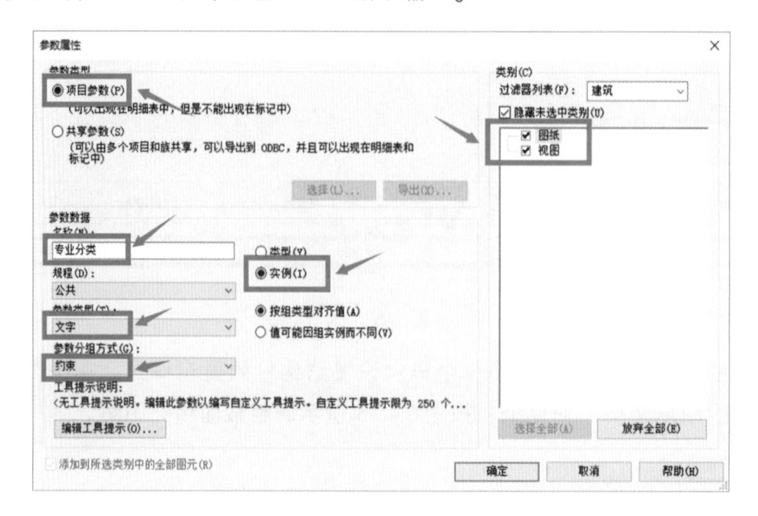

图 6－36

完成后在视图属性栏和图纸属性栏中的“约束”分组中会出现“专业分类”参数。

注意：添加此参数的目的是为了在协同操作的设计环境中，将建、结、水、电、暖各专业专属的视图和图纸更明晰地归类。

2. 添加视图浏览器组织方案

单击“视图”选项卡下“窗口”面板内“用户界面”下拉列表中的“浏览器组织”选项，按图 6－37 操作。

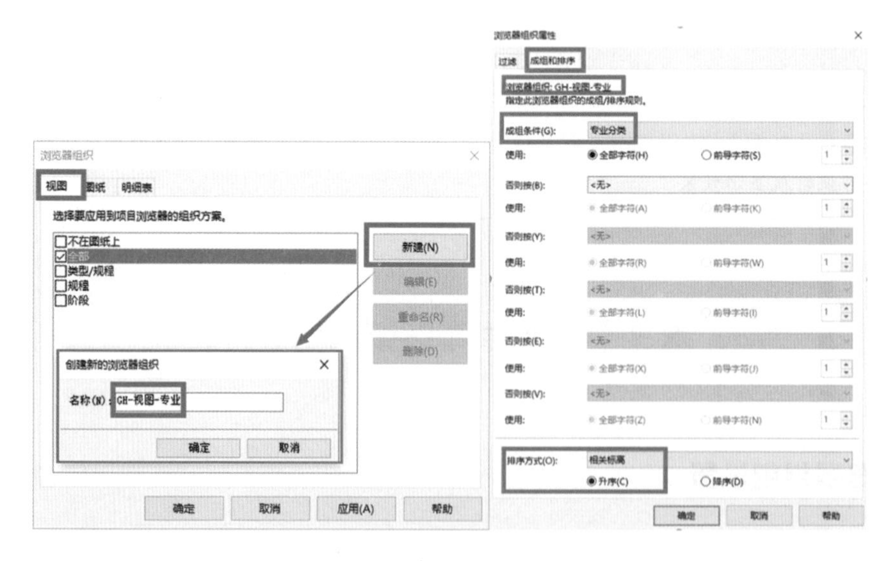

图 6－37

注意：按上述方法组织的视图浏览器可按专业进行分类，前提是每张视图的“专业分类”参数均按要求设置。

3. 添加图纸浏览器组织方案

单击“图纸”选项卡下“窗口”面板内“用户界面”下拉列表中的“浏览器组织”选项，按图 6 – 38 操作。

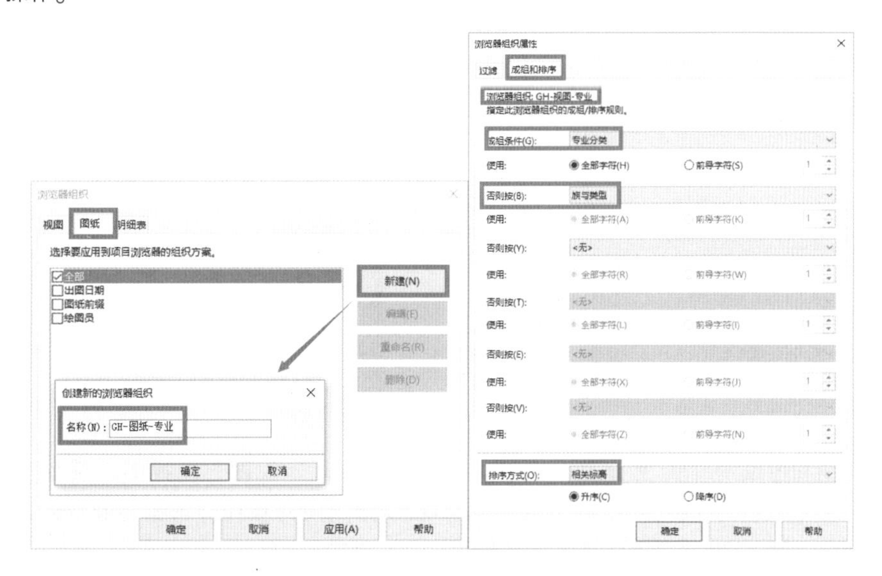

图　6 – 38

注意：按上述方法组织的图纸浏览器可按专业进行分类，前提是每张图纸的“专业分类”参数均按要求设置。

3.2　视图与图纸分类设置

1. 规则

完成视图和图纸的浏览器组织后，需要按一定的规则进行视图和图纸的分组和命名。

1）视图和图纸的“专业分类”实例参数按专业赋予文字名称：01 – 建筑、02 – 结构、03 – 给排水、04 – 电气、05 – 暖通。

2）平、立、剖面视图生成“建模”和“出图”两个视图类型。三维视图和详图视图可按原样板默认类型。

3）视图名称命名方法：在视图本体名称前加上专业及应用代码，专业符号为 A（建筑）、S（结构）、P（给水排水）、E（电气）、M（暖通），应用代码为 P（出图）、M（建模），如 AP – 1F 为建筑专业出图 1F 平面。

注意：平立剖面“建模”和“出图”视图类型可根据需要灵活使用，同位置的平、立、剖视图不一定均生成“建模”和“出图”两个视图。

以上规则和参数设置，使用者可根据实际工作进行变化，目的是准确便捷地建模和出图。

2. 规则设置步骤

1）建立新平面类型。在“标高 1”的“属性”面板中单击“编辑类型”，在打开的“类型属性”对话框中按图 6－39 操作，添加“出图”类型。同样操作，可添加“建模”类型。

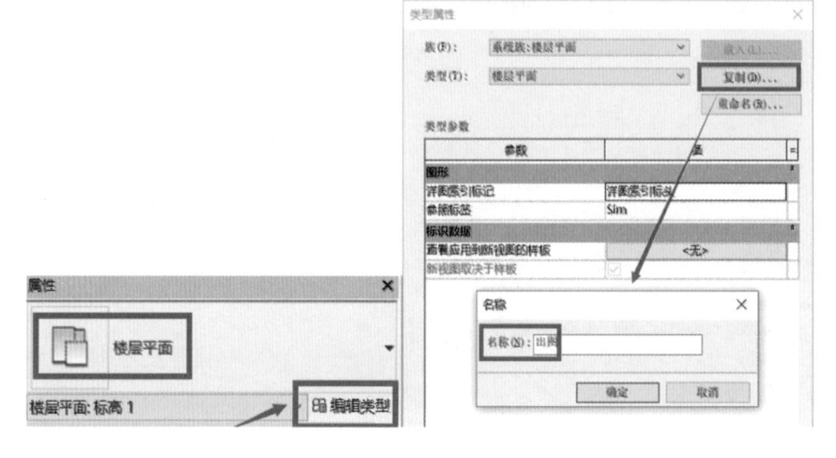

图 6－39

2）给视图和图纸的“专业分类”赋值。单击“标高 1”视图，在视图“属性”面板中给“专业分类”参数赋值为“01－建筑”，如图 6－40 所示。同样操作，可给各专业的视图按“序号＋专业名称”的方式赋值，完成后的显示如图 6－41 所示。

3）按规则规范视图名称。将视图名称“标高 1”改为“AP－1F”，最终完成后，项目浏览器上的显示样式如图 6－42 所示。

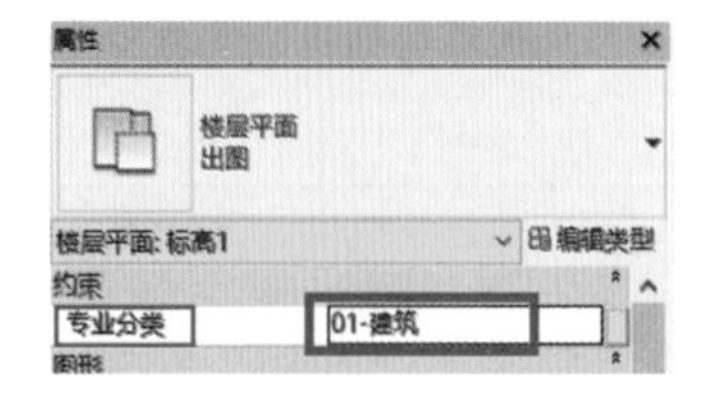

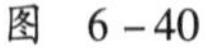

图 6－40

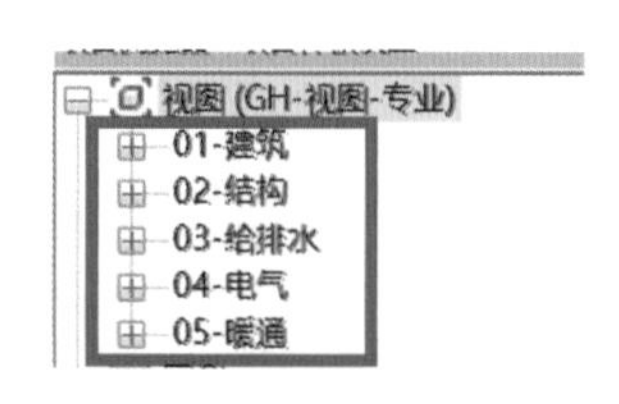

图 6－41

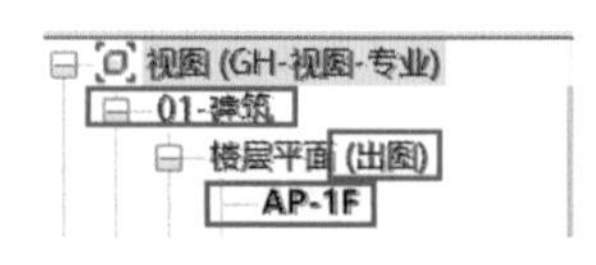

图 6－42

注意：视图名称的命名规则是保证所有同一视图类别中的视图名称不会重复（在 Revit 中也不允许重复）。

3.3 视图过滤器设置

视图过滤器可以控制视图中共享公共属性的图元的可见性和图形显示，可以将多个过滤器应用于同一视图，也可将一个选择过滤器应用于多个视图。

1. 创建关于墙属性的过滤器

打开视图平面“AP－1F”，现有墙体如图 6－43 所示。

单击“视图”选项卡下“图形”面板中的“过滤器”命令，按图 6－44 操作，生成名称为“GH－墙－200 厚”的过滤器。

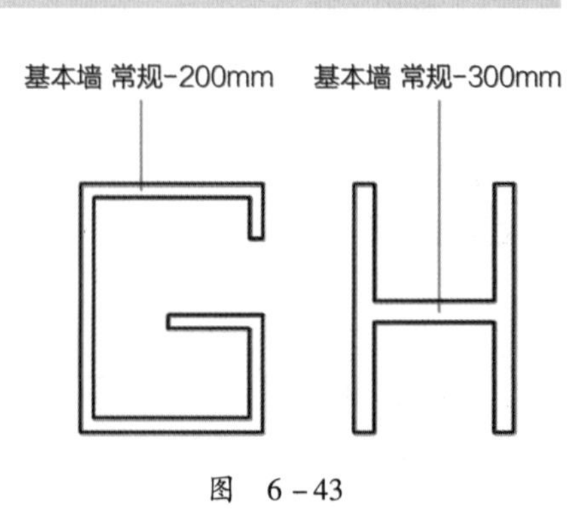

图 6－43

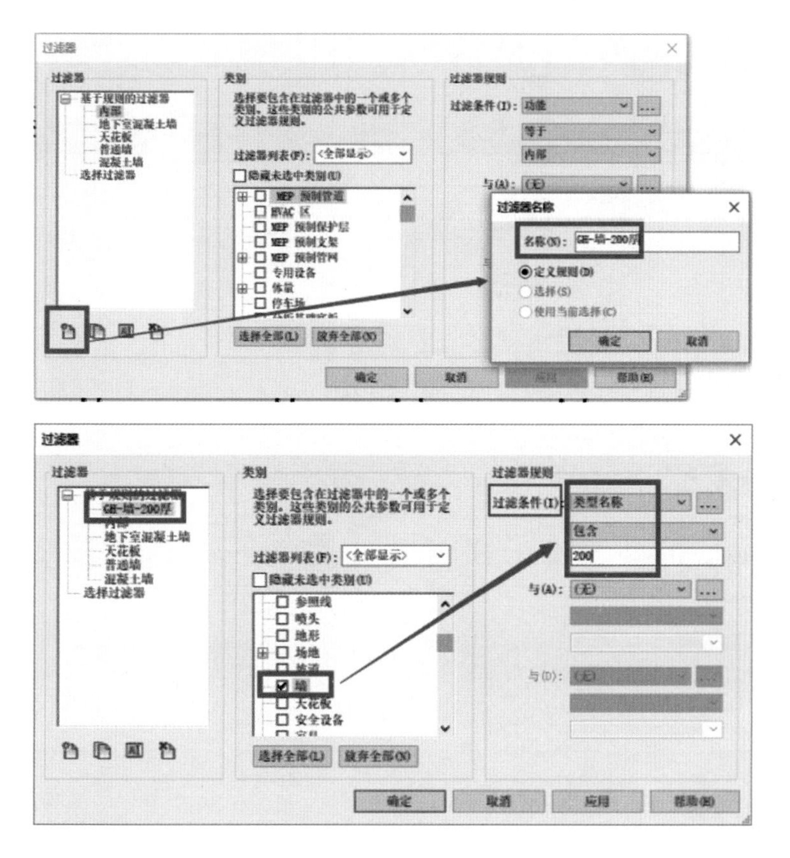

图 6-44

2. 在视图中应用过滤器

单击“视图”选项卡下“图形”面板中的“可见性/图形替换”命令，然后单击“过滤器”选项卡，按图6-45添加名称为“GH-墙-200厚”的过滤器，并按图6-46、图6-47进行截面调整。完成后的墙体对比效果如图6-48所示。

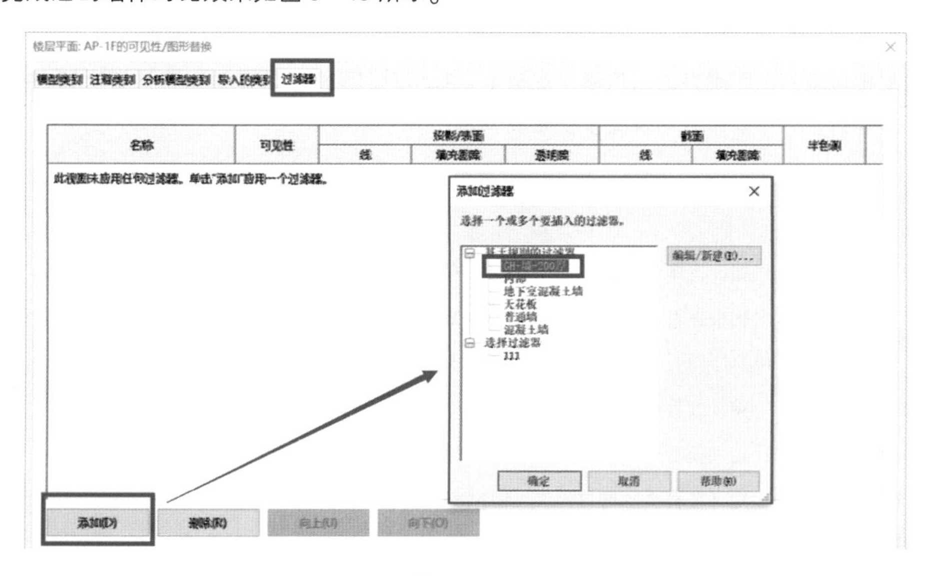

图 6-45

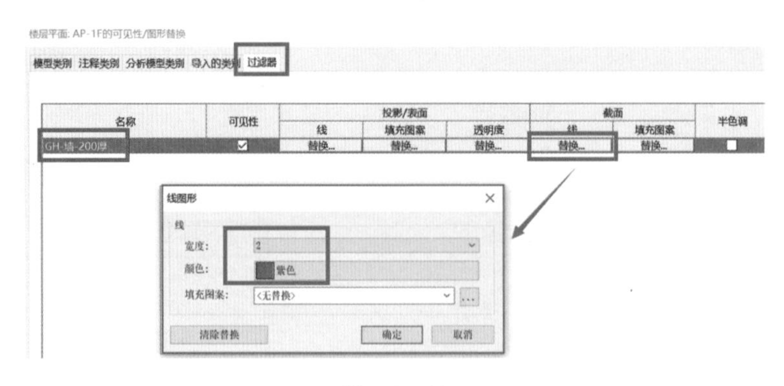

图 6-46

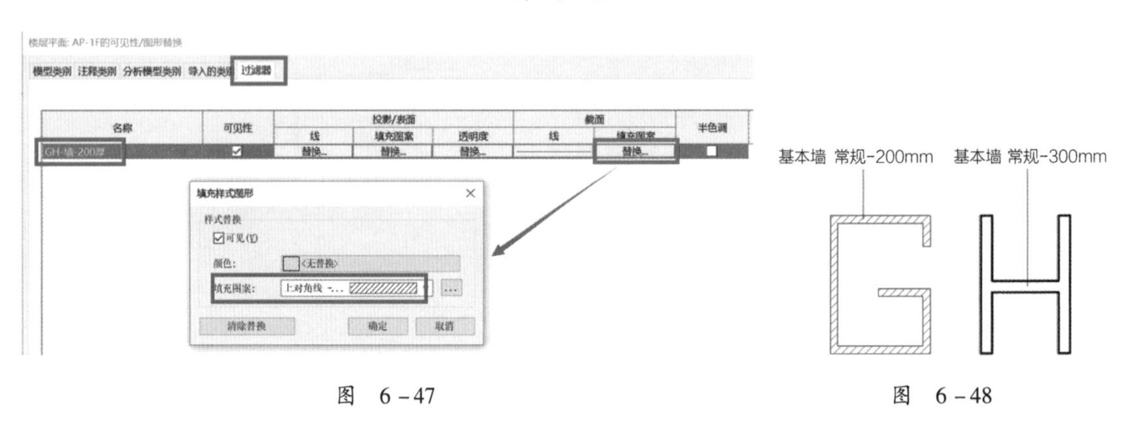

图 6-47

图 6-48

注意：各专业根据需要设置本专业的浏览器时，建议在名称前加专业代码前缀。

3.4 视图样板设置

1. 视图样板属性

视图样板是一系列视图属性的标准设置。使用视图样板可以确保设计文档的一致性。视图样板可以控制相当多的视图属性。常用属性见表 6-3。可以通过对现有的视图样板进行复制修改来创建新视图样板，也可以在当前视图中创建新视图样板。

表 6-3 视图样板中部分视图属性介绍

名称	说明
视图比例	指定视图的比例。如果选择“自定义”，则可以编辑“比例值”属性
比例值 1：	指定来自模型视图中非实体图元的缩放比例，实体图元的缩放比例只有将其放置到图纸视图内时才会正常显示
详细程度	将详细程度设置应用于视图中
V/G 替换模型	定义模型类别的可见性/图形替换
V/G 替换注释	定义注释类别的可见性/图形替换
V/G 替换过滤器	定义过滤器的可见性/图形替换
V/G 替换工作集	定义工作集的可见性/图形替换

（续）

名称	说明
模型显示	定义表面（视觉样式，如线框、隐藏线等）、透明度和轮廓的模型显示选项
阴影	定义视图的阴影设置
背景	对于三维视图，指定要显示的背景，其中包括天空、渐变色或图像
远剪裁	对于立面和剖面，指定远剪裁的平面设置，处于剪裁范围外的将不可见
视图范围	定义平面视图的视图范围
方向	将项目定向到项目北或正北
规程	确定规程专有图元在视图中的显示方式
颜色方案位置	指定是否将颜色方案应用于背景或前景
颜色方案	指定应用到视图中的房间、面积、空间或分区的颜色方案
系统颜色方案	指定管道和风管的颜色方案
截剪裁	指定平面视图的“视图范围”中“视图深度”设置的标高的剪裁的设置

2. 视图样板设置步骤

1）单击“视图”选项卡下“图形”面板内“视图样板”下拉列表中的“管理视图样板”命令。按图 6－49 操作后，在弹出的“视图属性”对话框中按需对所需要的尺寸进行修改。

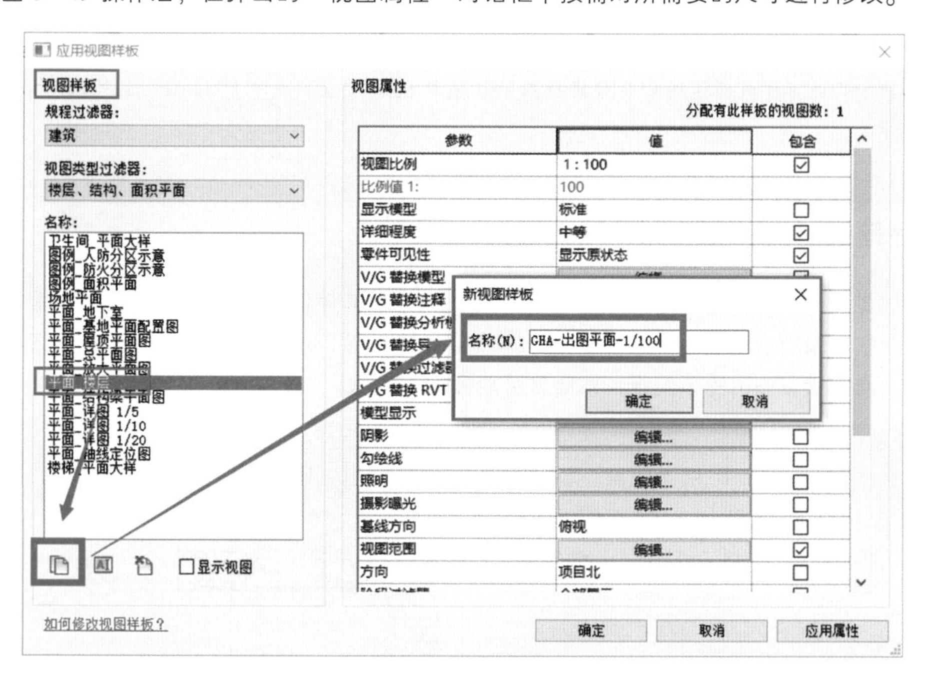

图　6－49

2）将视图样板指定给视图。单击平面视图“AP－1F”视图属性中“视图样板”右侧的“＜无＞”按钮，如图 6－50 所示，在弹出的“指定视图样板”对话框中选择名称为“GHA-出图平面-1/100”的样板，单击“确定”按钮关闭对话框。视图属性显示如图 6－51 所示。

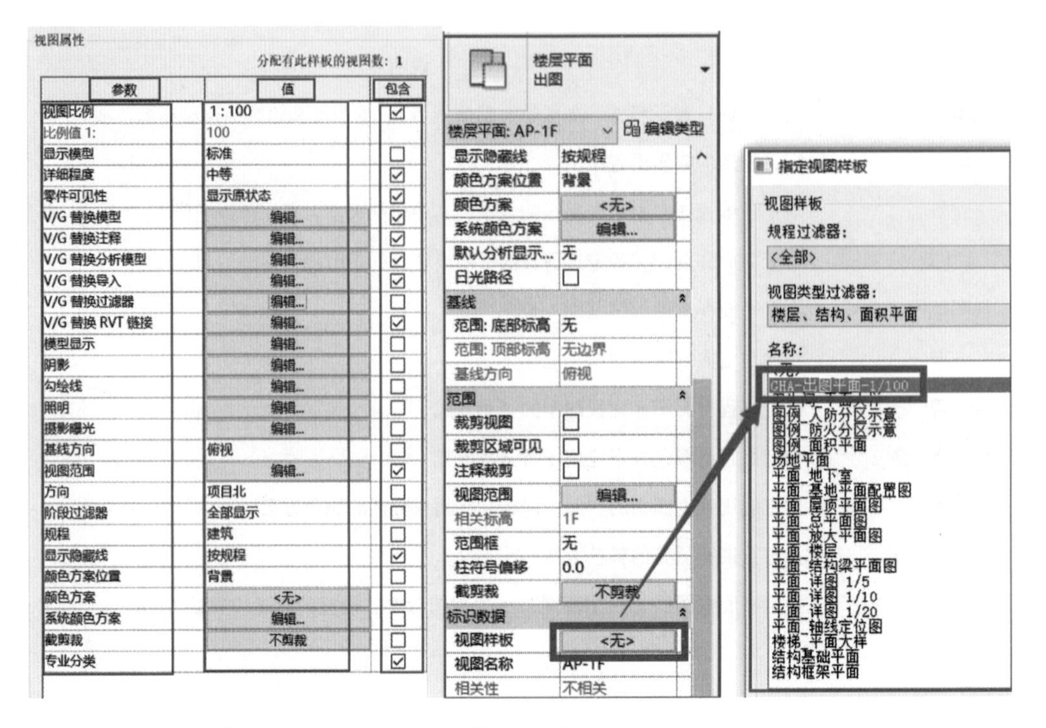

图 6-50

> **注意：** 视图样板在指定给视图后样板内容仍可修改，所有已指定此视图样板的视图均会按修改后的视图样板进行显示。

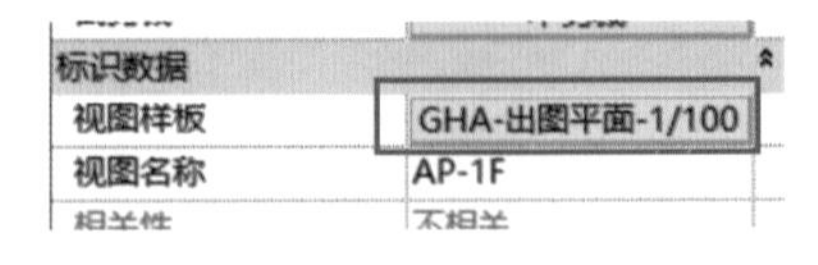

图 6-51

3.5 标题栏制作

标题栏是一个图纸样板，定义了图纸的大小、外观和其他信息。可以使用族编辑器创建标题栏族。标题栏一般包含以下两种类型信息：①项目专有信息，应用于项目中的所有图纸；②图纸专有信息，对于项目中的每张图纸，此信息可能会各不相同。

1. 创建标题栏

单击“文件”选项卡下“新建”下的“标题栏”命令在“新标题栏”对话框中，选择“A1 公制.rft”，然后单击“打开”，如图 6-52 所示。

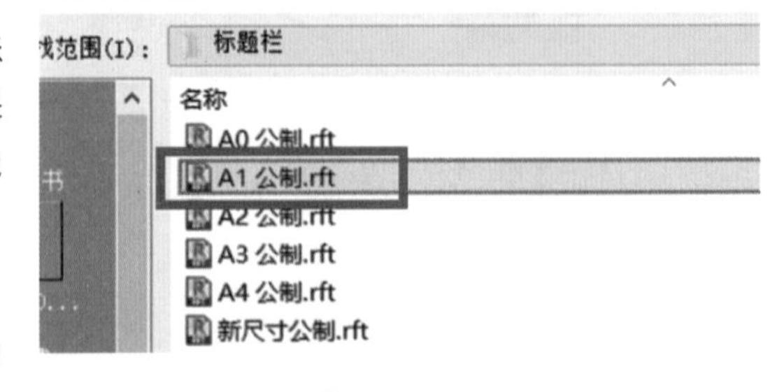

图 6-52

2. 导入 CAD 标题栏

1）单击“插入”选项卡下“导入”面板中的“导入 CAD 格式”。

2）在“导入 CAD 格式”对话框中，定位并选择 CAD 文件“GH-图框底图 CAD. dwg”。

3）按图 6-53 指定所需的导入选项，单击“打开”。

4）移动导入的文件与族编辑器中的 A1 边界线重合。

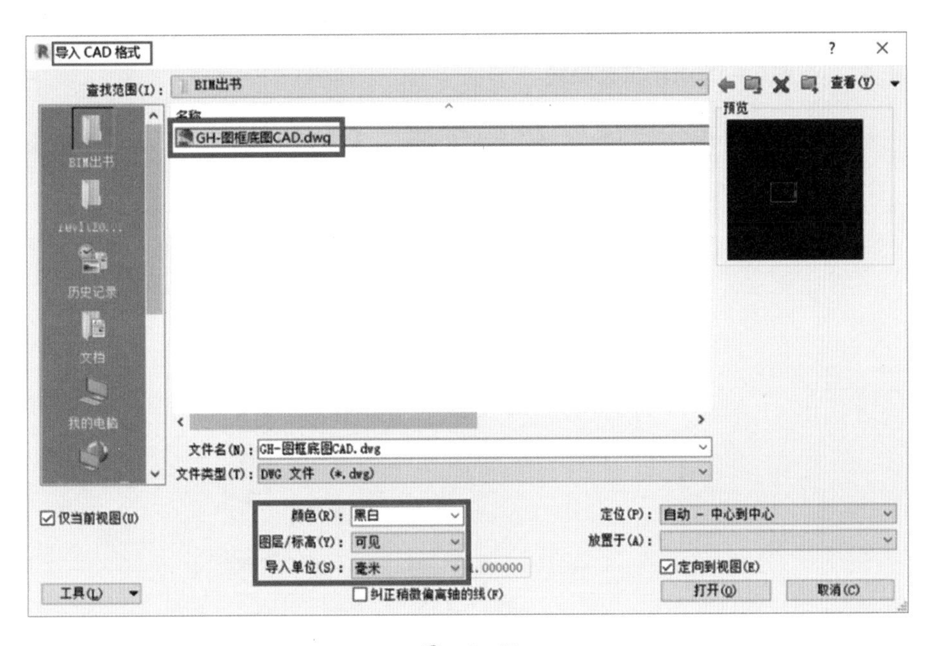

图　6－53

3. 添加宽线

1）单击“管理”选项卡下“设置”面板中的“对象样式”命令，新建图框子类别“TK-1.4”，如图6－54所示。

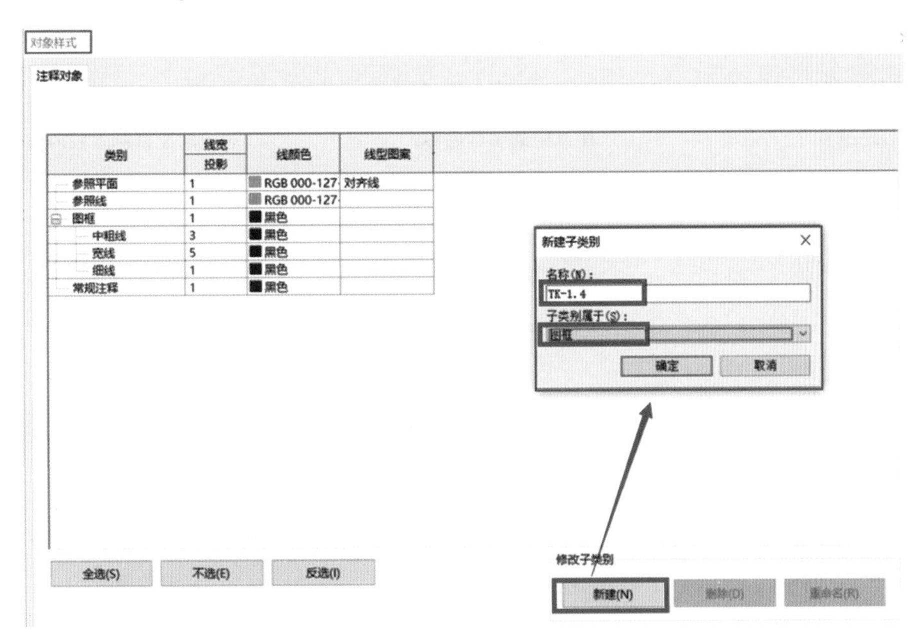

图　6－54

注意： 图框及子类别的样式设置在项目样板文件中完成，无须在族编辑器中设置。

2）单击“创建”选项卡下“详图”面板中的“线”命令，在图6－55中，选取“子类别”为“TK－1.4”，在图6－55所示位置画线。

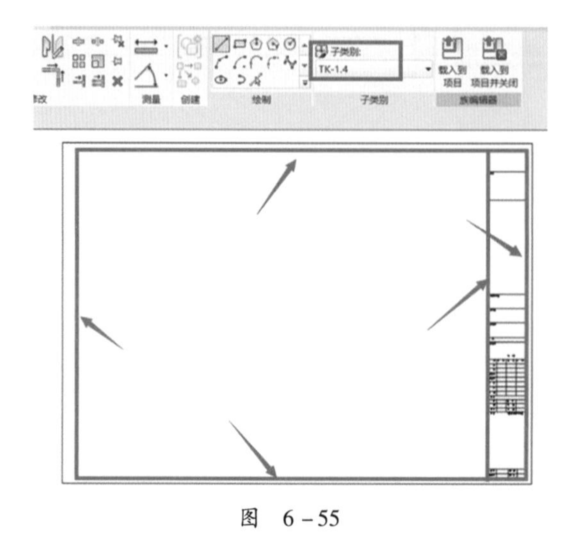

图　6－55

4. 完善自定义字段所需的信息

1）项目专有信息。项目专有信息在项目文件中的“项目信息”内，具体详见“项目信息”章节。

2）图纸专有信息。图纸专有信息在项目文件中的图纸实例属性中，利用的内置参数和需添加的共享参数见表6－4。

表　6－4

分组名称	图纸中的参数名称	对应的图纸标题栏内容
标识数据	审核者	审核
	设计者	设计
	绘图员	制图
	图纸名称	图纸名称
	图纸编号	图号

需添加到图纸实例属性的共享参数对应的图纸专有信息见表6－5。

表　6－5

分组名称	图纸中的参数名称	对应的图纸标题栏内容
文字	修改版次	修改版次
	工种负责	工种负责
	图别	图别
	校对	校对

注意：添加共享参数的方法参见第六章第一节中的“项目参数、共享参数设置”。

5. 将自定义字段添加到标题栏中

在相应位置添加标签，编辑标签对应“参数名称”，设置标签类型属性（字体、大小和宽度系数等），完成后如图 6－56 显示。

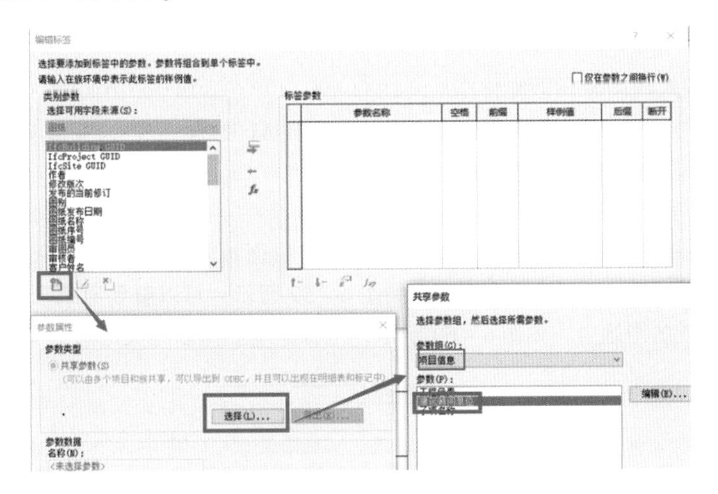

图　6－56

同理，将其他自定义字段添加到标题栏中，如图 6－57 所示，完成后如图 6－58 所示。

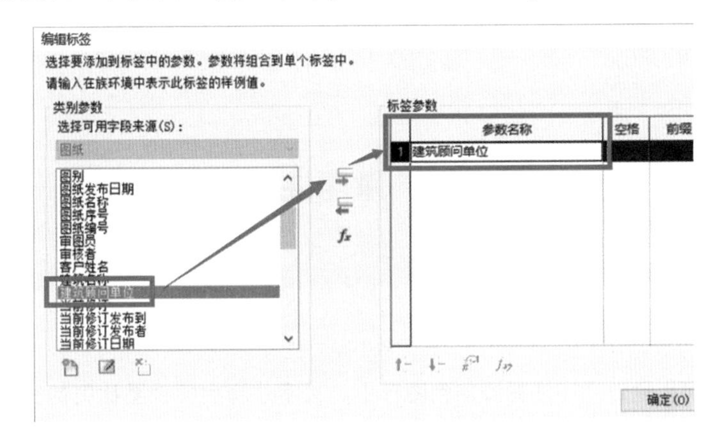

图　6－57

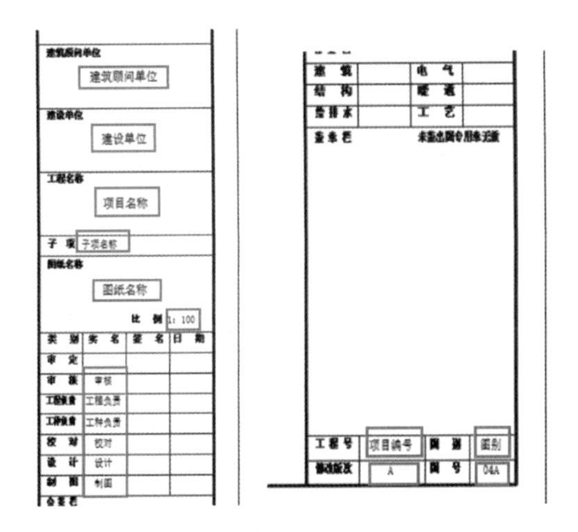

图　6－58

注意： 本项目标题栏共有 16 个自定义字段，其中项目信息字段 6 个，图纸信息字段 9 个，视图信息字段 1 个（比例）。

6. 将标题栏载入到项目样板文件中

1）将上一步完成的文件保存，设置名称为“GH-A1 图框 . rfa”，并载入到项目样板文件“GH-项目样板”中。

2）加载图纸专有信息的共享参数。

3）添加图纸：单击“视图”选项卡下“图纸组合”面板中的“图纸”命令，在“选择标题栏”中选择“GH-A1 图框”，单击“确定”，如图 6－59 所示。可以看到原来项目样板中设置好的信息已出现在新生成的图纸中，如图 6－60 所示，可根据需要修改相关信息。

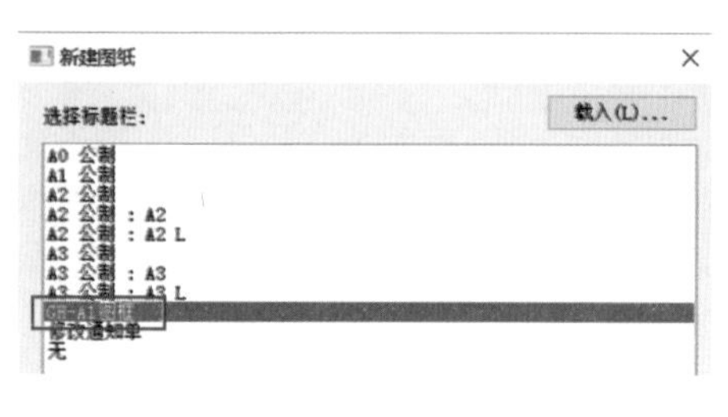

图 6－59

图 6－60

第 4 节　常用注释设置

4.1 文字注释设置

说明性的文字可以通过文字注释添加到图形中。文字注释会随视图比例的变化自动调整大小，以确保其在图纸中的字高统一。在将文字注释添加到图形中时，可以控制引线、文字换行和文字格式的显示。

单击“注释”选项卡下“文字”面板中的“文字类型”图标，在“类型属性”对话框中，任意复制一种类型，命名为“GH-仿宋-2. 5-0. 7”，并按图 6－61 调整数值。

注意：

1. 建议文字类型的命名方法为“单位缩写-（字体名称）－（文字大小）－（宽度系数）”。
2. 从 Revit2017 开始，文字大小开始使用大写字母高度为基准，如图 6－62 所示。汉字高度与大写字母高度的比例为 4:3。

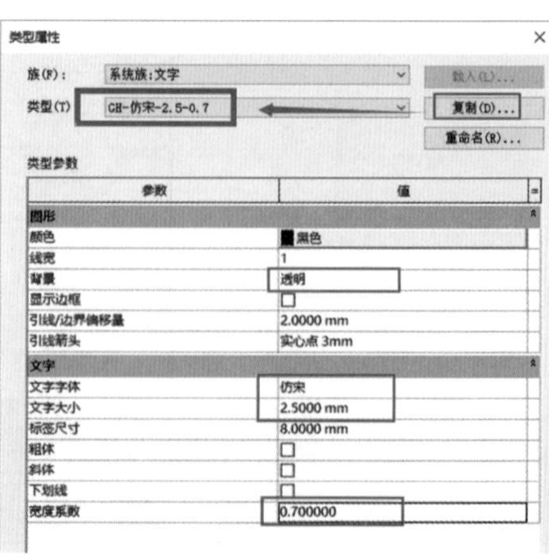

图 6－61

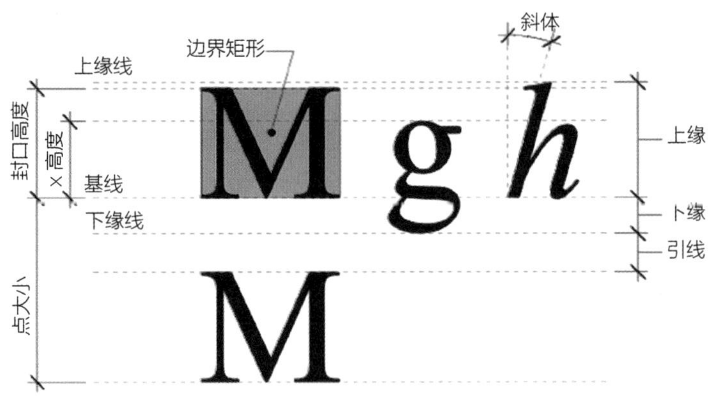

图　6－62

4.2　尺寸标注设置

尺寸标注在项目中显示测量值，包括对齐标注、线性标注、角度标注、半径标注、直径标注、弧长标注、高程点标注、高程点坐标、高程点坡度等。以上标注均为系统族，可为每个标注系统族建立所需类型。

1）单击“管理”选项卡下“设置”面板内“其他设置”下拉列表中的“箭头”。在“类型属性”对话框中，复制任意类型，按图6－63输入，生成新箭头类型“GH-标注斜线”。

2）单击“注释”选项卡下“尺寸标注”面板下拉列表，然后选择线性尺寸标注类型，复制任意类型，按图 6－64 所示输入，生成新线性尺寸标注类型“GH-线性标注”。

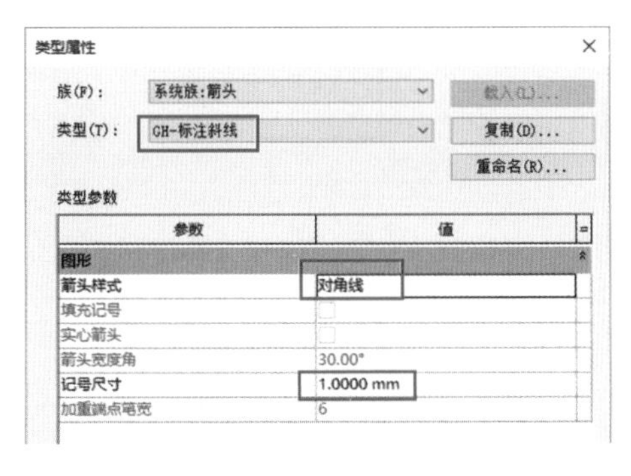

图　6－63

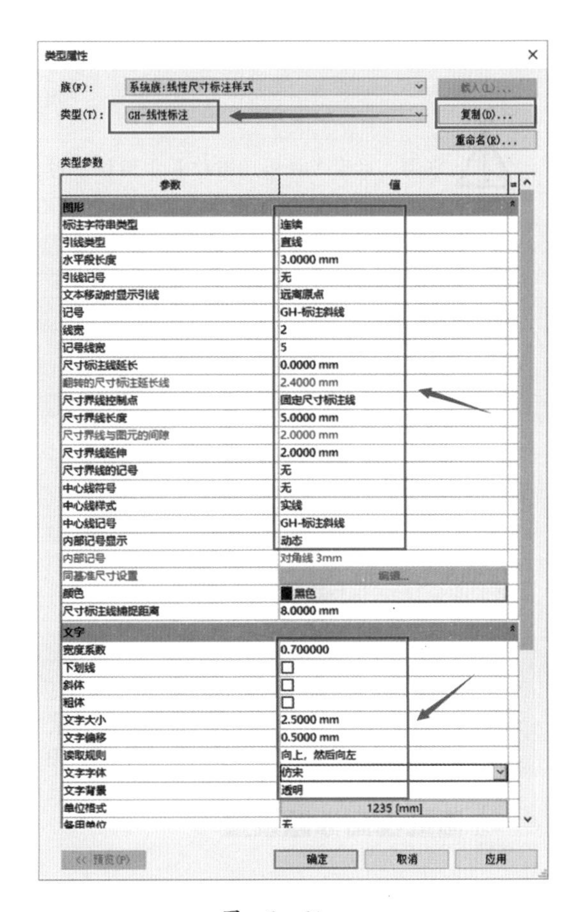

图　6－64

注意：可以参考如上操作按需生成或修改其他尺寸标注类型。

4.3 视图标记设置

视图标记主要分为立面标记、剖面标记和详图索引标记。每个视图标记都对应着一张视图。

如图 6－65 所示，在“视图”选项卡中分别单击“创建”面板中的“剖面”“详图索引”“立面”，使用样板中自带的类型，在视图中适当位置生成“剖面标记”“详图索引标记”和“立面标记”（相应的视图会伴随着标记的建立而生成）。

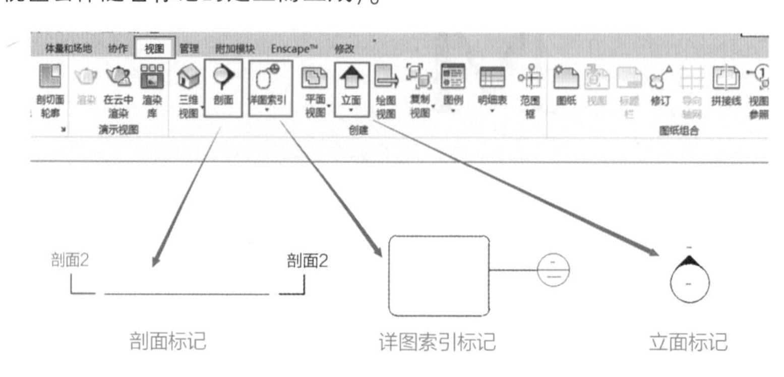

图 6－65

注意：只有当详图视图放置于图纸中时，详图标记才会显示“详图编号”和所在图纸编号，详图编号的值可以更改，且在同一张图纸中应是唯一值，立面视图也是如此，如图 6－66 所示。

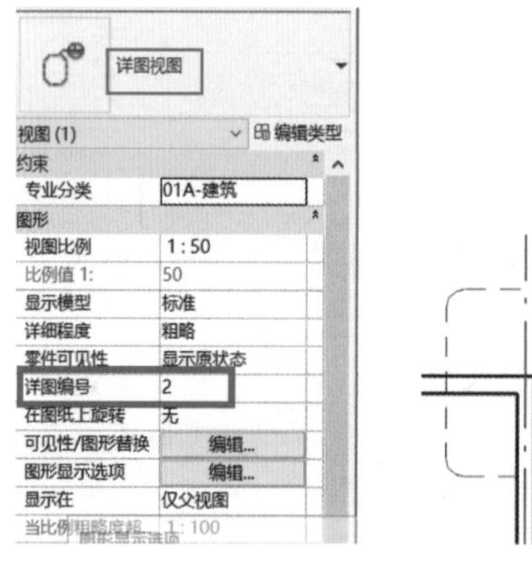

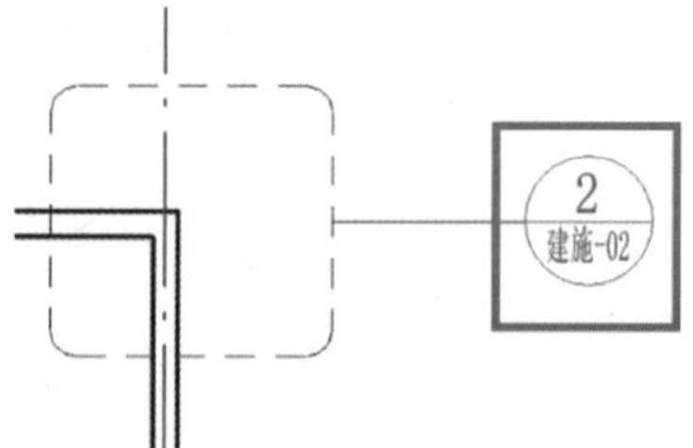

图 6－66

4.4 图纸视图标题设置

将视图放置到图纸上时，默认情况下 Revit 会显示一个视图标题。

需要修改图纸视图标题时，可通过设置可载入族“视图标题”（在项目浏览器的族分类中可查找到）和其他参数信息共同完成，或者通过“公制视图标题”族样板直接创建新的视图标题族。

4.5 注释符号设置

注释符号是应用于族的标记或符号。与文字注释一样，注释符号会随视图比例的变化自动调整大小，使其在图纸上的大小统一。

标记一般指标记族，是用于识别图元的注释，可将标记族附着到选定图元，标记也可以包含出现在明细表中的属性。标记族可以根据图元的不同属性自由创建，常用的有门标记、窗标记、房间标记等，如图 6－67 所示。

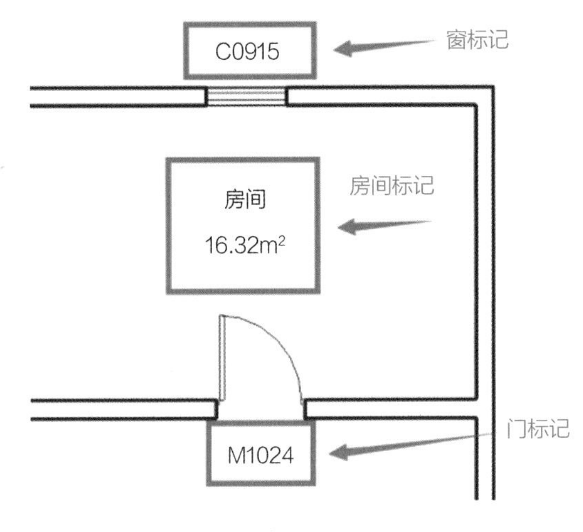

图　6－67

符号一般指常规注释族（广义的符号包含更多），是注释图元或其他对象的图形表示。当将注释载入到项目中时，常规注释具有多重引线选项。常用符号有指北针、图集索引、坡度符号等。

下面以“门标记”为例讲解。

1）如图 6－68 操作

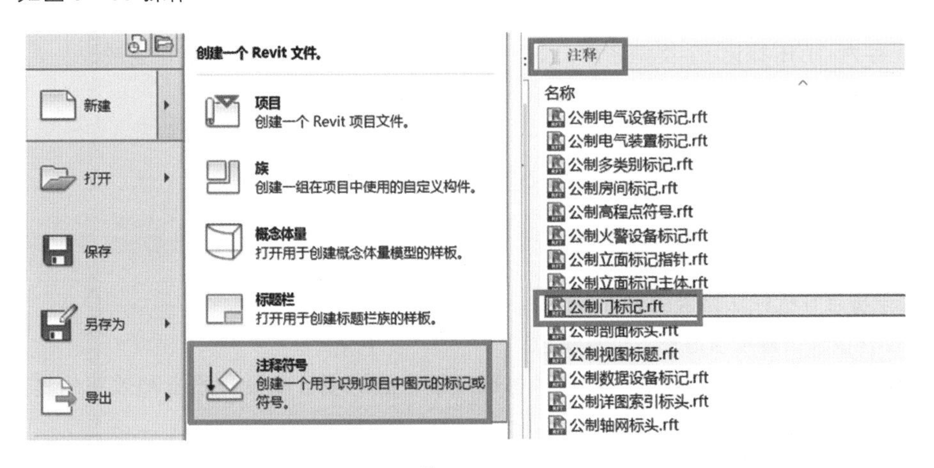

图　6－68

2）调整族参数，在属性栏中勾选实例参数“随构件旋转”复选框，如图 6－69 所示。

3）单击“创建”选项卡下“文字”面板中的“标签”命令，按图 6－70 操作。

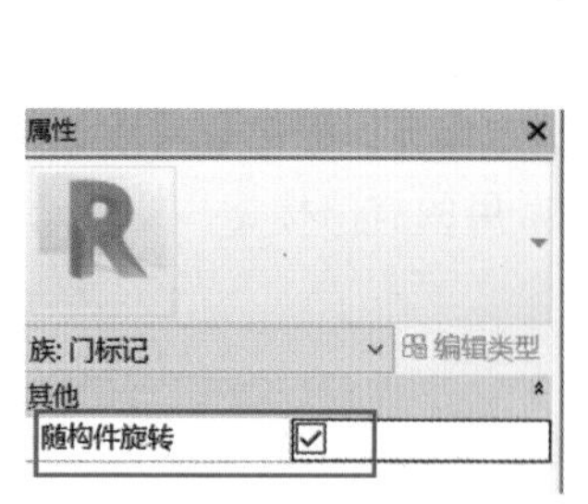

图 6－69

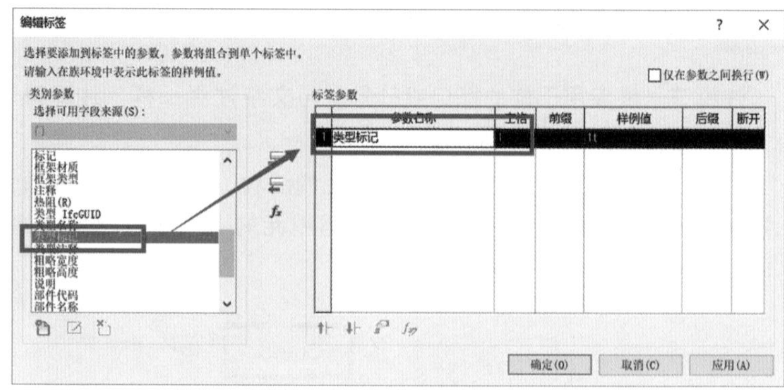

图 6－70

4）调整标签位置及属性，标签应居中放置，属性设置如图 6－71 所示。

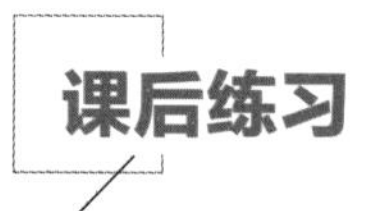

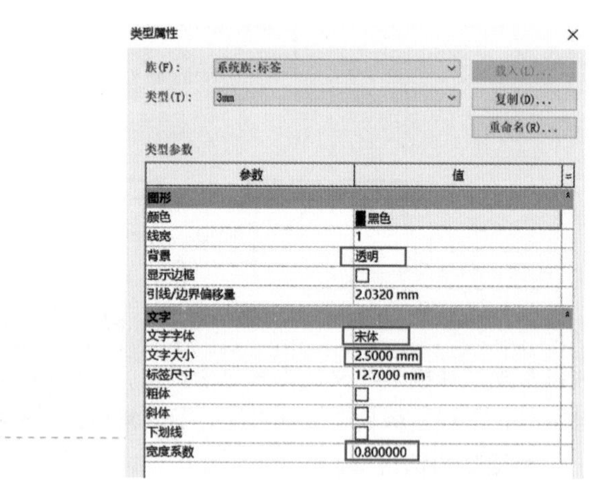

图 6－71

5）保存为“GH-标记-门-类型名称．rfa”并载入到项目中，门标记族制作完成。

课后练习

1．下列关于项目样板说法错误的是（　　）。

A．项目样板应设置项目信息、项目单位

B．项目样板为项目设计提供统一的设计基础环境，但对项目的设计质量和效率的提高没有直接影响

C．项目样板应设置材质、标题栏、视口类型

D．当项目为协同模式时，各专业在同一模型中进行建模和出图工作，所以各专业应在通用样板的基础上添加本专业的样板内容，最终形成完整的全专业的项目样板文件

2．下列关于项目参数与共享参数，说法错误的是（　　）。

A．项目参数是定义后添加到项目多类别图元中的信息载体

B．项目参数可以是共享参数，也可以是非共享参数

C. 共享参数的信息可用于多个族或项目，并出现在相应的明细表中

D. 非共享参数的信息可用于多个族或项目，并出现在相应的明细表中

3. 项目位置包括（　　）方面的设置。

A. 项目所在地

B. 项目正北

C. 项目基点坐标

D. 以上均是

4. 下列关于线宽的设置说法中，错误的是（　　）。

A. 透视视图线不可以设置线宽

B. 模型线可以设置线宽

C. 注释线可以设置线宽

D. 注释线、模型线、透视视图线均可以设置线宽

5. 下列关于对象样式说法错误的是（　　）。

A. “对象样式”可为模型对象指定线宽、线颜色、线型图案和材质

B. “对象样式”可为注释对象指定线宽、线颜色、线型图案和材质

C. “对象样式”可为导入对象指定线宽、线颜色、线型图案和材质

D. “对象样式”可为分析模型对象指定线宽、线颜色、线型图案和材质

6. 下列关于视图样板说法错误的是（　　）。

A. 视图样板是一系列视图属性的标准设置

B. 使用视图样板可以确保设计文档的一致性

C. 视图样板只可以控制当前视图的视图属性

D. 可以通过对现有的视图样板进行复制修改来创建新视图样板，也可以在当前视图中创建新视图样板

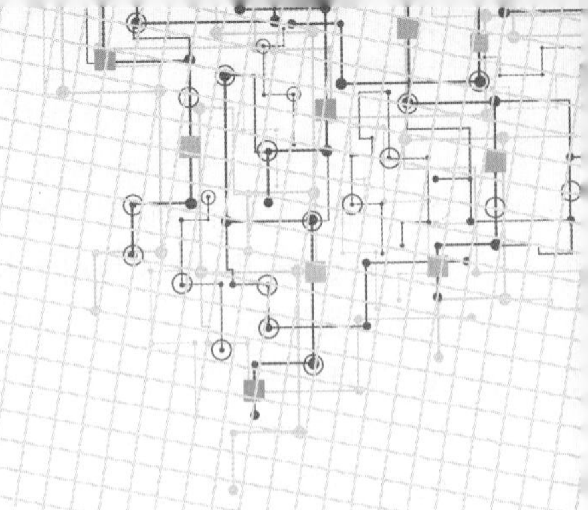

第 7 章　建筑样板文件的设置

本案例为工作集协同模式下的施工图设计，所涉专业的施工图设计内容在同一个建筑模型中完成，因此本案例样板文件为全专业样板文件，本章建筑样板文件的设置为全专业样板文件中的建筑专业的设置内容部分。

单独的建筑样板文件也可用通用样板文件与本章的建筑样板设置内容整合而成。

第 1 节　准备设置

本节主要介绍在通用样板的基础上，在线型图案、线样式、填充样式、材质、对象样式中添加建筑专业的相关内容。

1.1　线型图案

在通用样板中，已预先设置常用的线型图案，为防止专业间的互相影响，建筑专业根据设计所需，设置本专业专用的线型图案，并以专业代码前缀加以区分，如图 7－1 所示（根据专业不同可设置同一种线型图案多次）。

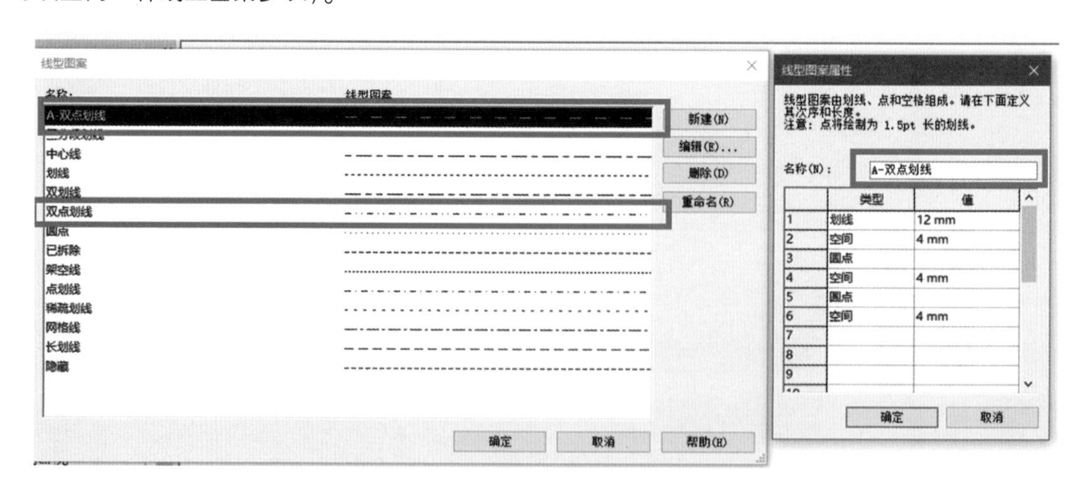

图　7－1

根据《房屋建筑制图统一标准》（GB/T 50001—2017），建筑专业常用线型图案见表 7－1。

表 7-1　图线线型和线宽

名称		线型	线宽	一般用途
实线	粗		b	主要可见轮廓线
	中粗		$0.7b$	可见轮廓线
	中		$0.5b$	可见轮廓线、尺寸线、变更云线
	细		$0.25b$	图例填充线、家具线
虚线	粗		b	见各有关专业制图标准
	中粗		$0.7b$	不可见轮廓线
	中		$0.5b$	不可见轮廓线、图例线
	细		$0.25b$	图例填充线、家具线
单点长画线	粗		b	见各有关专业制图标准
	中		$0.5b$	见各有关专业制图标准
	细		$0.25b$	中心线、对称线、轴线等
双点长画线	粗		b	见各有关专业制图标准
	中		$0.5b$	见各有关专业制图标准
	细		$0.25b$	假想轮廓线、成型前原始轮廓线
折断线	细		$0.25b$	断开界线
波浪线	细		$0.25b$	断开界线

折断线及波浪线，在 Revit 中无法用线型图案的方式创建。对某些特定功能的线型需求，如轴网线等，可单独设置一种线型图案。

1.2 线样式

每一种线样式均由线宽、线颜色和线型图案三部分组成。建筑专业的线样式根据专业专用的线型图案、所需的线宽和颜色要求，在线样式命令中添加。除常规的线样式外，根据使用功能，添加特定的线样式，如天际线、辅助轴网线等。建筑专业的线样式按命名规则添加专业代码的形式加以区分。

单击“管理”选项卡下“其他设置”面板中的“线样式”选项，可“新建”“删除”“重命名”所需的线样式，如图 7-2、图 7-3 所示。

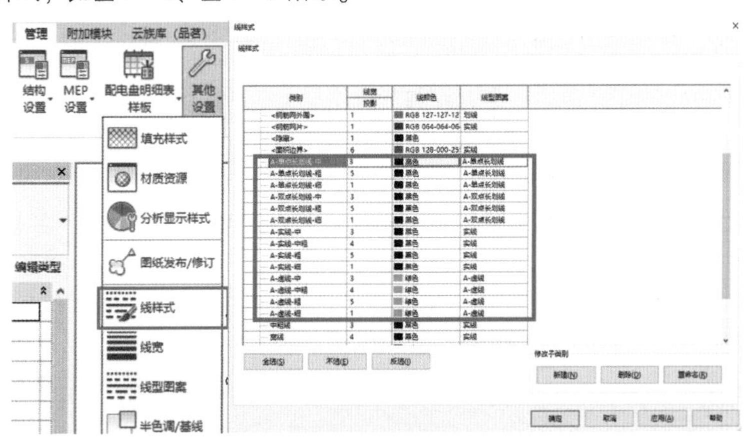

图 7-2

	投影		
<钢筋网片>	1	RGB 064-064-06	实线
<隐藏>	1	黑色	
<面积边界>	6	RGB 128-000-25	实线
A-单点长划线-中	3	黑色	A-单点长划线
A-单点长划线-粗	5	黑色	A-单点长划线
A-单点长划线-细	1	黑色	A-单点长划线
A-双点长划线-中	3	黑色	A-双点长划线
A-双点长划线-粗	5	黑色	A-双点长划线
A-双点长划线-细	1	黑色	A-双点长划线
A-天际线	7	蓝色	实线
A-实线-中	3	黑色	实线
A-实线-中粗	4	黑色	实线
A-实线-粗	5	黑色	实线
A-实线-细	1	黑色	实线
A-虚线-中	3	绿色	A-虚线
A-虚线-中粗	4	绿色	A-虚线
A-虚线-粗	5	绿色	A-虚线
A-虚线-细	1	绿色	A-虚线
A-辅助轴网	2	红色	A-轴网线
中粗线	3	黑色	实线

图 7-3

1.3 填充样式

在通用样板中，已预先设置常用的填充样式。填充样式的创建及应用范围详见通用样板中的填充样式部分。

单击“管理”选项卡下“其他设置”面板中的“填充样式”命令，如图 7-4 所示。

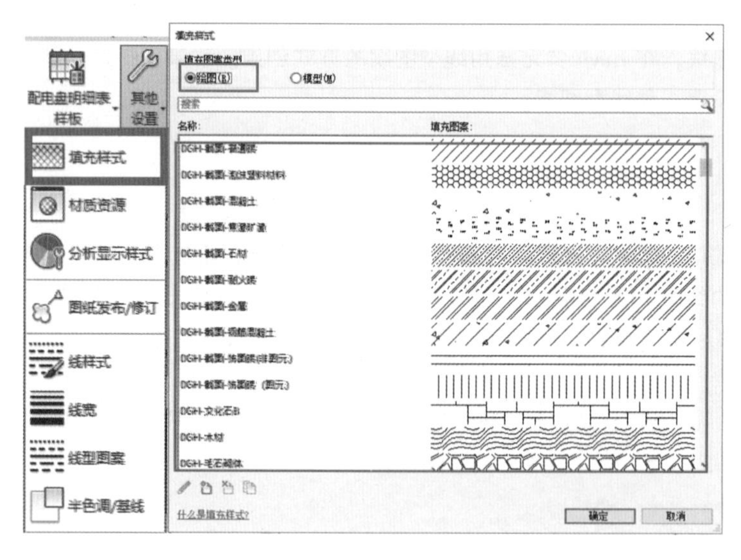

图 7-4

1.4 材质

建筑专业的材质设置，主要根据项目情况预设项目中常用的建筑材质，并输入相应的参数数据。

单击“管理”选项卡下“其他设置”面板中的“材质”命令，打开“材质浏览器”，如图 7-5、图 7-6 所示。

图　7－5

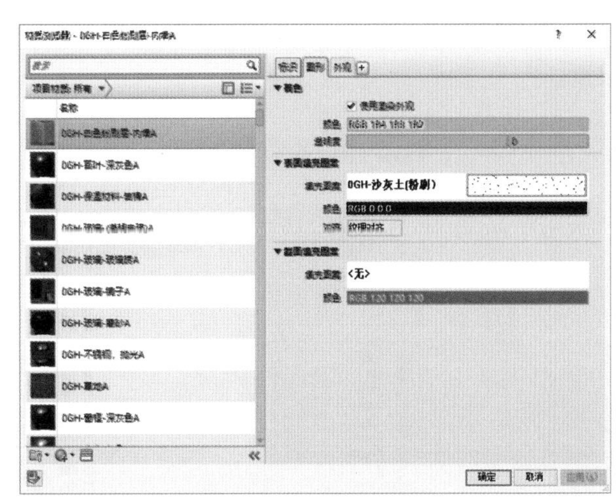

图　7－6

1.5　对象样式

“对象样式”可为项目中不同类别和子类别的模型图元、注释图元和导入对象等指定线宽、线颜色、线型图案。在“对象样式”中的样式设置适用于未进行视图的“可见性/图形替换”设置的所有视图。

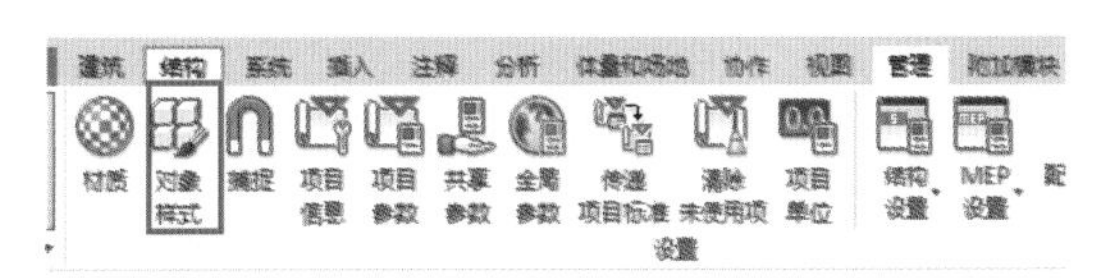

图　7－7

单击“管理”选项卡下“其他设置”面板中的“对象样式”。在“模型对象”“注释对象”的过滤器列表中，只勾选“建筑”类别，如图 7－7、图 7－8 所示。

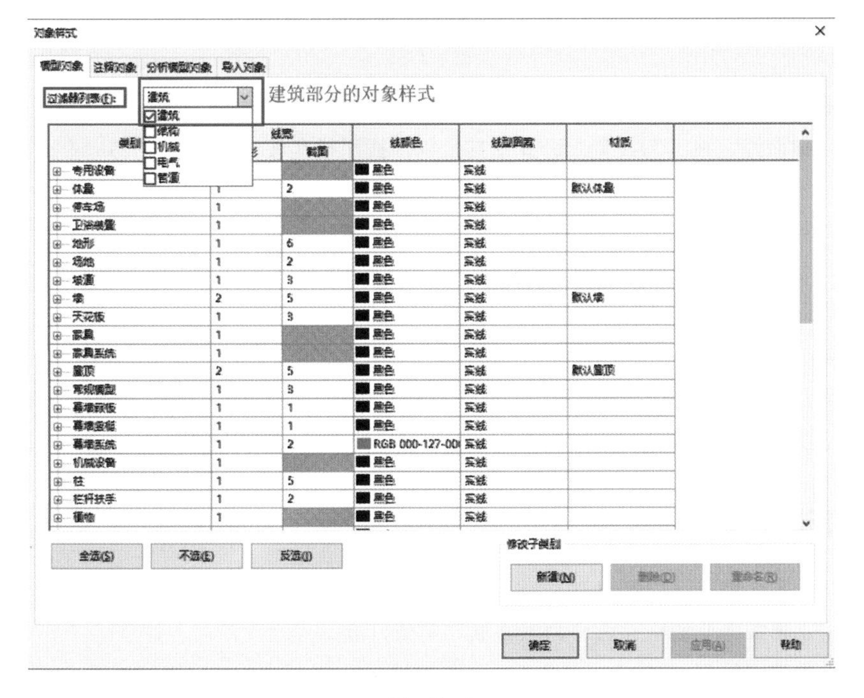

图　7－8

“模型对象”中“建筑”类别如图 7－9 所示。建筑样板需对红框内的类别及子类别进行样式设置。

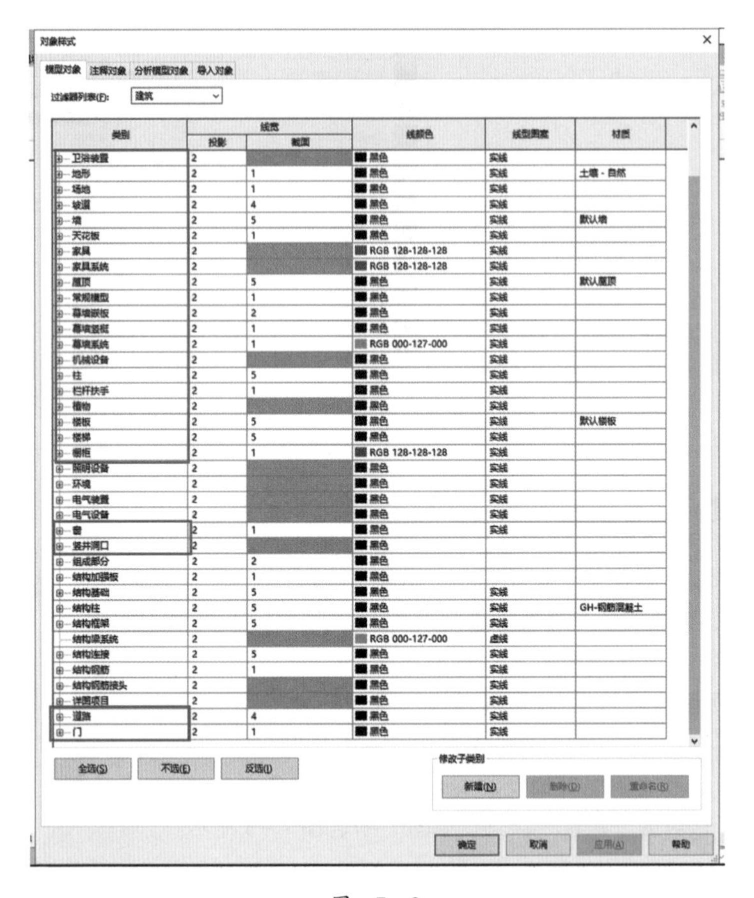

图 7－9

线宽设置原则：投影线宽按比例线宽 0.25b 设置。建筑主要构件（墙、结构构件、楼板、屋顶、楼梯等）截面线宽按比例线宽 b 设置，其余构件截面线宽按比例线宽 0.25b 设置。

第 2 节　族设置

本节主要介绍建筑项目样板中的族设置。Revit 中的族主要有构件族和注释族。建筑项目样板中的族是根据项目的实际情况（工程做法），预先在样板中设置常用的族及相关参数。

2.1　构件族

根据项目的实际情况（工程做法），在建筑项目样板中设置项目中所使用到的相关系统族并输入对应的数据，建筑专业的构件族分为系统族和可载入族。

系统族主要有建筑墙（饰条、分隔缝）、建筑楼板（楼板边缘）、建筑屋顶、天花板、幕墙、栏杆扶手、楼梯、坡道、房间及面积类型等，如图 7－10 所示。

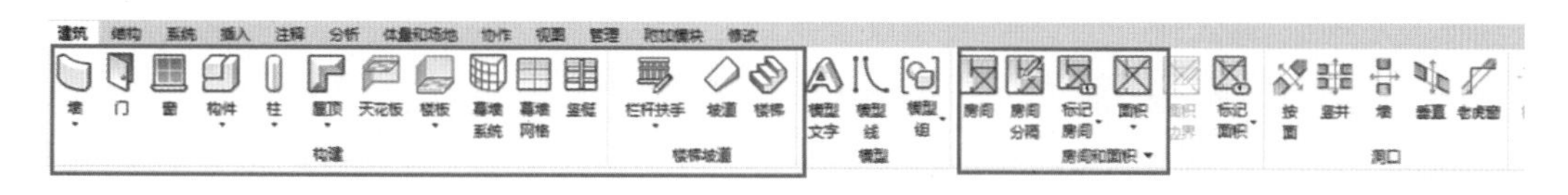

图　7－10

在建筑项目样板中预设项目常用的构件族类型及参数（例如墙），方便设计过程中构件族的选用及修改，如图7－11所示。

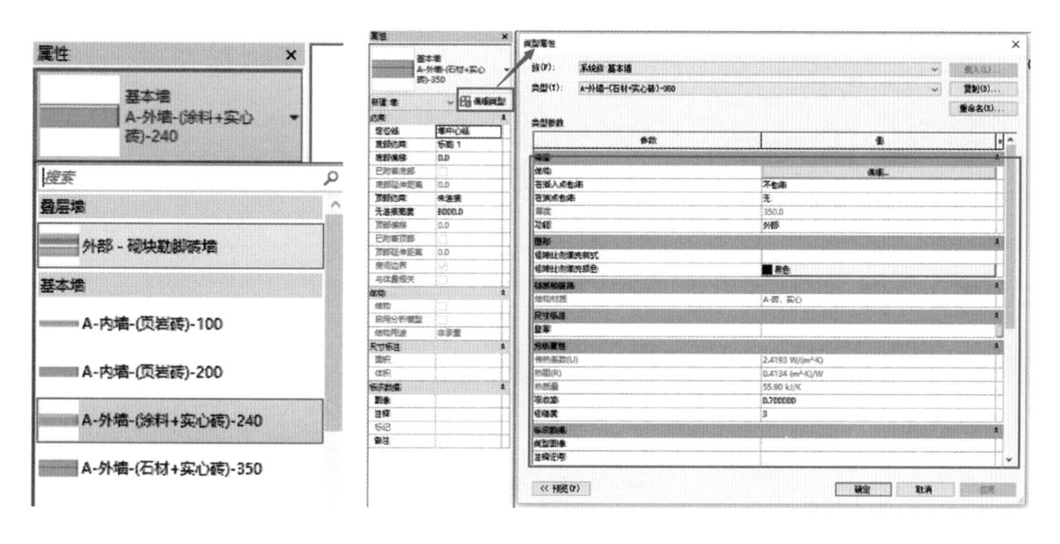

图　7－11

建筑专业的可载入族主要有门、窗、卫浴设备、照明设备、专业设备、家具、橱柜、场地构件、植物以及系统族中所用到的可载入族（如栏杆扶手中的栏杆族、幕墙中的嵌板和竖梃等）。

2.2　注释族

注释族也可分为系统族和可载入族。注释类的系统族主要为各类尺寸标注族，如图7－12所示。

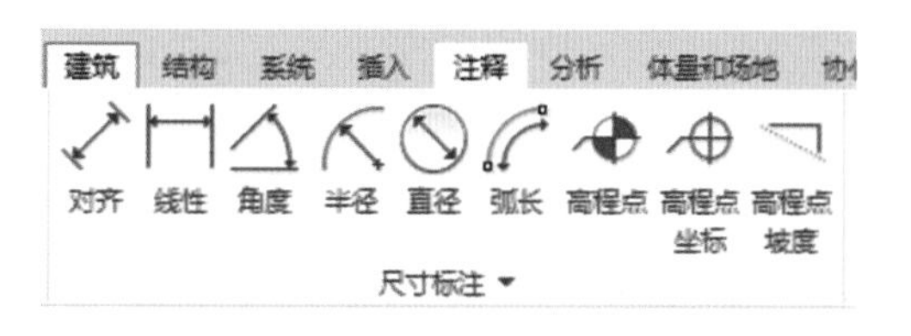

图　7－12

注释类的可载入族主要为标记族和符号族。根据施工图设计的表达需要，在建筑样板中设置施工图所需的标记族和符号族。

建筑专业常用的标记族有各类构件的标记和材质标记、房间标记、面积标记。

单击“注释”选项卡下“标记”面板下拉箭头 标记▼ 中的 载入的标记和符号。

在过滤器列表中选择“建筑”类别，根据设计需求，为每个列出的族类别选择标记族和符号族，如图7－13、图7－14所示。

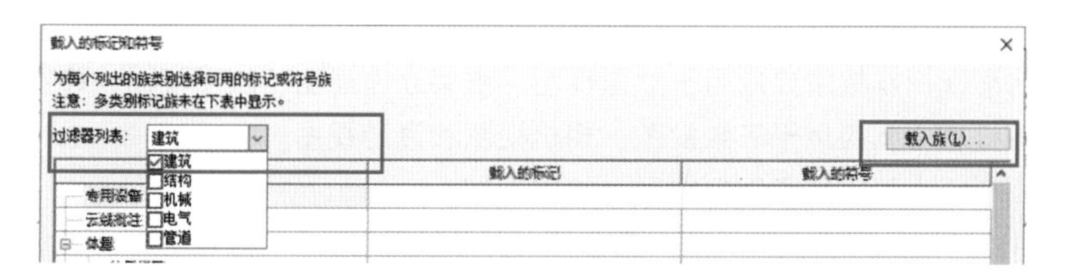

图　7－13

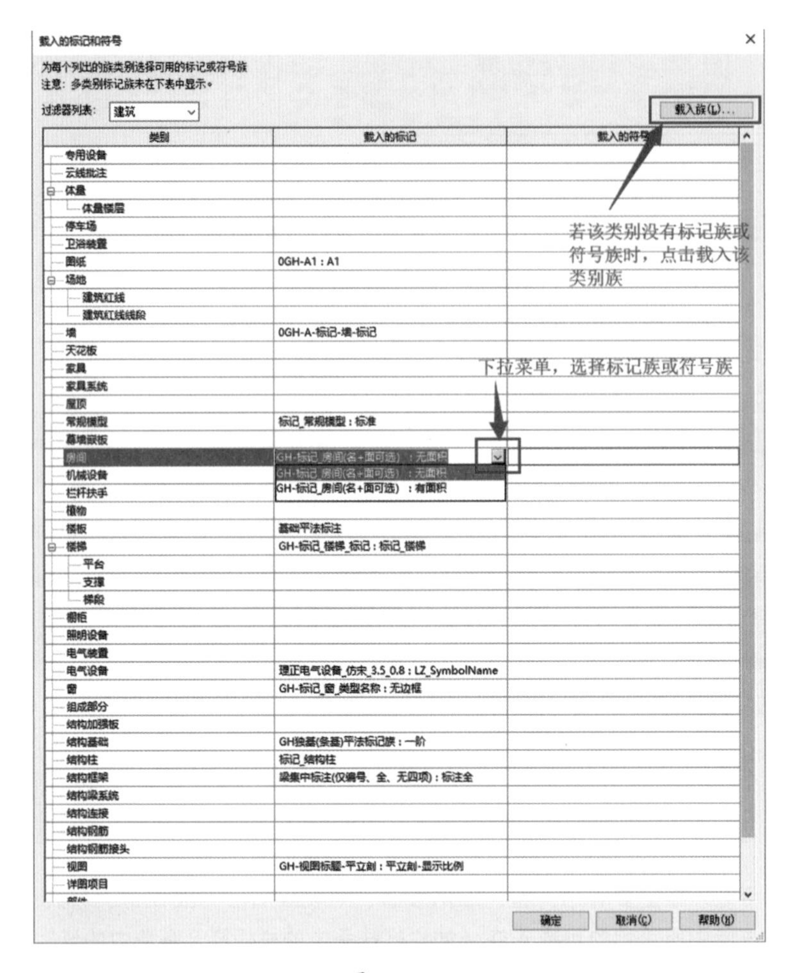

图 7-14

第 3 节　视图样板设置

本节主要介绍建筑视图样板的主要种类及应用范围，具体的视图样板设置详见第 11 章。

3.1　视图样板的分类

视图样板根据应用的视图类型，可分为平面视图样板、立面视图样板、剖面视图样板、三维视图样板和图例视图样板。

1）平面视图样板主要应用于楼层平面视图、结构平面视图、面积平面视图、天花板平面视图和详图平面视图。

2）立面、剖面视图样板主要应用于立面视图、框架立面视图、剖面视图、详图剖面视图。

3）三维视图样板主要应用于三维视图、相机视图和漫游视图。

4）图例视图样板主要应用于图例视图、绘图视图。

Revit 中还提供了视图样板的另外一种分类方式，即根据视图的规程属性，将视图样板分为协

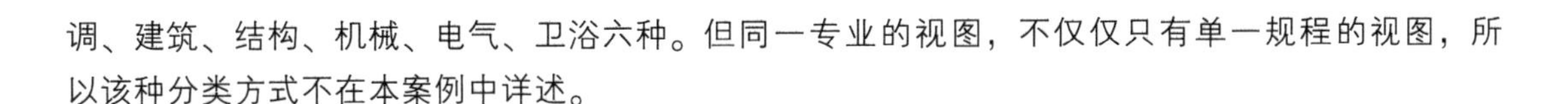

调、建筑、结构、机械、电气、卫浴六种。但同一专业的视图，不仅仅只有单一规程的视图，所以该种分类方式不在本案例中详述。

3.2 建筑视图样板的视图属性

建筑视图样板为一系列满足建筑专业视图要求的视图属性的标准设置。建筑视图样板的主要视图属性如图 7－15 所示。

视图属性

分配有此样板的视图数：2

参数	值	包含
视图比例	1:50	☑
比例值 1:	50	
显示模型	标准	☑
详细程度	中等	☑
零件可见性	显示原状态	☑
V/G 替换模型	编辑...	☑
V/G 替换注释	编辑...	☑
V/G 替换分析模型	编辑...	☑
V/G 替换导入	编辑...	☑
V/G 替换过滤器	编辑...	☑
V/G 替换工作集	编辑...	☑
V/G 替换 RVT 链接	编辑...	☑
模型显示	编辑...	☑
阴影	编辑...	☑
勾绘线	编辑...	☑
照明	编辑...	☑
摄影曝光	编辑...	☑
基线方向	俯视	☑
视图范围	编辑...	☐
方向	项目北	☑
阶段过滤器	全部显示	☑
规程	建筑	☑
显示隐藏线	按规程	☑
颜色方案位置	背景	☑
颜色方案	<无>	☑
系统颜色方案	编辑...	☑
截剪裁	不剪裁	☑

图　7－15

注意：1. 根据视图类型的不同，视图样板中所包含的视图属性类型会有所增减。
2. 图 7－15 中红框所示的视图属性，合称为视图的“可见性/图形替换”。
3. 当某项视图属性的“包含”栏为勾选状态时，则视图样板包含该视图属性。

“视图比例”：根据应用视图的所需比例设置该视图属性的参数值。

“详细程度”：当视图比例大于 1:50 时，参数值一般选择“中等”；当视图比例小于 1:50 或者视图为详图视图时，参数值一般选择“精细”，如图7－16所示。

显示模型	标准
详细程度	中等
零件可见性	粗略
V/G 替换模型	中等
V/G 替换注释	精细

图　7－16

“V/G 替换模型”：在视图中，可按模型的类别及子类别控制模型的可见性；可按类别及子类别替换模型的表面及界面的线样式和填充图案；可按“模型类别”控制模型的半色调显示及详细程度，如图 7－17 所示。

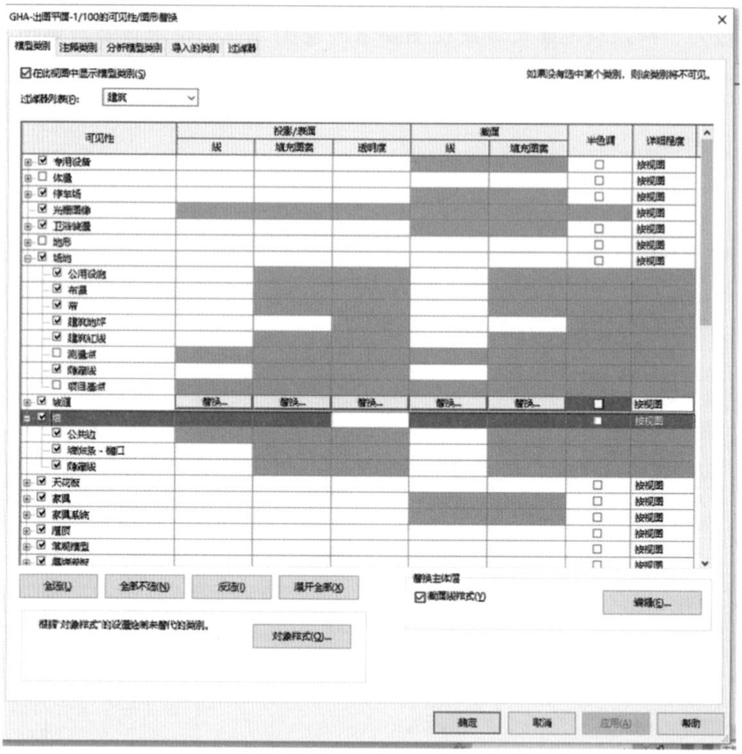

GHA-出图平面-1/100的可见性/图形替换

模型类别　注释类别　分析模型类别　导入的类别　过滤器

☑在此视图中显示模型类别(S)　　如果没有选中某个类别，则该类别将不可见。

过滤器列表(F)：建筑

可见性	投影/表面			截面		半色调	详细程度
	线	填充图案	透明度	线	填充图案		
☑ 专用设备						☐	按视图
☐ 体量						☐	按视图
☑ 停车场						☐	按视图
☑ 光栅图像							按视图
☑ 卫浴装置						☐	按视图
☐ 地形						☐	按视图
☑ 场地						☐	按视图
☑ 公用设施							
☑ 布景							
☑ 带							
☑ 建筑地坪							
☑ 建筑红线							
☐ 测量点							
☑ 隐藏线							
☐ 项目基点							
☑ 坡道	替换...	替换...	替换...	替换...	替换...	☐	按视图
☑ 墙						☐	按视图
☑ 公共边							
☑ 墙饰条 - 檐口							
☑ 隐藏线							
☑ 天花板						☐	按视图
☑ 家具						☐	按视图
☑ 家具系统						☐	按视图
☑ 屋顶						☐	按视图
☑ 常规模型						☐	按视图
☑ 幕墙嵌板						☐	按视图

全选(L)　全部不选(N)　反选(I)　展开全部(X)

替换主体层　☑截面线样式(Y)　编辑(E)...

根据"对象样式"的设置绘制未替代的类别。　对象样式(O)...

确定　取消　应用(A)　帮助

图 7－17

“V/G 替换注释”：在视图中，可按注释的类别及子类别控制注释的“可见性”“图形替换”和“半色调”显示。

“V/G 替换导入”：在视图中，控制导入的 CAD 文件及族中的导入文件的“可见性”“投影/表面”和“半色调”显示，如图 7－18 所示。

00-三维样本-水的可见性/图形替换

模型类别　注释类别　分析模型类别　导入的类别　过滤器　工作集　Revit 链接

☑在此视图中显示导入的类别(S)

可见性	投影/表面		半色调
	线	填充图案	
☑ 27#-图纸 - 01 - 建筑设计总说明...			☐
☑ c5说明.dwg			☐
☑ DL.dwg			☐
☑ L1.DWG			☐
☑ L2.DWG			☐
☑ S3S4--3.300柱网.dwg			☐
☑ 在族中导入			☐

图 7－18

“V/G 替换过滤器”：在视图中，可按定义的过滤器控制图元的“可见性”和“投影/表面”，如图 7－19 所示。

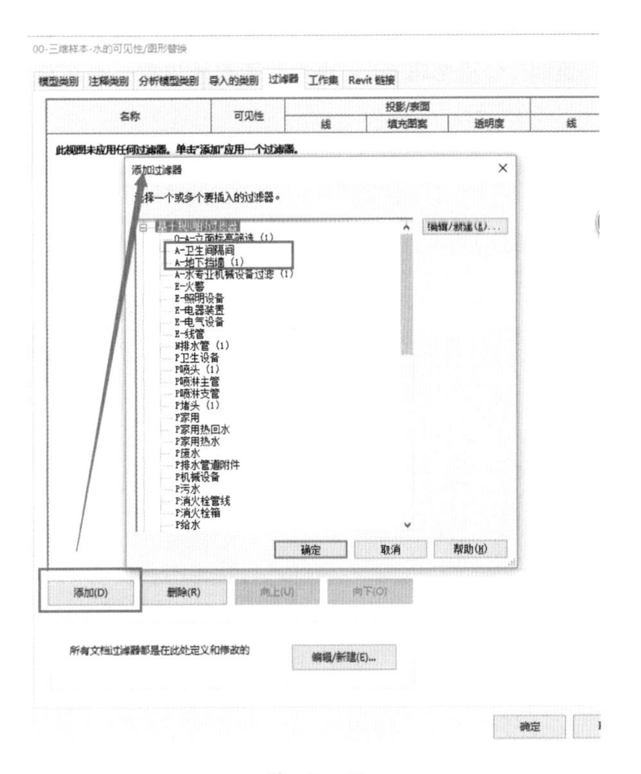

图 7-19

"V/G 替换工作集"：可控制同一"工作集"内图元在当前视图下的"可见性"，如图 7-20 所示。

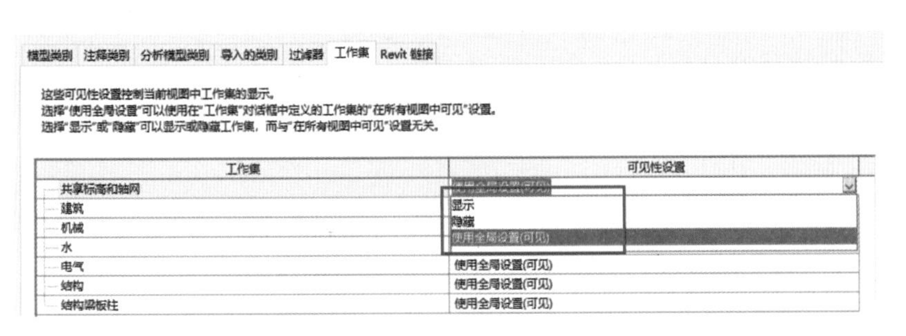

图 7-20

"V/G 替换 RVT 链接"：可控制链接的 RVT 文件在当前视图中的"可见性""半色调""基线"和"显示设置"，如图 7-21 所示。

"模型显示"：施工图设计中，出图表达的视图参数值一般选择"隐藏线"；用于建筑表现的视图参数值根据需要可选择"着色""一致的颜色"和"真实"，如图 7-22 所示。

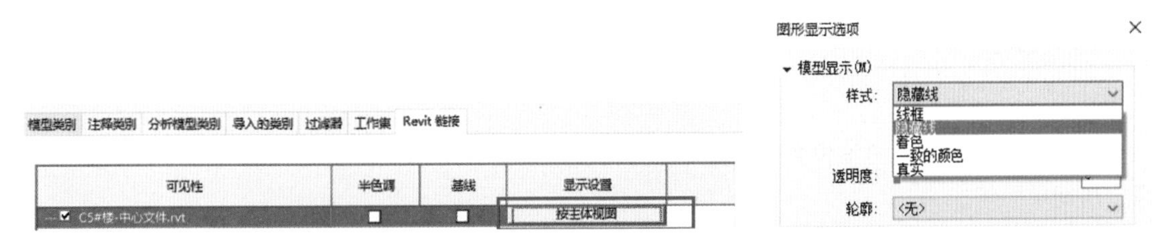

图 7-21 图 7-22

“阴影”“勾绘线”“照明”“摄影曝光”：该类视图属性设置一般在建筑表现视图中的“图形显示选项”中设置，如图7－23所示。

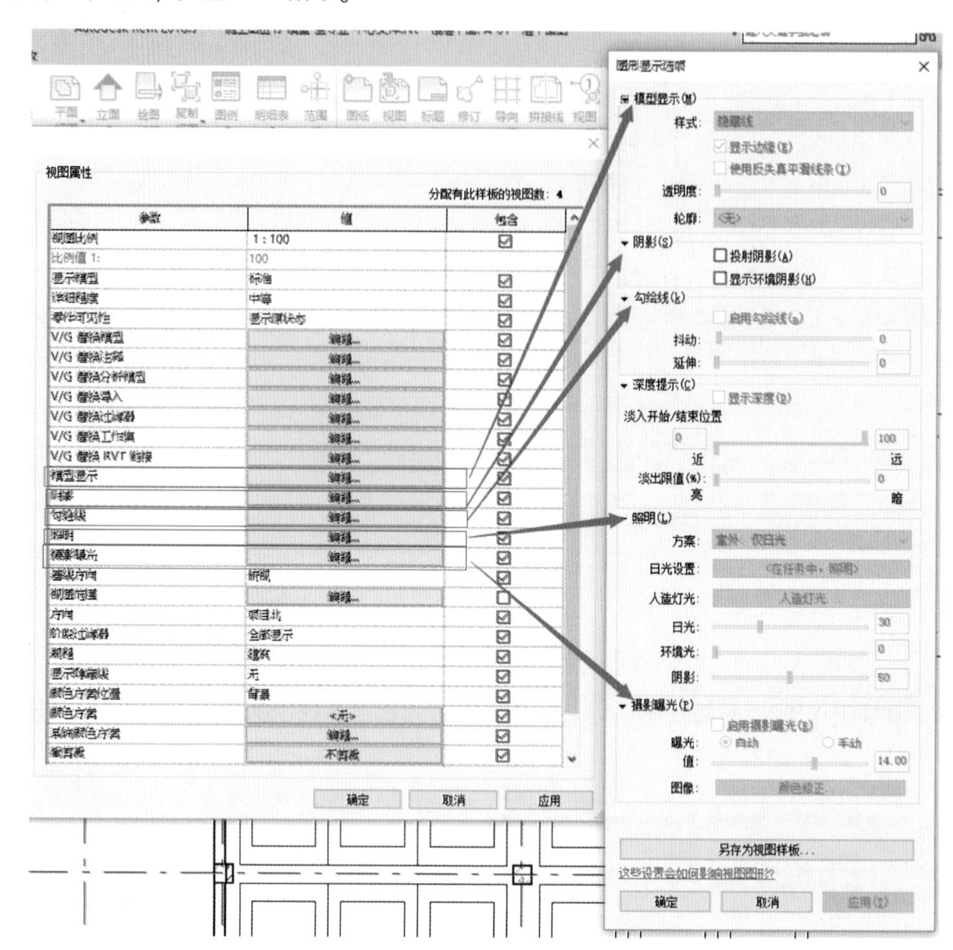

图　7－23

“视图范围”：可自定义平面视图的“视图范围”，如图 7－24 所示。

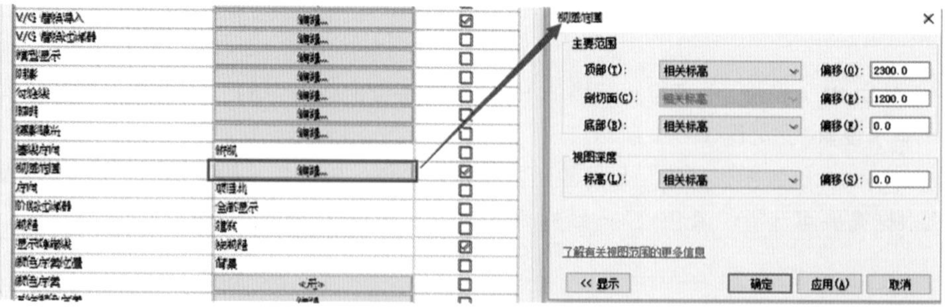

图　7－24

“颜色方案”“颜色方案位置”：该类视图属性设置主要用于分析类的平面视图中，如面积平面、房间平面等。

第 4 节　其他设置

根据施工图设计需要，建筑专业常用明细表有图纸列表、门窗表、工程做法统计表、各类面积统计表等，推荐在建筑样板中预设各类统计表，也可以根据需要自行创建。

例如，利用明细表的“插入数据行”，可提前创建图纸明细表，如图 7 – 25、图 7 – 26 所示。

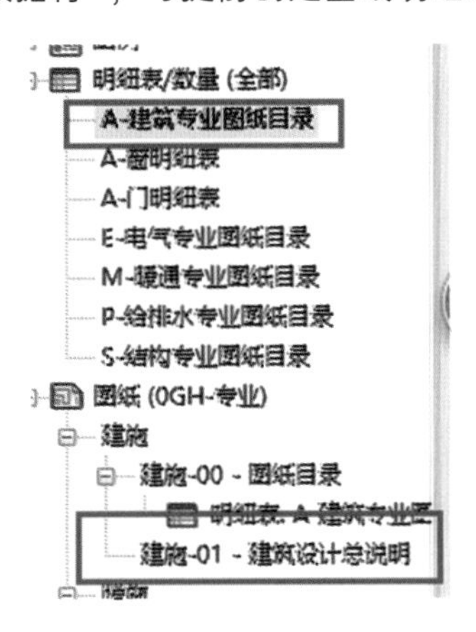

图　7 – 25

插入　删除　调整　隐藏　取消隐藏全部　插入　插入数据行　删除　调整　合并取消合并　插入图像　清除单元格　成组　解组　着色　边界　重置　字体　对齐水平　对齐垂直
列　行　标题和页眉　外观

A	B	C	D	E	F	G
03	建施-03		未命名			
04	建施-04		未命名			
05	建施-05		未命名			
06	建施-06		未命名			
07	建施-07		未命名			
08	建施-08		未命名			
09	建施-09		未命名			
10	建施-10		未命名			

图　7 – 26

当创建新图纸时，可直接选择占位符图纸，如图 7 – 27 所示。

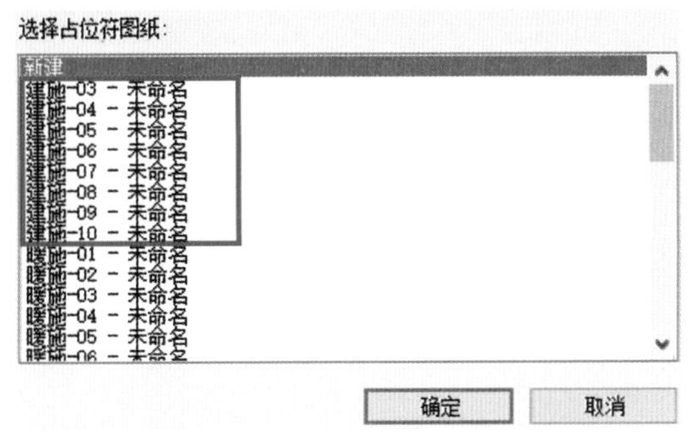

图　7 – 27

明细表的设置详见第 11 章第 6 节。

课后练习

1. 线型图案、所需的线宽和颜色要求，在（　　）命令中添加。

A. 模型线　　B. 线样式　　C. 详图线　　D. 线型图案

2. 下列（　　）不属于系统族。

A. 建筑楼板　　B. 天花板　　C. 栏杆扶手　　D. 家具

3. 下列（　　）不属于可载入族。

A. 门　　B. 窗　　C. 楼梯　　D. 植物

4. 下列（　　）不属于系统族。

A. 天花板　　B. 楼梯　　C. 坡道　　D. 植物

5. 下列（　　）不是立面视图样板主要应用到的视图。

A. 框架立面视图　　B. 剖面视图　　C. 详图剖面视图　　D. 楼层平面视图

6. 下列关于“V/G 替换模型”的作用，错误的是（　　）。

A. 在视图中，可按模型的类别及子类别控制模型的可见性

B. 可按类别及子类别替换模型的表面及界面的线样式和填充图案

C. 可按模型类别控制模型的半色调显示及详细程度

D. 可按类别及子类别替换模型的材质

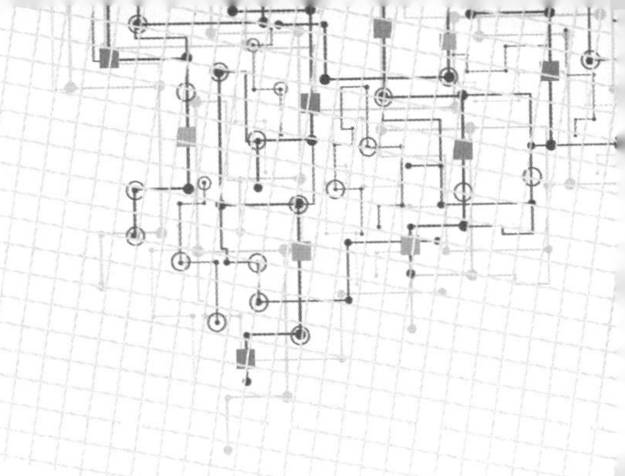

第8章 初模

第1节 设计深度要求及模型管理注意事项

对于不同的项目，涉及的设计深度也不同，表8-1是针对本项目案例建模各个要点的设计深度要求以及模型管理要求的注意事项。

表 8-1

阶段/步骤	设计深度要求	模型管理要求
设计初步布局	1）当设计人员明确所负责的建筑单体后，使用规定的项目样板创建模型文件 2）创建场地模型，定义测量点，创建Revit中的“建筑红线”（即项目用地红线）。创建建筑分体模型，指定项目基点高程，创建轴网和标高 3）在场地模型中链接各个建筑分体模型（此时仅有轴网及标高），并将其进行准确的平面定位（绝对高程由建筑分体模型中的项目基点高程来控制），然后发布当前定位到各个建筑分体模型中	1）使用项目样板创建文件 2）场地模型创建。若项目规模较大，或者项目为多个建筑单体组成的建筑群，可创建一个模型文件用于建立项目场地模型，其他按照项目模型拆分规则指定的建筑分体单独创建模型文件。若项目规模较小，可将场地模型并于建筑模型一同建构，而定义测量点、创建用地红线等工作则同在建筑模型中完成 3）项目基点和测量点。对Revit模型使用共享坐标进行定位，使用测量点可控制模型的地理坐标（即南/北、东/西）定位，项目基点则可控制模型的绝对高程。因此，对场地模型只修改测量点，默认其项目基点高程设置为0。对建筑分体则只修改项目基点高程，其高程为该建筑首层的绝对高度
链接CAD	根据提资条件整理CAD图纸，链接到Revit相应位置	以方案提资条件对CAD进行整理： 1）对不必要图元（文字、标注、符号等）进行清理 2）定义CAD底图原点（一般以Ⓐ轴交①轴作为底图原点） 3）清理Ⓩ轴上的图元 4）根据项目条件按图层或区域拆分CAD图纸 以链接形式将整理完成的CAD按“仅当前视图”导入相应视图。导入单位与CAD单位相同，导入定位以原点到原点的格式

（续）

阶段/步骤	设计深度要求	模型管理要求
墙体、示意墙体	根据设计条件在相应标高视图中创建符合高度要求的基本墙体，墙体以内墙、外墙类型区分，其中外墙以立面材质区分 幕墙可建立幕墙网格系统或使用玻璃材质的墙体类型代替 根据机电专业提资，创建设备间和管井	墙体类型以内外墙为基本区分原则，基于项目的深化还可按材质或构造细化墙体类别 一般情况下，为了后续墙体构造深化不影响墙体原始定位，墙体以核心层（中心、外部、内部）作为定位基准线，其余面层构造在此核心层上添加，并注意墙体内外方向的区分 幕墙创建仅表达准确位置、大小、形状即可（后续根据项目深化创建网格划分、竖梃和嵌板）
结构竖向构件	根据设计条件或结构提资草图，创建剪力墙、柱子等竖向构件 竖向构件模型可由建筑专业创建，交付结构专业作为初次提资协同；或结构专业按照设计条件，链接建筑专业模型进行同步创建，在完成初模节点时交付建筑专业进行协同	竖向构件应在结构样板文件中进行创建，该文件与建筑专业模型相互链接，共享标高轴网。当结构模型与建筑模型在同一文件中创建，竖向构件以“剪力墙”形式创建时，需注意与建筑墙体间的连接关系 若出现竖向截面尺寸变化较多的情况，可使用参照平面锁定，方便修改
门窗	根据设计条件选用符合功能与规范的门窗族，调整相应参数并插入到墙体模型中	设计企业族库中应有一套常用的、满足图纸表达的门窗族模型。门窗族模型除了基本几何参数外，还应满足 LOD300 精度。窗族至少应包含“防火等级”“材质”“开启面积”“护窗栏杆”的设计参数，门族应包含“防火等级”“材质”“开启扇宽度”的设计参数 门窗族的竖向复制应使用“选定到标高”。不可在立面上复制阵列 为不影响真实高差关系的表达，门族设置不应添加门线
楼板	楼板构件建立满足设计条件的结构层，根据设计要求绘制楼板范围，定义楼板高度 创建相应的管井、电梯、楼梯、中庭等洞口	根据设计条件，结构楼板可由建筑专业创建符合标高、厚度要求的楼板，交付结构专业作为初次提资协同，最终的结构楼板来源于结构专业模型 相应楼板的开洞，为保证各楼层关联应使用竖井工具整体开洞 编辑模式下的楼板边界线使用锁定功能时，修改调整容易出错，不建议使用
屋顶	平屋面通过楼板创建，坡屋面通过屋面工具创建，此阶段仅建屋顶结构板面	注意确定坡屋顶创建的原则（固定角度或固定高度），以檐口作为基准点。为保证模型平、立、剖准确性，创建坡屋顶结构部分时，需预留瓦、保温层等构造厚度

（续）

阶段/步骤	设计深度要求	模型管理要求
楼梯、电梯	根据设计条件创建楼梯模型，楼梯要求根据实际参数（宽度、踢面、踏面）进行构建，初模阶段可不添加扶手栏杆、构造面层及梯梁。电梯管井内需插入电梯模型	1）楼梯。根据不同建筑对楼梯宽度、踢面、踏面的规范要求，项目样板应提前预设多种楼梯类型，设计人员只需选取相应楼梯类型即可进行模型搭建 楼梯建模完毕后，需添加剖面进行碰头检查 2）电梯。电梯族应预先设定，其参数应包含尺寸、平衡锤方向、是否开门。设计人员根据项目要求和电梯资料选用相应的电梯族，并调整相应参数
外圈梁	依据设计条件、结构专业建议及立面因素，使用楼板边缘、墙饰条等工具创建模型，进行外圈梁的控制，该阶段的楼板边缘的轮廓相当于墙身构造的结构轮廓，只需考虑其梁高控制，不需要关注其构造对其他因素的影响	考虑到构造上的逻辑关系，一般使用楼板边缘工具，按照构造轮廓创建建筑墙身的模型，在此阶段主要为控制其梁高对建筑专业的影响，因这部分大多由立面因素决定，所以应由建筑专业创建模型进行控制 墙饰条：使用墙饰条工具同样可以创建墙身轮廓模型，其目的与楼板边缘一样。使用墙饰条工具创建的优势是可以有效拆分立面模型来控制效果；但存在构造逻辑不准确，只能在立面上创建调整，与墙体关联容易出错等问题
房间布置	根据设计条件在空间内布置功能房间，房间的面积、体积、名称等信息与设计条件吻合	由于房间布置是以三维空间形式，放置时需注意其高度，不应出现高度不足或与其他房间重叠的情况，如果高度不准确将影响后期分析应用 夹层房间的添加需建立相关标高，保证房间出现在准确高度的位置 对于不规则形状的房间，布置后应添加剖面，在剖面中调整对应高度
二维注释	主要位置的结构标高、轴网及主要空间的尺寸标注。用详图线表达排水设计	该阶段需关注降板条件，标注主要降板的结构高度。对于屋面、阳台、露台等位置，排水设计以二维线向水专业提供资料的方式进行深化

1.1 项目基点和测量点

对 Revit 模型使用共享坐标进行定位，使用测量点可控制模型的地理坐标（即南/北、东/西）定位，项目基点则可控制模型的绝对高程。

因此，对场地模型只修改测量点，默认其项目基点高程设置为0。对建筑分体则只修改项目基点高程，其高程为该建筑首层的绝对高度。

1. 项目基点

对于大型项目，最好将项目基点放置在建筑轴网线的交点处。对于不使用轴网线的住宅项目或小型商用项目，最好将项目基点放置在建筑一角或者模型中的其他合适位置。

在指定项目基点的位置后，可在稍后根据需要进行移动。根据实际情况，可能需要先取消剪裁，然后再进行移动。具体方法可通过在 Revit 帮助文件中搜索“移动项目基点”获取，此处不作赘述。

2. 注意事项

1）默认情况下，测量点仅显示在场地平面视图中。可以根据需要在其他视图中设置为可见。

2）测量点无法删除。

3）“正北”定义了测量点的 Y 轴。

4）要确保测量点不会在无意中被移动，可选择该点并单击“修改”选项卡下“修改”面板中的“锁定”将其锁定。

5）固定测量点将会禁用“旋转正北”“获取坐标”和“指定坐标”工具。

6）导入或链接其他模型到当前 Revit 模型时，模型可以使用测量点进行对齐。具体方法可通过在 Revit 帮助文件中搜索“关于共享坐标”获取，此处不作赘述。

7）若要报告相对于测量点的高程点坐标，应修改“高程点坐标”类型属性，将“坐标原点”参数更改为“测量点”。

1.2 标高

各专业应使用同一套标高系统，以建筑室内完成面标高（即主要范围的建筑面层标高）作为楼层标高。

必须先建立最低点与最高点的关键标高（包括地下室），保证后续轴网及参考平面都经过该标高。若后期添加关键标高，应找到轴网相应立面，调整轴网使其与标高相交。

应对建立完成的标高进行锁定（若使用中心文件协同，专业负责人需进行权限设置）。

1.3 轴网

规则轴网的轴线应相互平行或垂直，轴间距离不应出现碎数偏差。

轴网绘制不应直接拾取 CAD 底图（由于无法保证 CAD 底图是否存在微小偏差，直接拾取会影响模型准确性）。

轴网若需调整，可通过影响范围将调整后的轴网复制到其他视图。

应对建立完成的轴网进行锁定（若使用中心文件协同，专业负责人需进行权限设置）。

第 2 节　具体建模流程

2.1 标高轴网

标高轴网是建筑构件定位的重要参照、模型建立的前提条件。标高轴网高度要一次性绘制准确，以免后续工作出现大量的定位错误。标高轴网绘制完成后应锁定，防止后续工作中错误移动标高轴网。

1. 添加标高

添加标高，如图 8－1 所示，对应平面视图如图 8－2 所示。

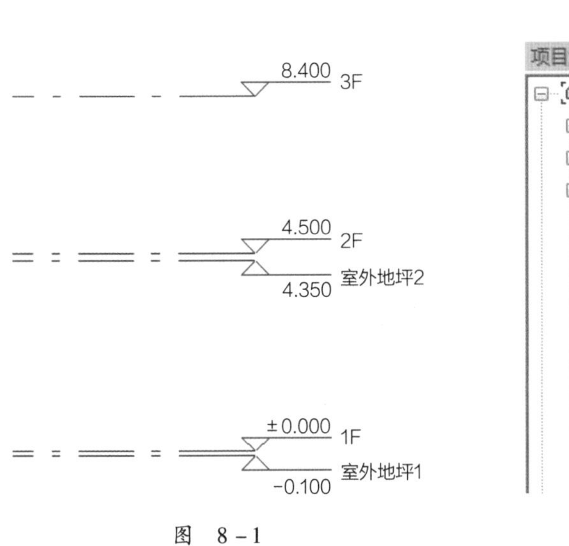

图 8－1

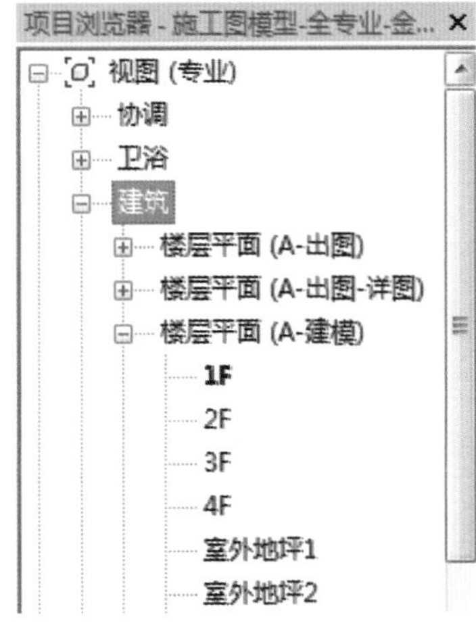

图 8－2

2. 绘制轴网

1F、2F、3F、4F 轴网如图 8－3～图 8－6 所示。

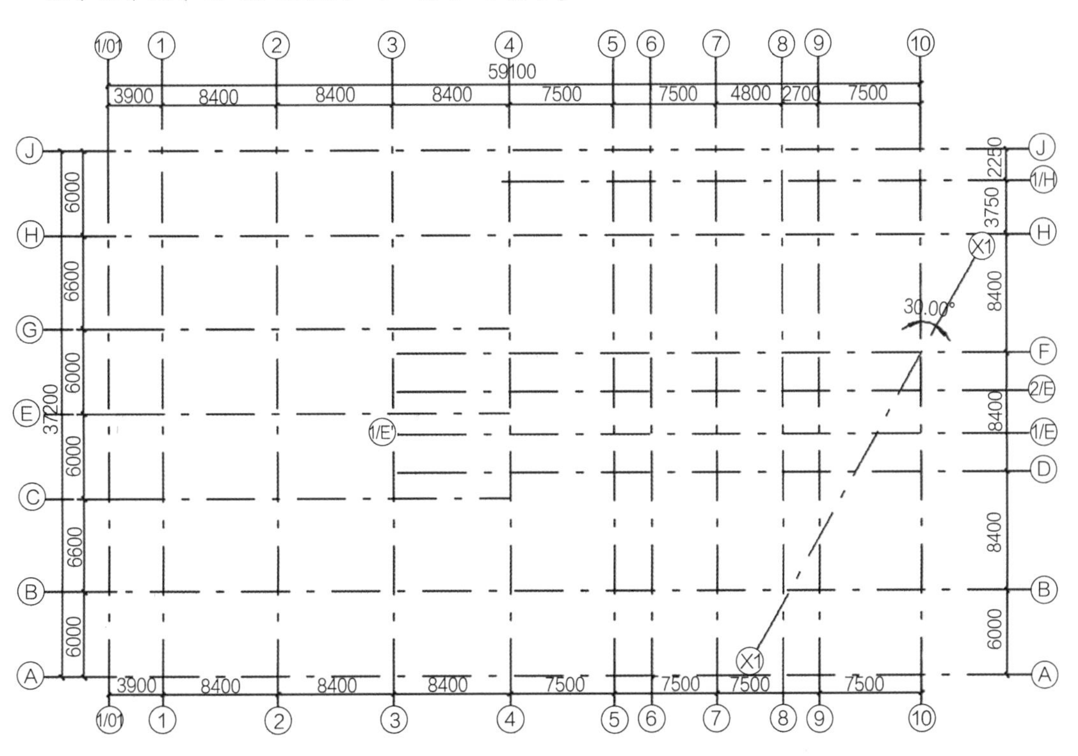

图 8－3

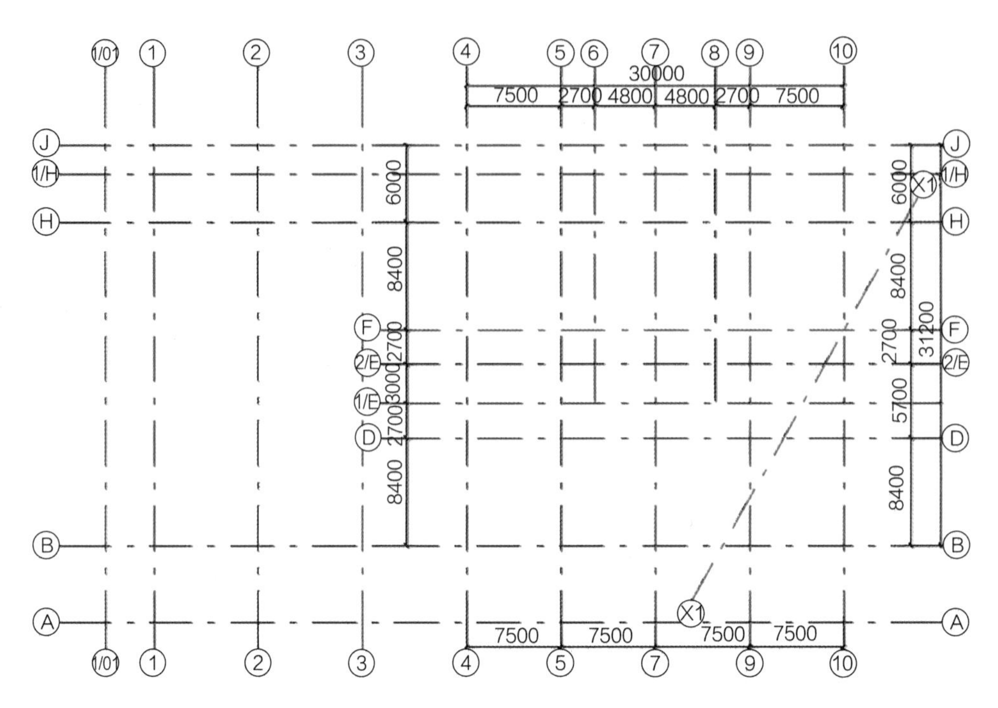

图 8-4

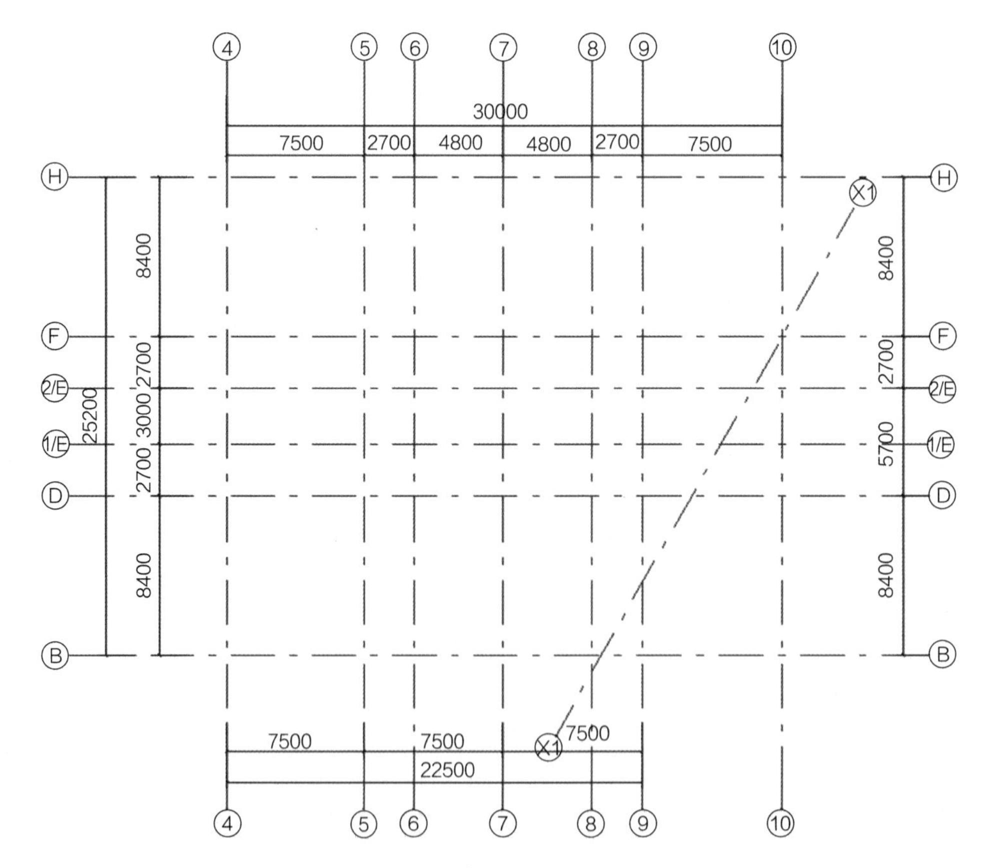

图 8-5

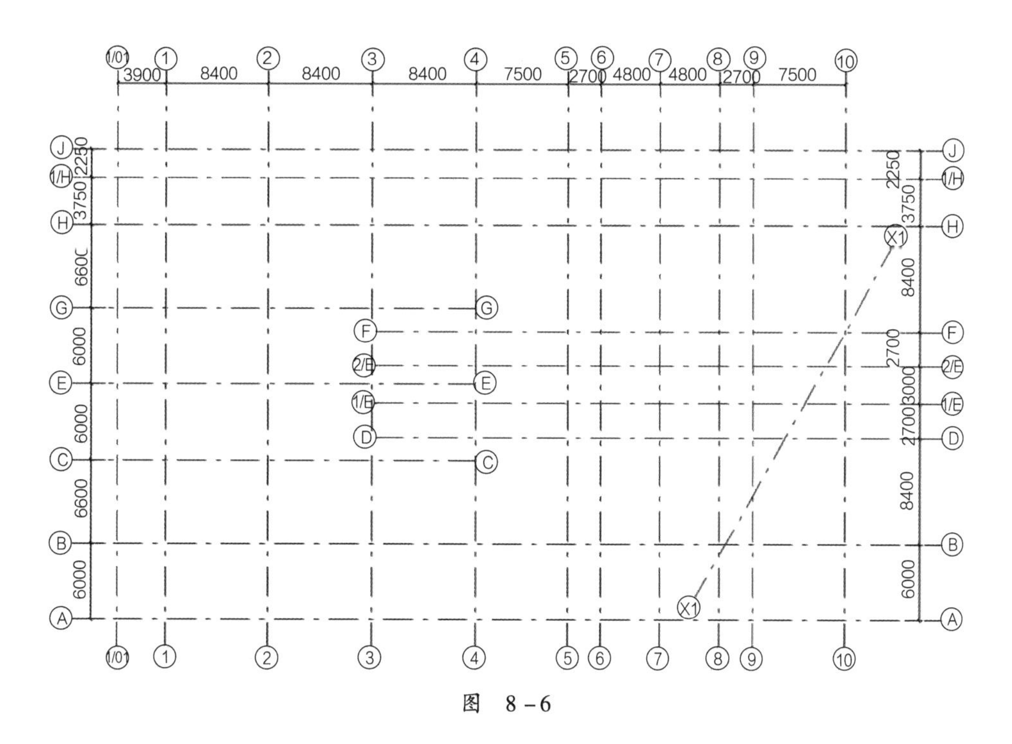

图 8-6

3. 经验总结

通过以上的学习，了解到在修改轴网时，要把轴网设置为2D状态，否则其他楼层的轴网也会变动。

2.2 场地创建

1）进入室外地坪平面图，绘制参照平面，如图8-7所示。

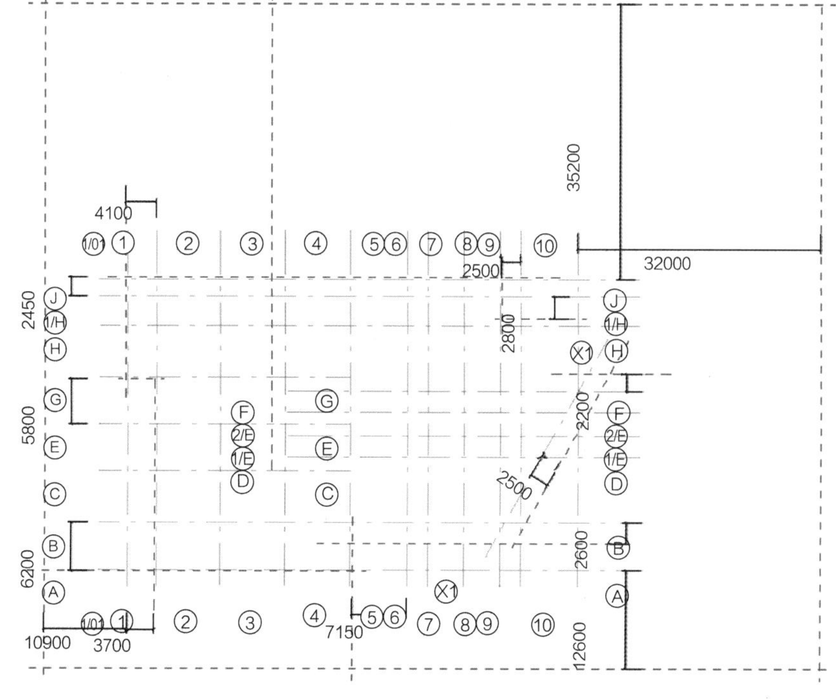

图 8-7

2）利用“放置点”命令创建地形，各点高程为 -100，放置位置如图 8 -8 所示。材质设置为草地。

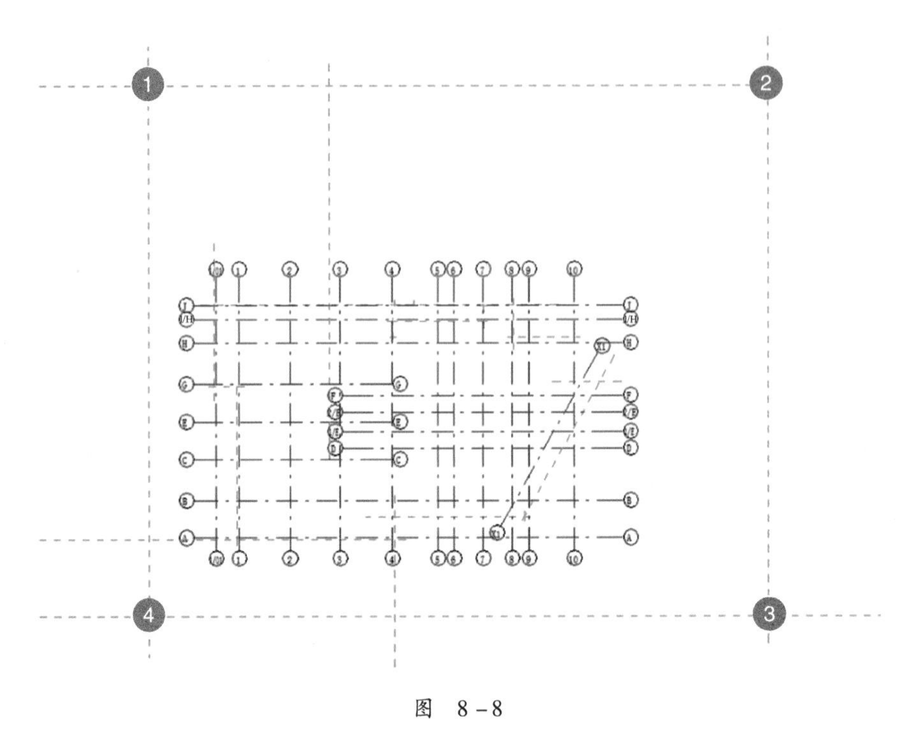

图 8 -8

3）利用“拆分表面”命令沿参照平面将草地拆分为①、②两部分，如图 8 -9 所示。

4）选中①，利用“编辑表面”对高程进行调整，将图中的点高程设置为 4350，如有多余的点则删除，如图 8 -10 所示，单击“完成”。

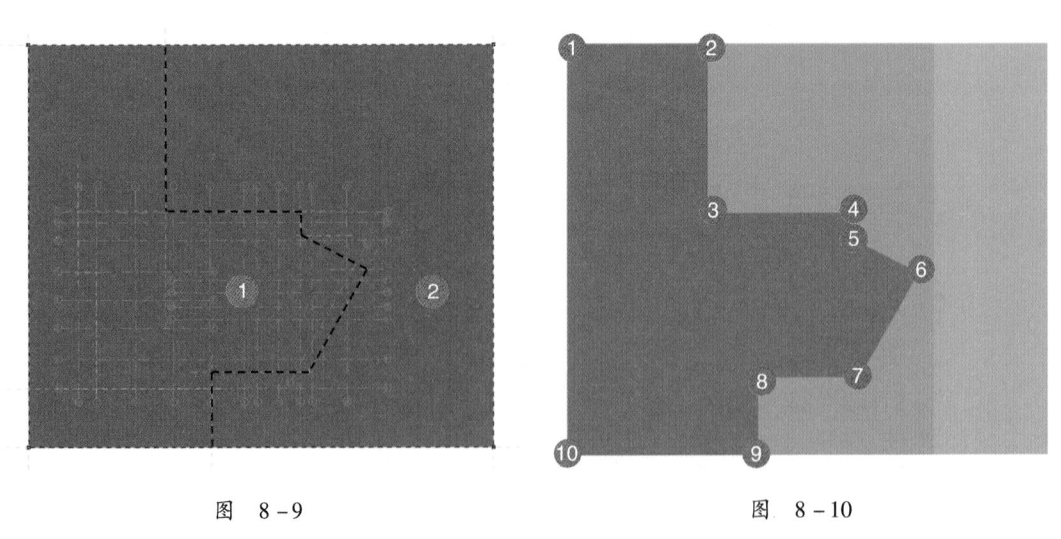

图 8 -9　　图 8 -10

5）进入楼层平面（A -建模）-室外地坪 2 视图，沿参照平面对①场地进行拆分，拆分为①、③场地，如图 8 -11 所示。

6）绘制 4 道参照平面，如图 8 -12 所示。

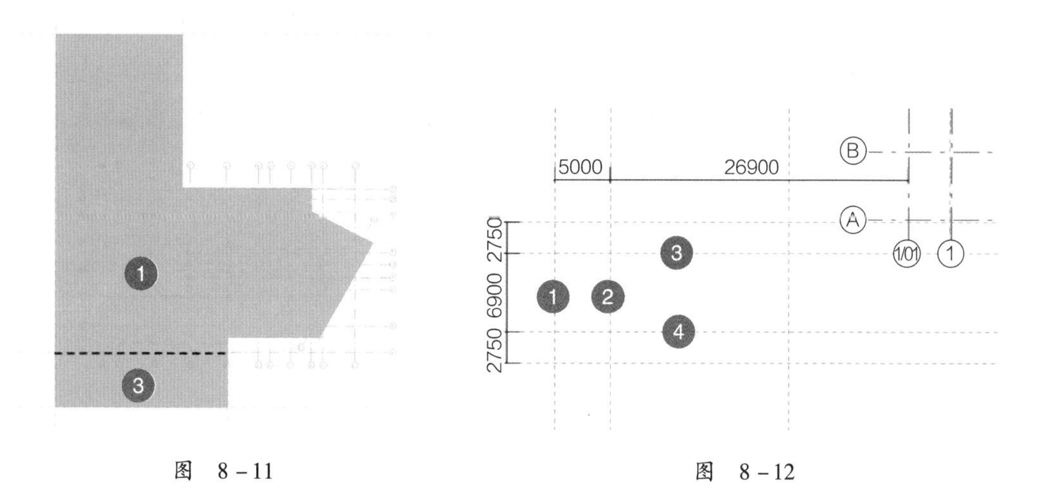

图 8－11　　　　图 8－12

7）选中③场地，进行编辑表面，选中图中两个点，移动至如图 8－13 所示位置。

8）如图 8－14 所示，为没有点的位置放置点，并设置各点高程，单击“完成”。点 1 高程：4650；点 2 高程：4250；点 3 高程：－107.7；点 4 高程：－400。

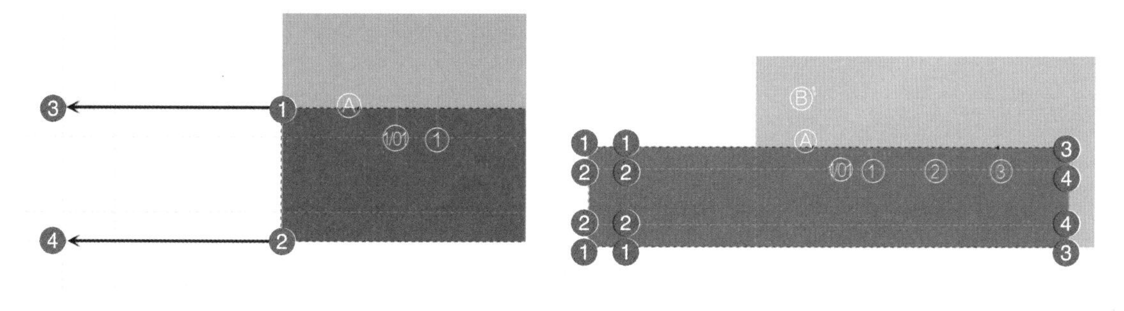

图 8－13　　　　图 8－14

9）创建“建筑地坪”。沿参照平面交点绘制建筑地坪轮廓，设置实例参数，如图 8－15 所示，单击“完成”。

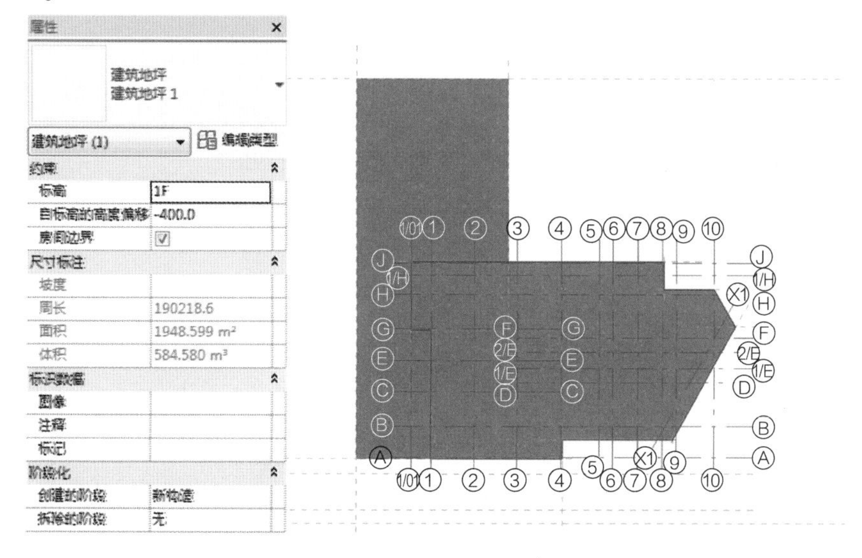

图 8－15

10）场地道路。如图 8－16 所示，先绘制 10 道参照平面。使用楼板绘制道路，选择“室外道路－沥青－100”类型，标高设置为 1F，偏移－300，沿轴网绘制楼板，如图 8－17 所示（道路除了可以用“拆分表面”和“子面域”绘制，还可以用楼板来绘制，尽管有多块场地，楼板绘制的道路都可以是一个整体）。

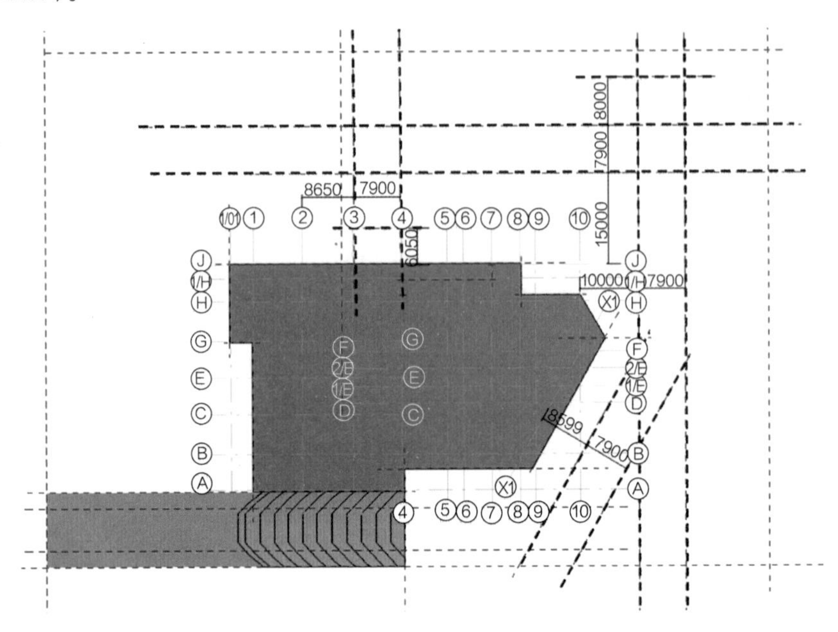

图　8－16

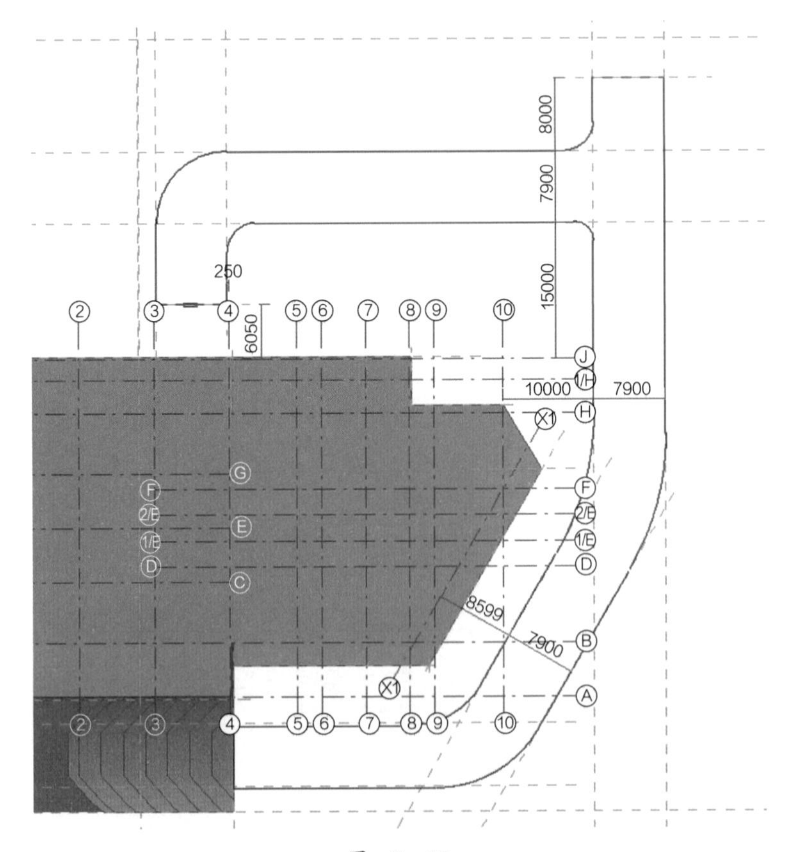

图　8－17

11）利用“拆分表面”，拾取楼板边界，对②场地进行拆分，拆分后删除与道路重叠的地形，如图8-18所示。

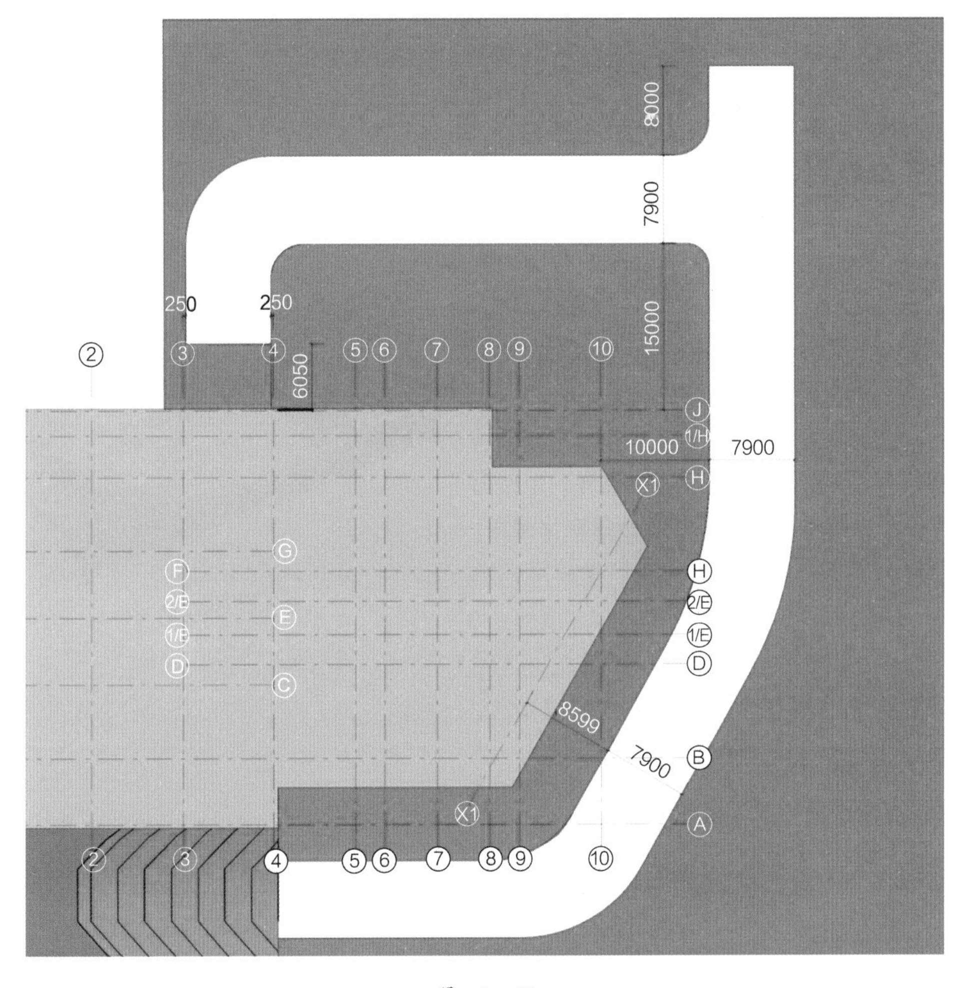

图 8-18

12）将楼板边界移动到参照平面，然后利用“添加点”为楼板设置坡道高程，如图8-19所示。点1高程：0，点2高程：4700，如图8-20所示。

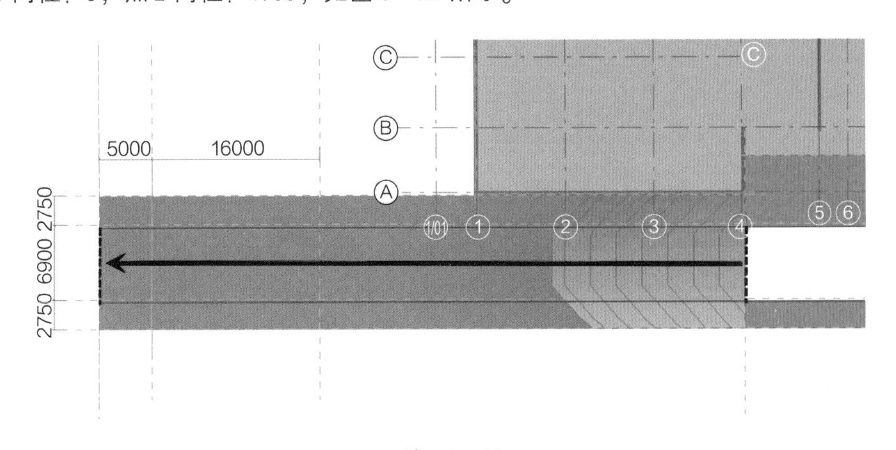

图 8-19

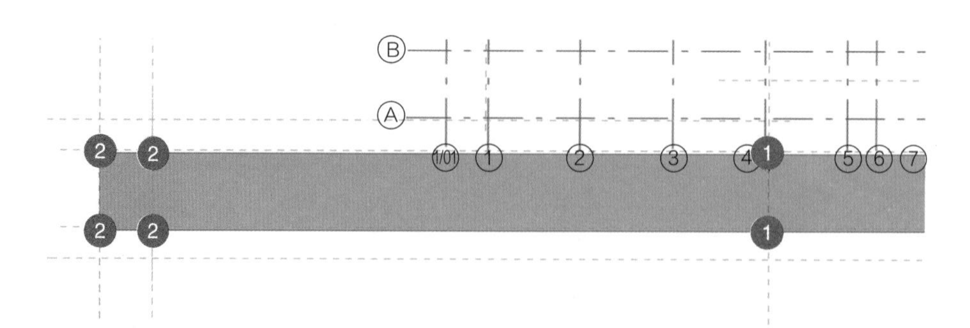

图 8-20

13）最终效果如图 8-21 所示。

14）经验总结。通过以上学习，可以多利用参照平面辅助绘制地形的形状。当为多块高程不一、形状不规则地形时，可以先绘制一整块地形，然后进行对齐拆分，分别编辑各块地形的高程。地形的边界是不能被拾取的，所以先用楼板绘制出道路，后面的道路形状的地形也就可以很方便地进行拆分了。

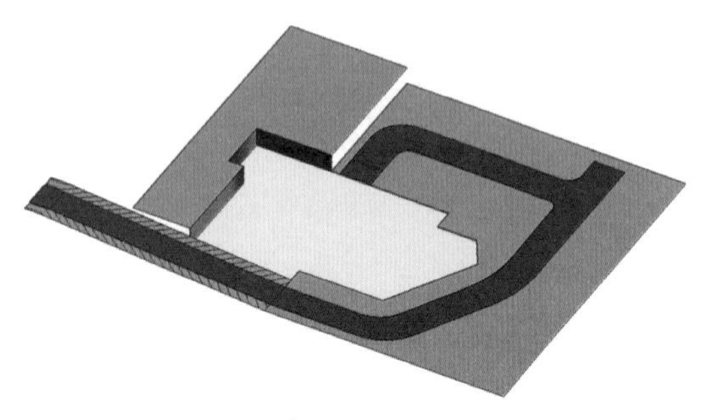

图 8-21

2.3 场地构件创建

1. 放置停车位

停车位实例参数设置如图 8-22 所示。

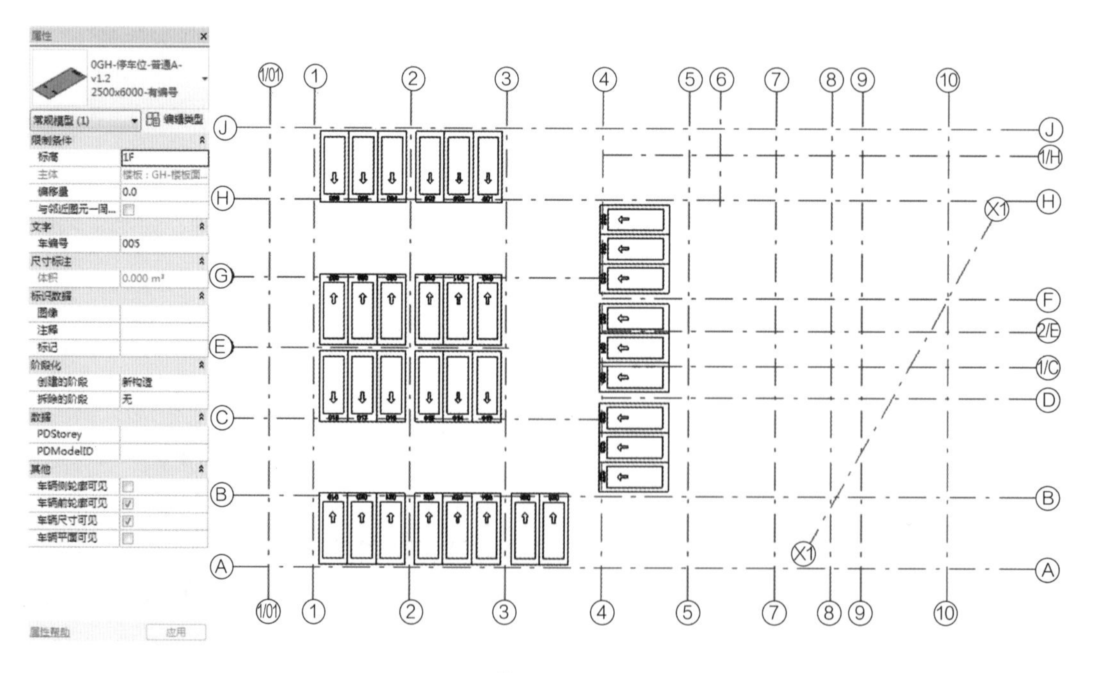

图 8-22

2. 排水沟创建

(1) 绘制参照平面

如图 8-23 所示，此参照平面为内建模型放样路径做参照。

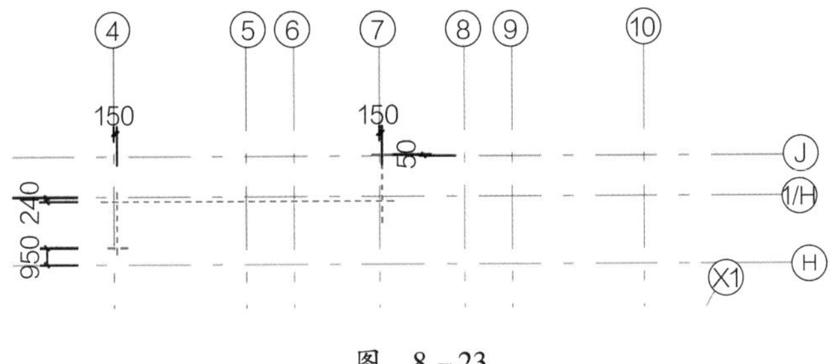

图 8-23

(2) 内建模型

1) 单击“内建模型”命令，“族类别”设置为“场地”，“名称”为“排水沟”，如图 8-24 所示。设置工作平面为“标高：室外地坪 2”，如图 8-25 所示。

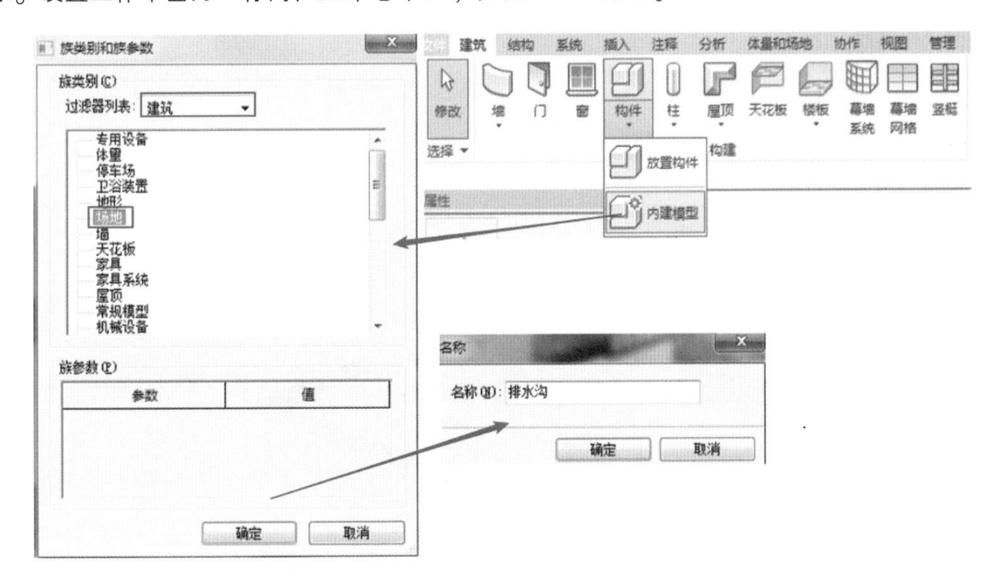

图 8-24

工作平面
当前工作平面
名称：
标高 ：室外地坪1
显示
取消关联
指定新的工作平面
名称(N) 标高 ：室外地坪2
拾取一个平面(P)
拾取线并使用绘制该线的工作平面(L)
确定
取消
帮助

图 8-25

2）使用“放样”命令，绘制路径，如图 8－26 所示，单击“完成”。按草图选择轮廓“轮廓－室外－排水沟”，如图 8－27 所示，完成模型。

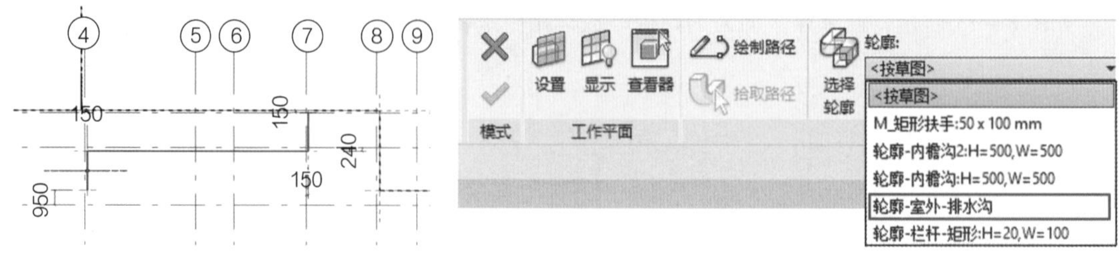

图 8－26　　　　图 8－27

3）放置排水沟构件，注意构件的标高和偏移与排水沟一致（室外地坪 2），与排水沟卡槽对齐，最终效果如图 8－28 所示。

4）一层Ⓙ轴④～⑤处的排水沟参照平面如图 8－29 所示，标高为 1F，绘制方法如上。

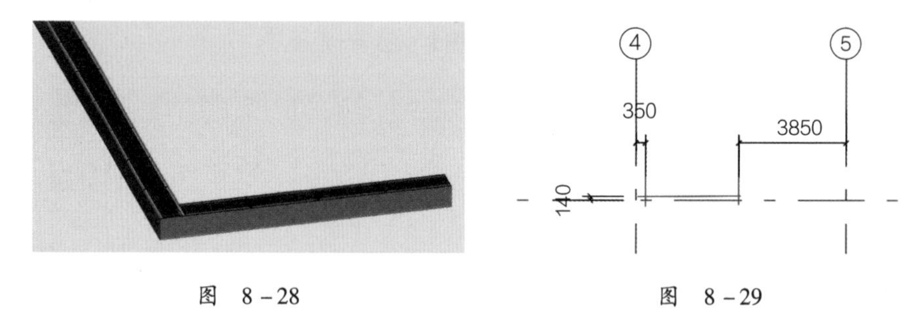

图 8－28　　　　图 8－29

5）排水沟最终效果如图 8－30 所示。

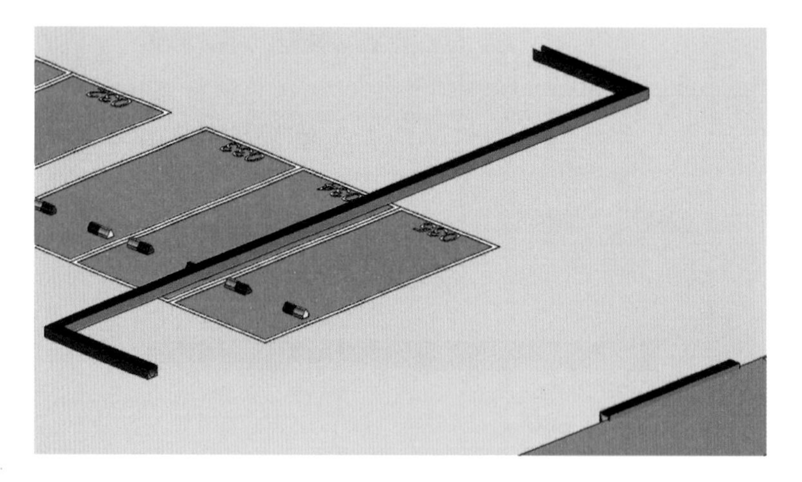

图 8－30

2.4　墙体创建

1. 墙体创建及创建规则

（1）1F 墙体的绘制

1）绘制墙体，墙体类型如图 8－31 所示，限制条件统一为 1F～2F，后面再做调整。

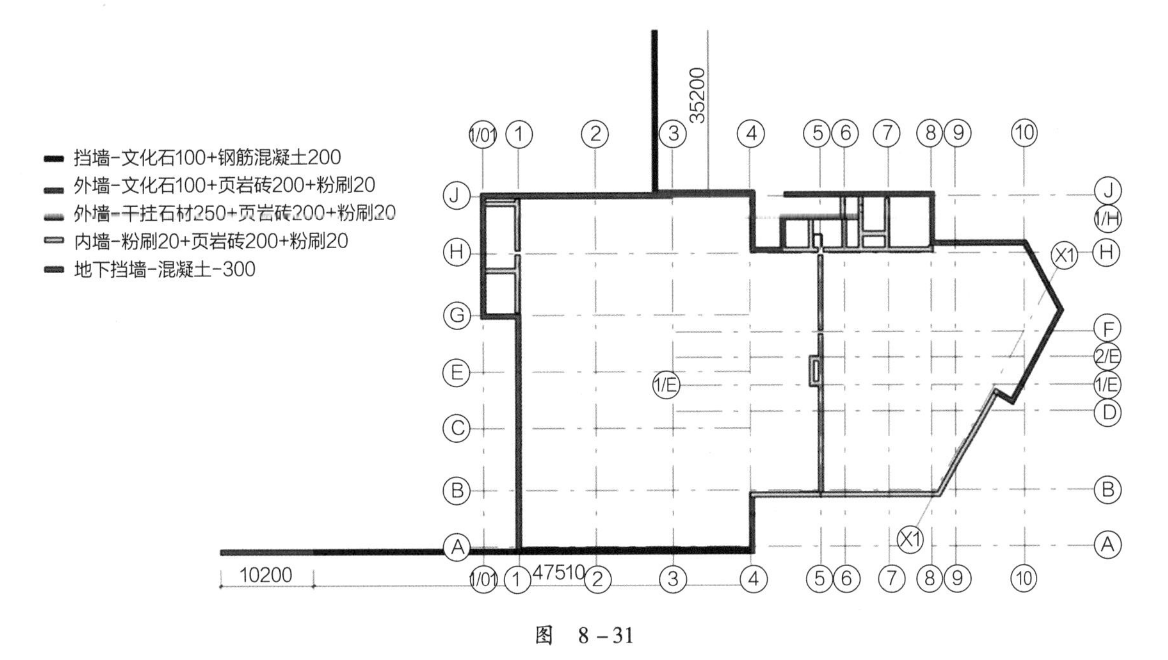

图　8 - 31

2）部分细节墙体。在Ⓑ轴与⑤轴交点处有一道防火隔断，防火隔断是贴着外部墙体的，如图 8 - 32 所示。在⑤轴与Ⓗ轴交点处有三道卫生间隔断，如图 8 - 33 所示。

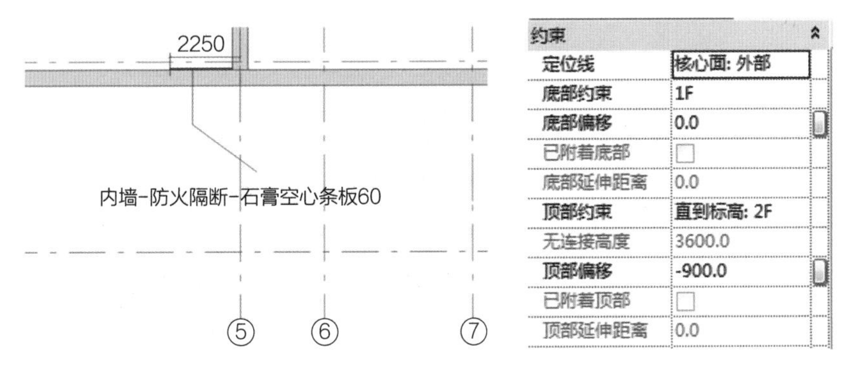

图　8 - 32

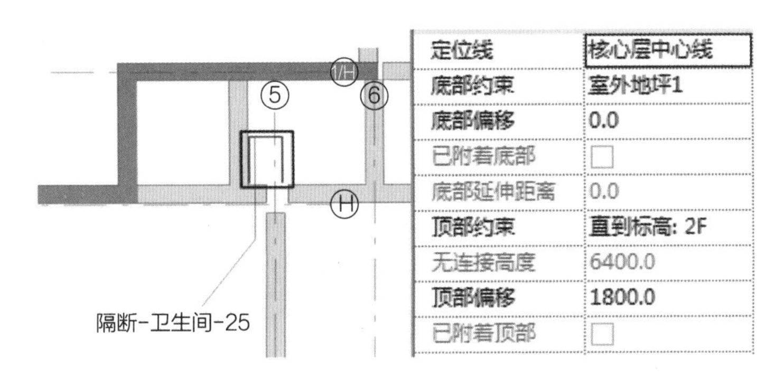

图　8 - 33

3）Ⓙ轴与③轴交点处，三种不同类型墙体重叠，如图 8 - 34 所示，可利用“连接几何图形”对重叠墙体进行扣减。

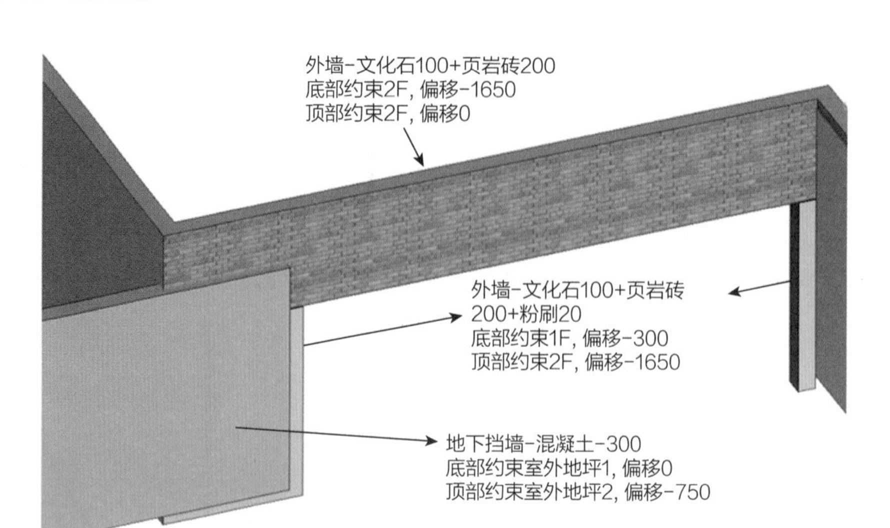

图 8-34

4）Ⓐ轴(1/01)~④轴处，两道墙体重叠，如图 8-35 所示。

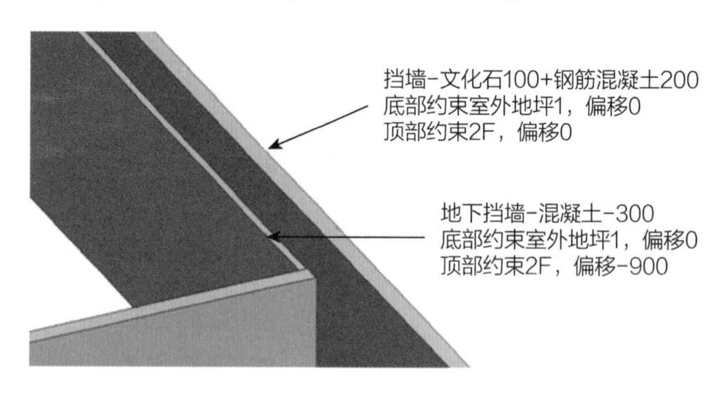

图 8-35

5）斜坡挡土墙、文化墙底部附着。进入“建筑-立面-A 南”视图，绘制一个参照平面与 1F 标高相交，角度为 4.58°。利用附着底部将两道墙体附着到参照平面，如图 8-36 所示。

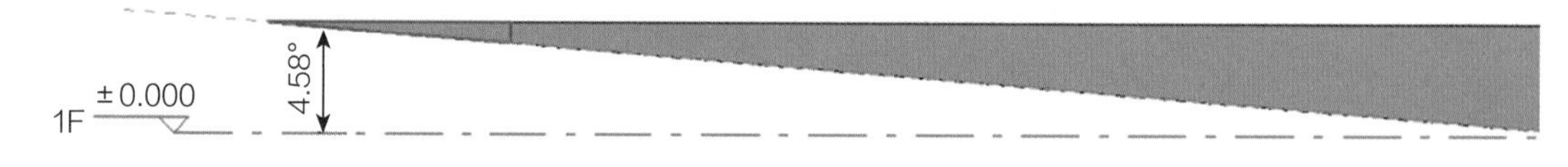

图 8-36

6）绘制完成后效果如图 8-37 所示。

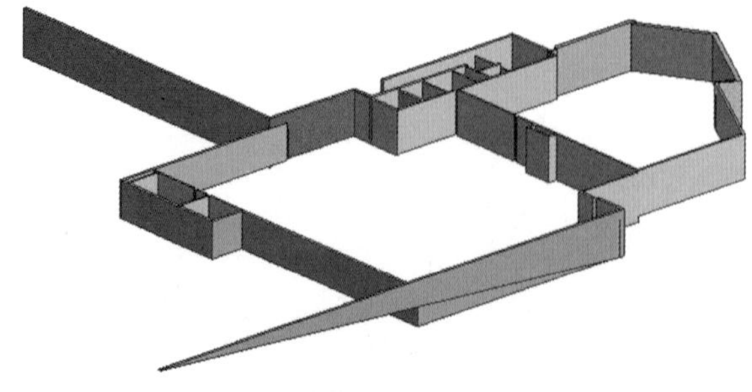

图 8-37

(2) 2F 墙体的绘制

1) 墙体类型如图 8－38 所示，限制条件统一设置，底部约束：标高 2F，顶部约束：标高 3F。

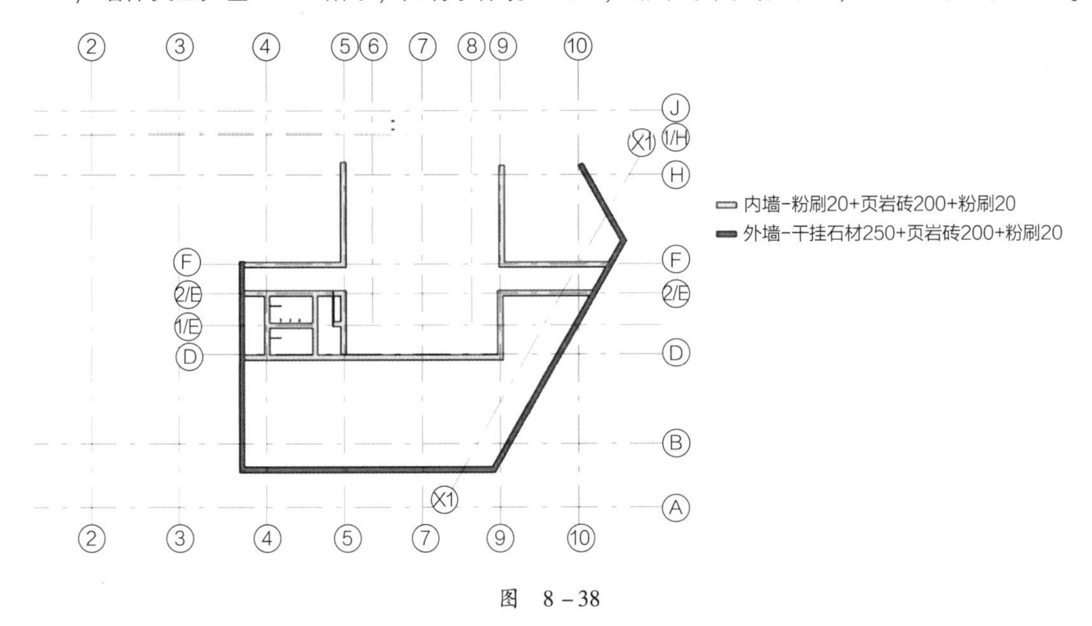

图 8－38

2) 部分细节墙体。①/E轴与④轴交点处有 5 道卫生间隔断，如图 8－39 所示。Ⓙ轴与①/01轴处有一个通风井，通风井有上部墙体和下部墙体。材质及顶底限制条件如图 8－40、图 8－41 所示。

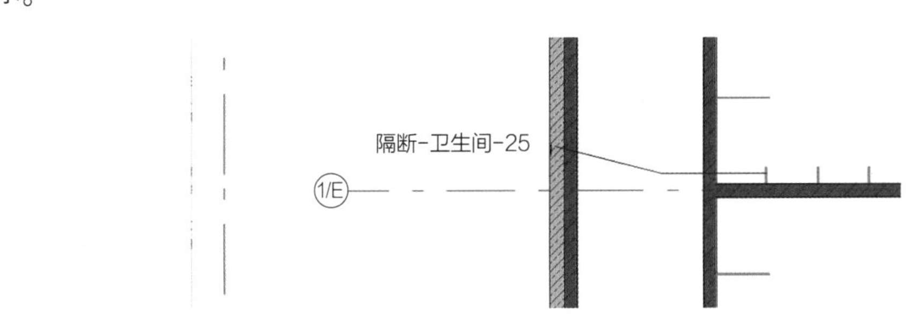

图 8－39

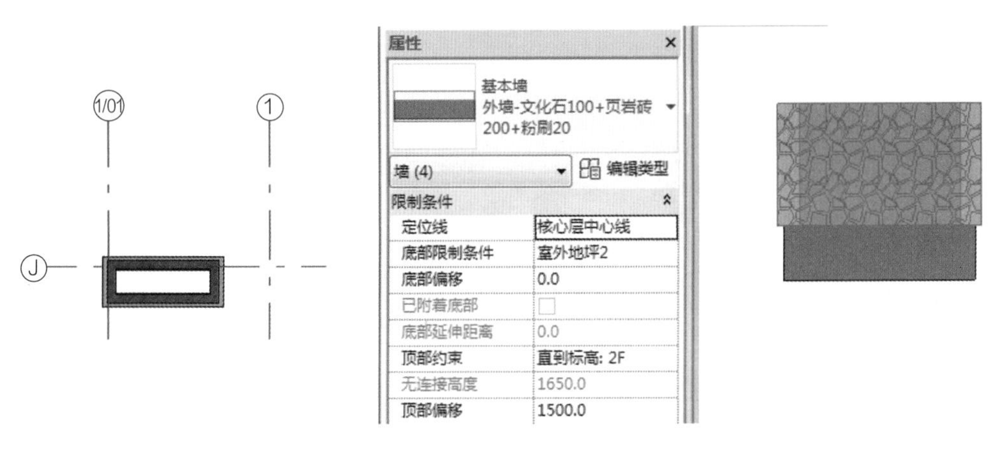

图 8－40

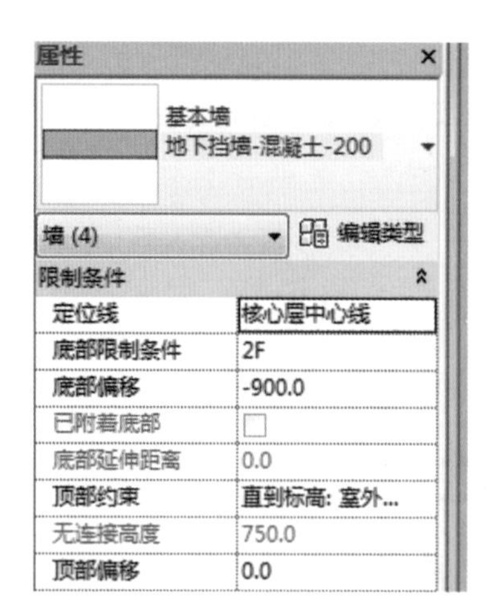

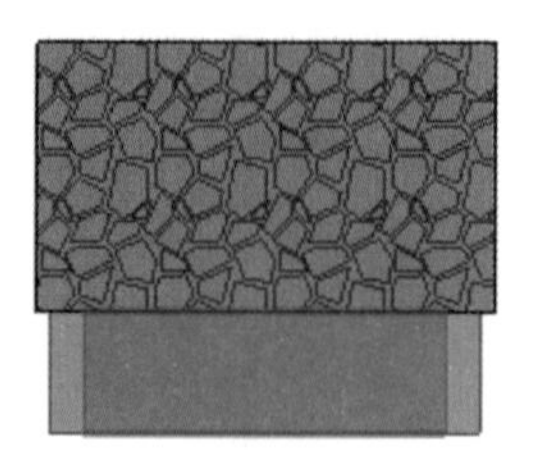

图 8－41

(3) 3F 墙体的绘制

1) 3F 墙体与 2F 墙体基本一致，利用复制粘贴将 2F 墙体复制到 3F。修改图 8－42a 中的墙体，修改后如图 8－42b 所示。

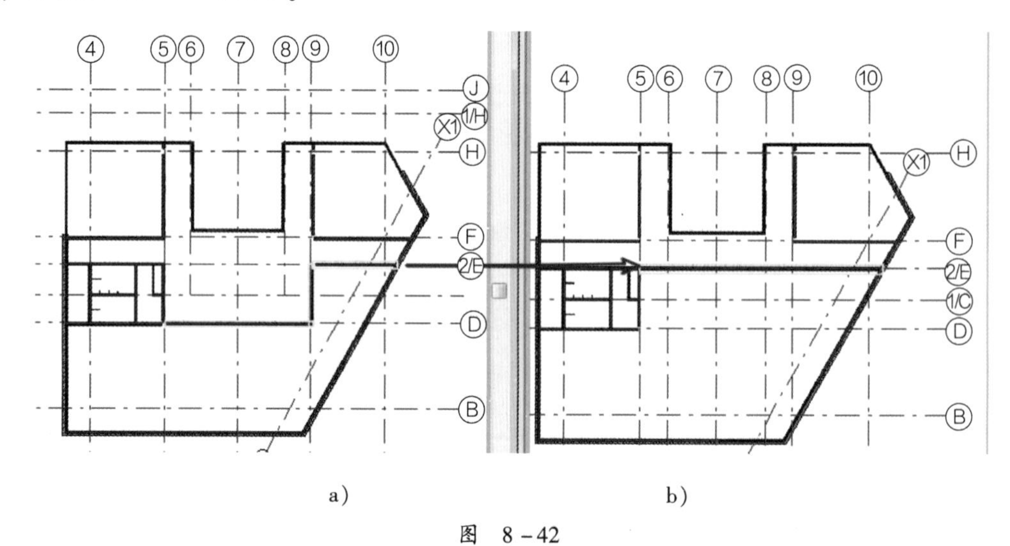

a)　　　　b)

图 8－42

2) 整体完成效果如图 8－43 所示。

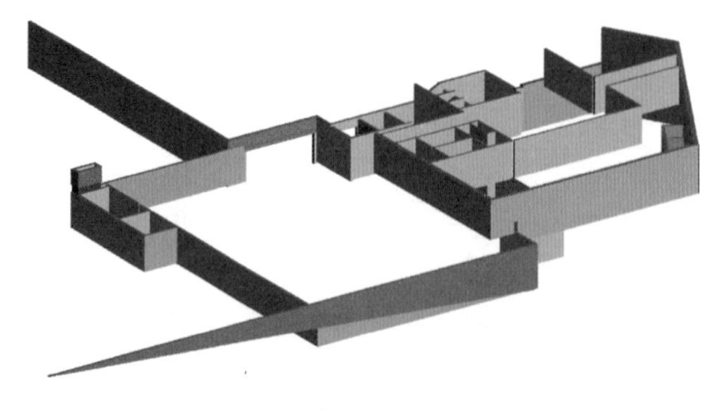

图 8－43

（4）4F 墙体的绘制　在图 8－44～图 8－46 中选中墙体在屋顶绘制完成后再进行附着。先绘制出来，并设置顶底限制条件。

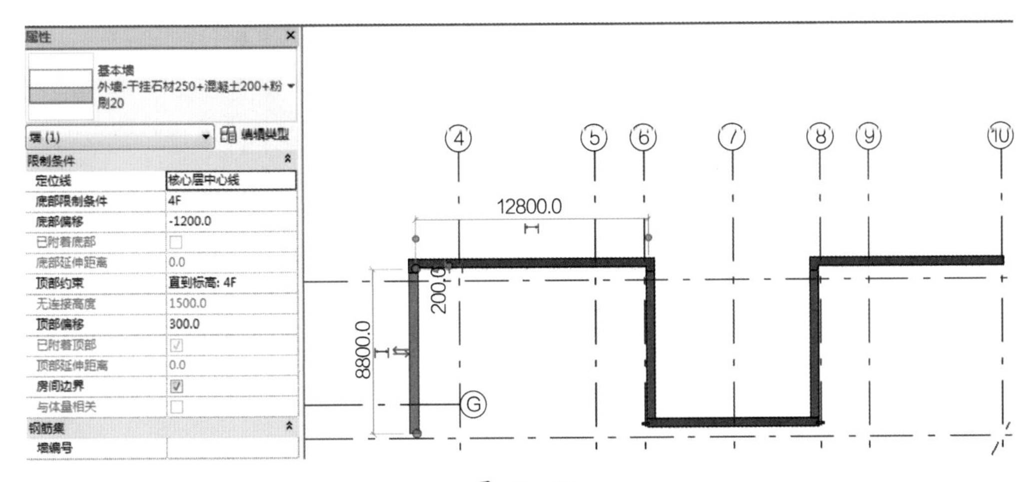

图　8－44

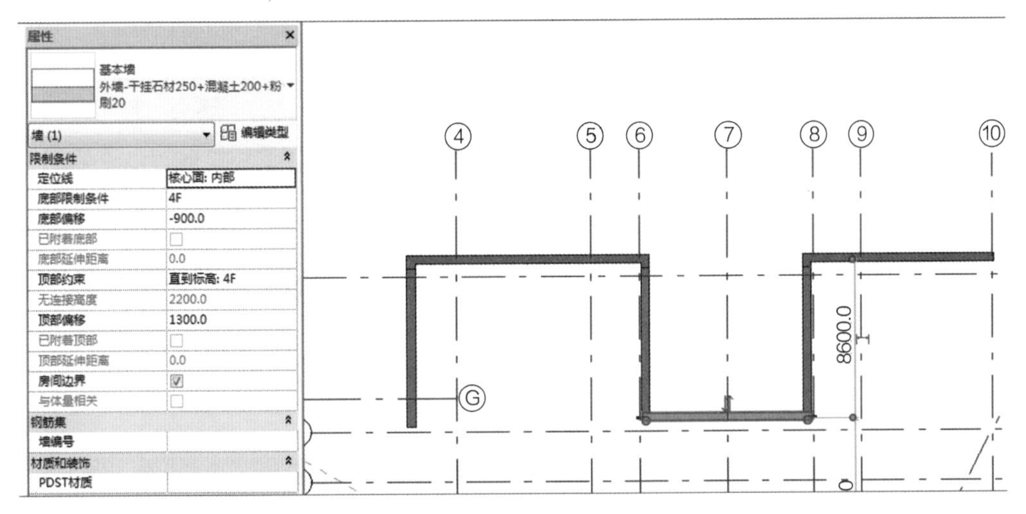

图　8－45

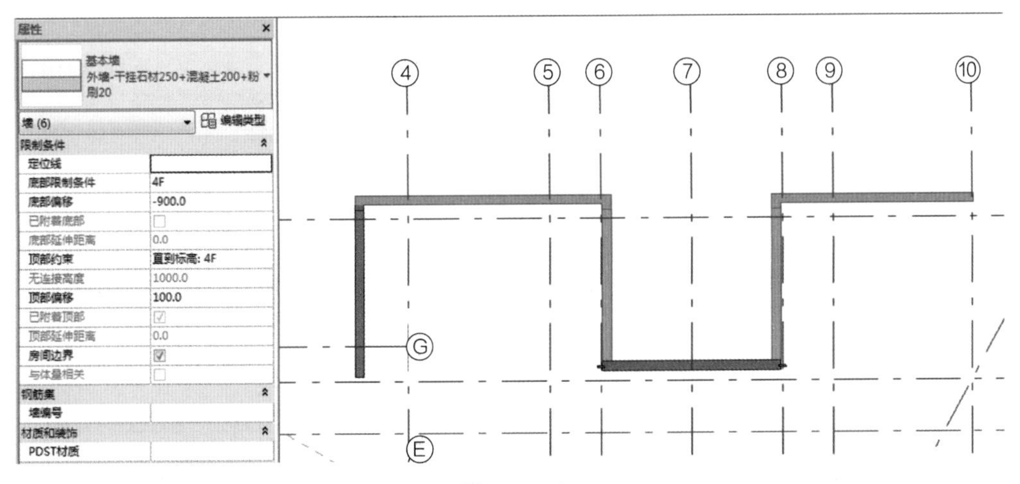

图　8－46

（5）墙体完成后效果如图 8－47 所示

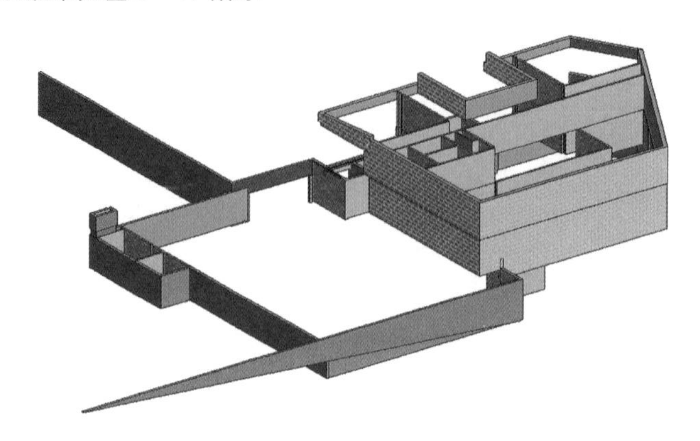

图 8－47

2. 墙体的面层设置

各类型墙体对应的墙体结构设置见表 8－2。

表 8－2

墙体类型		功能	材质	厚度	包络	结构材质
1. 地下挡墙－混凝土－200	1	核心边界	包络上层	0.0		
	2	结构 [1]	<按类别>	200.0	☐	☐
	3	核心边界	包络下层	0.0		
	4	面层 2 [5]	水泥砂浆A	20.0	☑	☐
2. 内墙－粉刷 20＋页岩砖 100＋粉刷 20	1	面层 2 [5]	水泥砂浆A	20.0	☑	☐
	2	核心边界	包络上层	0.0		
	3	结构 [1]	页岩砖A	100.0	☐	☑
	4	核心边界	包络下层	0.0		
	5	面层 2 [5]	水泥砂浆A	20.0	☑	☐
3. 内墙－粉刷 20＋页岩砖 200＋粉刷 20	1	面层 2 [5]	白色粉刷层-内墙A	20.0	☑	☐
	2	核心边界	包络上层	0.0		
	3	结构 [1]	页岩砖A	200.0	☐	☑
	4	核心边界	包络下层	0.0		
	5	面层 2 [5]	白色粉刷层-内墙A	20.0	☑	☐
4. 内墙－防火隔断－石膏空心条板 60	1	核心边界	包络上层	0.0		
	2	结构 [1]	石膏A	60.0	☐	☑
	3	核心边界	包络下层	0.0		
5. 内墙－页岩砖 200	1	核心边界	包络上层	0.0		
	2	结构 [1]	页岩砖A	200.0	☐	☑
	3	核心边界	包络下层	0.0		
6. 地下挡墙－钢筋混凝土－300	1	核心边界	包络上层	0.0		
	2	结构 [1]	钢筋混凝土A	300.0	☐	☐
	3	核心边界	包络下层	0.0		
	4	面层 2 [5]	水泥砂浆A	20.0	☑	☐

（续）

墙体类型	结构层次

7. 外墙－干挂石材 250＋钢筋混凝土 200＋粉刷 20

	功能	材质	厚度	包络	结构
1	面层 1 [4]	干挂石材-米黄色A	250.0	☑	■
2	核心边界	包络上层	0.0		
3	结构 [1]	钢筋混凝土A	200.0	☐	☑
4	核心边界	包络下层	0.0		
5	面层 2 [5]	水泥砂浆A	20.0	☑	☐

8. 外墙－干挂石材 250＋钢筋混凝土 100

	功能	材质	厚度	包络	结构
1	面层 1 [4]	干挂石材-米黄色A	250.0	☑	■
2	核心边界	包络上层	0.0		
3	结构 [1]	钢筋混凝土A	100.0	☐	☑
4	核心边界	包络下层	0.0		

9. 外墙－干挂石材 250＋页岩砖 200

	功能	材质	厚度	包络	结构
1	面层 1 [4]	干挂石材-米黄色A	250.0	☑	■
2	核心边界	包络上层	0.0		
3	结构 [1]	页岩砖A	200.0	☐	☑
4	核心边界	包络下层	0.0		

10. 外墙－干挂石材 250＋页岩砖 200＋粉刷 20

	功能	材质	厚度	包络	结构材质
1	面层 1 [4]	干挂石材-米黄色A	250.0	☑	■
2	核心边界	包络上层	0.0		
3	结构 [1]	页岩砖A	200.0	☐	☑
4	核心边界	包络下层	0.0		
5	面层 2 [5]	水泥砂浆A	20.0	☑	☐

11. 外墙－文化石 100＋页岩砖 200

	功能	材质	厚度	包络	结构材质
1	面层 1 [4]	文化石A	100.0	☑	■
2	核心边界	包络上层	0.0		
3	结构 [1]	页岩砖A	200.0	☐	☑
4	核心边界	包络下层	0.0		

12. 外墙－文化石 100＋页岩砖 200＋粉刷 20

	功能	材质	厚度	包络	结构材质
1	面层 1 [4]	文化石A	100.0	☑	■
2	核心边界	包络上层	0.0		
3	结构 [1]	页岩砖A	200.0	☐	☑
4	核心边界	包络下层	0.0		
5	面层 2 [5]	白色粉刷	20.0	☑	☐

13. 屋顶雨水沟挡水－混凝土－100

	功能	材质	厚度	包络	结构材质
1	核心边界	包络上层	0.0		
2	结构 [1]	<按类别>	100.0	■	■
3	核心边界	包络下层	0.0		

14. 挡墙－文化石 100＋钢筋混凝土 200

	功能	材质	厚度	包络	结构材质
1	面层 1 [4]	文化石A	100.0	☑	■
2	核心边界	包络上层	0.0		
3	结构 [1]	钢筋混凝土A	200.0	☐	☑
4	核心边界	包络下层	0.0		

15. 隔断－卫生间－25

	功能	材质	厚度	包络	结构材质
1	核心边界	包络上层	0.0		
2	结构 [1]	石膏A	25.0	■	☑
3	核心边界	包络下层	0.0		

3. 底、顶高度的设置

1）1F 墙体顶部限制条件、底部限制条件设置如图 8－48～图 8－59 所示。

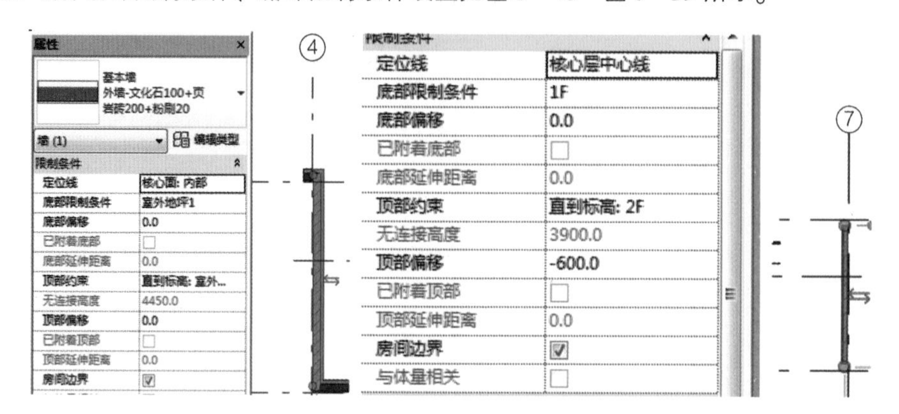

图　8－48

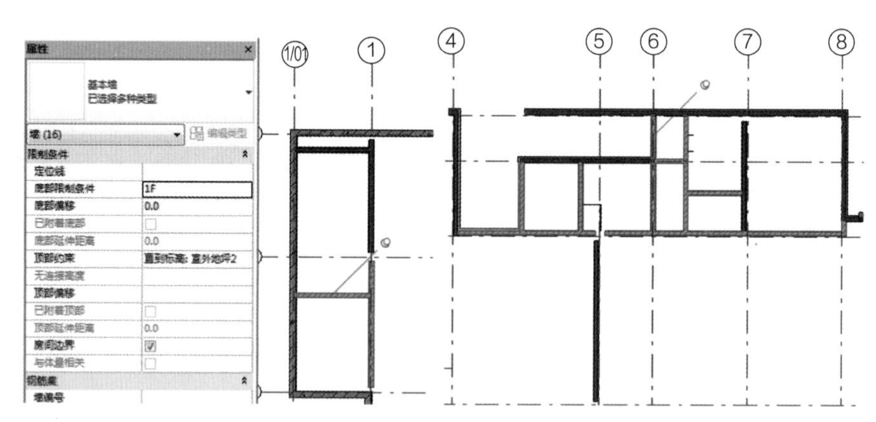

图　8－49

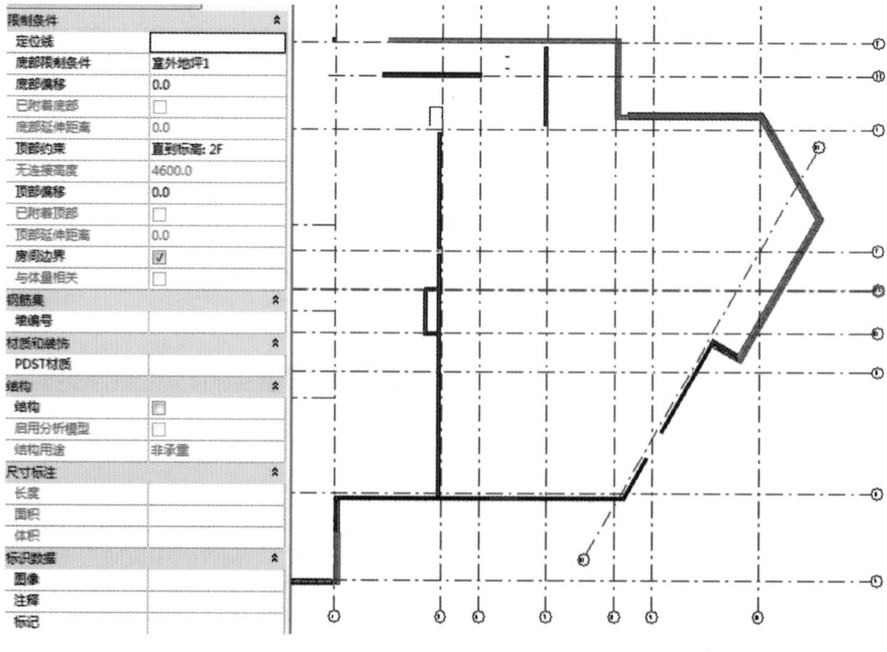

图　8－50

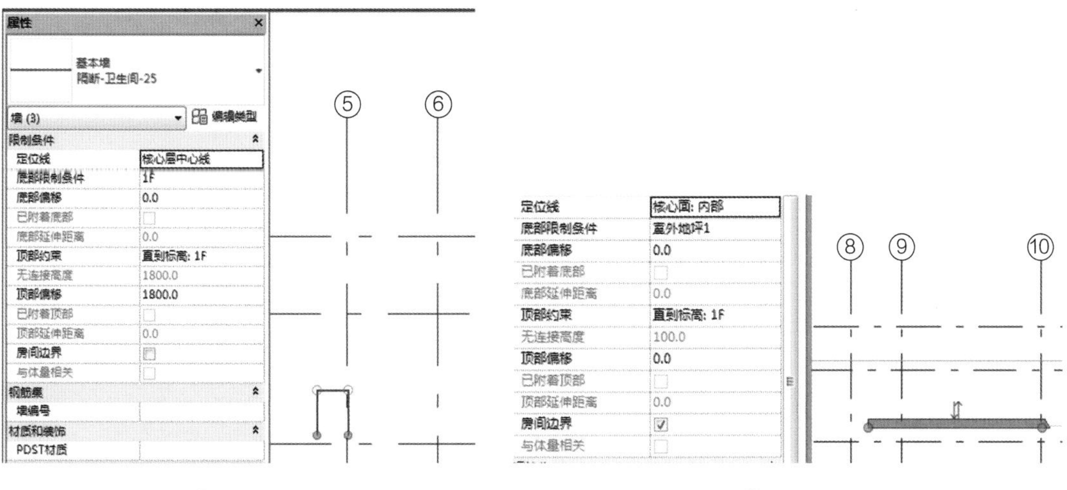

图 8-51　　图 8-52

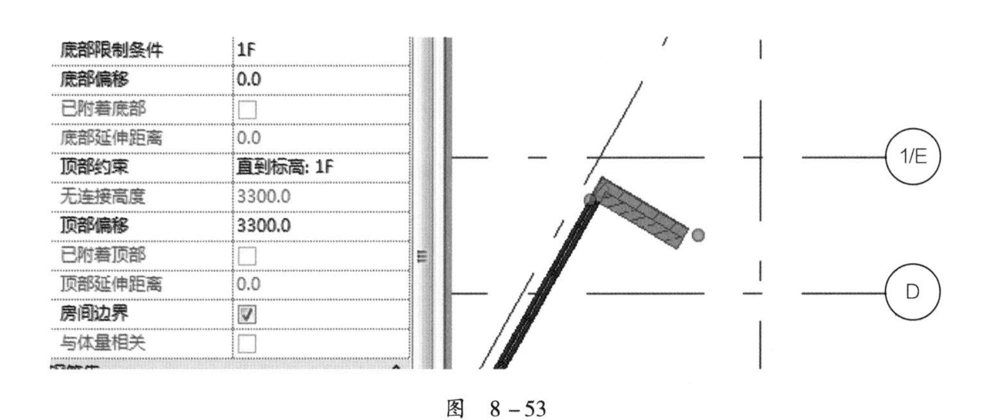

图 8-53

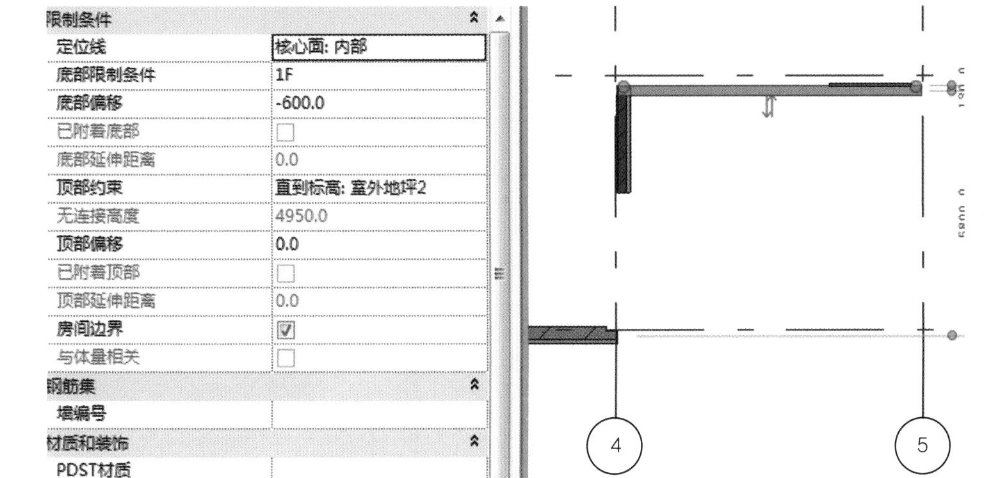

图 8-54

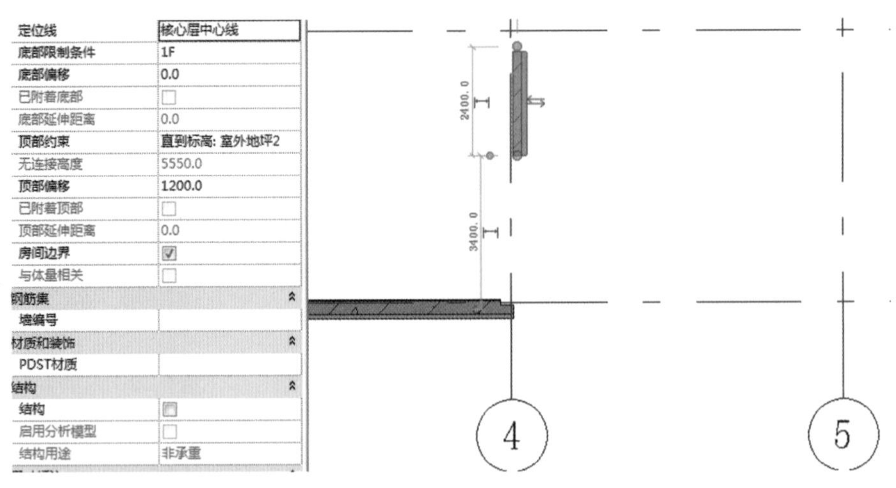

图 8-55

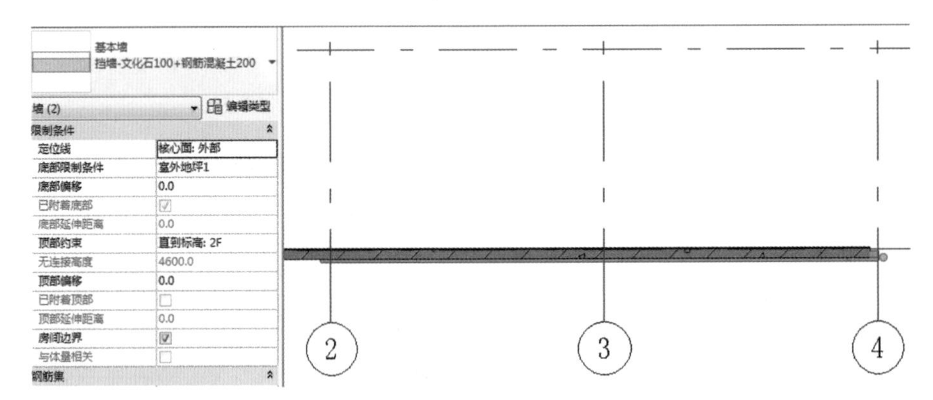

图 8-56

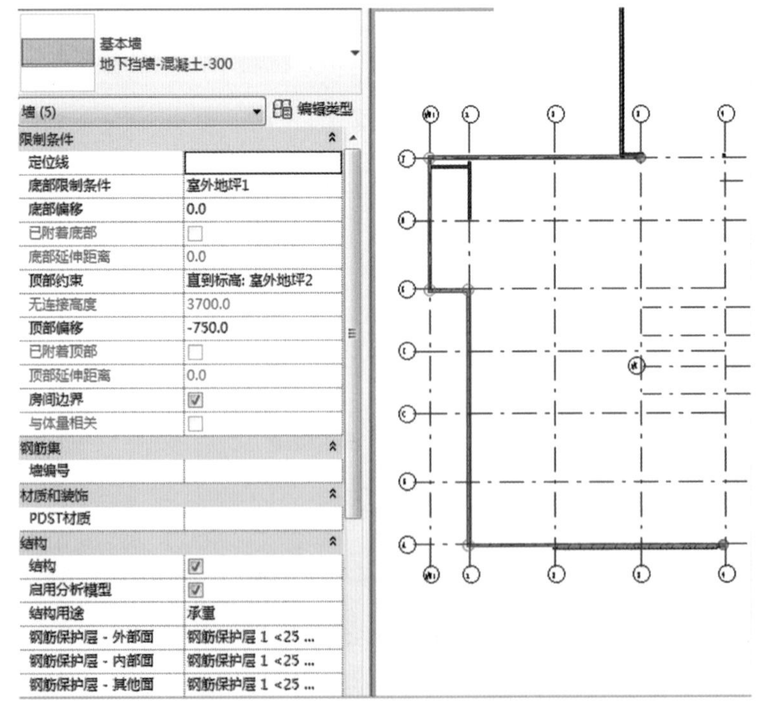

图 8-57

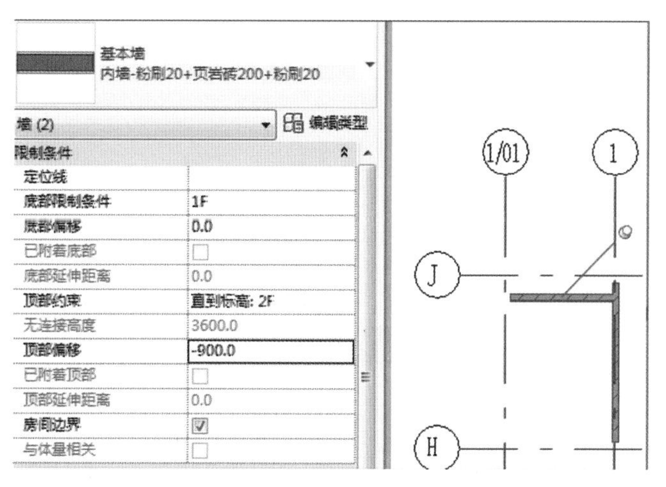

图 8-58

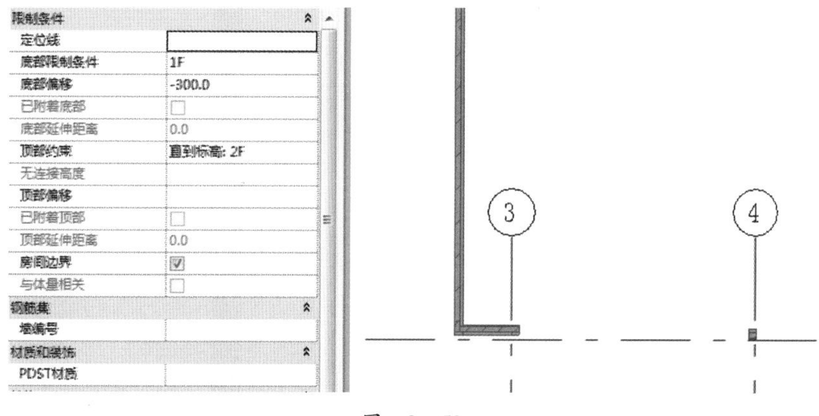

图 8-59

2）2F 墙体顶部限制条件、底部限制条件设置。除图 8-60 中选中墙体外，其余墙体限制条件按照创建时系统默认设置（底部限制条件：2F，顶部约束：直到标高，3F）。

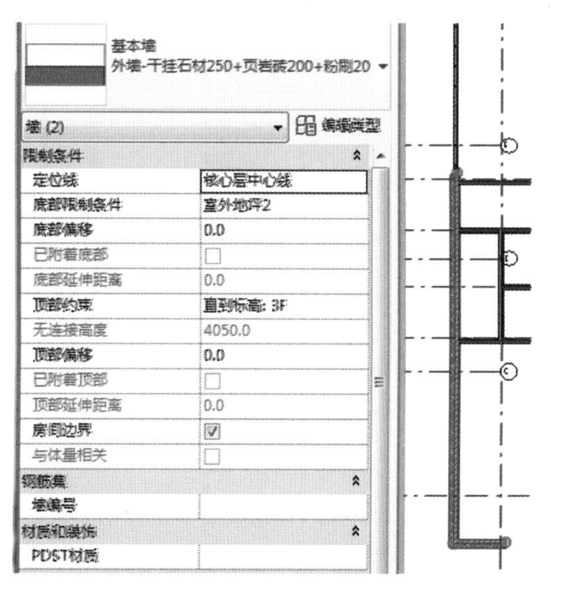

图 8-60

3）除图 8－61～图 8－64 墙体外，其余墙体限制条件按照创建时系统默认设置。

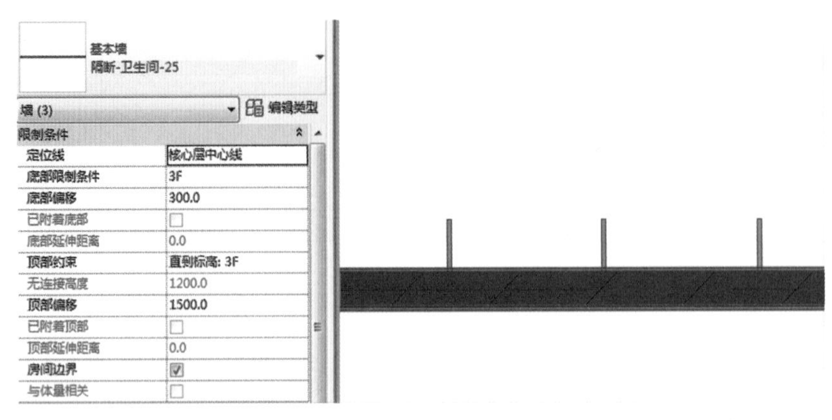

图 8－61

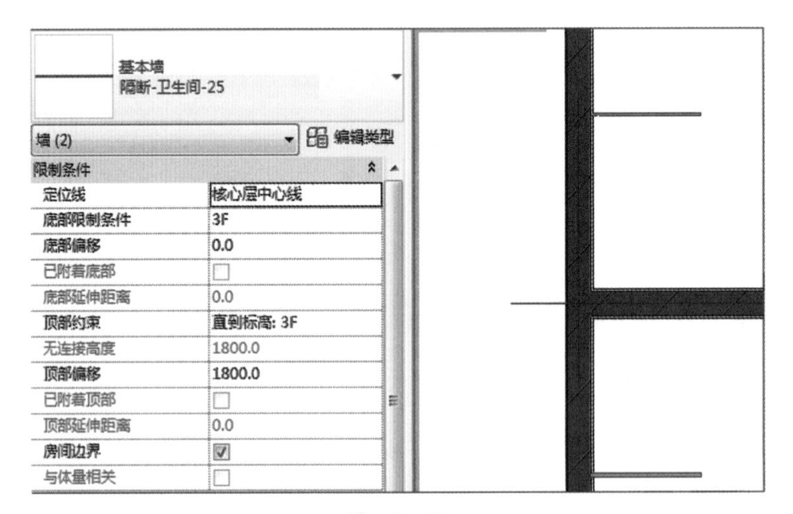

图 8－62

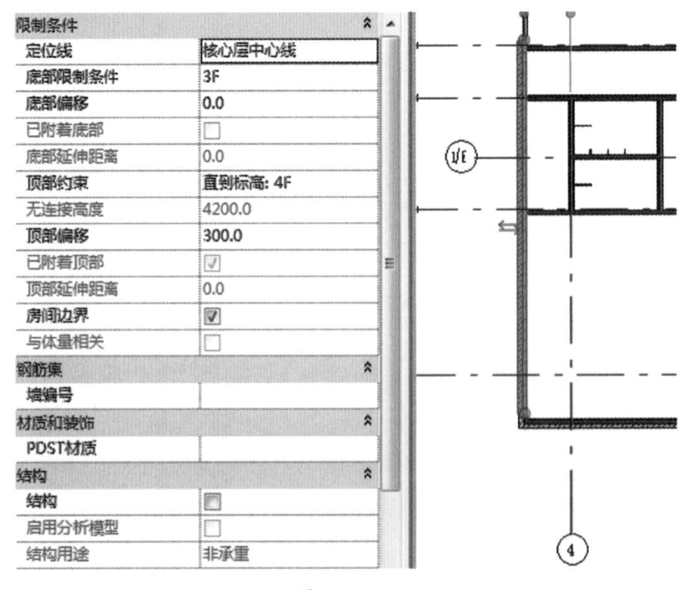

图 8－63

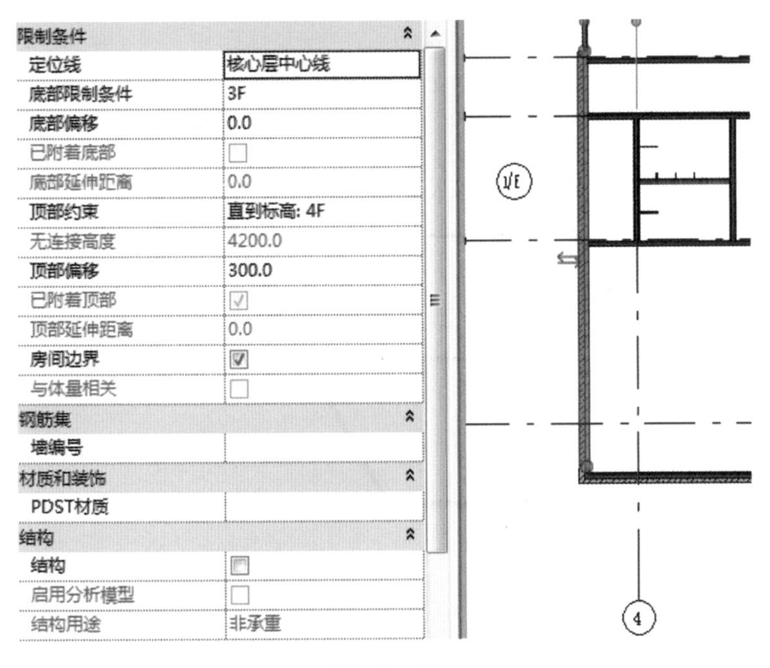

图　8－64

4. 根据轴线的定位设置

1）1F 墙体定位线及偏移量如图 8－65 所示。Ⓐ轴①/01～④轴处，“挡墙－文化石 100＋钢筋混凝土 200”墙体定位线为核心面：外部，偏移 100。

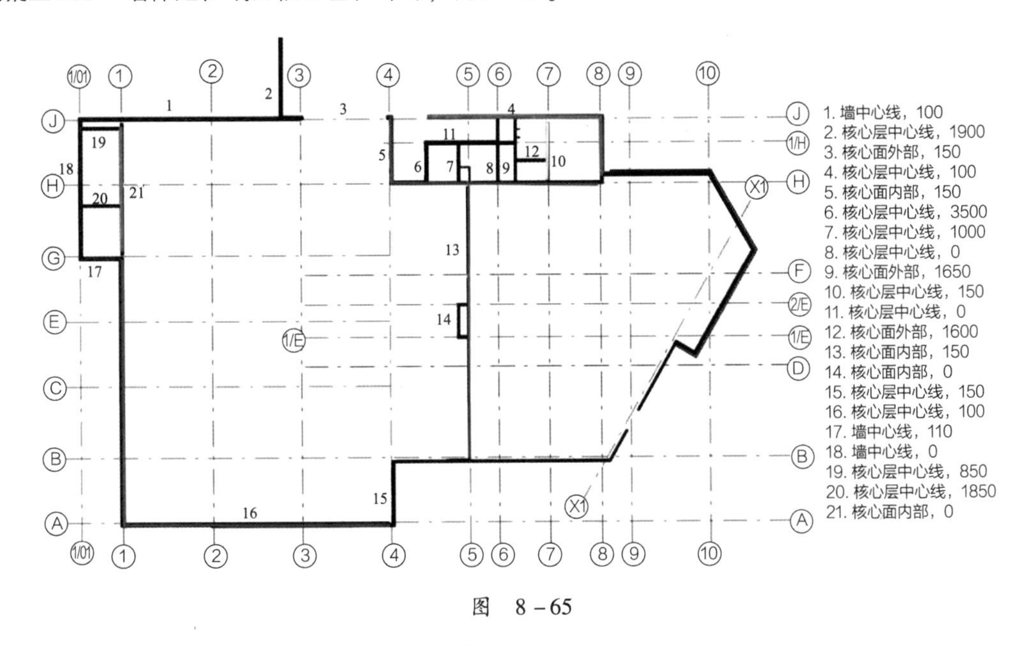

图　8－65

2）2F 墙体定位线及偏移量如图 8－66 所示。

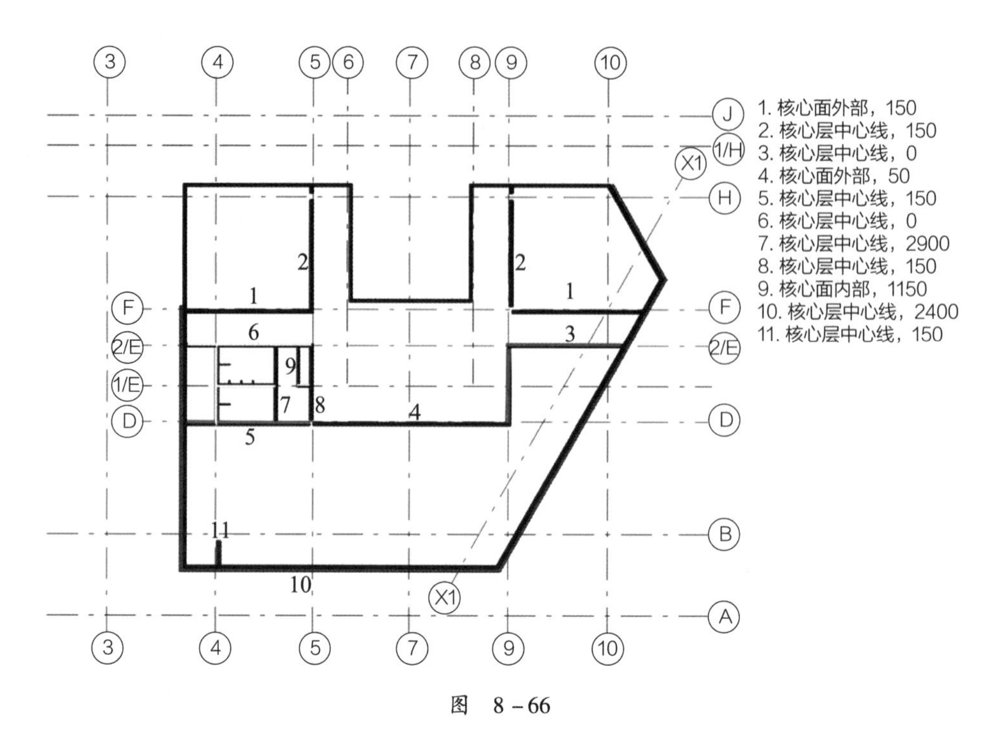

图 8－66

如图 8－67 所示为通风井墙体定位线设置，偏移量为 0。

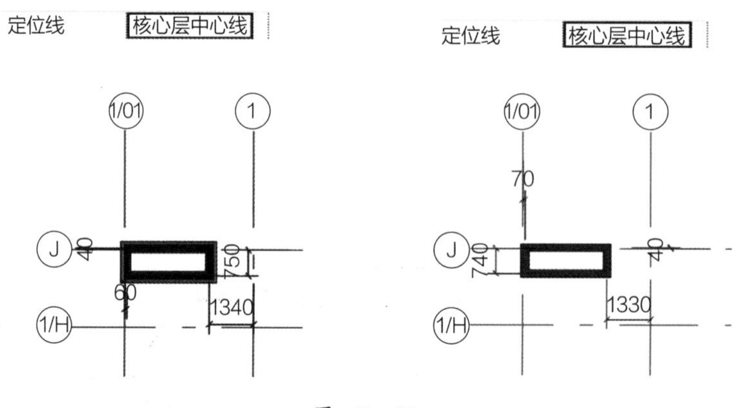

图 8－67

3）3F 与 2F 墙体除图 8－68 所示的一道墙外，其余墙体限制条件按照创建时系统默认设置。定位线：核心层中心线，偏移 0。

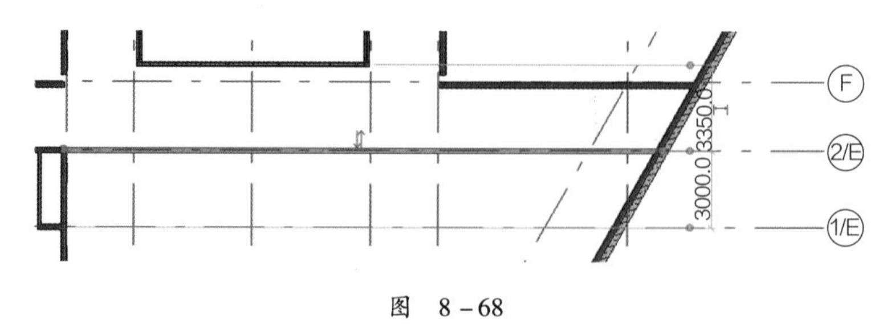

图 8－68

5. 不规则墙体的创建（楼梯下部墙体）

1）进入建筑立面北视图，选中①/F轴⑥－⑦墙体，复制出一道墙体，材质设为“外墙－文化石 100 + 页岩砖 200 + 粉刷 20”，利用“编辑轮廓”分别编辑两道墙体，如图 8 - 69 所示。Ⓙ轴⑤ - ⑧墙体编辑轮廓如图 8 - 70 所示。

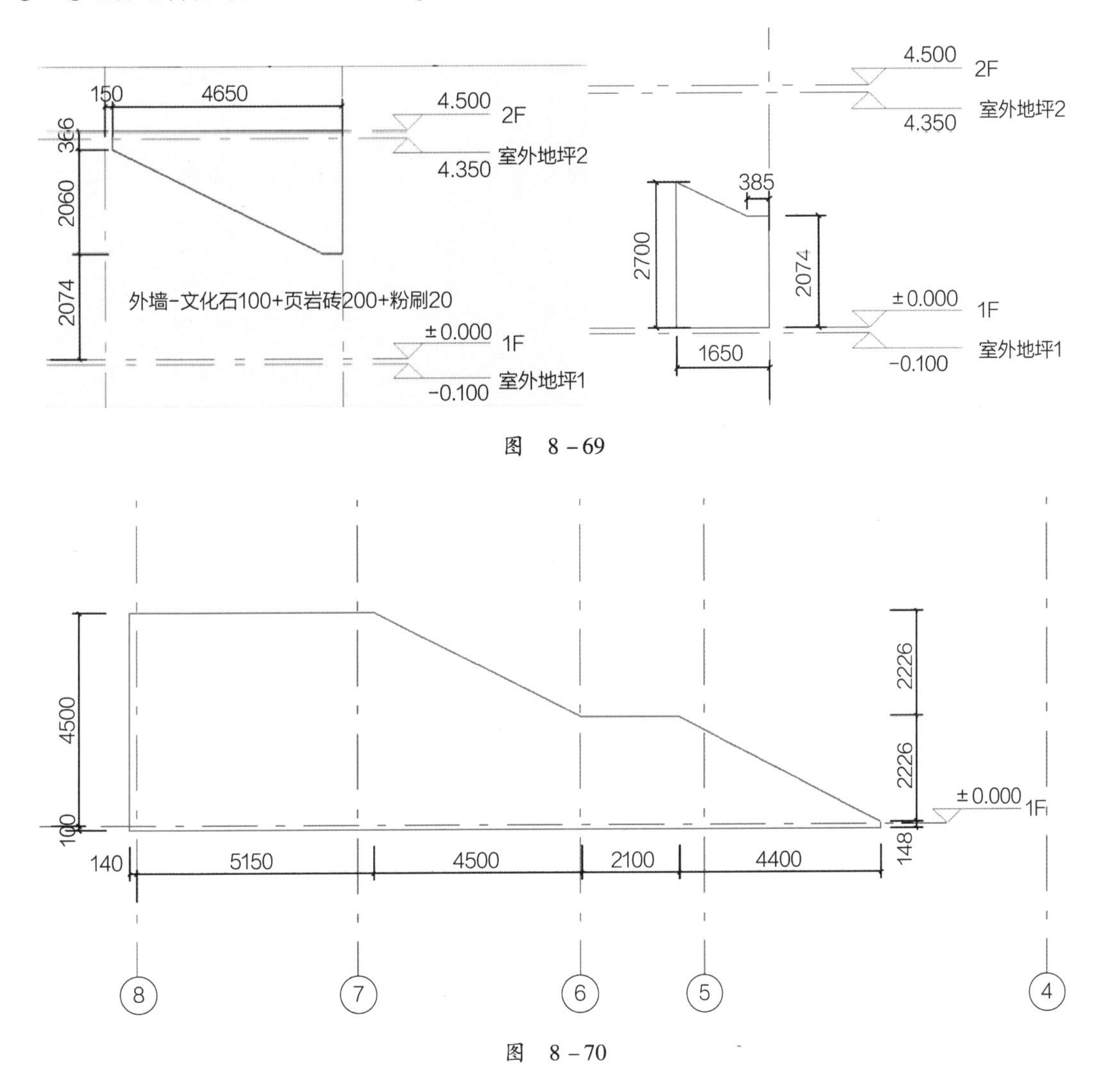

图　8 - 69

图　8 - 70

2）三维效果如图 8 - 71 所示。

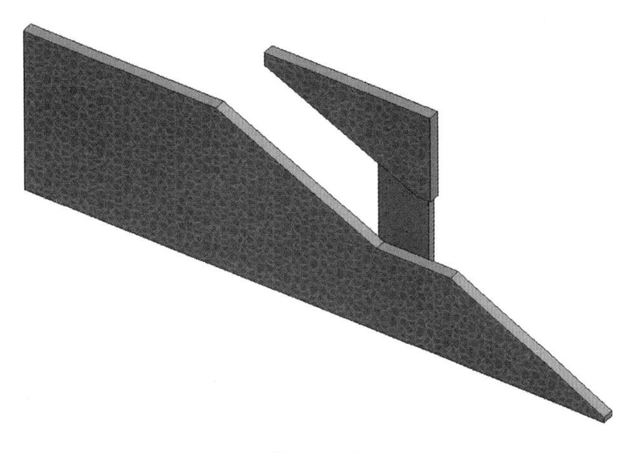

图　8 - 71

2.5 建筑柱创建

1）本项目建筑柱类型见表 8－3。

表 8－3

类型	尺寸	材质
建筑柱－梯形	843.6×543.5×540	水泥砂浆 A
	1180×831×540	水泥砂浆 A
矩形柱	340×3240	水泥砂浆 A
	440×440	白色粉刷层－内墙 A
	520×520	水泥砂浆 A
	540×520	水泥砂浆 A
	540×540	白色粉刷层－内墙 A
	690×440	白色粉刷层－内墙 A
	1162×540	白色粉刷层－内墙 A

2）绘制 1F 建筑柱“矩形柱 540×520”，限制条件及放置位置如图 8－72 所示。

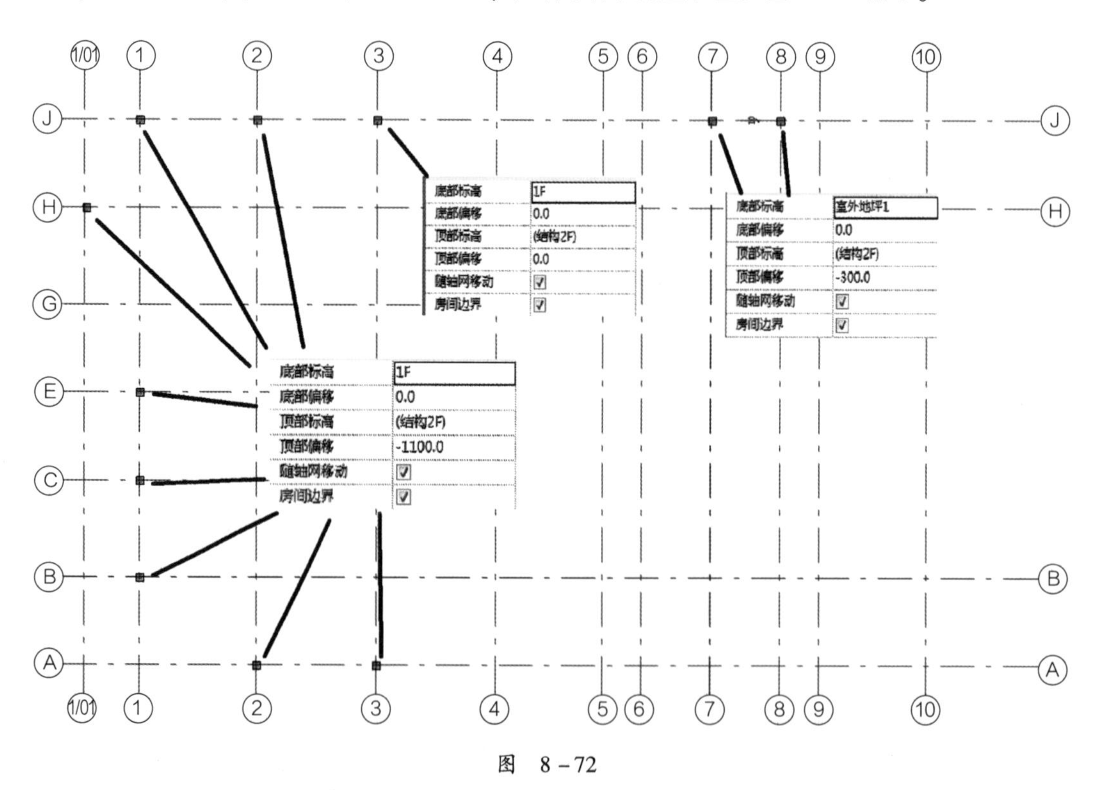

图 8－72

3）绘制 1F 建筑柱“矩形柱 540×540”，限制条件及放置位置如图 8－73 所示。

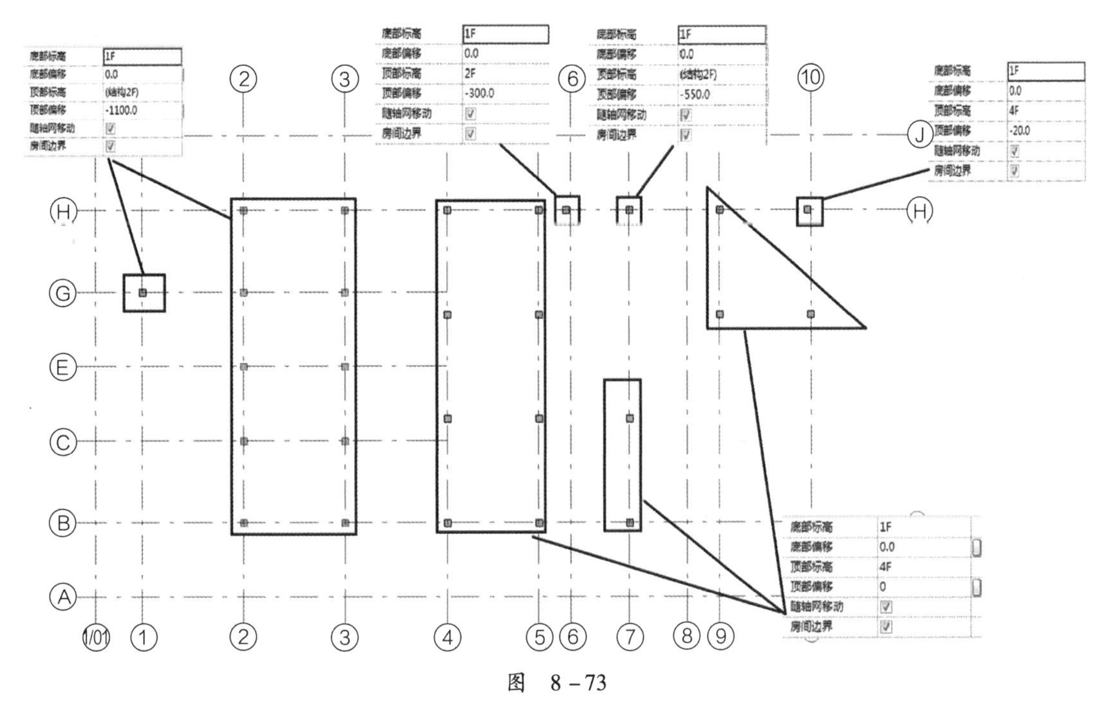

图 8－73

4）绘制1F建筑柱“矩形柱520×520”，限制条件及放置位置如图8－74所示。

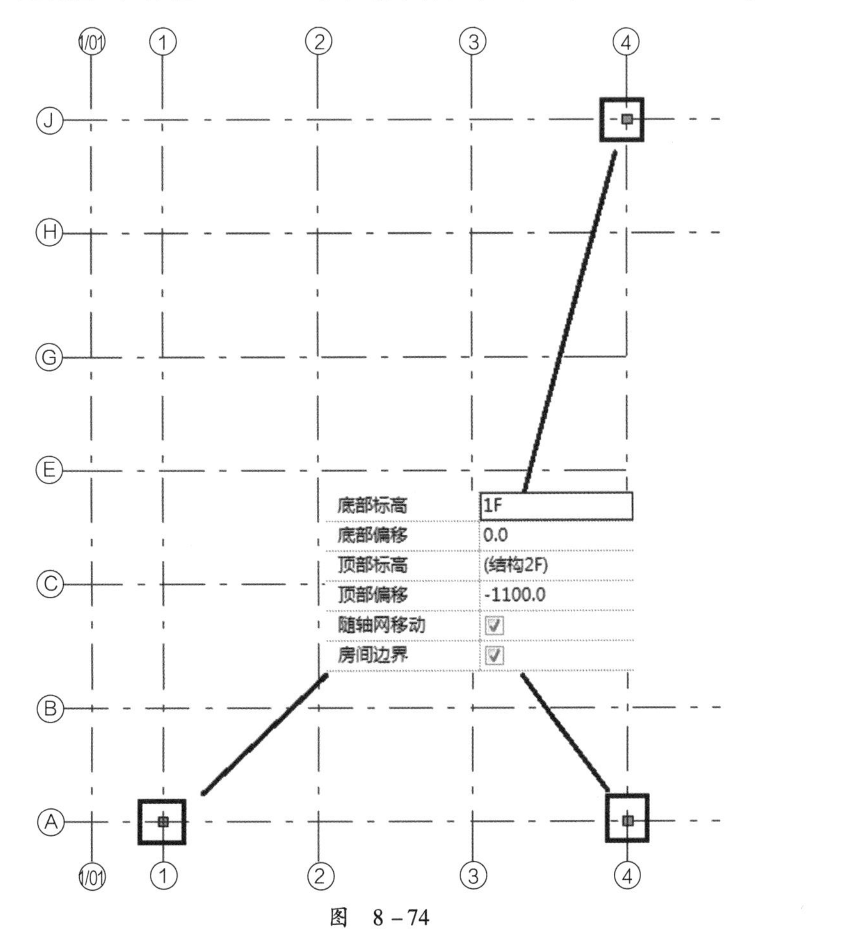

图 8－74

5）绘制室外地坪 1 建筑柱“矩形柱 340 ×3240”，限制条件及放置位置如图 8 – 75 所示。

6）绘制 1F 建筑柱“矩形柱 690 ×440”，限制条件及放置位置如图 8 – 76 所示。

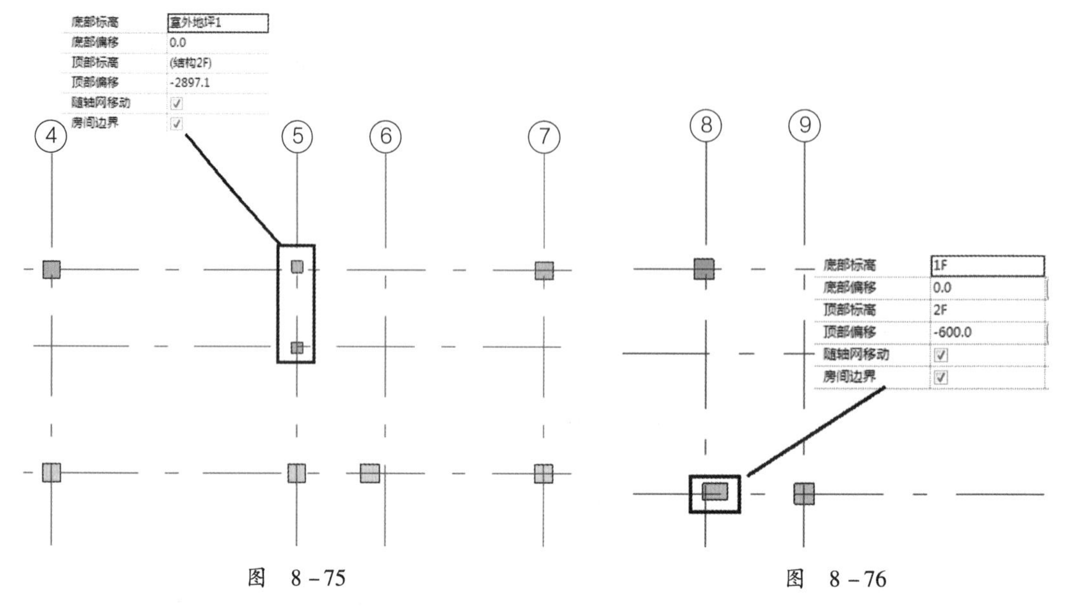

图　8 – 75　　　　图　8 – 76

7）绘制 1F 梯形柱，限制条件及放置位置如图 8 – 77 所示。

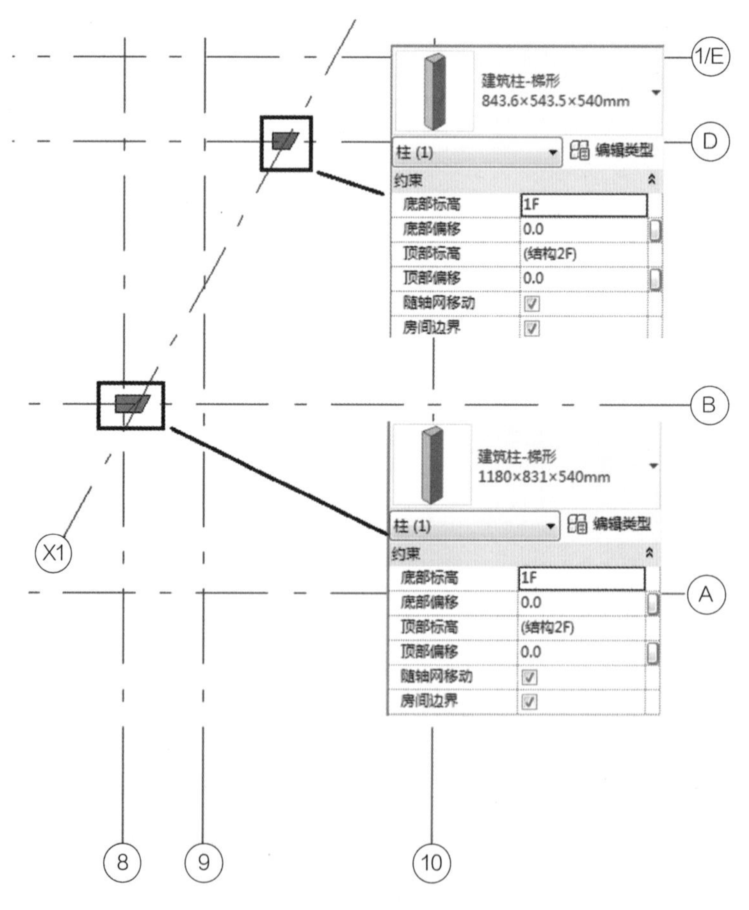

图　8 – 77

8）绘制2F建筑柱，限制条件及放置位置如图8－78所示。

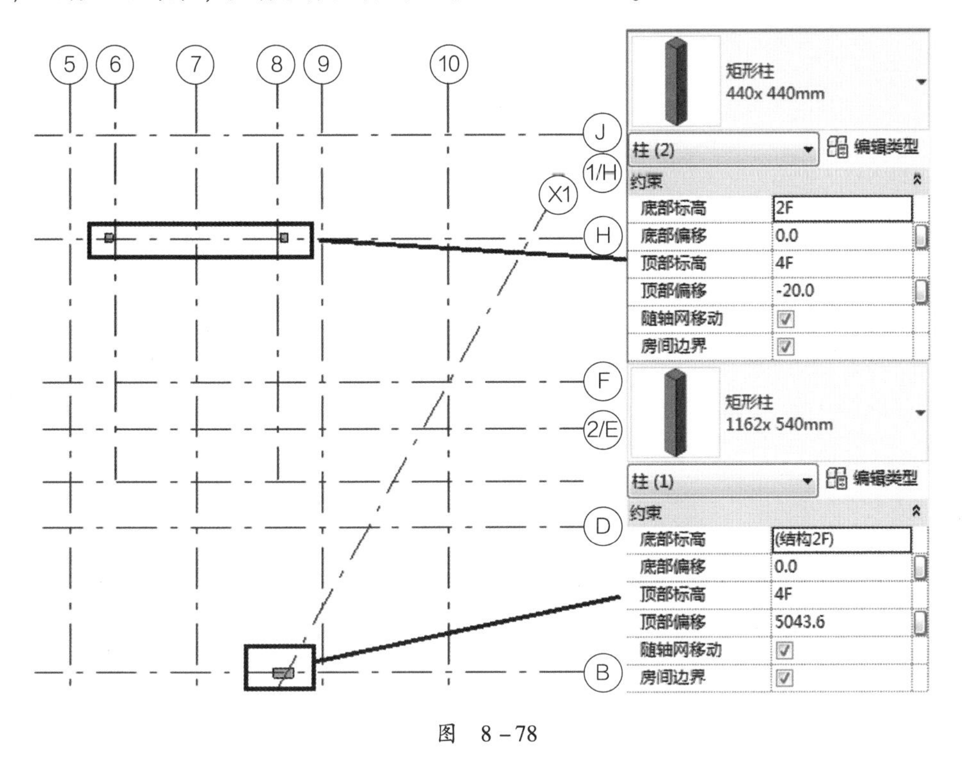

图　8－78

9）最终效果如图8－79所示。

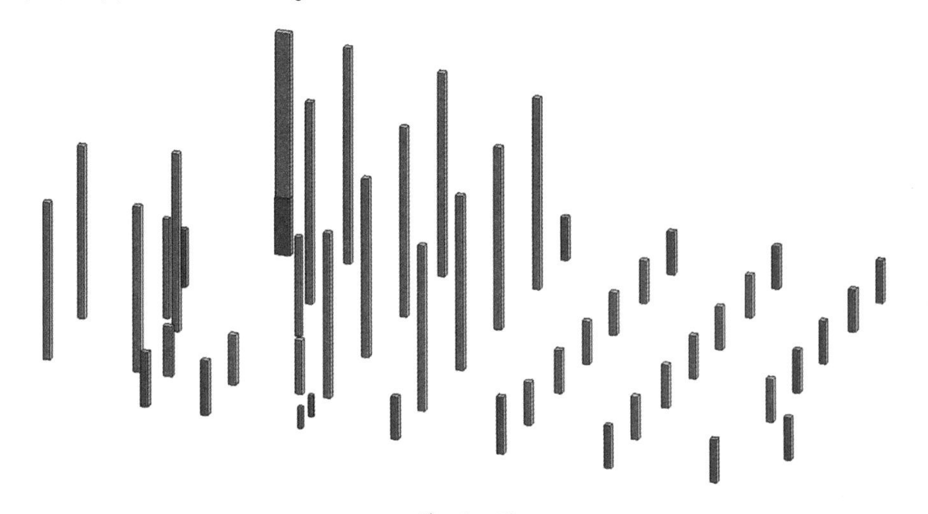

图　8－79

2.6　门窗、幕墙创建

1. 门窗及幕墙的创建规则

（1）门窗的创建　该项目的门类型较少，包含6种：M0921、M1021、M1230、M1524、FM丙1524、FM乙1021。窗类型包含4种：BY0932、BY1810、C0915、C1227，详细尺寸如图8－80、图8－81所示。

类别	类型	洞口尺寸/mm		总樘数	采用标准图集及编号		玻璃类型	框架材质	备注
		宽度	高度		图集代号	编号			
外门	M0921	900	2100	4	见本图			铝木复合	
外门	M1021	1000	2100	10	见本图			铝木复合	
外门	M1230	1200	3000	1	见本图		双层中空 LOWE	断热铝合金 多腔密封	
外门	M1524	1500	2400	7	见本图			铝木复合	
防火门	FM 丙 1524	1500	2400	5	国标 12J609	参 M1FM1521		厂家定制	丙级防火门
防火门	FM 乙 1021	1000	2100	3	国标 12J609	参 M1FM1021		厂家定制	乙级防火门
百叶窗	BY0932	900	3200	3	见本图			铝合金	铝合金防雨百叶
百叶窗	BY1810	1800	1000	2	见本图			铝合金	铝合金防雨百叶
外窗	C0915	900	1500	4	见本图		双层中空 LOWE	断热铝合金 多腔密封	
外窗	C1227	1200	2700	49	见本图		双层中空 LOWE	断热铝合金 多腔密封	

图 8-80

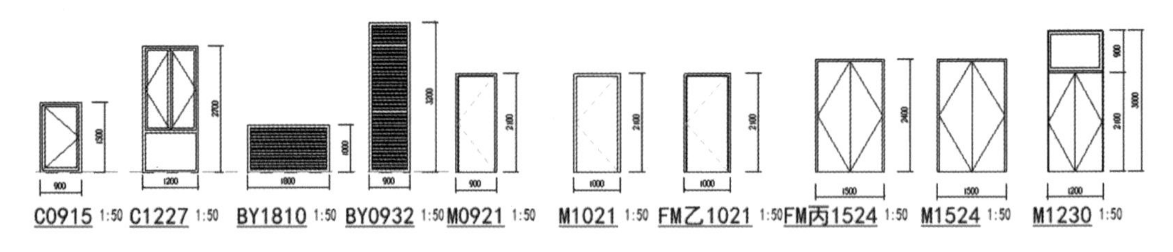

图 8-81

注意：具体的绘制以图纸为准，注意看懂图纸，切勿遗漏“底高度”的设置。平面图、立面图请查看配套资源。

（2）幕墙的创建

1）LOD 精度。幕墙的绘制只需要达到 LOD300 精度即可，该模型不用于工厂加工制作，侧重点是用于解决现场脚手架搭设、跟其他相关专业构件之间的碰撞问题、后期效果的渲染。

2）创建思路和方法。首先在幕墙类型属性对话框中统一进行网格划分，后根据平、立面图对实际的部位进行相应调整，最后添加竖梃并更换门窗嵌板。该项目所有的幕墙均采用部分网格线和竖梃在编辑类型对话框内提前预设，然后针对不同的位置和不同的需要在局部添加网格线、竖梃或者门窗嵌板的思路进行创建。

3）幕墙整体布局。

①南面的地下室幕墙类型和北面地上部分的所有墙体采用的幕墙类型为“商业幕墙－1050”（进行了竖梃以及竖直方向上的网格间距的类型属性提前预设，但是横梃应根据实际的位置分别绘制）。

②3层对称部位幕墙类型为“大面积幕墙”（尚未进行横梃、竖梃以及网格线的提前预设，所有的设置都根据实例具体确定）。该幕墙采用附着的命令做了一个顶部倾斜的造型。附着的时候需要提前创建一个平行于该墙体表面的剖面视图，然后绘制参照平面作为幕墙附着的主体。（详细尺

寸请查看配套资源“南立面图”）本案例为对称构件，绘制时可以运用镜像方式。1F 平面幕墙定位如图 8－82 所示，实例参数设置如图 8－83、图 8－84 所示。

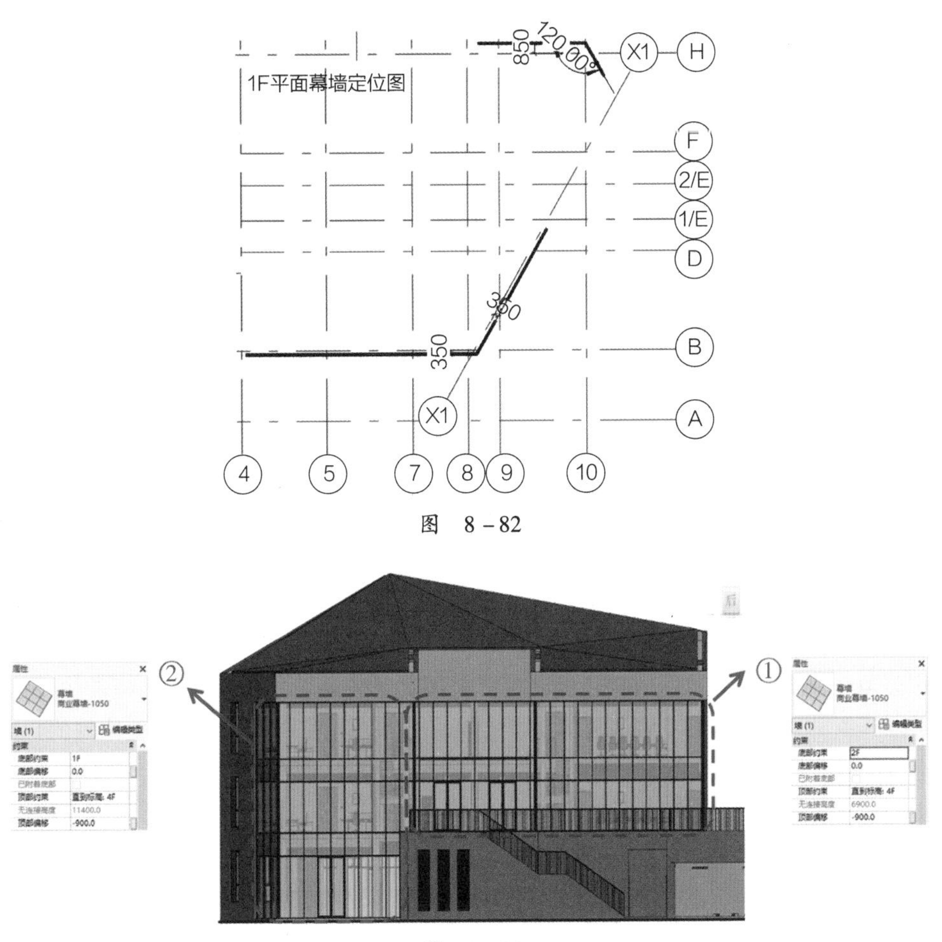

图　8－82

图　8－83

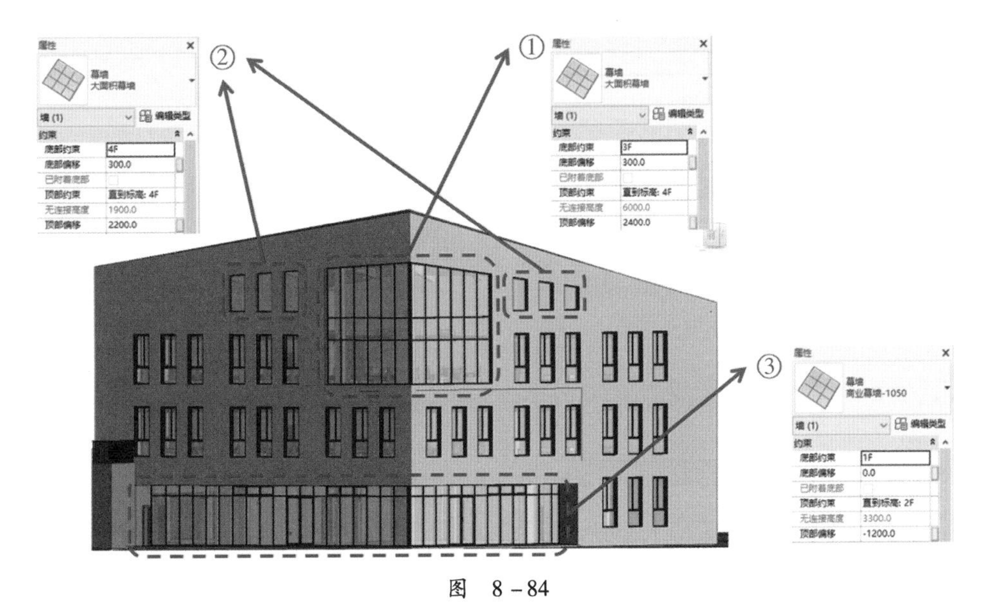

图　8－84

2. 门窗及幕墙的参数设置

（1）门窗的参数设置

1）命名方式为“代号+几何尺寸”（用于后期工程量的统计）。

2）同类型门窗的创建通常采用复制的方式，但是需要注意实例属性与类型属性的区别。

3）门窗图元由许多子构件组合而成，注意材质的赋予以及参数的共享与传递。

（2）幕墙的参数设置

本案例幕墙一共由三部分组成：网格、竖梃、嵌板。绘制幕墙后“编辑类型”对话框内“构造”子分栏下的“幕墙嵌板”显示为“无”，可以理解为“未定义”，我们可以在三维视图中使用“Tab”键切换选中单块幕墙嵌板（其默认类型为：系统嵌板玻璃）。可以将其替换成其他类型的嵌板或者替换成空嵌板。“自动嵌入”功能是为了保证幕墙与普通墙体之间的相互剪切关系。功能属性，幕墙属于外墙，应对“编辑类型”对话框中功能属性进行设置。

1）“商业幕墙-1050”。

①具体的标高限制条件请参照图纸信息。

②在类型选择器中主要对网格和竖梃进行提前预设嵌板、竖梃在项目内都是单独作为族的形式存在，所以需要改动相应幕墙中的嵌板或竖梃的属性时，需要在“项目浏览器”内寻找相对应的嵌板或竖梃的族，例如修改“材质”或者“轮廓”等，设置如图 8-85 所示。

2）“大面积幕墙”。

①具体的标高限制条件请参照图纸信息。

②在类型选择器中主要对网格和竖梃进行提前预设（该幕墙并未做太多的提前预设，大部分的网格都是在实例上进行添加；幕墙顶部异型结构的形成是采用“附着”的功能实现的），设置如图 8-86 所示。

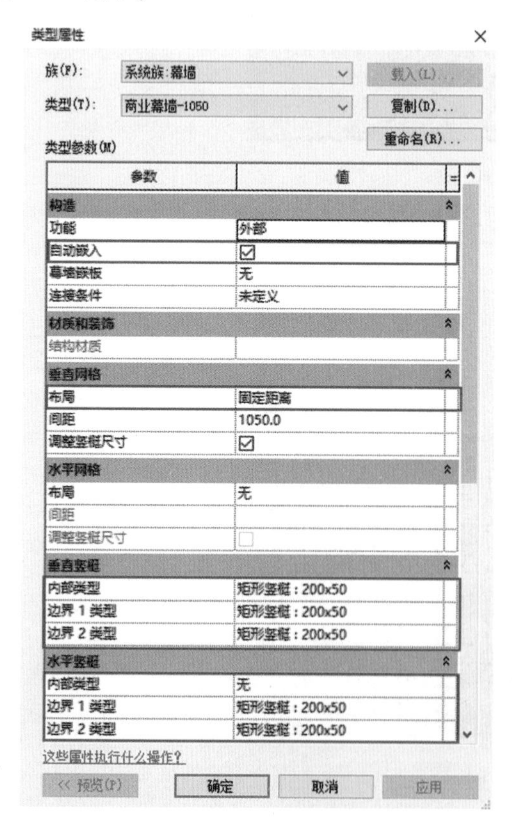

图 8-85

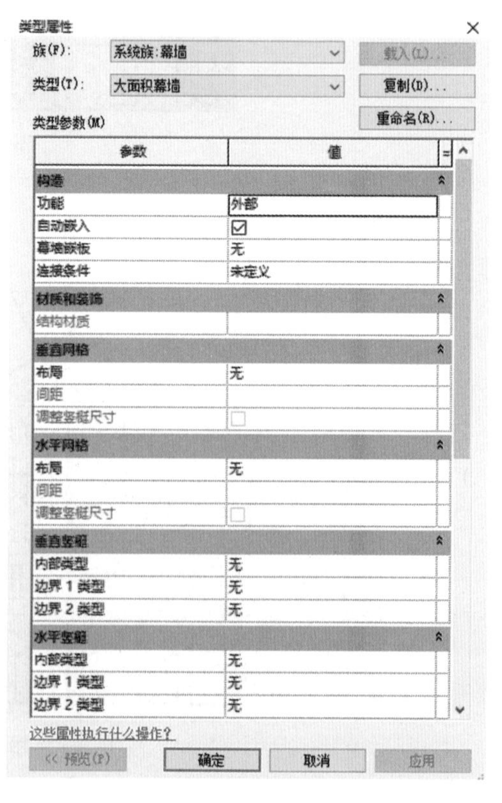

图 8-86

3. 效果展示

门窗及幕墙参数设置完后效果如图8-87、图8-88所示。

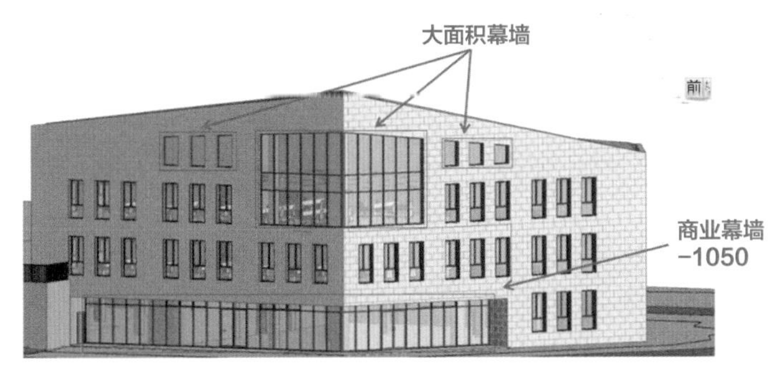

图 8-87

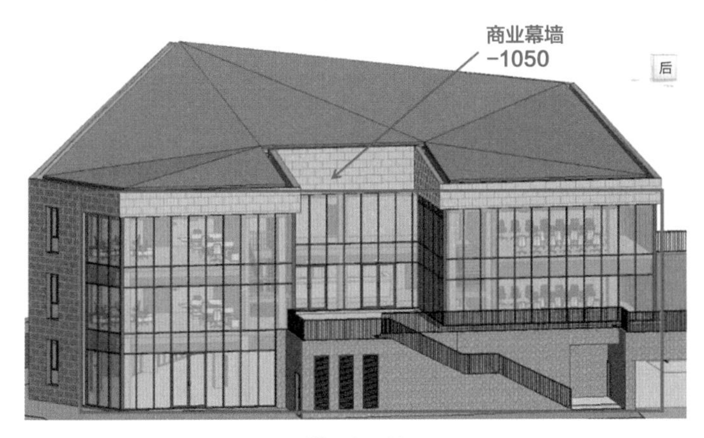

图 8-88

4. 门、窗族定制

(1) 门族定制

1) 该项目中，门的创建没有太多的参数化设置但需要注意的是，在前期项目样板制作的过程中，所有族库里的门构件均采用了嵌套的建模思路，如需要调整尺寸或其他参数，应选择对应的嵌套族进行调整。

2) 灵活运用拉伸、旋转、融合、放样、放样融合以及空心拉伸、空心旋转、空心融合、空心放样、空心放样融合等常规命令。

3) 注意对视图控制栏的“线框”“着色”“真实”模式的灵活使用，以及族环境下对“族图元可见性”对话框的详细程度的设置。

4) 门构件是作为“外建族”的形式载入到项目中，对于所有的外建族均可以采用“导出为库”的方式在项目之间传递，制作属于自己的构件资源库，为以后的工程项目节约时间。

(2) 窗族定制

1) 百叶窗 (BY0932、BY1810) 采用“公制窗”族样板进行创建，需要注意：①中间百叶的创建采用的是阵列的方式，一定要勾选上下文选项卡内的“成组并关联”，这样才能定义百叶窗的阵列数量；②阵列过后一定要把阵列组的起始位置锁定，为了其他参数进行参变的时候，百叶的间距也能发生参变。

2) 普通窗 (C0915、C1227) 没有太多的参数化设置，该族采用嵌套族的方式进行绘制，在最底层的嵌套内为了图形的规范与美观，方便识别窗开启的方向，绘制了“立面内开符号线”。

图 8－89、图 8－90 为一个百叶窗的创建案例。

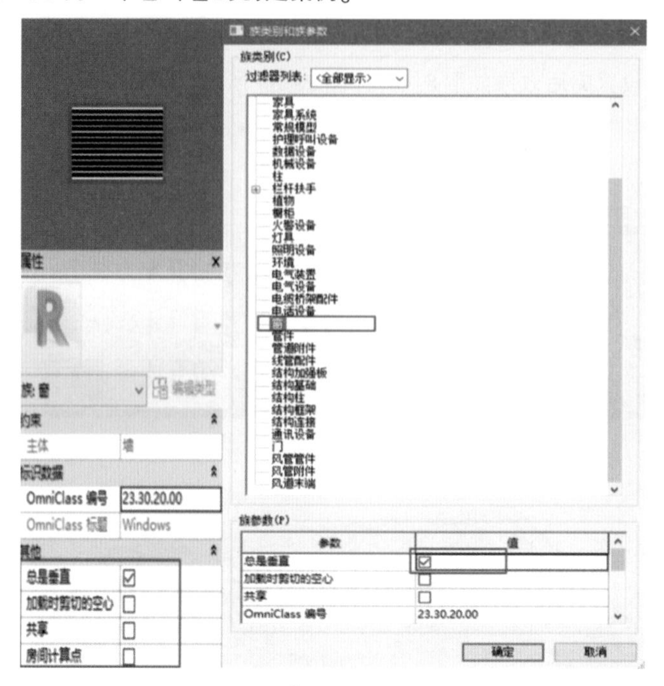

图　8－89

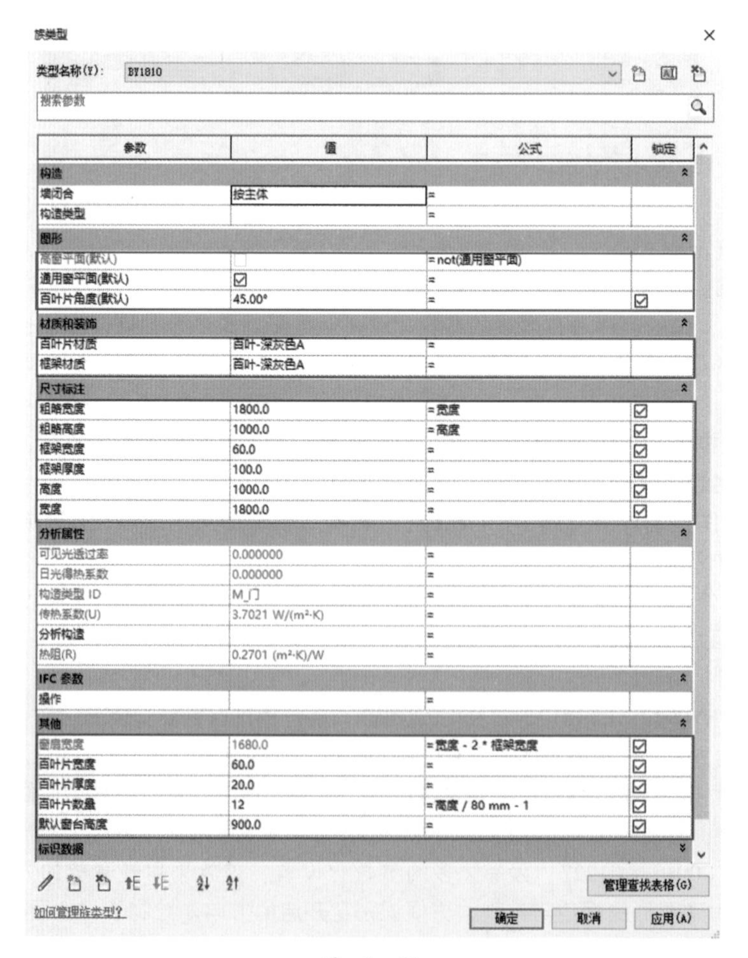

图　8－90

2.7 楼板创建

楼板形成坡度的方式有两种：①修改子图元；②添加坡度箭头。该项目设计的所有楼板类型已经在样板文件中载入，绘制时可直接进行调用。楼板轮廓为墙体内边线。±0.000、+4.500、+8.400 标高处楼板具体尺寸以及类型属性如图 8－91～图 8－93 所示。

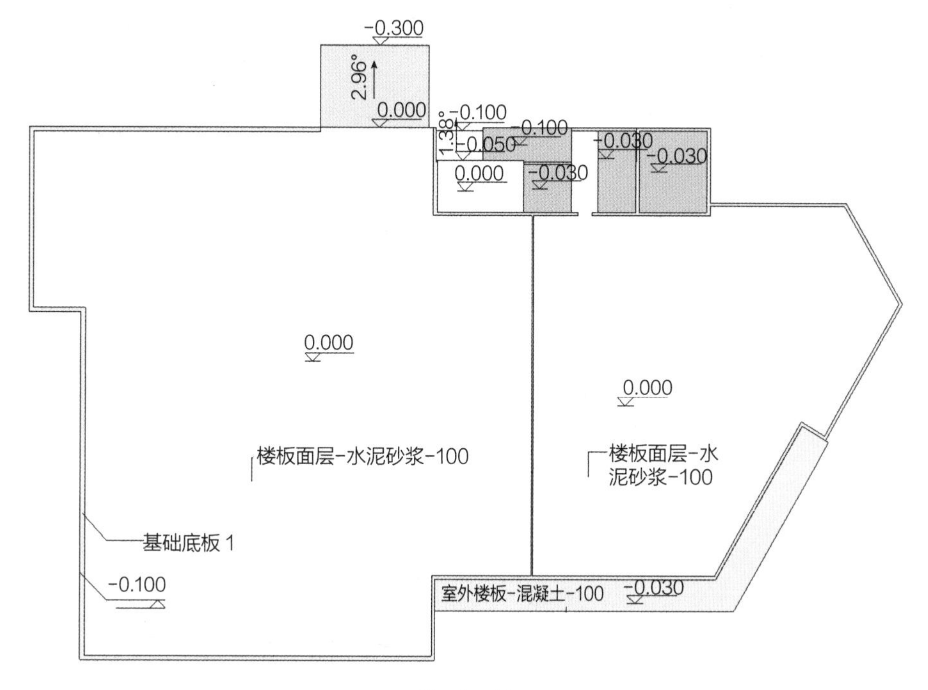

图 8－91

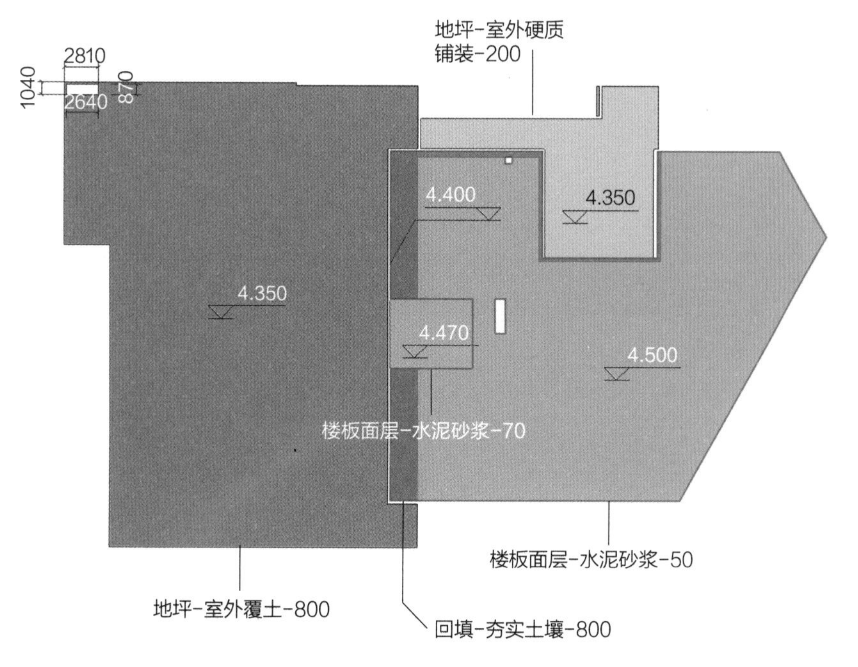

图 8－92

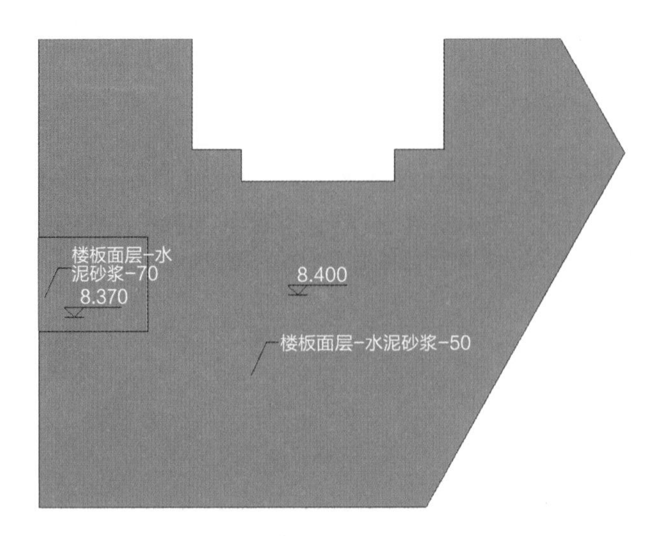

图 8-93

顶部异型楼板是由 7 块三角形的楼板通过修改子图元标高偏移量的方式形成的，如图 8-94 所示，尺寸对照图纸寻找墙体内边线精确定位。

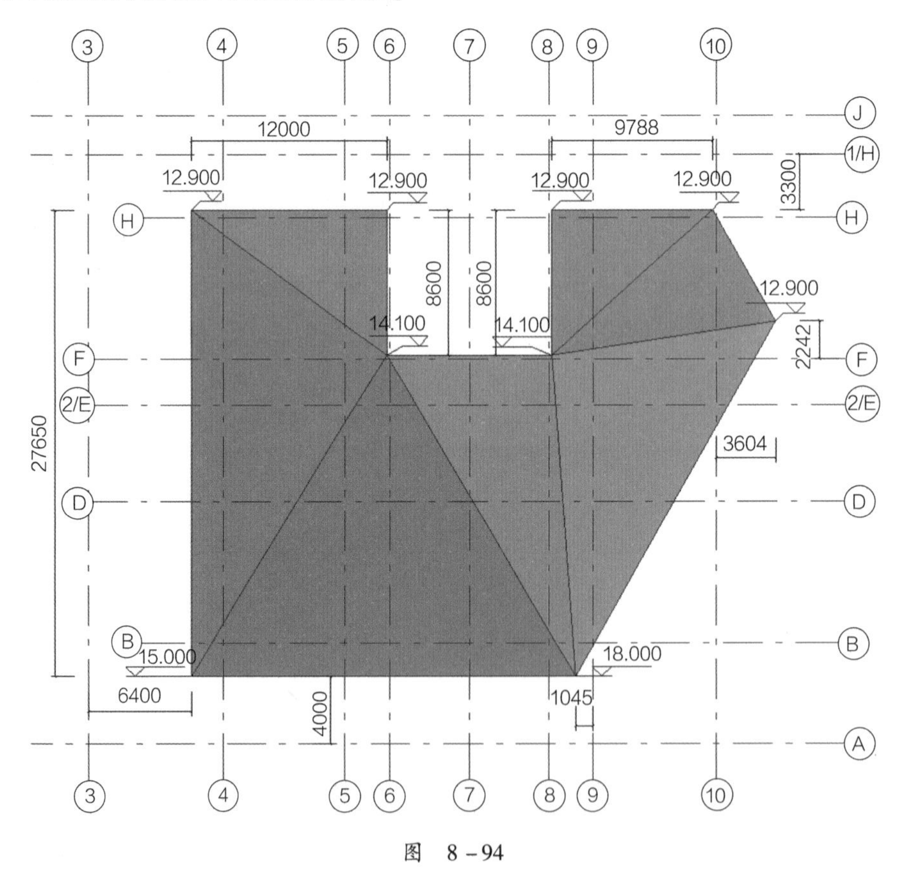

图 8-94

2.8 天花板创建

1）该项目设计的所有楼板类型已经在样板文件中载入，绘制时可直接进行调用。

2）轮廓与楼板轮廓相似，定为墙体内边线。

3）+3.350、+7.250、+11.150 标高处天花板具体尺寸以及类型属性如图 8－95～图 8－97 所示。

4）图 8－95～图 8－97 中所有天花板标高注释均为“板顶标高”。

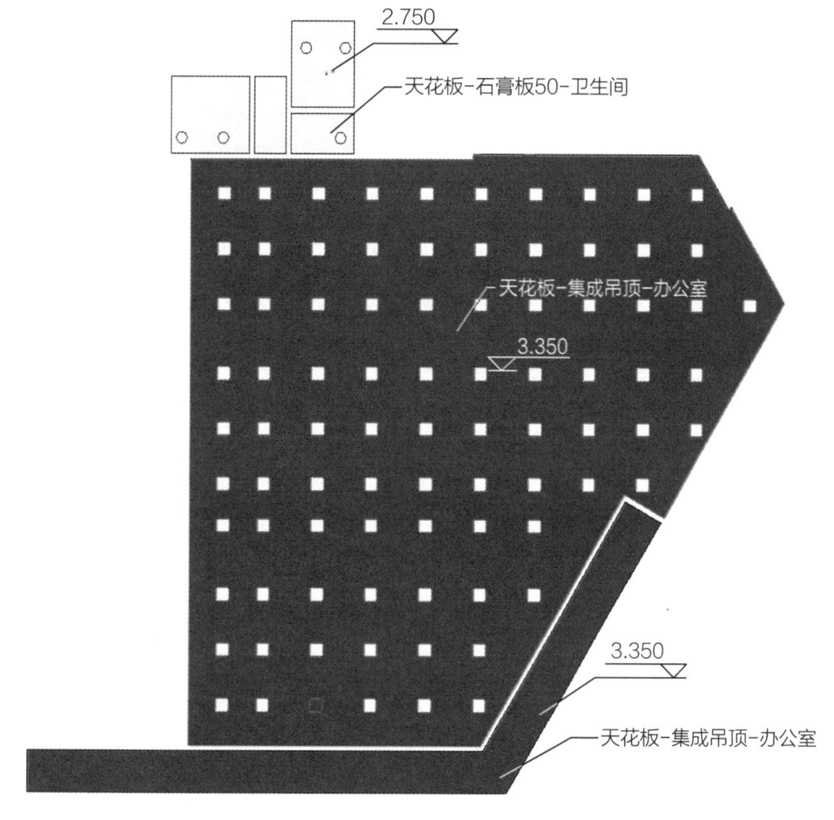

图　8－95

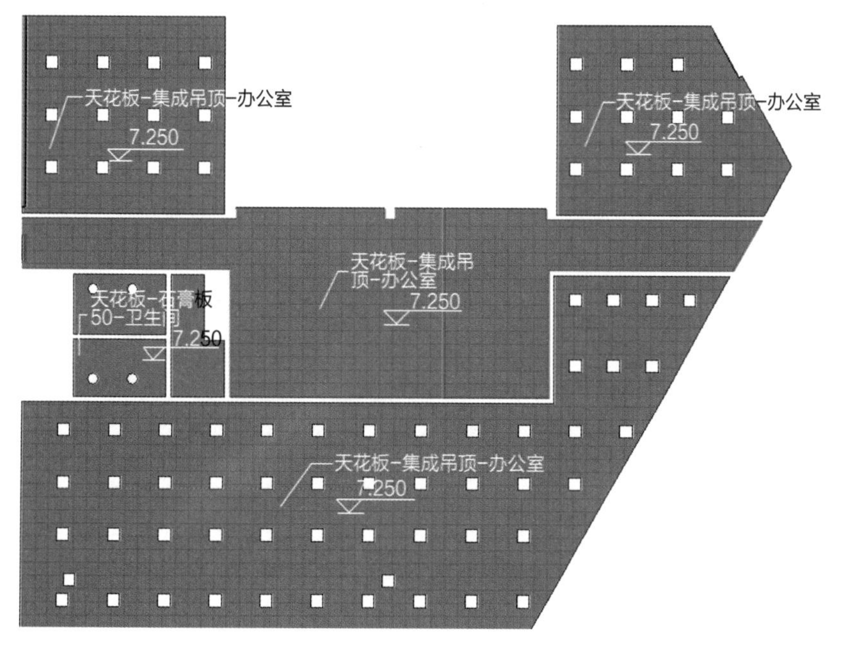

图　8－96

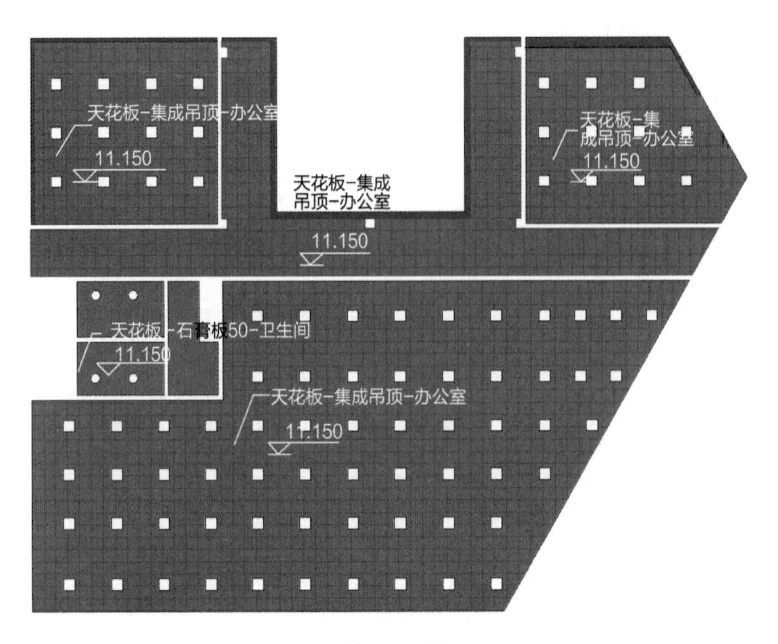

图 8-97

5）天花板线脚的绘制采用内建模型的方法，主要运用“放样”和“拉伸”两种命令。①+3.350、+7.250、+11.150 标高处天花板线脚布局如图 8-98～图 8-100 所示。

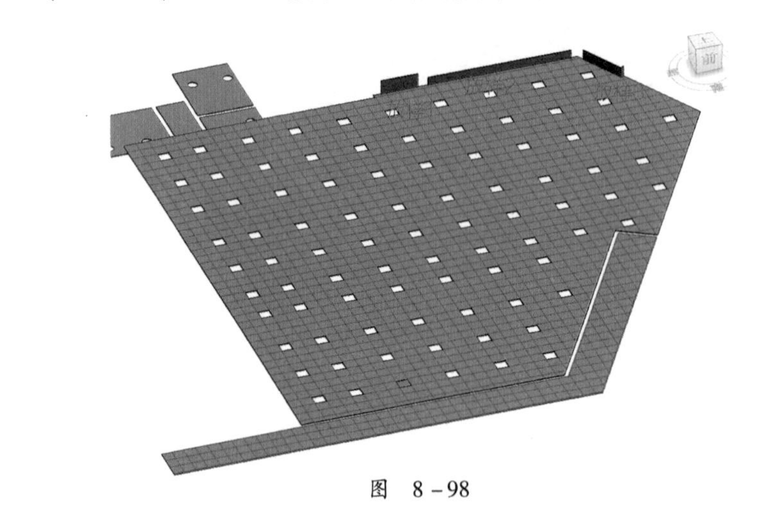

图 8-98

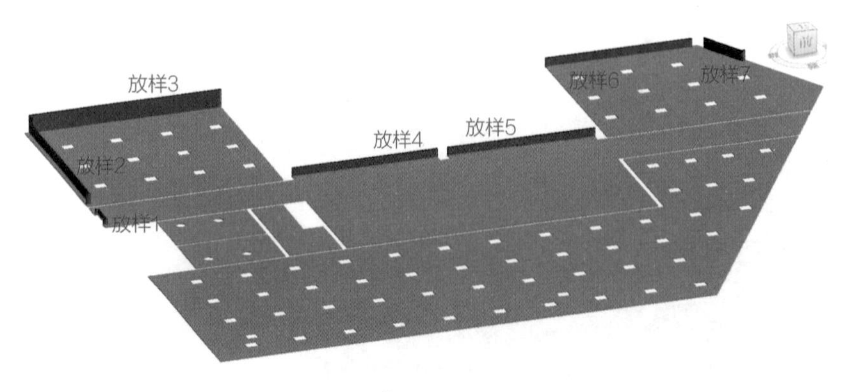

图 8-99

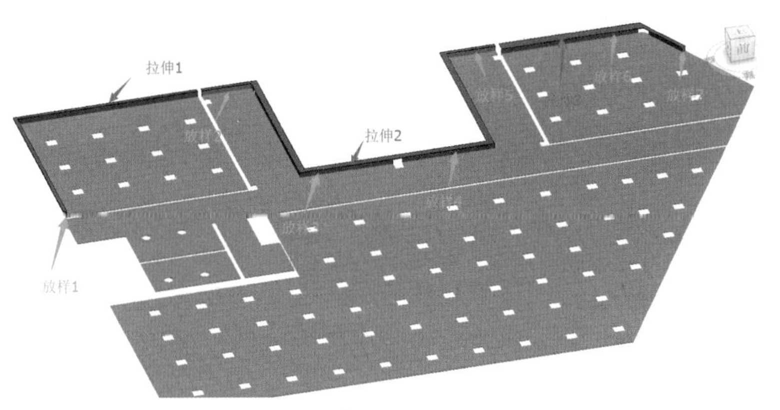

图 8-100

②各层拉伸轮廓如图8-101所示（+3.350标高层未涉及拉伸）。

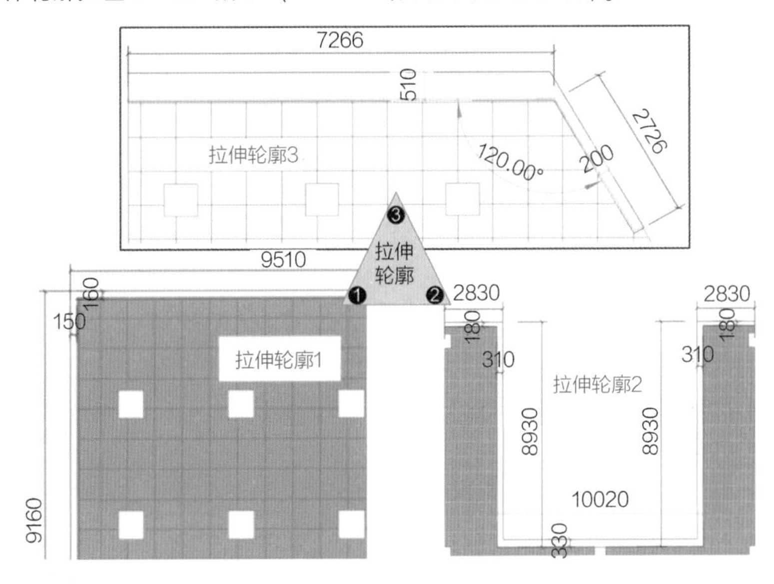

图 8-101

③+3.350、+7.250、+11.150标高处天花板放样轮廓如图8-102~图8-104所示。

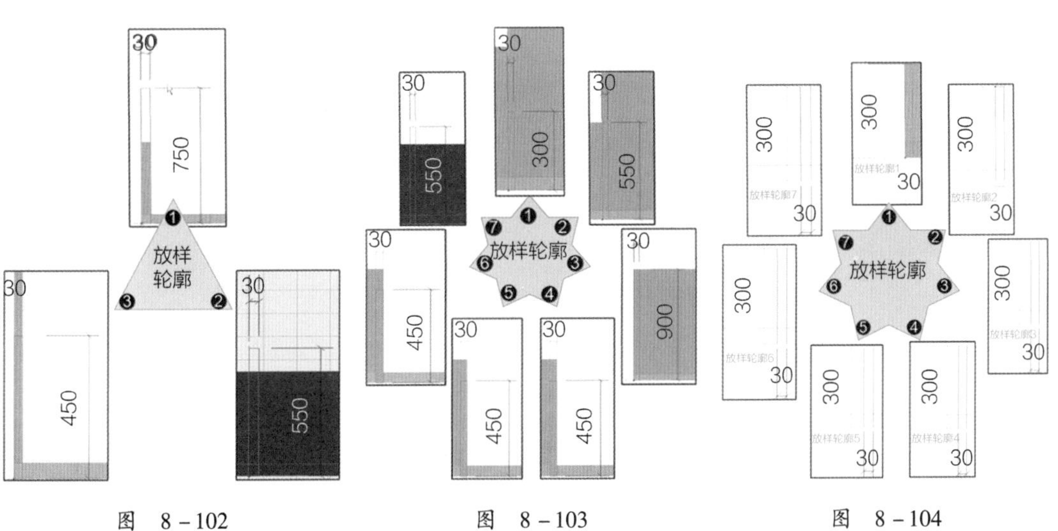

图 8-102　　图 8-103　　图 8-104

2.9 屋顶创建

1. 迹线屋顶1

1）屋顶采用迹线屋顶绘制，类型选择“屋顶 - 瓦筒 - 120”，迹线轮廓平面详细尺寸如图 8 - 105 所示。

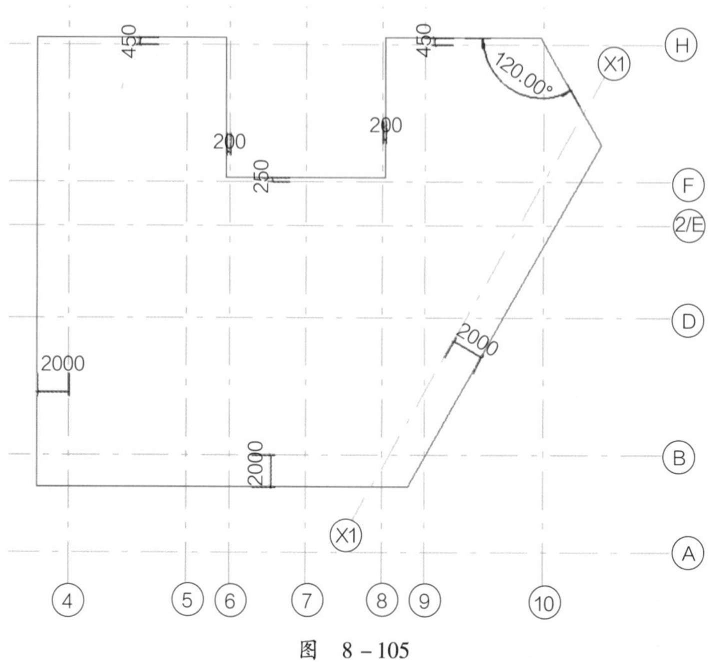

图 8 - 105

2）利用修改子图元的方式调整各控制点高程，详细数据如图 8 - 106 所示（图中高程均为屋顶底部高程）。

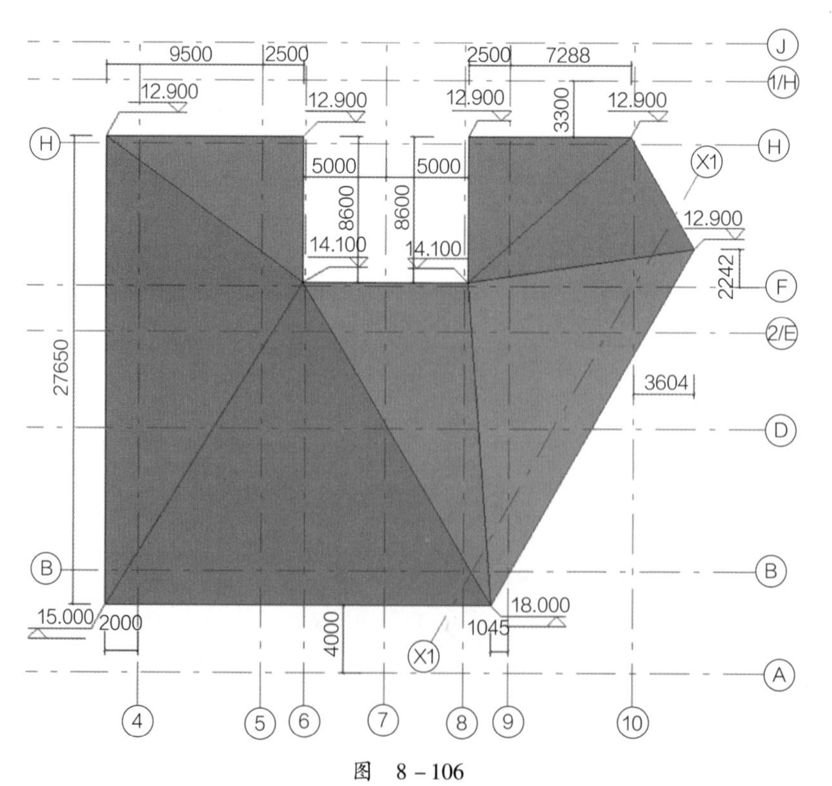

图 8 - 106

3）完成后效果如图 8－107 所示。

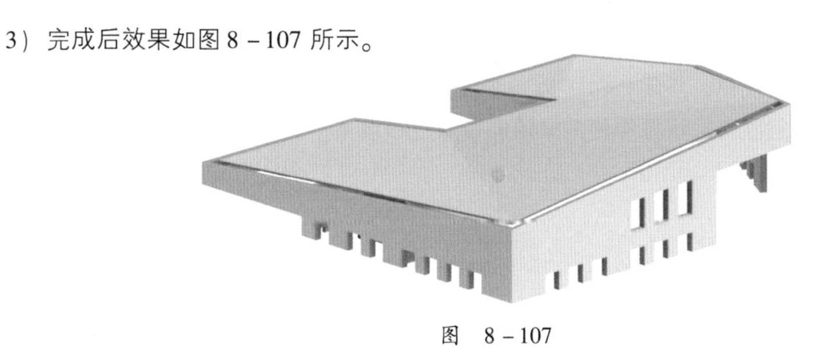

图 8－107

2. 迹线屋顶2

1）迹线屋顶2 的类型选择“屋顶1”，其主要作用是作为天沟外侧墙体的顶部，其外侧边高程与对应迹线屋顶1 外侧边同高，其内侧边相对于外侧边低 7mm。迹线轮廓平面尺寸如图 8－108 所示。方法同样是通过修改子图元命令控制屋顶各点高程，来达到形成屋顶的目的。

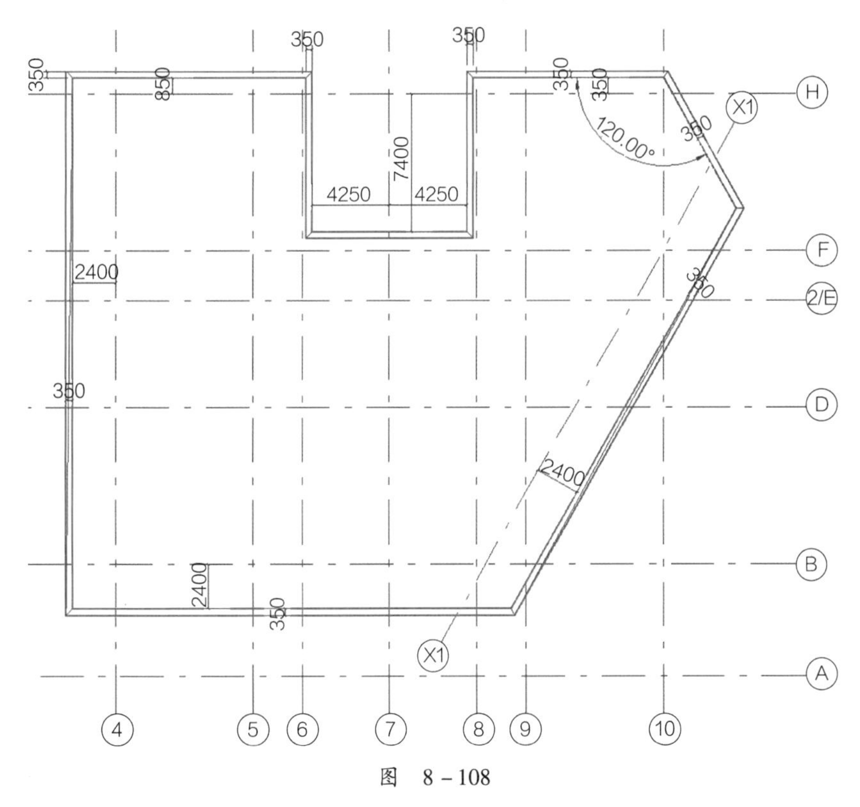

图 8－108

2）创建完成后效果如图 8－109 所示。

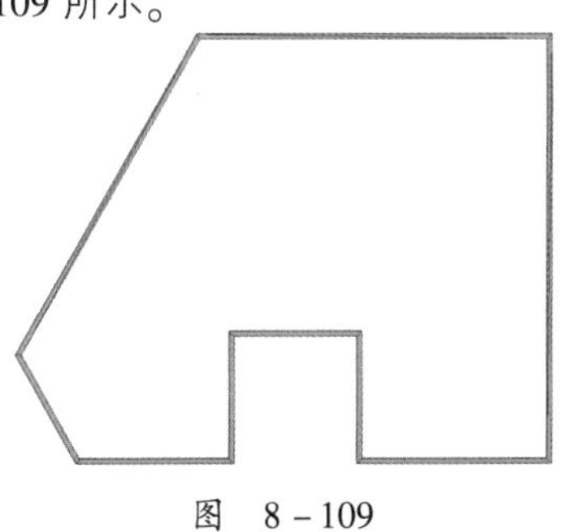

图 8－109

3. 天沟“构件一”的创建（内建模型）

由于各个拐角高程不统一，空间分布零散，所以需要拆分成许多段来分别进行放样或者放样融合，其拐角处形成的空隙则采用拉伸的方式绘制节点进行填充。具体分段如图 8－110 所示，轮廓定位及转角标高如图 8－111 所示。

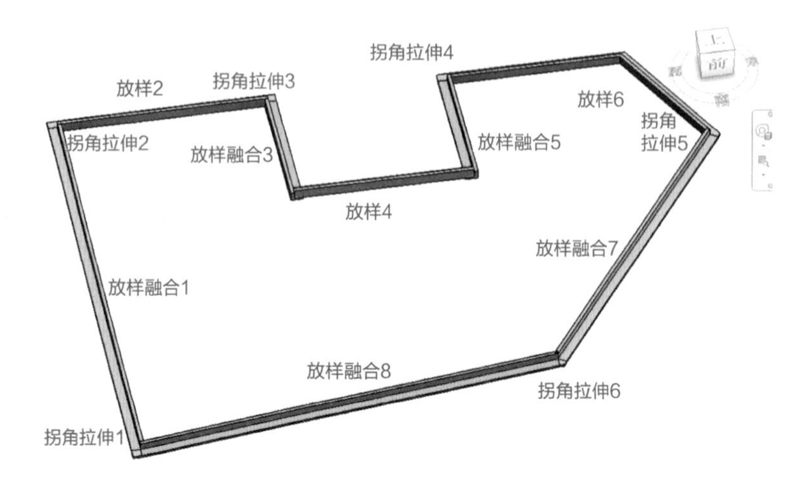

图 8－110

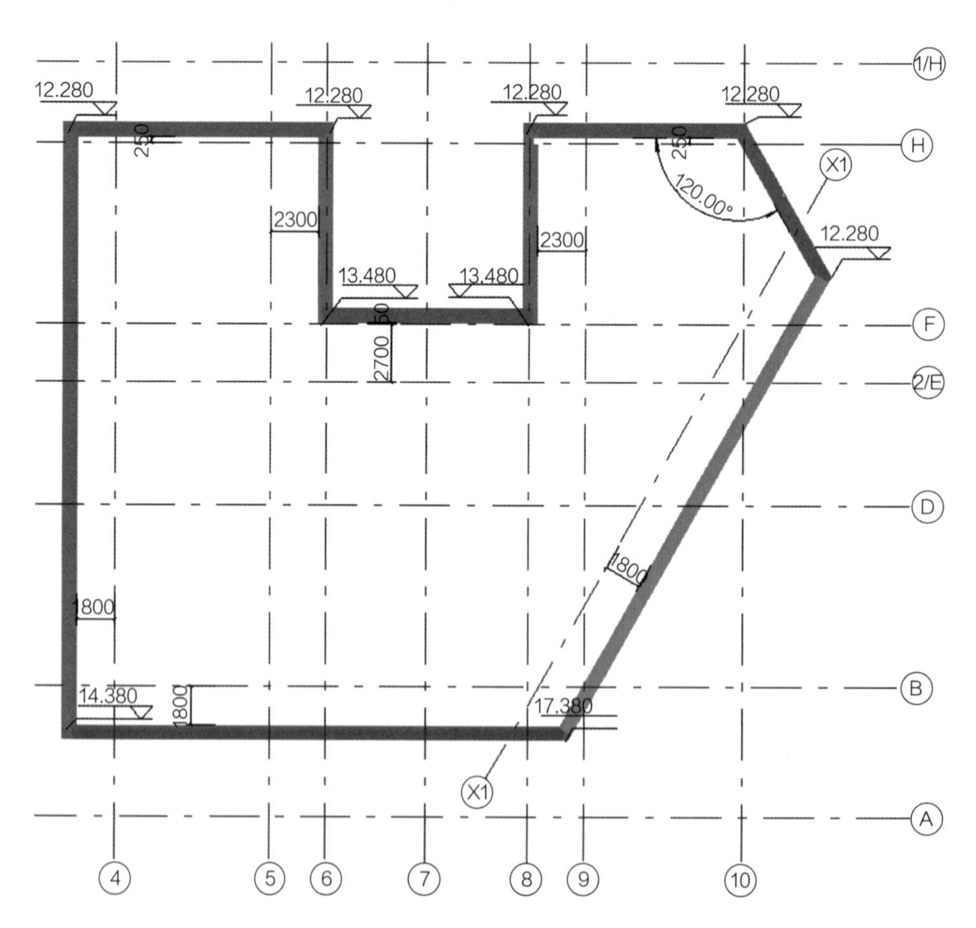

图 8－111

1）放样融合。放样融合路径保持水平绘制，而两端轮廓需处于不同的标高。

2）放样。放样路径均水平绘制，轮廓尺寸如图8－112所示。

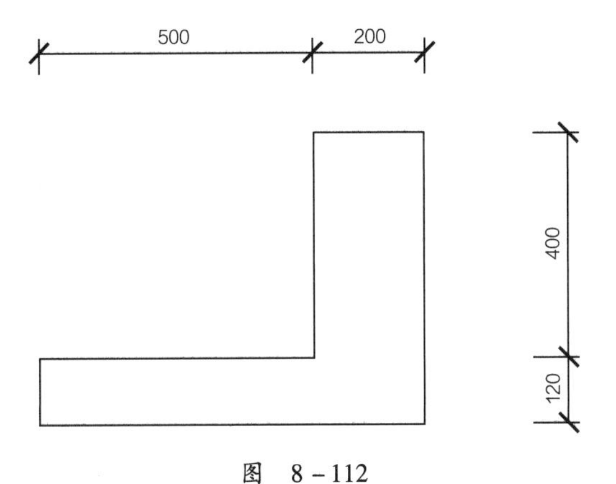

图 8－112

3）拐角拉伸。以上命令操作完毕后，必然会在各阳角位置处形成空隙，只需要采用拉伸命令进行填充即可，相关拉伸轮廓如图8－113～图8－115所示。

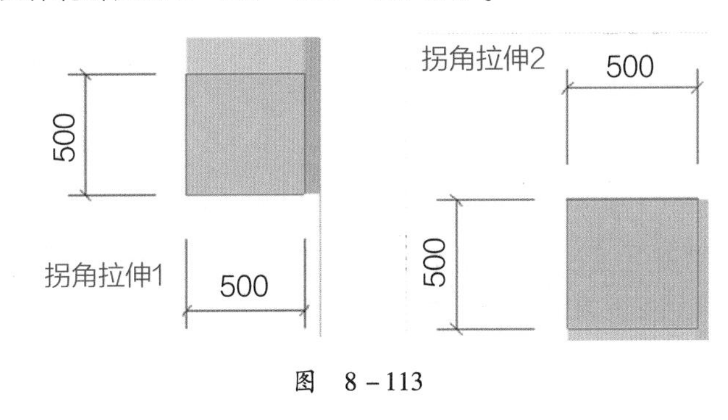

图 8－113

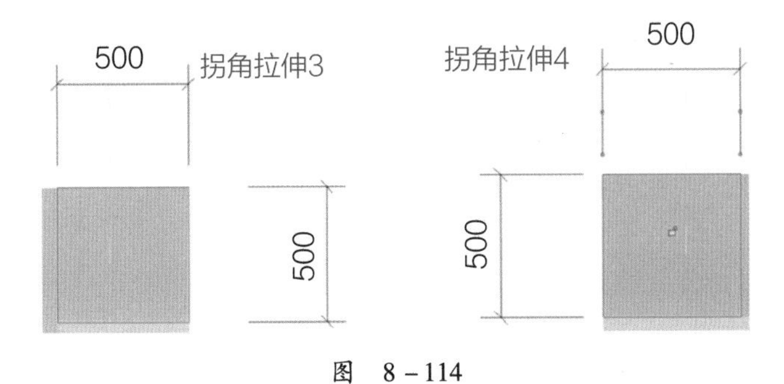

图 8－114

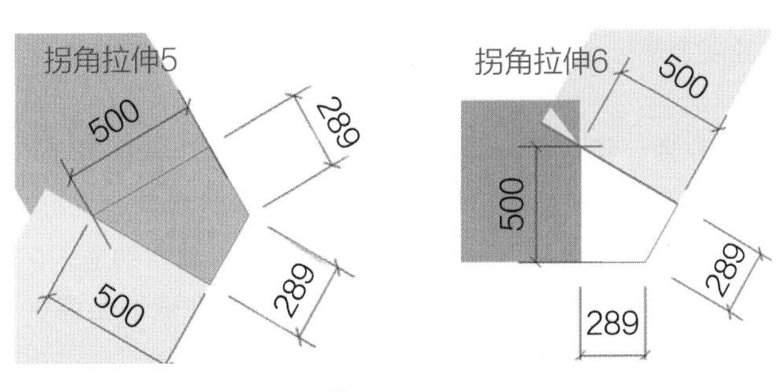

图 8－115

4. 天沟 “构件二” （屋顶雨水沟挡水 –混凝土）

本工程项目采用有组织内排水，为使各雨水管水流量均匀分布，工艺上在天沟内设置了挡水。绘制时采用墙体命令，类型为“屋顶雨水沟挡水 – 混凝土 – 100”，挡水深度均取天沟深度的 1/2。其大致分布情况如图 8 – 116 所示。

5. 天沟 “构件三” （檐沟外侧墙体）

1）墙体的附着命令在此处操作较为复杂，图 8 – 117 为墙体初始状态。

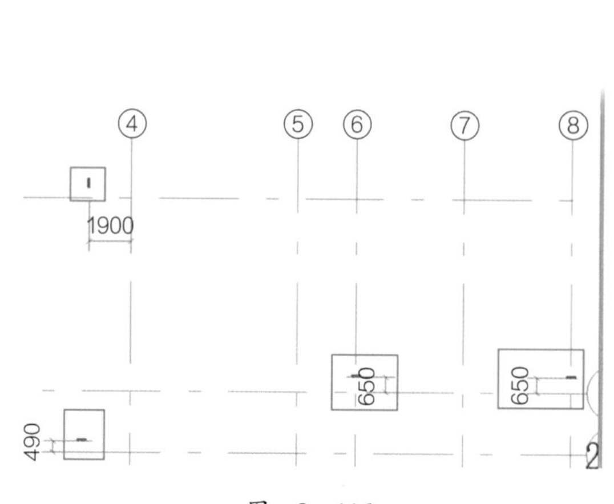

图 8 – 116

图 8 – 117

2）在现有墙体的基础上往上绘制一圈与下层墙体外边对齐的墙（高度自定），墙体的类型为“外墙 – 干挂石材 250 + 钢筋混凝土 100”，如图 8 – 118 所示。

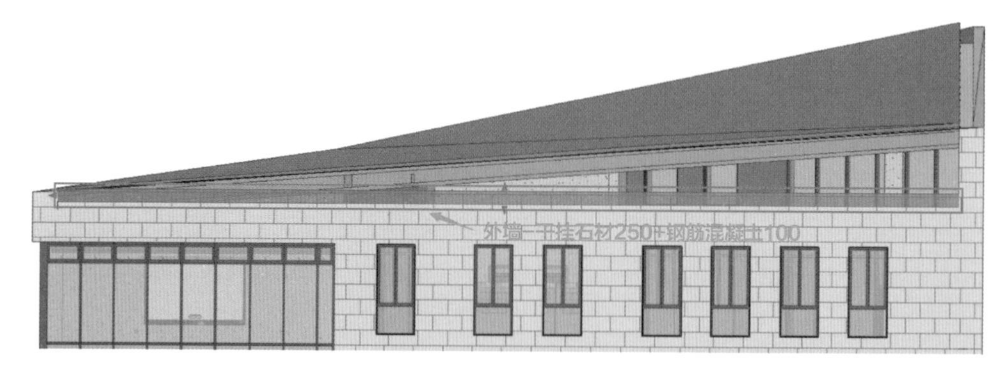

图 8 – 118

为了与实际施工高度相契合，其底部的附着对象应该是天沟，但天沟的轮廓只延伸到墙体的结构层，这就导致墙体的装饰层无法与其建立附着关系。所以，目前最重要的是墙体需要一个附着的对象。

3）墙体除了可以附着屋顶、楼板等相关图元，还可以附着“参照平面”，而为了绘制有用的参照平面，需要借助一个剖面，此处使用西侧倾斜墙体为例进行演示。

首先切换到 3F 楼层平面绘制一个与西侧墙面平行的剖面，进入剖面，然后使用拾取线命令拾取天沟“构件一”族内上表面。此时即可将该段墙体底部附着到辅助参照平面，顶部附着到“最外围迹线屋顶”，如图 8 – 119 所示。

图 8－119

同样，该墙体下部的一面墙体的顶部附着到辅助参照平面上即可，如图8－120所示。

图 8－120

另外8条边的墙体附着方法类似，绘制结束后局部效果如图8－121所示。

图 8－121

6. 屋顶的创建难点以及解决方案

（1）附着对象缺失

1）问题：为了符合实际施工和出图的要求，有的时候墙体附着找不到合适对象，或者找到的对象只能满足部分墙体附着，这显然不符合施工要求。

2）解决方案：就近绘制一个剖面，然后在剖面内绘制需要附着后的倾斜参照平面作为墙体的附着对象。

3）优缺点分析：优点是能够使墙体各层均找到附着主体，契合施工工艺和图纸大样图出图要求；缺点是操作复杂，工作平面切换频繁，需要对视图的图元进行大量的隐层、隔离操作，容易定位出错。

（2）屋顶异形轮廓分析

1）问题：屋顶形成了很多带有空间坡度的屋顶，无法计算坡度。

2）解决方案：用“点控制”（即修改子图元）创建屋顶。

（3）屋顶天沟内建模型分析

1）问题：屋顶形状不规则。

2）解决方案：将天沟内建模型路径拆分成许多段进行绘制，起始标高相同的分段采用放样命令，起始标高不相同的分段采用放样融合命令，拐角采用拉伸命令进行填充。

2.10 楼梯创建

1. 室外楼梯的绘制

1）本案例涉及的楼梯类型为“室内楼梯－现场浇注楼梯”。首先需要在 CAD 立面图内找到梯面数以及楼梯起始标高限制条件，然后根据图 8－122 所示的尺寸进行楼梯定位。

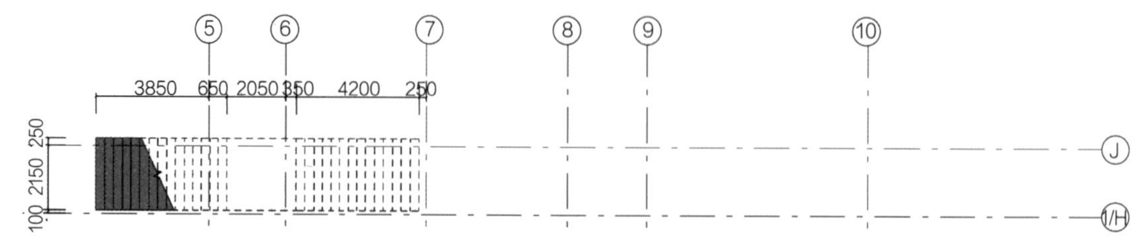

图　8－122

2）定位完毕后进行如图 8－123 所示的参数设置。

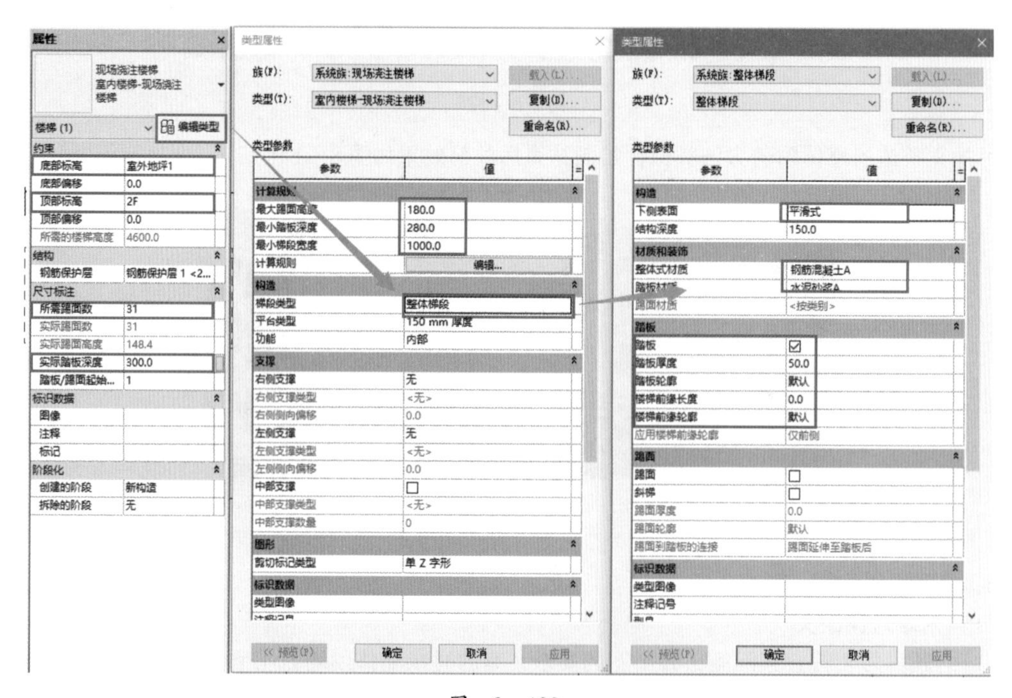

图　8－123

注意：

1. 一般情况下“顶部限制条件”和“底部限制条件”是第一步需要设置的参数。
2. 其中踢面数是计算机自行计算而成，反过来也可以作为绘制过程中检验参数设置是否有误的一个重要依据。
3. 绘制过程中需要保证：“实际踢面高度”必须在“最大踢面高度”限制范围之内；“实际踏板深度”必须在“最小踏板深度”限制范围之内；“实际梯段宽度”必须在“最小梯段宽度”限制范围之内。
4. 楼梯分为“构造”和“支撑”。构造即“梯段”和“平台”；支撑即“左部支撑”“右部支撑”“中部支撑”。

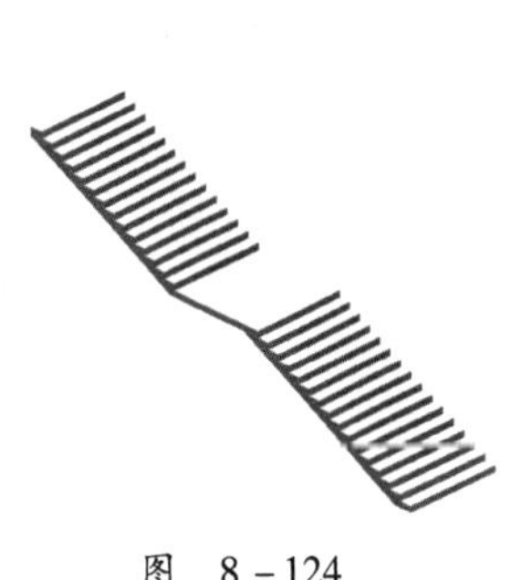

图　8－124

绘制楼梯过程中栏杆默认会自动创建，如不需要，在楼梯绘制界面内上下文选项卡内修改为“无”。

3）室外楼梯绘制完毕后效果图如图 8－124 所示。

2. 室内楼梯的绘制

1）室内楼梯类型仍为“室内楼梯－现场浇注楼梯”。同理需要在立面图内找到踢面数以及楼梯起始标高限制条件，然后根据图 8－125 所示的尺寸进行楼梯定位。

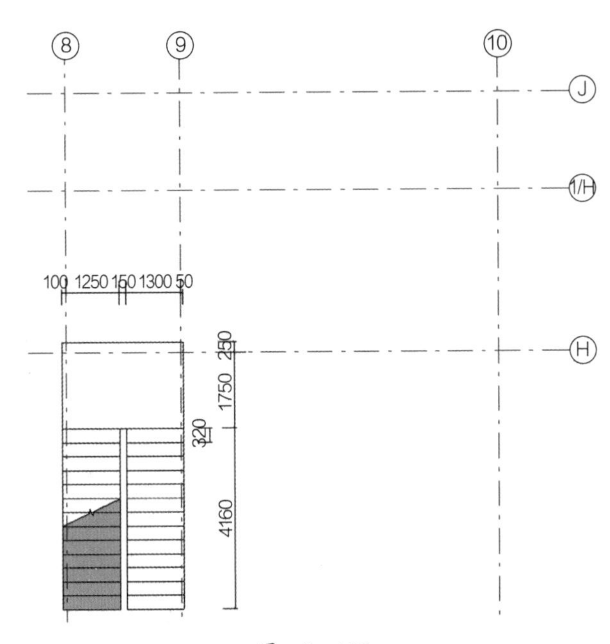

图　8－125

2）定位完毕后进行如图 8－126 所示的参数设置。其注意事项同室外楼梯。

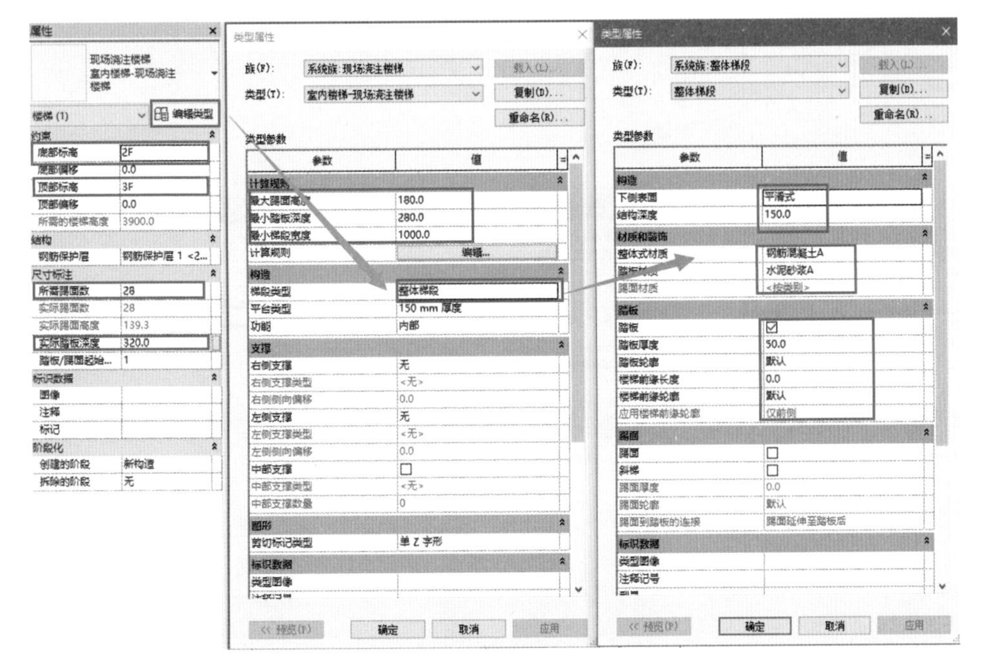

图　8－126

3）室外楼梯绘制完毕后效果图如图 8－127 所示。

4）2 号楼梯和 3 号楼梯为相同的楼梯，其位置相对于⑦号轴线对称，可利用其对称关系，采用镜像命令绘制另外一个楼梯。

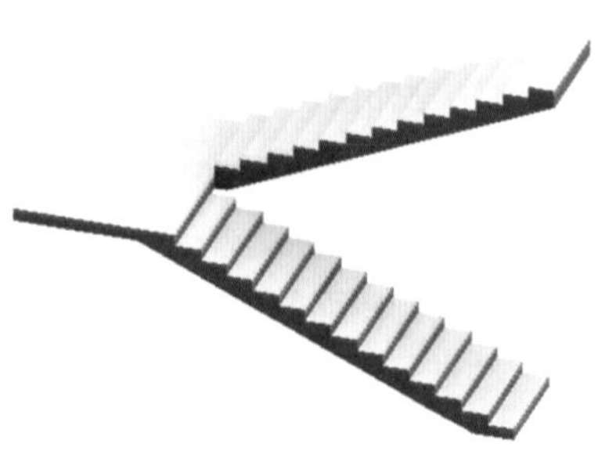

图 8－127

3. 总结

1）应遵守以下绘制和校核的方法和步骤：①绘制定位线然后点击绘制楼梯命令；②属性栏类型选择器内选择需要绘制的楼梯类型；③设置底部和顶部标高及偏移量限制条件；④输入“所需踢面数”；⑤打开“编辑类型”对话框校核“实际踢面高度”是否在类型属性的“最大踢面高度”范围内；⑥在属性栏中输入“实际踏板深度”；⑦打开“编辑类型”对话框校核“实际踏板深度”是否在类型属性的“最小踏板深度”范围内；⑧设置“最小梯段宽度”（一般情况下该值与实际的梯段宽度保持一致）；⑨根据参照线的交点依次绘制楼梯；⑩如果不同的楼梯梯段宽度或者平台深度不同，选中该梯段单独进行修改。

2）楼梯的创建方法大致分为两类：“构件类”绘制和“草图类”绘制。

3）楼梯由两种元素组成：“梯段”和“边界”。

4）在绘制标准层楼梯的时候，可以用两种方式进行快速创建：复制的方式和“多层楼梯”的方式。

2.11 房间布置方法

1）房间布置两大要素：“创建房间”和“房间名称”，而“房间名称”属于注释类族。该项目选用的“对应参数”是一个实例参数：“名称”。参数对应如图 8－128 所示。

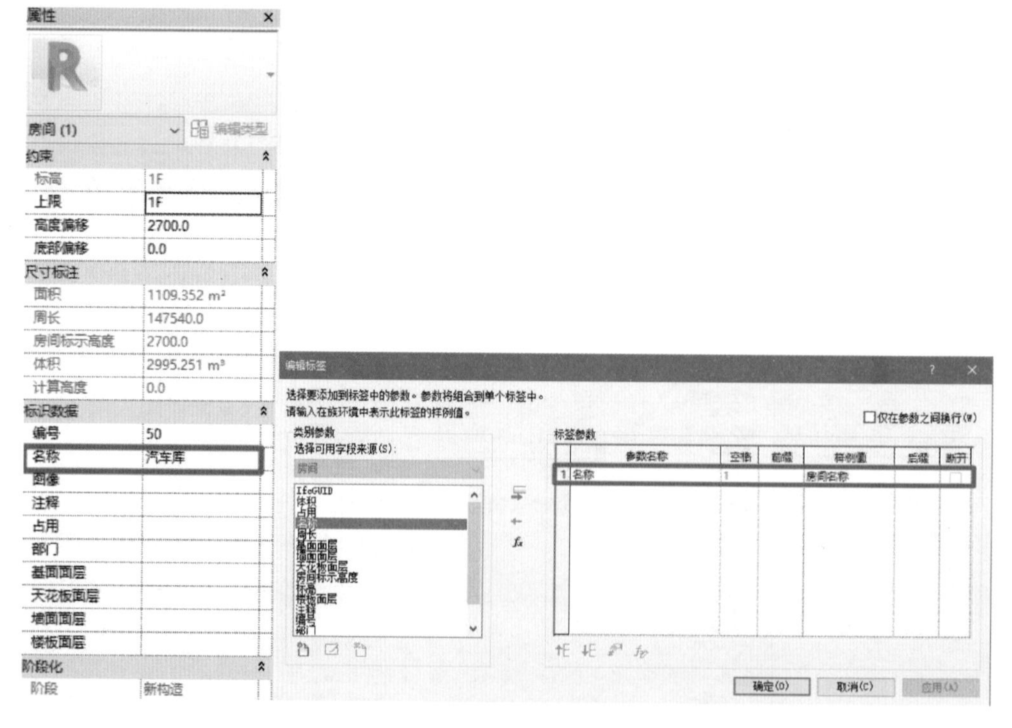

图 8－128

2）采用“房间”以及“房间名称”命令，对一层房间进行如图 8－129 所示的布置。

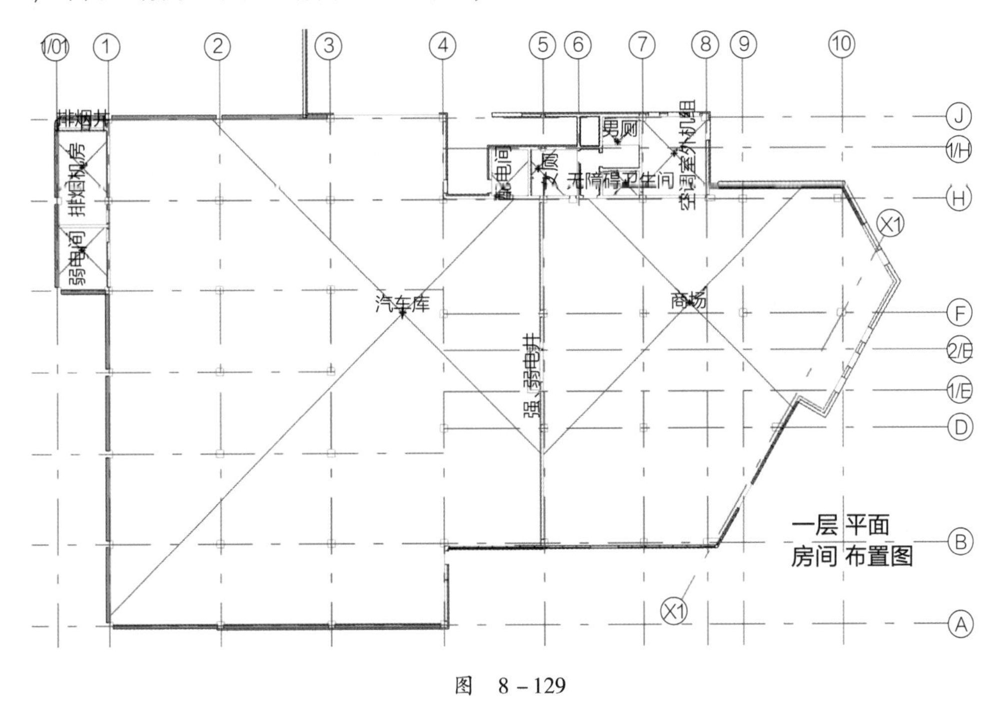

图 8－129

3）采用“房间”以及“房间名称”命令，对二层房间进行如图 8－130 所示的布置。

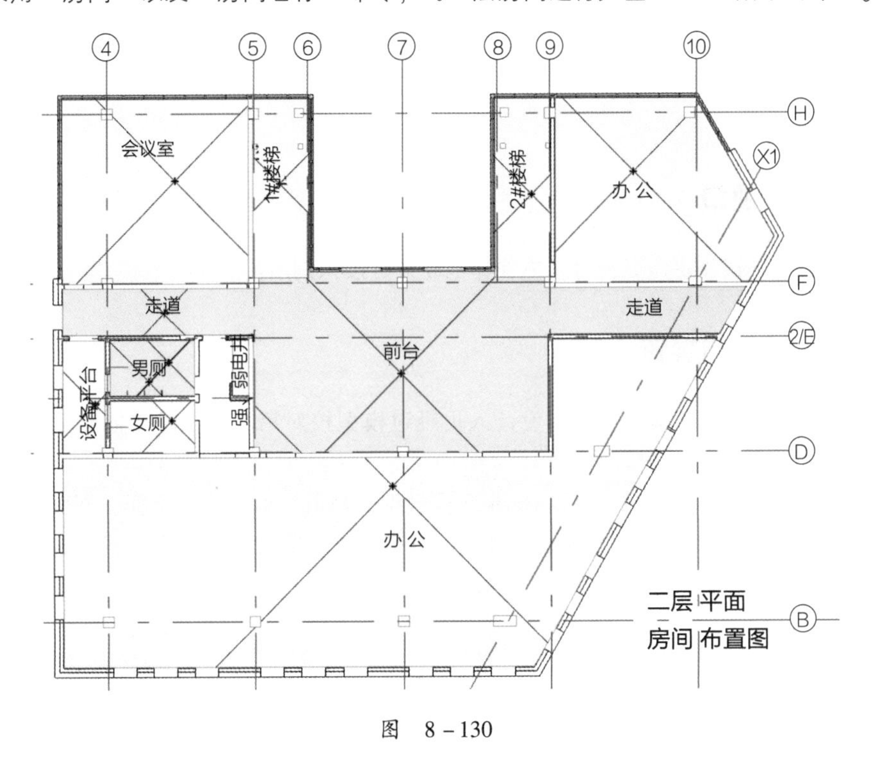

图 8－130

4）采用“房间”以及“房间名称”命令，对三层房间进行如图 8－131 所示的布置。

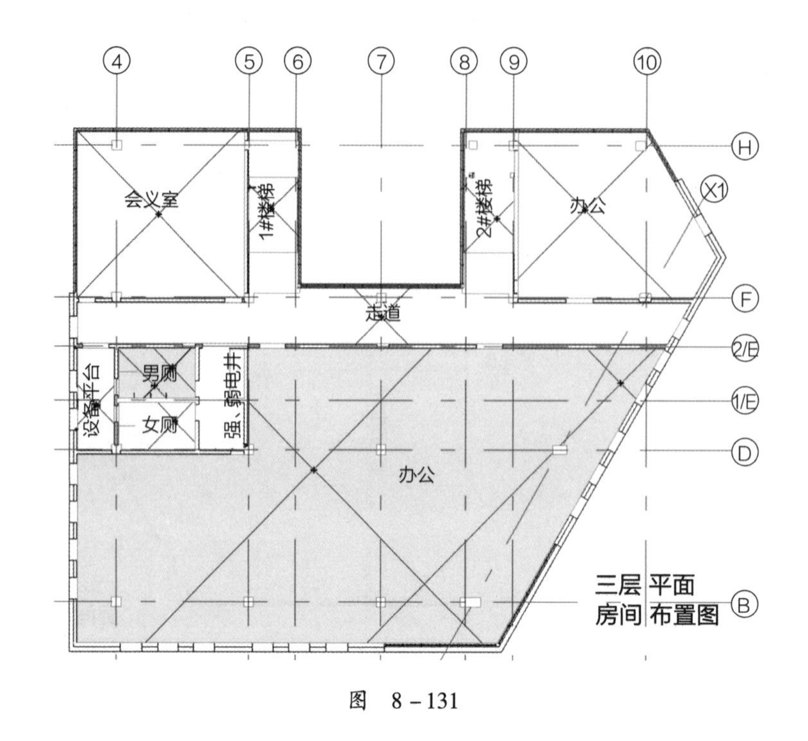

图 8-131

第 3 节 初模提资及要求

3.1 设置提资视口

调整视口图面并按规定命名视口，方便其他专业链接识别所需。

3.2 初模的校对与提资

提资初模根据以上模型深度完成，设计人员经过模型校对后，提资给其他专业进行三维协同设计，建筑专业进入中间模阶段。

设计人员在进行模型校对时，应以 Revit 三维模型为基础，对平面、立面、剖面进行三维空间校对，避免使用图纸或者 CAD 进行平面校对。该阶段，重点复核经计算后结构对建筑的影响，墙身构造与梁高的碰撞，降板后设备管线是否影响净高。

课后练习

1. 在设计初步布局阶段，当设计人员明确所负责的建筑单体后，使用（　　）创建模型文件。

A. 默认样板文件　　　　B. 个人制作的样板文件

C. 规定给的样板文件　　　　D. 类似项目的样板文件

2. 对 Revit 模型使用共享坐标进行定位时，使用（　　）可控制模型的地理坐标（即南/北、东/西）定位。

A. 项目基点　　　　B. 测量点

C. 标高轴网　　　　D. 建筑红线

3. 根据方案提资按条件对 CAD 进行处理时，不需要做的是（　　）。

A. 统一线的颜色

B. 对不必要图元（文字、标注、符号等）进行清理

C. 定义 CAD 底图原点（一般以Ⓐ轴交①轴作为底图原点）

D. 清理Ⓩ轴上的图元

4. 在墙体绘制中，一般情况下，为了后续墙体构造深化不影响墙体原始定位，墙体以（　　）作为定位基准线。

A. 墙中心线　　　　B. 核心层（中心、外部、内部）

C. 面层外部　　　　D. 面层内部

5. 在初模中，门窗族模型除了基本几何参数外，还应满足（　　）标准。窗族至少应包含“防火等级”“材质”“开启面积”“护窗栏杆”的设计参数，门族应包含“防火等级”“材质”“开启扇宽度”的设计参数。

A. LOD100　　　　B. LOD200

C. LOD300　　　　D. LOD400

6. 夹层房间的添加需建立相关标高，保证房间将出现在高度准确的位置。对于不规则形状的房间，调整其房间高度正确的方法是（　　）。

A. 在南立面进行调整　　　　B. 在平面进行调整

C. 在东立面进行调整　　　　D. 在剖面中调整

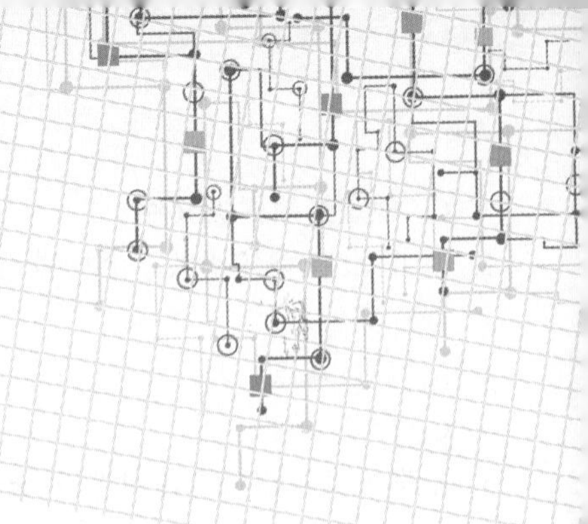

第9章 中间模

第1节 设计深度要求及模型管理注意事项

在完成初模提资后，建筑专业可进入中间模阶段，该阶段主要工作内容有两部分：第一部分是根据设计对外露构件、内部空间模型进行深化；第二部分是根据三维协同后的结果对初模进行修改调整。

其中第一部分内容，为建筑专业自身内容，在其他专业进行搭建初模的时间段内，可优先进行而不受其他专业影响。在其他专业模型完成后，对其他专业模型进行链接协同，再进行第二部分内容。

外露构件泛指除墙体、门窗、屋顶等常规围护结构以外的构件，包括阳台、栏杆、墙身装饰线、入口雨篷、装饰构架等，对立面造型有直接影响。各构件设计深度及模型管理要求见表9－1。

表 9－1

阶段/步骤	设计深度要求	模型管理要求
外露构件	1. 阳台 2. 栏杆 3. 墙身装饰线 根据设计条件的立面元素，对立面装饰线脚、屋顶檐口、女儿墙部分构造使用楼板边缘、墙饰条等工具按墙身构造创建模型，该部分内容相当于前置了墙身详图的设计工作 4. 入口雨篷 5. 装饰构架	在初模阶段，已经创建部分楼板边缘以控制结构外圈梁的高度，此阶段通过添加和深化“轮廓族”，对照立面效果进行设计，该部分内容相当于前置了墙身详图的设计工作 檐口造型、墙身装饰线等大部分建筑构件都可以通过“轮廓族”放样，并赋予不同材质进行创建，对轮廓族的管理显得尤其重要，应根据造型风格、使用范围对轮廓族进行分类管理，提高重复使用率 为避免过度建模影响以后修改效率，应根据经验或者项目策划，用替换族的方法，优先创建影响专业配合类的模型，并尽量简化，立面元素可只表达混凝土浇筑部分，雨篷只用楼板或幕墙网格代替等
坡道、台阶、建筑面层板	根据设计条件创建汽车坡道、无障碍坡道、台阶模型；根据防水、保温、埋管回填等要求，使用楼板工具创建建筑面层模型	使用坡道工具结合楼板工具可满足大部分类型坡道，但Revit暂时无法对其进行展开剖切，需要另外使用二维工具绘制详图 台阶可以使用楼梯工具或者楼板叠加方法创建，国内已有第三方插件对这部分进行整合，能提高效率 建筑面层楼板应该根据常用构造预设，使用第三方插件，建筑面层板可以快速自动生成

（续）

阶段/步骤	设计深度要求	模型管理要求
构件放置	按照设计方案布置洁具、空调室内外机等影响设备专业的构件以及主要空间的室内家具	洁具、空调机、家具等非土建模型，均使用二维版本以减少硬件负荷，在设计模型基本完成后，根据需要可替换其三维版本。该部分内容可通过链接 CAD 底图来应对临时的图纸深度要求

第 2 节　具体建模流程

2.1　栏杆参数设置及创建

1. 室内楼梯栏杆扶手的创建

1）栏杆扶手的创建第一步是进行栏杆扶手的参数预设。室内楼梯类型采用“楼梯栏杆 – 900mm – 无端头”。栏杆参数的设置如图 9 – 1 所示。

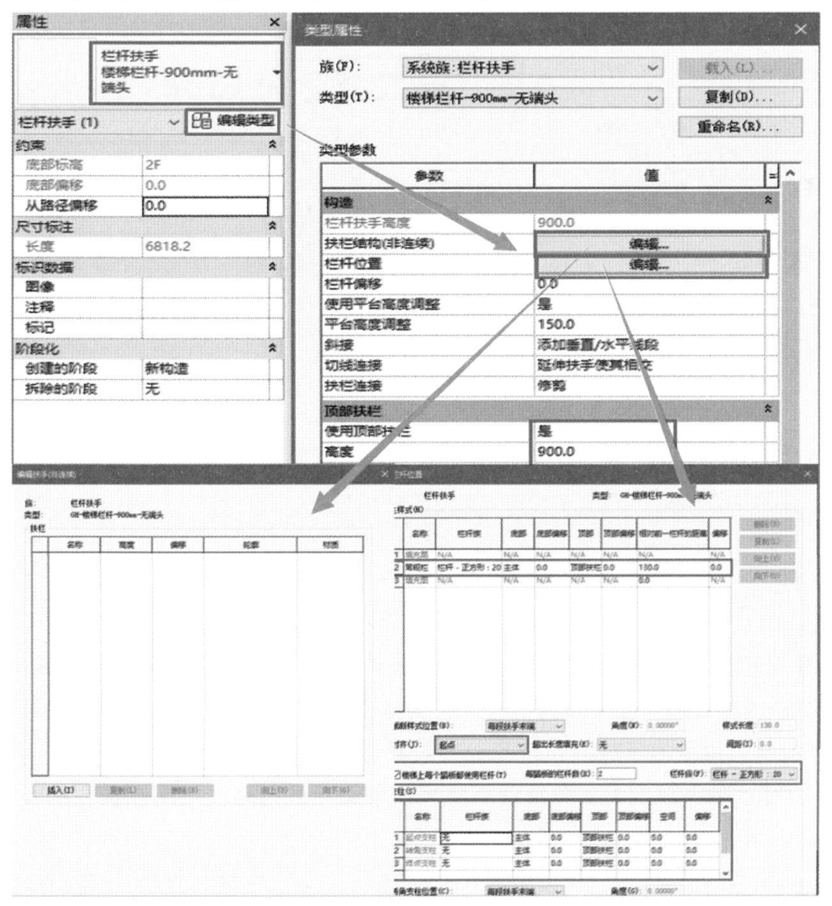

图　9 – 1

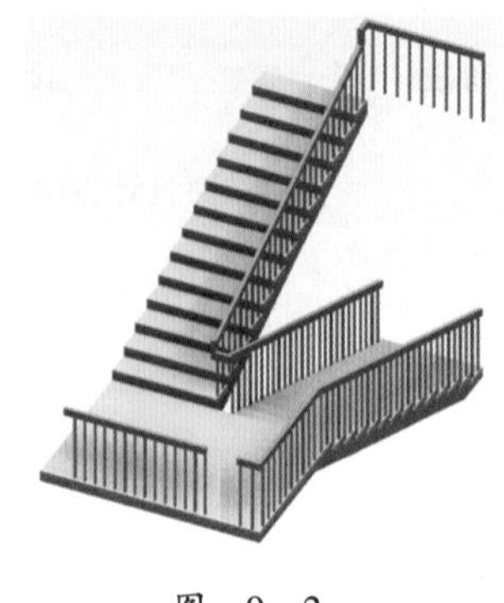

图 9-2

2）参数预设完毕，选中前期绘制楼梯时已经自动形成的楼梯栏杆扶手，修改其类型为“楼梯栏杆－900mm－无端头”，删除靠墙边的栏杆扶手，然后选中楼梯内侧栏杆，编辑路径，绘制3F楼梯尽头处拐角的防护栏杆。这样处理的原因是为了让转角节点处栏杆衔接得当，显得不那么突兀。处理完毕后效果如图9－2所示。

3）与上一部楼梯的栏杆处理方式相同，进行另外一部室内楼梯的编辑。

2. 室外栏杆的参数设置及创建

1）同室内栏杆扶手，室外栏杆扶手的绘制同样也需要提前预设。室外楼梯类型采用“室外栏杆－扁钢栏杆”，其参数设置如图9－3所示。

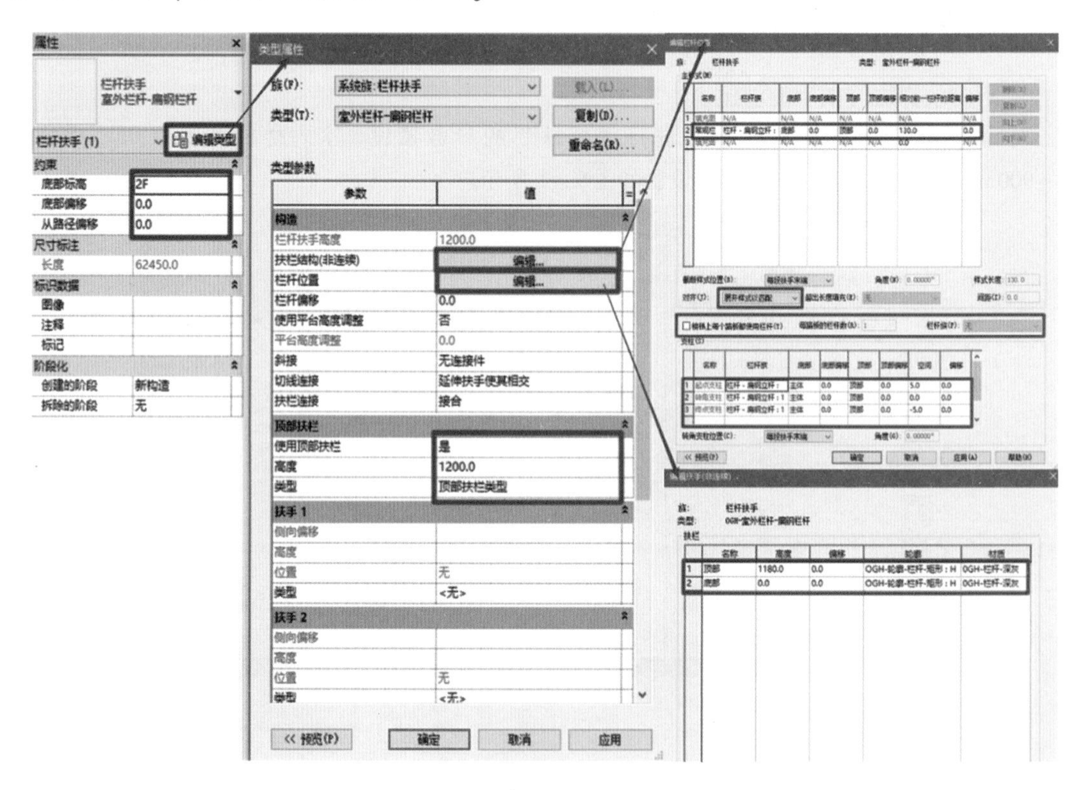

图 9-3

2）参数预设完毕，选中前期绘制楼梯时已经自动形成的楼梯栏杆扶手，修改其类型为“室外栏杆－扁钢栏杆”，然后选中楼梯外侧栏杆，编辑路径，绘制2F楼梯尽头处拐角的防护栏杆。同样，这样处理的原因也是为了让转角节点处栏杆衔接得当，显得不那么突兀。其平面尺寸如图9－4所示。剩余孤立的一部分需要单独使用栏杆扶手命令进行路径绘制以及栏杆实例参数设置，如图9－5、图9－6 所示。

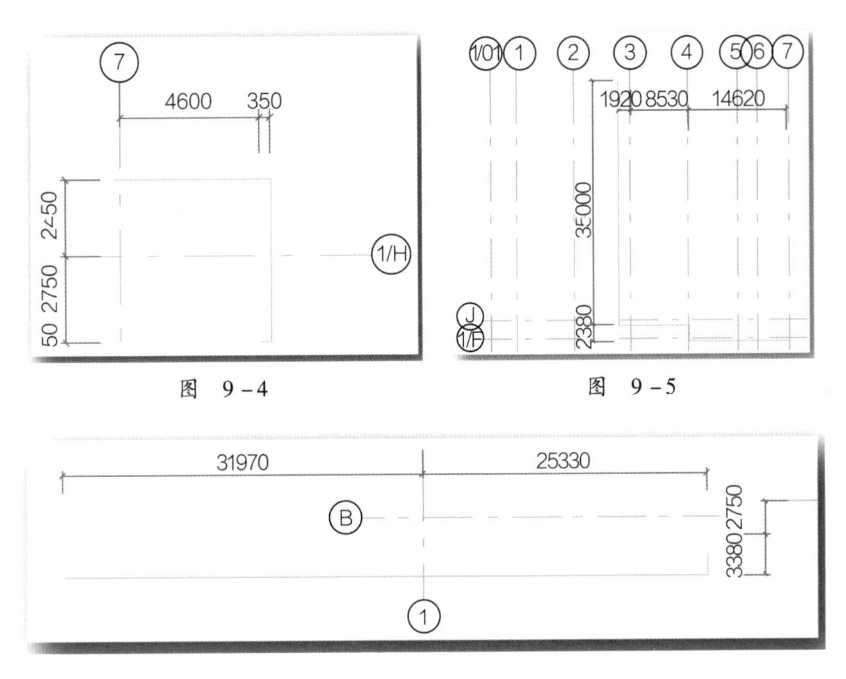

图　9－4

图　9－5

图　9－6

2.2　坡道

绘制坡道的方式有多种，例如：①绘制楼板，然后采用修改子图元或者绘制坡度箭头的方式形成坡道；②直接使用“绘制坡道”命令进行绘制。

本项目采用方法①绘制楼板，然后使用坡度箭头形成坡度的方式。为了与工程项目吻合，要勾选“类型属性”内“编辑部件”对话框中的“可变”。

如图 9－7 所示为楼板实例属性、坡度箭头实例属性，图 9－8 所示为楼板定位尺寸。

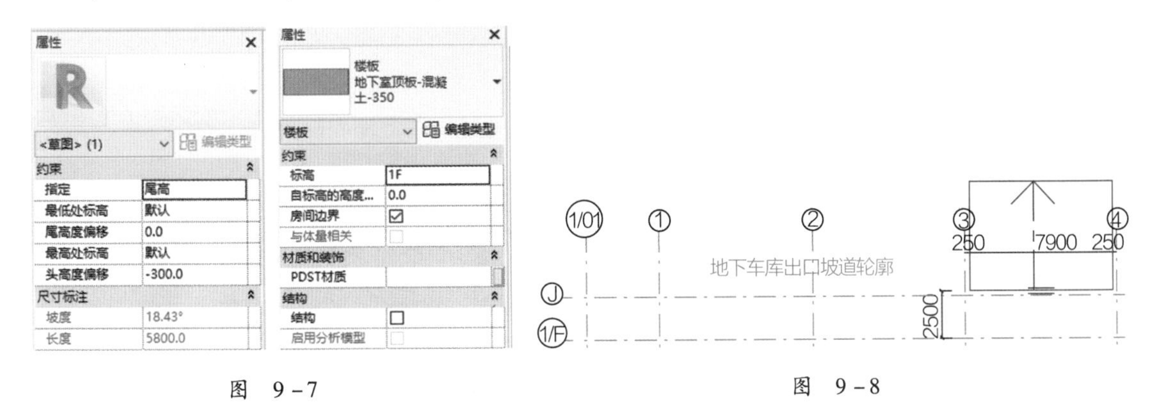

图　9－7

图　9－8

2.3　家具布置

在房间布置中，主要是族的载入与放置，只需要考虑位置参数的编辑，不需要对构件族内部尺寸进行编辑。所以位置就成为房间布置建模过程中的第一要素。

1. 2F 家具及办公设施的放置

1）嵌套组 1。所有与家具相关的族已在项目样板内进行载入。家具的组合使用较为频繁的命令是“嵌套组”，如图 9－9 所示为嵌套组 1 组成部件的定位以及详细信息。

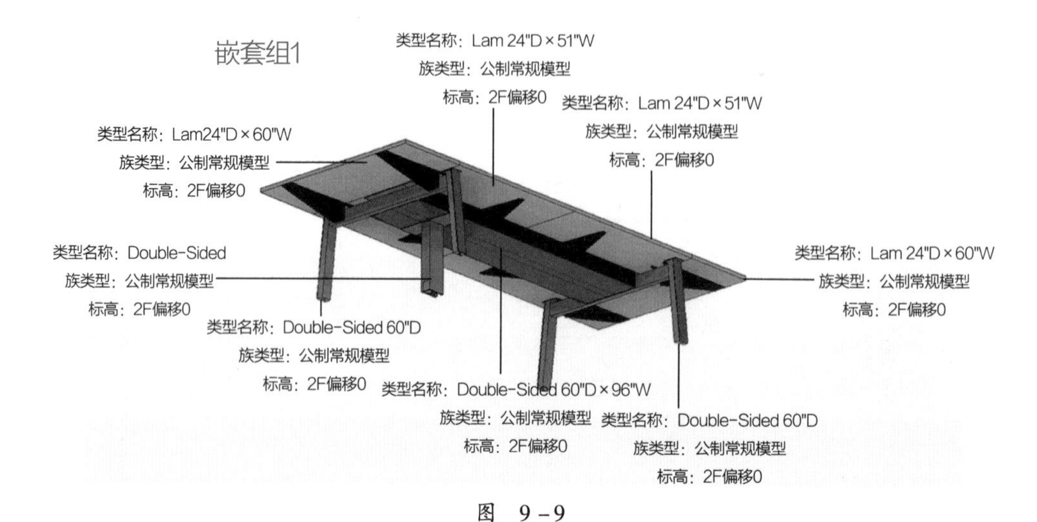

图 9－9

2）组 1。该项目家具组是由“组”层层嵌套组合而成。图 9－10 为组 1 以及其组成部件相关信息。

3）嵌套组 2。同嵌套组 1，如图 9－11 所示为嵌套组 2 构件相关信息。

4）组 2。同组 1，按照图 9－12 所示构件信息放置拼装组 2 相关构件。

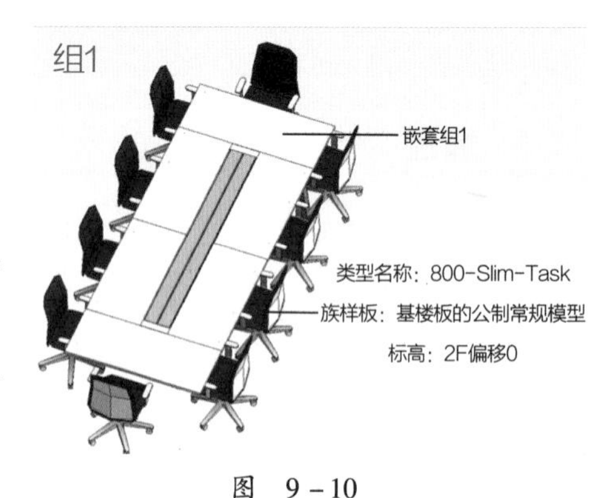

图 9－10

图 9－11

5）嵌套组3。同嵌套组2，按照图9－13所示构件信息放置拼装嵌套组3相关构件。

6）组3。同组2，按照图9－14所示构件信息放置拼装组3相关构件。

7）组4。同组3，按照图9－15所示构件信息放置拼装组4相关构件。

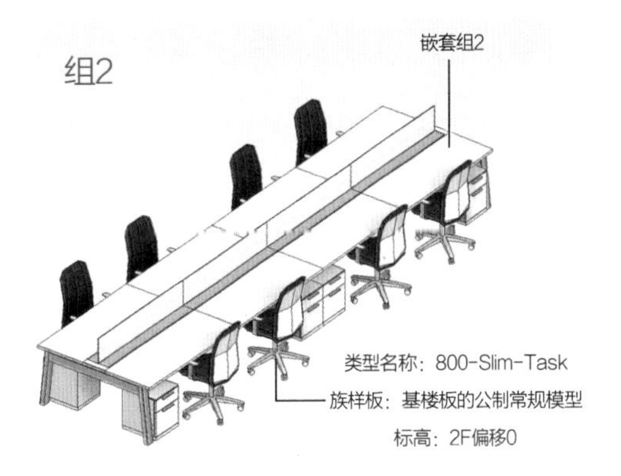

图 9－12

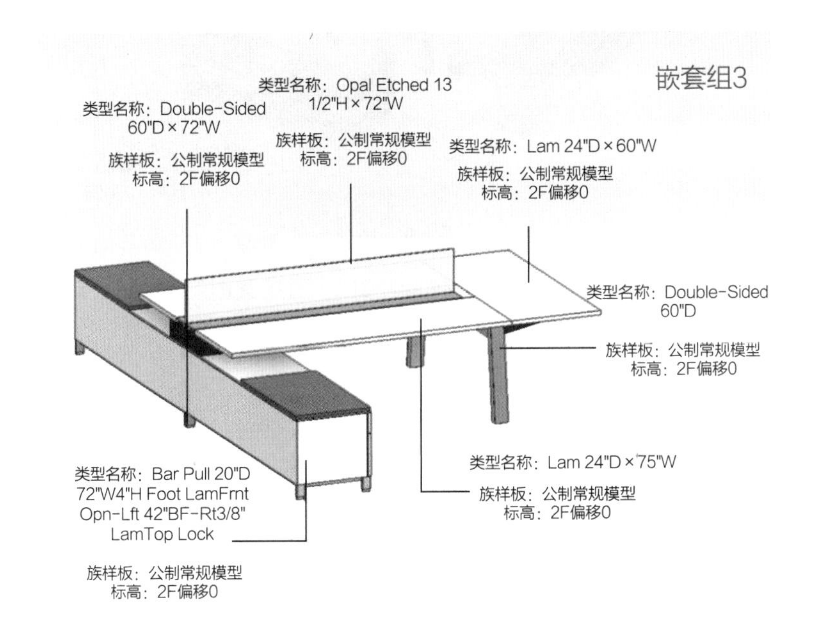

图 9－13

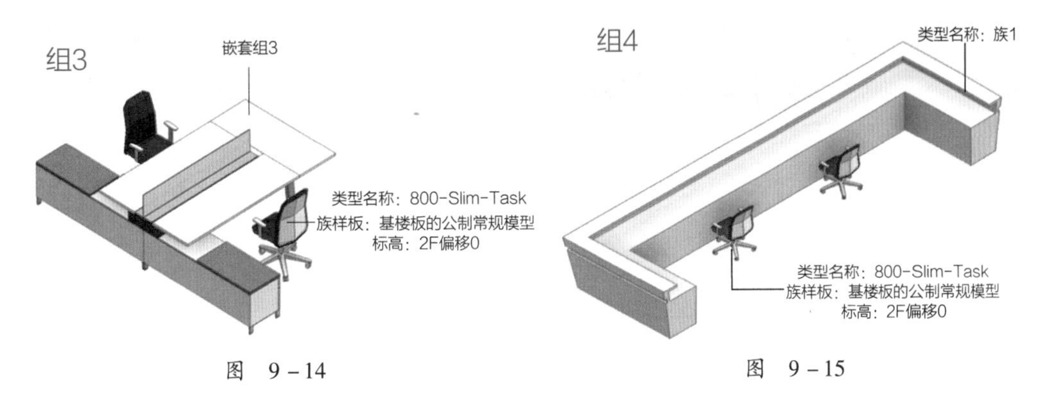

图 9－14

图 9－15

8）组5。同组4，按照图9－16所示构件信息放置拼装组5相关构件。

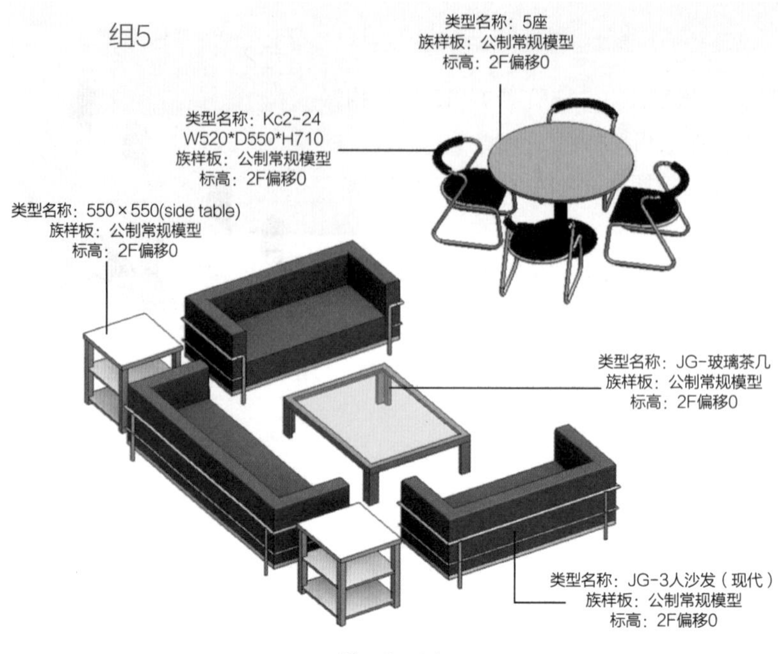

图 9-16

9）平面布置图。所有的组创建完毕后，依照“2F 平面布置图”对组进行放置，大致位置如图 9-17 所示。

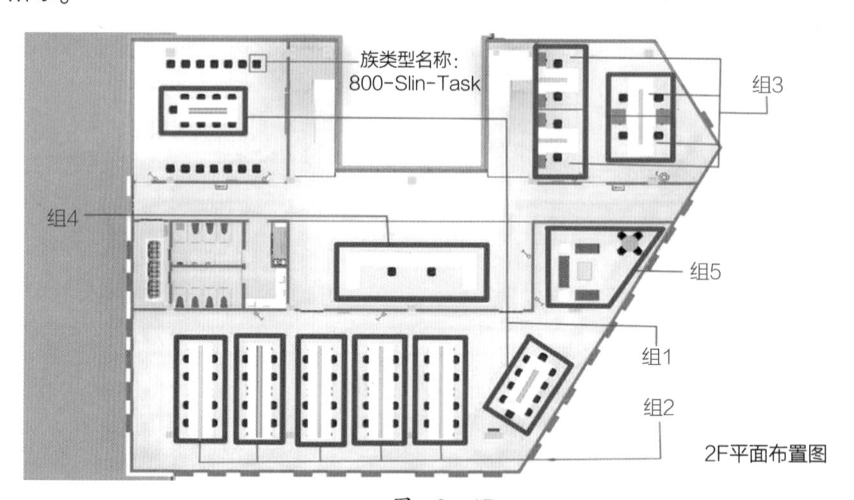

图 9-17

10）二层平面放置完毕后效果如图 9-18 所示。

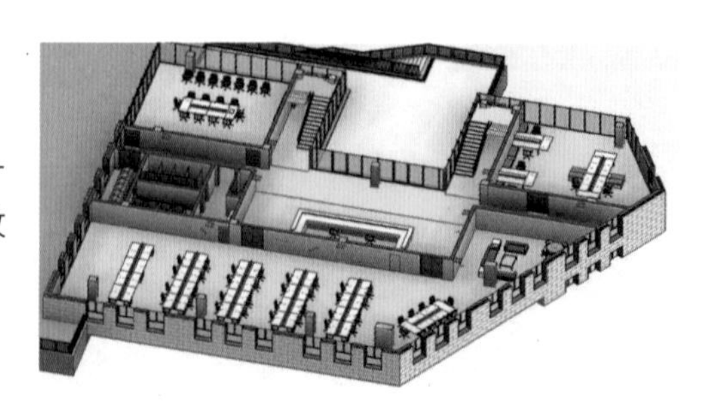

图 9-18

2. 3F 家具及办公设施的放置

1）3F 家具摆设和 2F 家具摆设区别不大，唯一不同是大厅前台的位置桌椅摆放不同，三层平面效果如图 9-19 所示。

2）布置完毕后效果如图 9-20 所示。

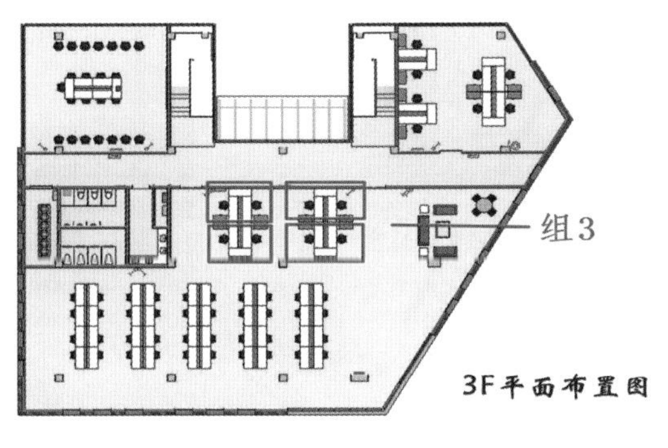

图 9-19

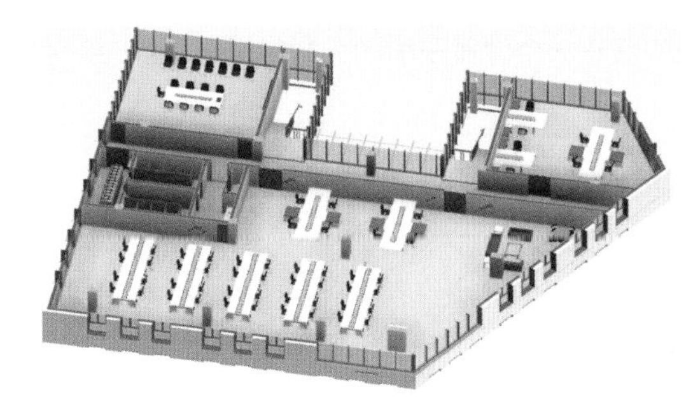

图 9-20

2.4 楼板及天花板开洞

1. 编辑楼板轮廓

楼梯与楼板交接处的楼板应作开洞处理，一般情况下在绘制楼板的过程中不需要考虑此问题，待楼梯绘制完毕后再根据楼梯位置进行开洞。由于本项目已经提供了楼板的尺寸，故可以直接利用编辑轮廓命令编辑楼梯轮廓，完成效果如图9-21所示。

2. 其他专业的构件放置后自动剪切的洞口

该类型的洞口主要是针对天花板。该项目有大量的荧光灯放置在天花板平面上。这些荧光灯的族类型是“基于天花板创建的族”，会自动识别天花板的平面。而且，在建立这些族的时候赋予“自动嵌入”功能。在建筑专业模型下无须创建这样的洞口。其最终效果如图9-22所示。

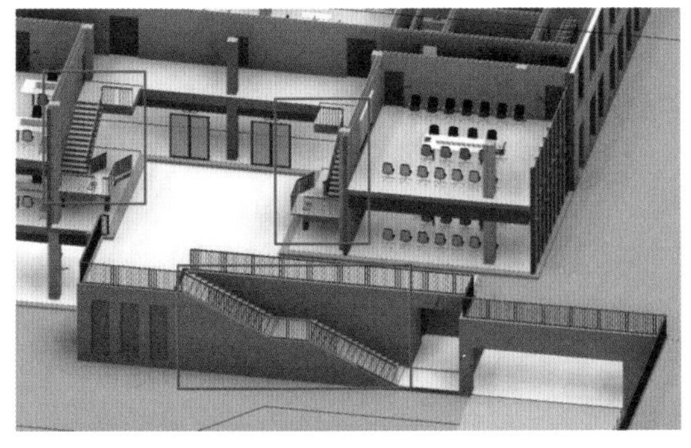

图 9-21

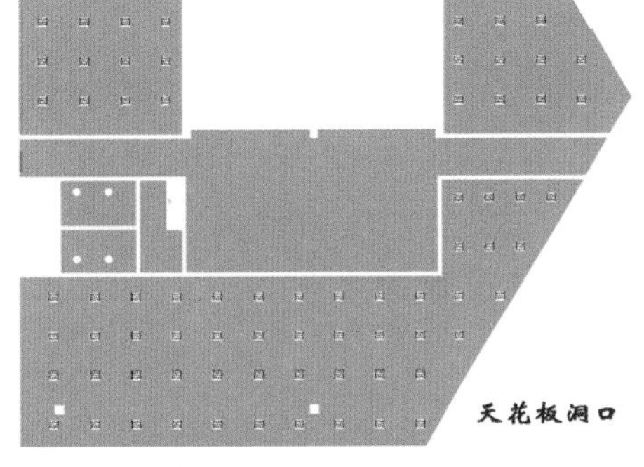

图 9-22

3. 总结

1）面洞口：垂直于天花板、楼板或者屋顶的洞口。强调垂直于“面”。

2）垂直洞口：垂直于“标高”的洞口。强调垂直于“水平标高”。

3）竖井洞口：对贯穿其间的天花板、楼板或屋顶进行剪切。通常楼梯在创建完成后一般情况下都带有竖井洞口的绘制。

4）墙洞口：针对墙体开洞的一种洞口类型。注意：可以对直型墙或者弯曲墙剪切矩形洞口，但是如果需要圆形洞口或者其他形式的洞口，则无法完成。只能通过“编辑墙体轮廓”或者新建族来进行洞口的设计。

5）老虎窗洞口：可以对屋顶进行垂直或者水平剪切的一种开洞方式。

6）基于面的洞口：该洞口与第4）点提到的墙体异形洞口开洞有一定的联系。该洞口的原理是：新建一个“基于面的公制常规模型”，绘制“空心形状”。

第3节　中间模的校对与提资

3.1　设置提资视口

重新整理视口图面，添加新的建筑标高，检查视图深度范围，关闭不必要的图形信息。

3.2　校对与提资

设计的中间模按以上深度完成，经本专业进行模型校对后，提资给其他专业进行三维协同设计，建筑专业进入下一阶段——终模。链接各专业模型后，三维的协同应该是实时进行的，设计信息应及时反馈。

3.3　模型管理注意事项

除立面模型需要整体创建外，内部功能模型只需要对单个标准层、变化层、屋顶层等进行创建，对于成组镜像复制，按层复制的模型都不要进行阵列复制，因为这些步骤本身占用时间很少，一旦完成后带来的硬件负担却非常大。建议只在模型锁定后（终模）才考虑进行复制阵列。

第4节　协同修改与设计优化

4.1　设计深度要求

中间模的校对与提资完成后，可链接结构、机电模型，进行三维协同设计，根据核模会议评审结果，对中间模进行修改与设计优化。此阶段关注结构开洞条件，楼梯的土建模型确认，排水设计的核对与确认，所有空调与风井的进、出风口的确认等。

内容包括：根据结构设计，对墙体、门窗、洞口进行调整；管井、设备机房大小与位置的调整；对立管、进排风口的立面处理；结构对楼梯净宽、净高的影响；消防栓位置调整；门窗分隔优化设计等。

4.2　模型管理注意事项

对于链接其他专业的模型，必须保证模型都在同一坐标、标高系统下。熟练运用可见性设置获取需要的视图（各专业视图需按规定设置），进行多专业的协同碰撞。

修改墙体时应该注意墙体的关联性（包括竖向），必要时应打断后进行修改。

课后练习

1. 在初模阶段，已经创建部分楼板边缘以控制结构外圈梁的高度，此阶段通过添加和深化（　　），对照立面效果进行设计，该部分内容相当于前置了墙身详图的设计工作。

   A. 尺寸标注　　B. 轮廓族　　C. 二维注释族　　D. 构件族

2. 使用坡道工具结合（　　）工具可满足大部分类型坡道，但 Revit 暂时无法对其进行展开剖切，需要另外使用二维工具绘制详图。

   A. 楼梯　　B. 楼板　　C. 屋顶　　D. 墙体

3. 根据经验或者项目策划，用替换族的方法，优先创建影响专业配合类的模型，并尽量简化，立面元素可只表达混凝土浇筑部分，雨篷只用楼板或幕墙网格代替，这样做的目的是（　　）。

   A. 省时省力　　B. 避免过度建模影响以后修改效率

   C. 避免超过建模标准　　D. 避免与其他人工作重复

4. 若要在屋顶开一个垂直于屋面的洞口，可使用（　　）进行开洞。

   A. 面洞口　　B. 垂直洞口　　C. 竖井洞口　　D. 墙洞口

5. 洁具、空调机、家具等非土建模型，均使用二维版本，在设计模型基本完成后，根据需要可替换其三维版，这样做的目的是（　　）。

   A. 减少工作量　　B. 减少硬件负荷

   C. 避免超过建模标准　　D. 避免与其他人工作重复

6. 对于链接其他专业的模型，必须保证模型都是（　　）。熟练运用可见性设置获取需要的视图（各专业视图需按规定设置），进行多专业的协同碰撞。

   A. 同一软件建模　　B. 同一样板文件　　C. 同一 IP 地址　　D. 同一坐标、标高

第10章　终模

第1节　设计深度要求及模型管理注意事项

在完成中间模提资后，建筑专业进入终模阶段。该阶段主要工作内容为完善外露构件，根据专业配合结果调整模型。其中第一部分内容，为建筑专业自身内容，在其他专业进行搭建终模的时间段内，可优先进行而不受其他专业影响。在其他专业模型完成后再进行协同设计。各阶段设计深度及模型管理要求见表10－1。

表　10－1

阶段/步骤	设计深度要求	模型管理要求
完善外露构件	建立装饰柱、装饰百叶 墙身装饰线：在中间模阶段，已经对影响结构设计的立面元素进行了初步建模和协调；在终模阶段，开始对装饰线脚按墙身构造进行创建或者深化 幕墙深化：在前期设计中，幕墙往往只考虑大面的分格效果，深化的时候可根据设计意图对幕墙的网格、竖梃、嵌板等进行细致的调整	
协同修改与设计优化	根据完成的各专业中间版模型进行的协同评审成果，修改与调整原模型，创建地下室风井模型。修改后及时反馈其他专业，确保协同成果落实。同时在各主要空间、复杂构造等空间进行剖切检查 此阶段关注结构开洞条件，楼梯的土建模型确认，排水设计的核对与确认，所有空调与风井的进、出风口的确认等	在平时修改与操作模型时可以对其他专业模型进行卸载以提高操作响应速度，协同时重载模型
布局	创建图纸空间，把对应视口按比例排版布局于图纸空间内，并使用面积平面与图例工具制作防火分区示意图，制作层高表等图例信息 提供各层墙身视口（Revit），编号和索引以草图提资	使用剖切视口对墙身进行剖切并集中布置进图纸空间内，方便提资
终模完成	对重复楼层进行阵列复制，对模型进行整理，完成所有施工图设计所需满足的模型	锁模

第2节 具体建模流程

2.1 造型

1. 整体造型

平面整体轮廓异形，在空间上存在很多倾斜的墙体，容易出现连接不够紧密的问题。建筑模型整体效果如图10－1所示。

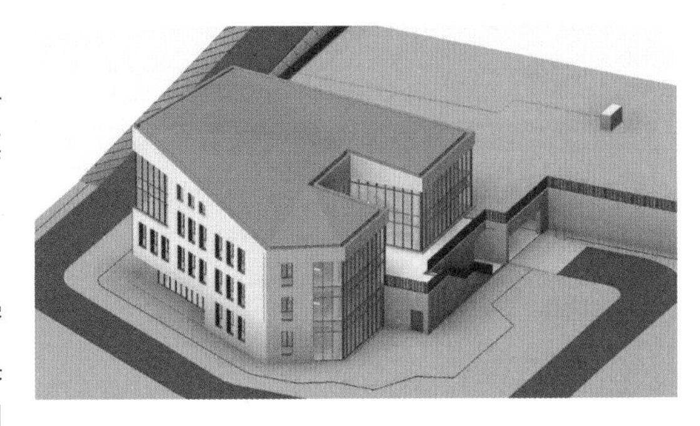

图 10－1

2. 东南侧大面积幕墙

东南侧大面积幕墙在寻找顶部附着对象时需要绘制辅助参照平面，原理简单，但是平面切换以及辅助参照平面的绘制操作较为复杂，如图10－2所示。

3. 屋顶轮廓

本项目的屋顶为异形屋顶，屋顶边缘需布置天沟，如图10－3所示，如用常规的方式创建屋顶，则会在拐点处出现较多的碰撞且天沟无法与屋顶紧密接合，此时需要利用“自适应族”进行建模。关于该部分的内容会在结构篇详细讲解。

图 10－2

图 10－3

2.2 锁模出图

各专业模型经过协调后确认，锁定不再进行修改，各专业以此为依据，根据需要选择直接在Revit平台进行二维图形绘制、尺寸标注、注释等绘图工作或选择导出dwg文件在CAD中加工图纸。

构成建筑工程图纸的基本要素主要有图纸幅面、图线、字体、比例、符号、定位轴线、图例和尺寸标注等。

建筑施工图主要包括以下部分：图纸目录、门窗表、建筑设计总说明、一层至屋顶的平面图、正立面图、背立面图、东立面图、西立面图、剖面图、节点大样图及门窗大样图、楼梯大样图。

1. 图框类型

在Revit软件中“图框”也是一个族，其承载了很多文字信息，而为满足Revit一处修改处处更新的功能，通过共享参数纽带实现参数的传递，让项目文件与族文件之间实现了信息的共享。

该项目对应出图的图框类型在项目样板内已经载入，可直接进行调用，其类型名称为：“美院教师分部目录”。

2. 图纸目录

1）采用的图框为：A2。

2）字段选择。图纸目录采用明细表进行统计，选用“图纸序号”“图纸编号”“修改版次”“图纸名称”“图幅”“目录备注”“格高控制”等字段，如图 10－4 所示。

3）过滤器。过滤器采用“图纸编号”作为过滤条件，过滤出所有的“建施”图纸，如图 10－5所示。该项目模型全专业在同一个项目模型中统一绘制，所以在出图时应该注意编号以及类型名称的编写。

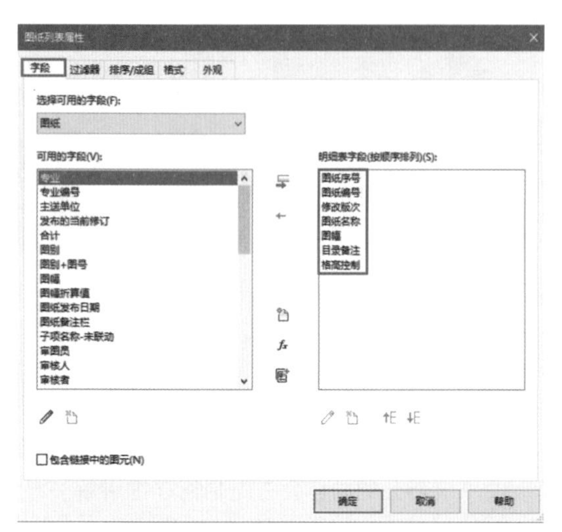

图 10－4

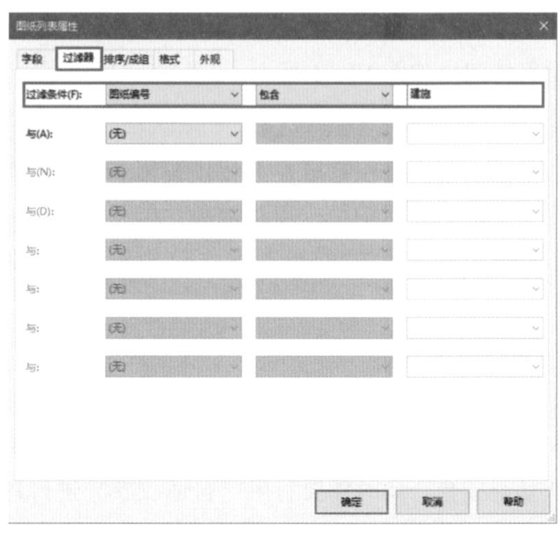

图 10－5

4）排序/成组。明细表排列组合的方式是一个非常重要的知识点，不同的排序条件代表不同的工程量统计情况。注意对“总计”以及“逐项列举每个实例”的理解。“排序/成组”功能的使用如图 10－6 所示。

5）外观设计。出图有一定的规范，表格有一定的格式要求，外观排版美观的文献能给人以清晰明了、专业性强的感觉，所以外观展示的调整也是非常重要的。外观设置如图 10－7 所示。

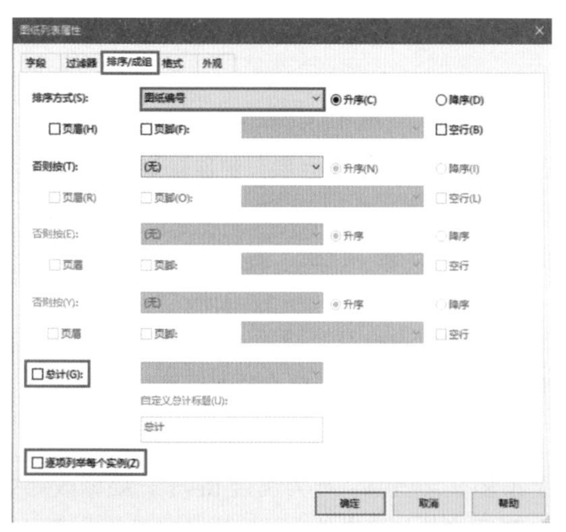

图 10－6

图 10－7

注意：以上统计是对图纸目录的统计，只起到一个“列举”的作用。所以尚未对“格式”栏内“计算总数”参数进行相应的调整。

3. 建筑说明

1）本项目中采用的图框为：A1。

2）标题文字类型为：“27号－图纸－01－建筑设计总说明一－lzrevit-1”。

3）正文文字类型为：“27号－图纸－01－建筑设计总说明一－lzrevit-2”。

4. 门窗表

1）采用的图框为：A2。

2）图例。在视图下首先创建一个“图例”视口，然后在“注释”选项卡内选择“图例构件”，如图10－8所示。注意，选择图例构件一般情况下是在上下文选项卡内选择“立面”。根据相同的方式添加项目中不同类型的门及窗的图例。

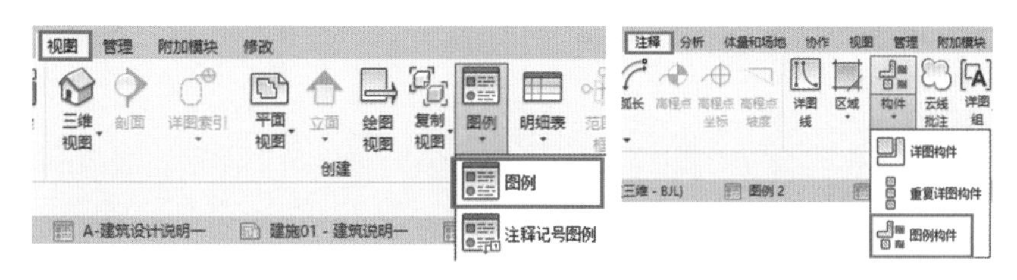

图 10－8

3）文字注释。文字注释在Revit中需要手动添加，图例标注的文字类型为：“符号_门窗大样标题”，注释文字类型为：“注释文字”。

4）门明细表统计。

①字段选择。门明细表的统计，选用“门类别”“类型”“宽度”“高度”“合计”“注释”“注释记号”“框架类型”“玻璃类型”“框架材质”“说明”“族”等字段，如图10－9所示。

②过滤器。过滤器采用“说明”字段为过滤条件，如图10－10所示。该参数为类型参数，在前期建模过程中已针对不同的门进行了不同的设置，因此前期其建立模型时的信息化深度决定后期运用的深度。

图 10－9

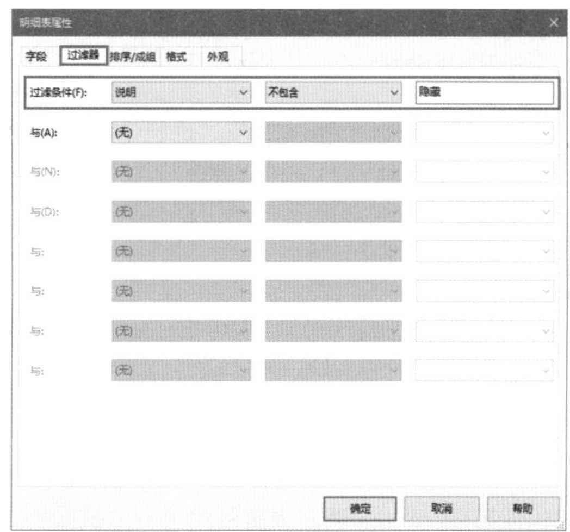

图 10－10

③排序/成组。明细表排列组合的方式是一个非常重要的知识点，不同的排序条件代表不同的工程量统计情况。注意对“总计”以及“逐项列举每个实例”的理解。此处以“门类别”参数作为排序方式介绍，如图 10－11 所示。

④外观。对于图纸的成果，美观与整洁是非常重要的。外观设置如图 10－12 所示。

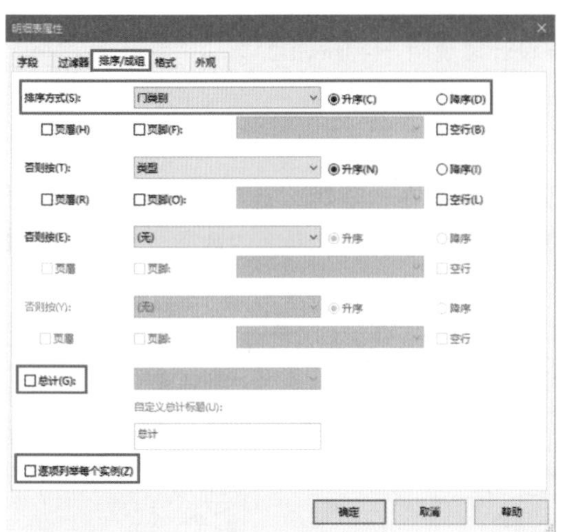

图 10－11

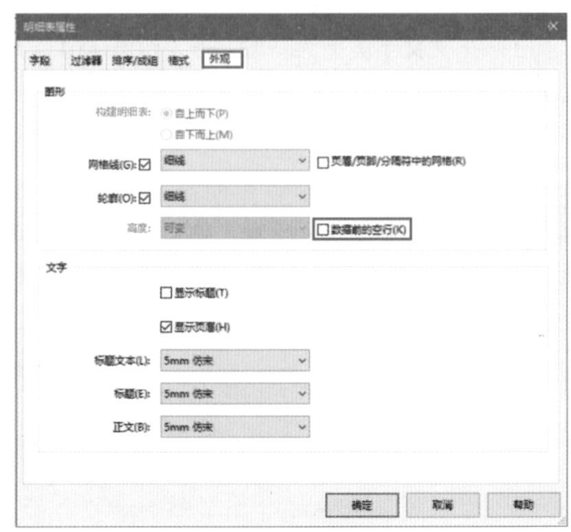

图 10－12

5）窗明细表统计。

①字段选择。窗明细表的统计，选用“窗类别”“类型”“宽度”“高度”“合计”“注释”“注释记号”“窗框架类型”“窗玻璃类型”“窗框架材质”“说明”等字段，如图 10－13 所示。

②过滤器。过滤器采用“说明”字段为过滤条件，如图 10－14 所示。该参数为类型参数，在前期建模过程中已针对不同的门进行了不同的设置，因此前期其建立模型时的信息化深度决定了后期运用的深度。

图 10－13

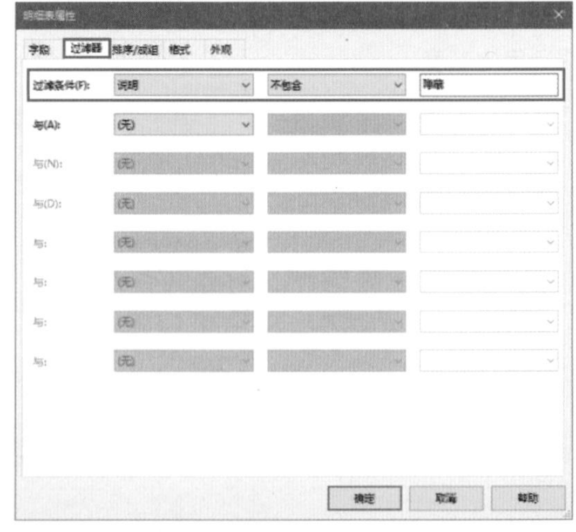

图 10－14

③排序/成组。明细表排列组合的方式是一个非常重要的知识点，不同的排序条件代表不同的工程量统计情况。注意对“总计”以及“逐项列举每个实例”的理解。此处以“类型”参数作为

排序方式介绍，如图10－15所示。

④外观。对于图纸来说，图纸的美观与整洁是很重要的一个要素。外观设置如图10－16所示。

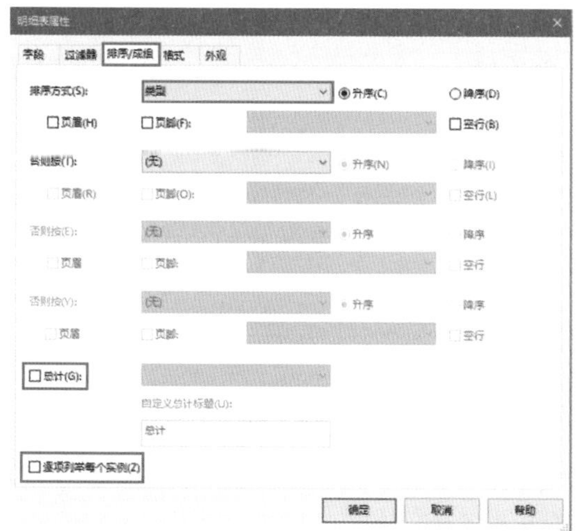

图　10－15

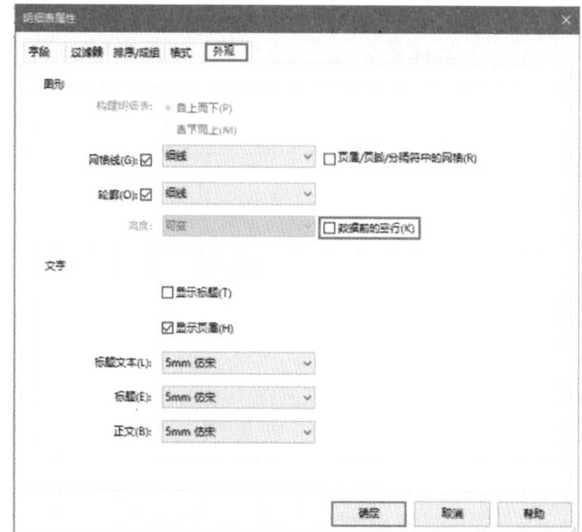

图　10－16

注意：门窗明细表统计采用了“合计”字段，已经达到统计的目的，所以尚未对“格式”栏内“计算总数”参数进行相应的调整。

5. 平立面图

1）图框采用“A2”图框。

2）视口类型采用“平立剖标题－比例”。

3）详细程度采用“中等”，平面视觉样式为“隐藏线”，标注尺寸线时注意三道尺寸线的标注。

4）标记类型采用：“尺寸标注－外部－轴线尺寸”。

尺寸标注注意三道尺寸线的标注。对于第二道尺寸线的标注，可利用简便方法，绘制墙体标注整道墙的，选择上下文选项卡内的“相交轴网”进行快速标注，如图10－17所示。

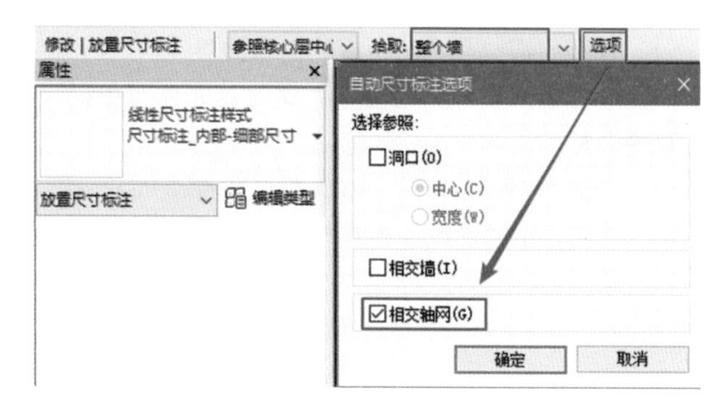

图　10－17

灵活运用各种方法，做到既快速又准确的效果。

注：平面出图详细效果见配套资源。

6. 剖面图、大样图

1）图框采用“A2”图框。

2）视口类型采用“平立剖标题 – 比例”。

3）详细程度采用“中等”，平面视觉样式为“隐藏线”。

4）标记类型采用：“尺寸标注 – 外部 – 轴线尺寸”。

注：平面出图详细效果见配套资源。

7. 图例制作

图例主要是针对门窗大样图的放置。注意放置时在上下文选项栏内选择“立面”。

8. 剖切视口布局

视口就是一双眼睛，在模型三维空间内，为了完整地了解整个模型内每一个细微的设计，需要很多双这样的眼睛。平面、立面满足不了设计需求时，就需要剖面来辅助。而所有的视图视口最后都要统一整理到图纸中。也就是说，每一张图纸由多个视口组成。

为了在图纸中操作方便，应注意“激活视口”功能的使用。

注意：为了使“建模”“出图”互不相干，出图的视图平面一般需要复制出一个新的平面。

课后练习

1. 在完成中间模提资后，建筑专业进入终模阶段，下列选项（　　）不是该阶段的工作内容。
   A. 完善外露构件　B. 协同修改与设计优化　C. 布局　D. 链接 CAD
2. 设计优化完成后进行布局。创建图纸空间，把对应视口按比例排版布局于图纸空间内，并使用（　　）与图例工具制作防火分区示意图，制作层高表等图例信息。
   A. 房间　B. 面积平面　C. 面积边界　D. 标记面积
3. 在前期设计中，幕墙往往只考虑大面的分格效果，深化的时候可根据（　　）对幕墙的网格、竖梃、嵌板等进行细致的调整。
   A. 设计意图　B. 个人习惯　C. 类似项目　D. 他人建议
4. 在协同修改与设计优化工作中，平时修改与操作模型时可以对其他专业模型进行卸载，协同时重载模型，这样做的目的是（　　）。
   A. 更好地与其他专业协同　B. 提高操作响应速度
   C. 传递模型信息　D. 加载更多专业的模型
5. 在明细表中，只需要列出相同尺寸的构件时，可以利用（　　）来达到目的。
   A. 字段　B. 过滤器　C. 排序/成组　D. 格式

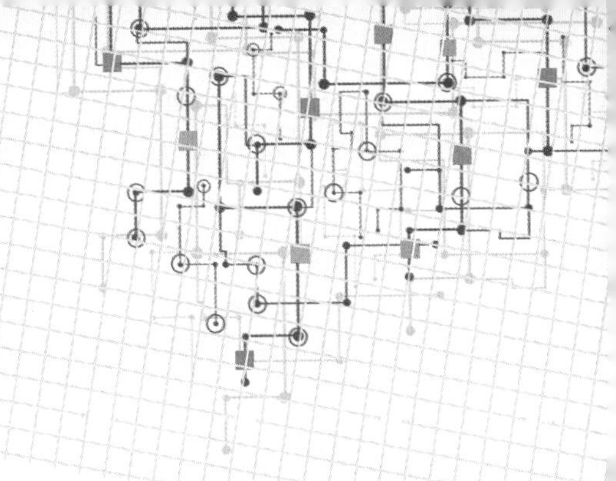

第 11 章　表达与出图

第 1 节　出图视图的设置

1.1　出图的概述

模型建立完毕，进入出图阶段。一般情况下，在施工图阶段的主要工作可以分为两个部分，第一个部分是模型的完善，该部分已经在前面的章节详细论述了；第二个部分的工作是出图。实践证明，出图工作能否顺利完成主要取决于前期模型建立的深度、精度等，当前期模型建立的深度和精度足够时，将 BIM 模型出图为二维图纸的工作量将大大减小。

1.2　出图的基本操作流程

第一步：完成全部模型，包括建筑、结构、给水排水、电气、暖通、三维模型等。

第二步：生成图纸，按图纸类别及目录树对图纸进行归类放置。

第三步：建立图纸列表。

第四步：对图面进行修饰及美化工作。

第五步：完成填充区域、遮盖设置、详图线、剖断线、剖面样式、过滤器设置。

第六步：添加注释，主要包括导线类型、文字注释、尺寸标注、补充图例、添加视图标题等。

第七步：完成校审工作。

第八步：打印图纸，归档。

1.3　视图的组织与设置

在项目样板中，根据项目的实际需求，对项目的视图重新进行组织，方法如下：

①右键单击视图，打开浏览器组织对话框。

②单击新建按钮，打开创建新的浏览器组织，输入名称，确定。

③在对话框中选中新建的浏览器组织。

浏览器组织方式如图 11－1 所示。

通常情况下，项目可以分为建筑视图、结构视图、电气视图、机械视图、给水排水视图等。本项目的视图组织如图 11－2 所示。

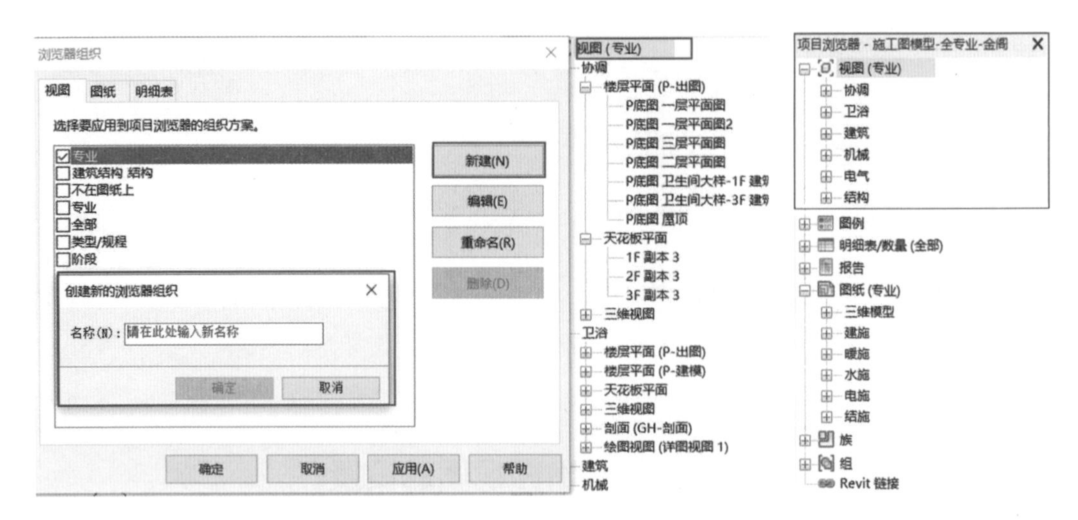

图 11-1　　图 11-2

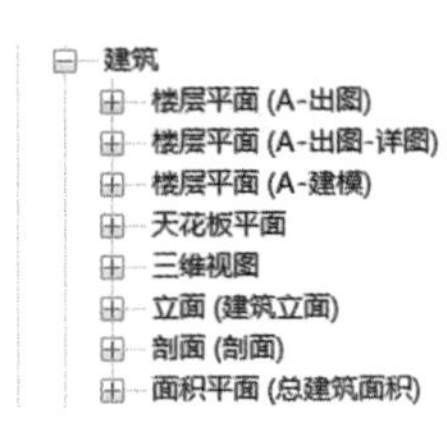

图 11-3

各个专业划分后，再根据各个专业的要求进行视图的详细设置。通常情况下，各个专业的视图主要包括平面图、立面图、剖面图、三维视图，如果专业中需要制作详图，则在组织视图的时候，添加详图。本项目中，建筑专业的视图设置如图 11-3 所示。

1.4 图纸、明细表及图例的组织与设置

为了完成后期的出图工作，除了需要对项目视图按专业组织外，项目图纸也需要按专业进行重新组织，并且应添加所需要的图例和明细表。本项目中，图纸按专业进行分类，包括三维模型、建筑施工图、暖通施工图、给水排水施工图、电气施工图和结构施工图。

第 2 节　平面图的表达

2.1 图纸（平面视图的创建）

平面图是图纸中最重要的一种表达，其出图难度相对剖面图、立面图和大样图而言比较简单。本项目在图纸组织时按照项目专业进行组织，因此在建筑施工图、暖通施工图、给水排水施工图、电气施工图、结构施工图中均有平面图。

建筑施工图的平面图主要包括：一层平面图、二层平面图、三层平面图和屋顶平面图，如图 11-4 所示。

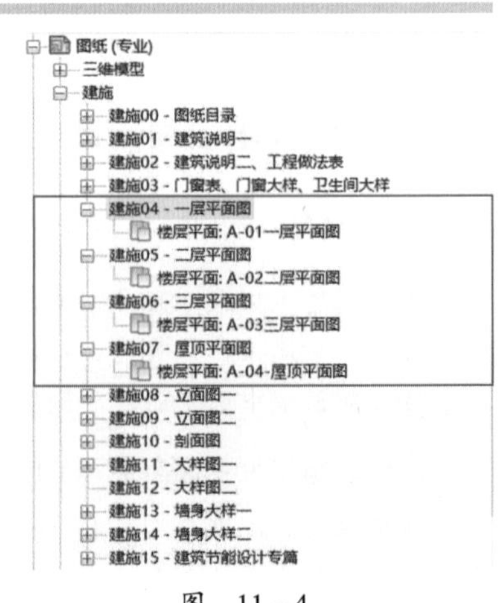

图 11-4

2.2 平面图的表达（尺寸标注、文字注释等）

平面图用于表达构件在平面中的位置、尺寸等重要信息，为了方便图纸的使用，通常需要在平面图上进行必要的标注及注释。

建筑平面图中，通常需要标注轴网、所在层的标高、门、窗、楼梯、房间名称、洞口、开间、进深、坡度、详图、索引等基本内容，另外，图纸外围四周尺寸标注一般使用三层标注法。本例中，以建筑施工图二层平面图为例，如图 11－5 所示。

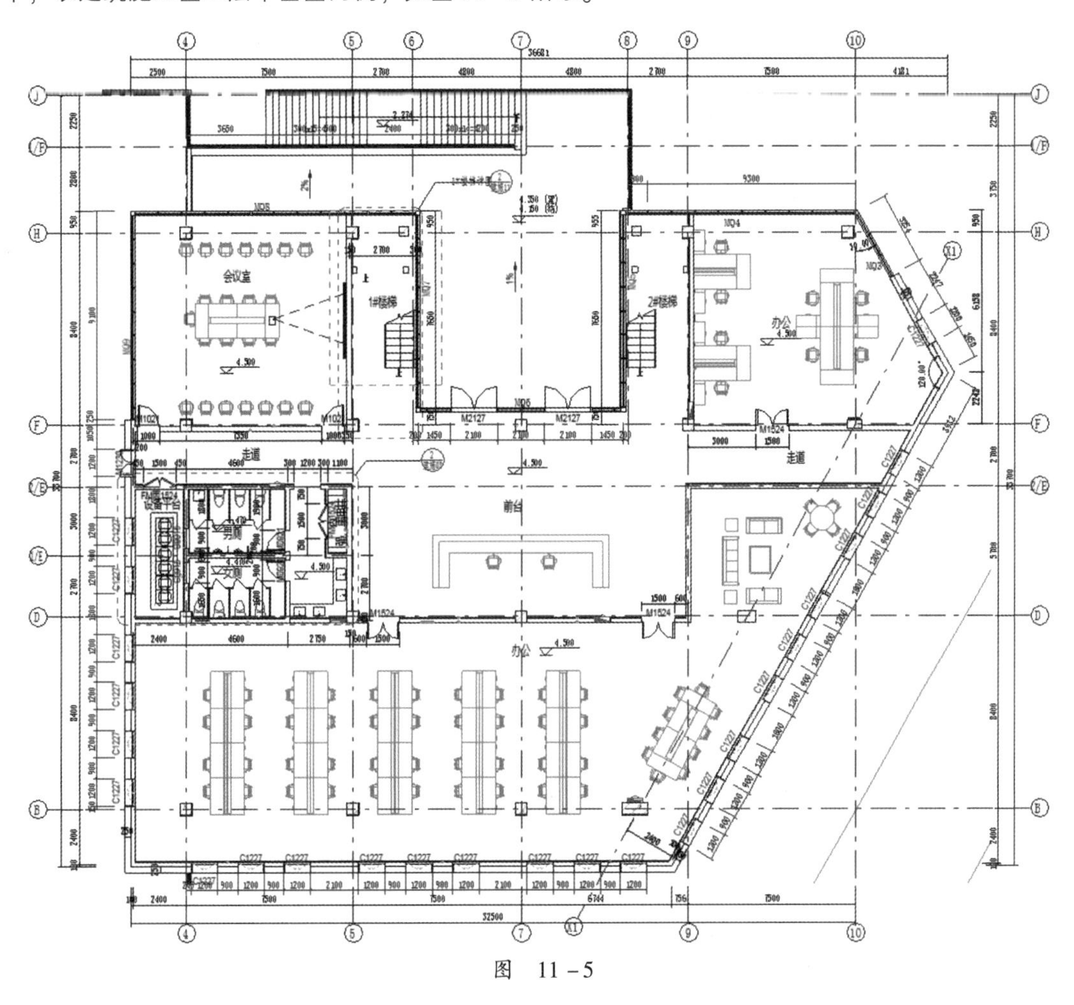

图　11－5

通常情况下，为了美化图纸，对不必要出现的信息可以使用遮盖命令。遮盖命令的使用方法如下。

第一步："注释"菜单栏→"区域"→"填充区域"，选择"线样式"，选择模板中提供的填充样式，通过绘制图形绘制遮盖形状，一般情况下选择用矩形，如图 11－6 所示。

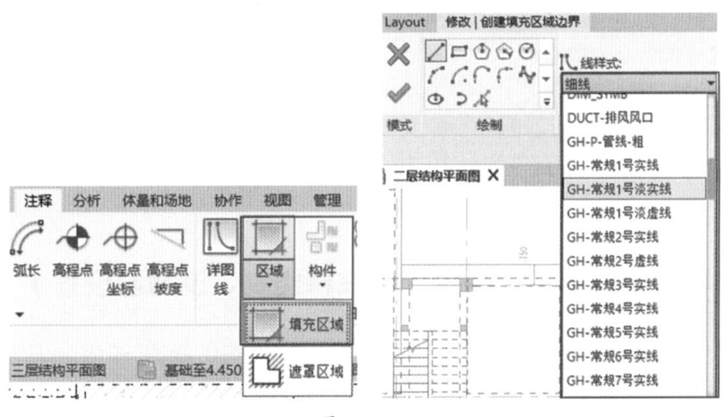

图　11－6

第二步：单击“填充区域”，在属性栏中单击下拉菜单，选择填充样式，如图 11 -7 所示。

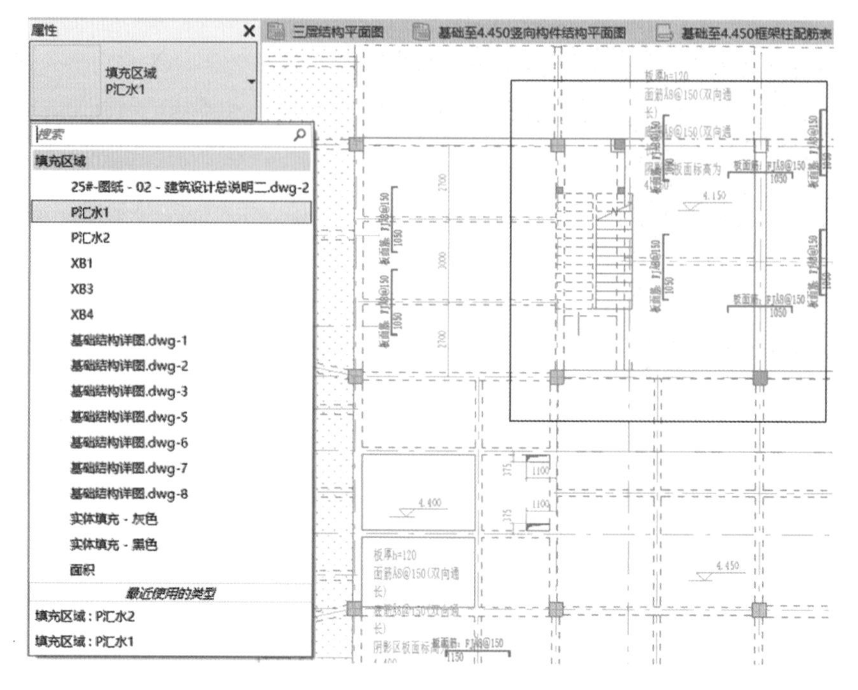

图 11 -7

第三步：修改样式。如果填充区域的样式不符合图面美观的要求，可以通过“管理”→“其他设置”→“填充样式”→选择需要的填充样式→“编辑图案特性—绘图”→修改“线角度”及“线间距”，如图 11 -8 所示。

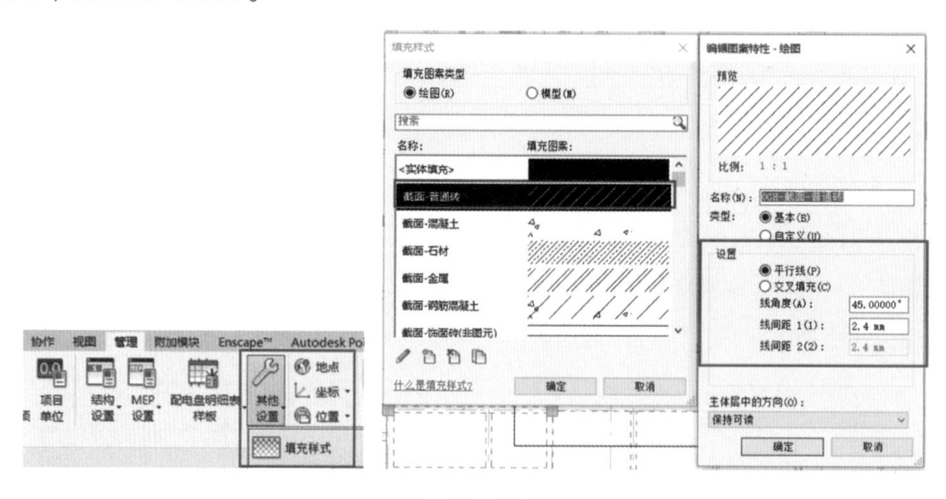

图 11 -8

2.3 平面视图样板的设置（模型类别、注释类别、过滤器设置）

通常情况下，为了提高出图的效率，最好的办法是使用视图样板。其思路是首先建立一个平面视图，根据出图规则，将视图中的模型类别、注释类别、图纸比例、线条类型等通用条件设置好，然后保存成一个样板（如同模板一样），用于重复性的使用以便提高工作效率。

第一步：在某个专业下面建立一个平面图，右键单击该平面图的名称，选择通过视图创建视图样板，出现“新视图样板”对话框，在名称栏中输入新建样板的名称，如图 11－9 所示。

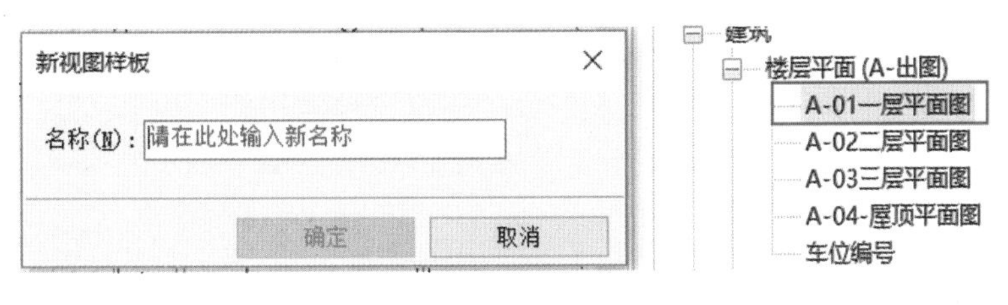

图 11－9

各个专业分别建立视图样板，建立后的视图样板如图 11－10 所示。图中左侧是建立后的视图列表，以便在新建视图的时候，无须重新设置基本条件，直接将选定的样板应用到指定的视图即可。当选定左侧的某一个样板时，就可以在右侧视图属性中更改或添加视图样板的重要信息。

参数	值	包含
视图比例	1:100	☑
比例值 1:	100	
显示模型	标准	☑
详细程度	粗略	☑
零件可见性	显示原状态	☑
V/G 替换模型	编辑...	☑
V/G 替换注释	编辑...	☑
V/G 替换分析模型	编辑...	☑
V/G 替换导入	编辑...	☑
V/G 替换过滤器	编辑...	☑
模型显示	编辑...	☑
阴影	编辑...	☑
勾绘线	编辑...	☑
照明	编辑...	☑
摄影曝光	编辑...	☑
基线方向	俯视	☐
视图范围	编辑...	☑
方向	项目北	☑
阶段过滤器	全部显示	☑
规程	建筑	☑
显示隐藏线	按规程	☑
颜色方案位置	背景	☐
颜色方案	<无>	☐
系统颜色方案	编辑...	☐
截剪裁	不剪裁	☑
子规程		☑

图 11－10

第二步：更改模型类别。例如，选择建筑平面 1:100 的样板，选择如图 11－10 右侧的“V/G 替换模型”选项，出现如图 11－11 所示的样式。在该选项中，可以对模型类别中的“可见性”等参数进行设置，可以更改模型“投影/表面”及“截面”的表达方式。

第三步：设置注释类别。根据第二步的原理，可以选择“注释类别”选项卡，对注释及标记的可见性进行设置，如图 11－12 所示。

图　11 - 11

图　11 - 12

第四步：设置过滤器。根据第三步的原理，可以选择“过滤器”选项卡，对过滤器的“可见性”进行设置，如图 11 - 13 所示。

名称	可见性	投影/表面			截面		半色调
		线	填充图案	透明度	线	填充图案	
用户自理 (2)	☑						☐
电视 (2)	☐						☐
线脚挡水 (2)	☐						☐
门用户自理 (2)	☑						☐

图　11 - 13

第 3 节　立面图的表达

3.1　图纸（立面视图的创建）

立面视图的创建与平面视图类似，但是两者在功能上区别较大。立面视图通常从东、南、西、北四个方向展现物体的立面情况，反应建筑物标高、门、窗、屋顶等构件的标高和尺寸，它是图纸的重要组成部分。本项目在图纸组织时按照项目专业进行组织，但是并不是所有的专业都需要制作立面图。通常情况下，仅建筑专业和结构专业需要生成立面图。

建筑施工图的立面图主要包括：东立面图、南立面图、西立面图、北立面图、立面 1－a 图、立面 1－c 图、立面 2－a 图、立面 3－a 图，如图 11－14 所示。

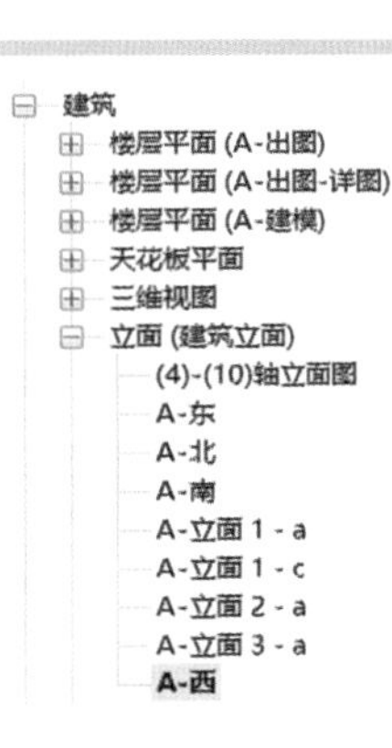

图　11－14

3.2　立面图的表达（尺寸标注、文字注释、材质图例、图纸说明等）

建筑立面图和结构立面图需要进行必要的尺寸标注、文字注释、材质图例、图纸说明等。其中尺寸标注需要标注室外地坪标高、层高、门窗洞口标高、屋顶标高、其他尺寸等。尺寸标注可以利用注释选项卡完成。文字注释主要用于注释必要的内容，如材质、说明等，同样可以在注释选项卡中完成。当立面材质种类较多，且直接用文字注释会影响美观时，可以考虑利用材质图例进行说明。图纸说明以文字构成为主，一般情况下在 CAD 中完成会比在 Revit 中完成更高效。建筑立面图的表达如图 11－15 所示。

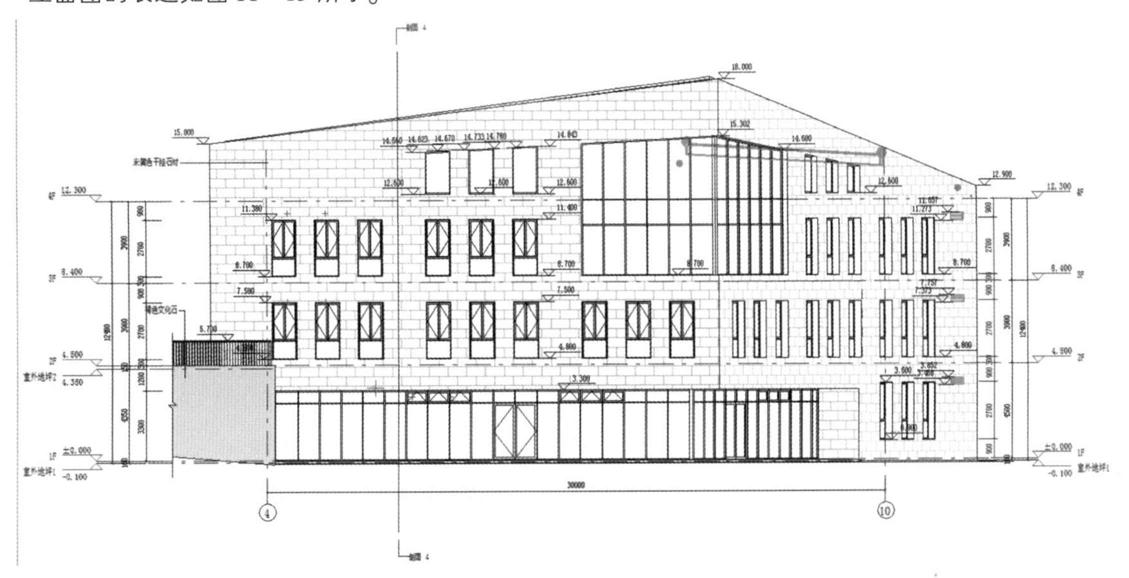

图　11－15

3.3 立面视图样板的设置

立面视图样板的设置与平面视图样板的设置类似，其方法主要是设置视图中的一些重要属性，然后将设置好的视图保存为一个样板。立面视图样板的视图属性如图 11－16 所示。

在视图属性中，常用的设置主要包括：“视图比例”“显示模型”“详细程度”“零件可见性”“V/G 替换注释”“V/G 替换过滤器”“模型显示”“阴影”“勾绘线”“背景”等。

视图属性

分配有此样板的视图数：0

参数	值	包含
视图比例	1 : 100	☑
比例值 1:	100	
显示模型	标准	☑
详细程度	中等	☑
零件可见性	显示原状态	☑
V/G 替换模型	编辑...	☑
V/G 替换注释	编辑...	☑
V/G 替换分析模型	编辑...	☑
V/G 替换导入	编辑...	☑
V/G 替换过滤器	编辑...	☑
模型显示	编辑...	☑
阴影	编辑...	☑
勾绘线	编辑...	☑
照明	编辑...	☑
摄影曝光	编辑...	☑
背景	编辑...	☑
远剪裁	剪裁时无截面线	☑
阶段过滤器	全部显示	☑
规程	建筑	☑
显示隐藏线	按规程	☑
颜色方案位置	背景	☑
颜色方案	<无>	☑
子规程		☑

图 11－16

第 4 节 剖面图的表达

4.1 剖面原则

建筑剖面图是依据建筑平面图上标明的剖切位置和投影方向，假定用铅垂方向的切平面将建筑切开后得到的正投影图。通常情况下，把沿着建筑宽度方向剖切后得到的剖面图称为横剖面图；把沿着建筑长度方向剖切后得到的剖面图称为纵剖面图；把局部剖切后得到的剖面图称为局部剖面图。剖面图主要反应建筑在垂直方向的内部布置情况，反应建筑的结构形式、分层情况、材料做法、构造关系及建筑竖向部分的高度尺寸。

剖面图的绘图原则主要包括：

1）用尽量少的剖面将建筑物的构造表达清楚。

2）每次剖切都要按完整形体进行。

3）剖切平面一般应平行某个投影面，并通过形体上的孔、洞、槽的对称轴线。

4）在剖面图中，看不见的虚线一般不画。

5）剖面图中的断面要画出材料图例，不指明材料时可用等间距的45°细实线表示。

6）剖切到的断面轮廓线用粗实线表示。

7）看到的轮廓线用细实线表示。

4.2 图纸（剖面视图的创建）

剖面图主要反应建筑在垂直方向的内部布置情况，反应建筑的结构形式、分层情况、材料做法、构造关系及竖向部分的高度尺寸。本项目在图纸组织时按照项目专业进行组织，因此在建筑施工图、暖通施工图、给水排水施工图、电气施工图、结构施工图中均有剖面图。

建筑专业在视图中设置的剖面图较多，可以多方面反应建筑剖面情况，在出图的时候可以根据需要选择要出图的剖面图。模型剖面视图与剖面出图对比如图11－17所示。

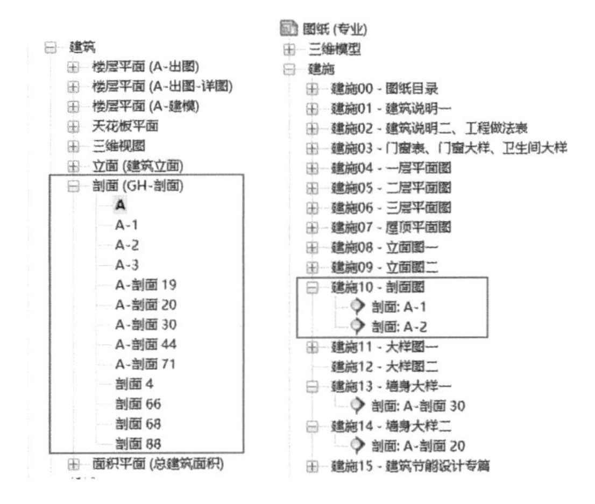

图 11－17

4.3 剖面图的表达（尺寸标注、各个构件的交接处理、二维详图的使用等）

剖面图中需要对尺寸进行标注，如标高、尺寸、室外地坪等，还需要做一些文字注释，如构件名称、构造层次、空间标注等，另外还要体现出构件和构件之间的交接构造，如图11－18所示。

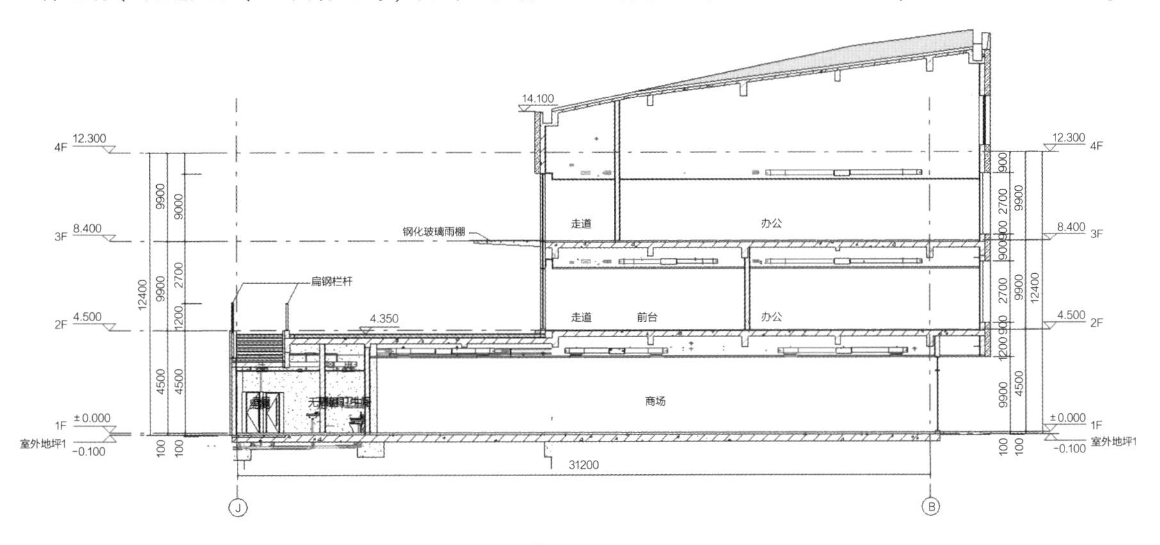

图 11－18

4.4 视图样板的设置

剖面视图样板的设置与平面视图样板的设置类似，其方法主要是设置视图中的一些重要属性，然后将设置好的视图保存为一个样板。视图属性如图11－19所示。

视图属性

分配有此样板的视图数：0

参数	值	包含
视图比例	1:100	☑
比例值 1:	100	
显示模型	标准	☑
详细程度	中等	☑
零件可见性	显示原状态	☑
V/G 替换模型	编辑...	☑
V/G 替换注释	编辑...	☑
V/G 替换分析模型	编辑...	☑
V/G 替换导入	编辑...	☑
V/G 替换过滤器	编辑...	☑
模型显示	编辑...	☑
阴影	编辑...	☑
勾绘线	编辑...	☑
照明	编辑...	☑
摄影曝光	编辑...	☑
背景	编辑...	☑
远剪裁	剪裁时无截面线	☑
阶段过滤器	全部显示	☑
规程	建筑	☑
显示隐藏线	按规程	☑
颜色方案位置	背景	☑
颜色方案	<无>	☑
子规程		☑

图 11-19

在视图属性中，常用的设置主要包括“视图比例”“显示模型”“详细程度”“零件可见性”“V/G 替换注释”“V/G 替换过滤器”“模型显示”“阴影”“勾绘线”“背景”等。

第 5 节　详图的表达

5.1　详图创建、详图索引的原则

在建筑工程施工图基本图上表达不清楚的部位，常需另绘详图来加以表明，为了使基本图与详图相互呼应，必须在基本图所要表达的部位旁边做出索引标志（索引符号的引出线必须指向需要表达的部位），以便对照索引标志查找相应的详图。

索引标志用单圆圈表示，圆的直径一般为 8～10mm，圆圈中间一条横线是图样的引出线，分子是详图的编号，分母是详图所在图纸的编号。与索引标志相呼应的详图编号用双圆圈表示，外细内粗，内径约为 14mm，外径约为 16mm，双圆圈标注在详图的下方，比例标注在双圆圈的右下角。索引按以下规定编写：

1）索引出的详图，如与被索引的详图在同一张图纸内，应在索引符号的上半圆中用阿拉伯数字注明该详图的编号，并在下半圆中间画一段水平细实线。

2）索引出的详图，如与被索引的详图不在同一张图纸内，应在索引符号的上半圆中用阿拉伯数字注明该详图的编号，在索引符号的下半圆中用阿拉伯数字注明该详图所在的图纸编号。当数字较多的时候，可以用文字标注。

3）索引出的详图，如采用标准图集，应在索引符号水平直线的延长线上加注该标准图集的编号。需要标注比例时，文字在索引符号右侧或延长线下方，与符号下对齐。

5.2 楼梯详图

楼梯详图的内容由楼梯平面图、楼梯剖面图和楼梯节点详图三部分构成。

1. 楼梯平面图

楼梯平面图包含楼梯底层平面图、楼梯标准层平面图和楼梯顶层平面图等，比例通常为1:50。楼梯底层平面图是从第一个平台下方剖切，将第一跑楼梯段断开（用倾斜30°、45°的折断线表示），因此只画半跑楼梯，用箭头表示上或下的方向，以及一层和二层之间的踏步数量。楼梯标准层平面图是从中间层房间窗台上方剖切，应既画出被剖切的向上部分梯段，还要画出由该层下行的部分梯段及休息平台。楼梯顶层平面图是从顶层房间窗台上剖切的，没有剖切到楼梯段（出屋顶楼梯间除外），因此平面图中应画出完整的两跑楼梯段及中间休息平台，并在梯口处注“下”及箭头。

楼梯平面图表达的内容有：

1）楼梯间的位置。

2）楼梯间的开间、进深、墙体的厚度。

3）梯段长度尺寸和每个踏步宽度尺寸常合并写在一起，如300×10=3000，表示该梯段上有10个踏面，每个踏面的宽度是300mm，整跑梯段的水平投影长度是3000mm。

4）休息平台的形状、大小和位置。

5）楼梯井的宽度。

6）各层楼梯段的起步尺寸。

7）各楼层、各平台的标高。

8）在底层平面图中还应标注出楼梯剖面图的剖切位置（及剖切符号）。

2. 楼梯剖面图

楼梯剖面图是用假想的铅直剖切平面通过各层的一个梯段和门窗洞口将楼梯垂直剖切，向另一未剖到的梯段方向投影，所做的剖面图。楼梯剖面图主要表达楼梯踏步、平台的构造、栏杆的形状及相关尺寸。比例一般为1:50、1:30或1:40，习惯上如果各层楼梯构造相同，且踏步尺寸和数量相同，楼梯剖面图可只画底层、中间层和顶层剖面图，其余部分用折断线将其省略。楼梯剖面图应注明各楼楼层面、平台面、楼梯间窗洞的标高、踢面的高度、踏步的数量以及栏杆的高度。

3. 楼梯节点详图

楼梯节点详图主要表达楼梯栏杆、踏步、扶手的做法。如采用标准图集，则直接引注标准图集代号。如采用的形式特殊，则用1:10、1:5、1:2或1:1的比例详细表示其形状、大小、所采用材料以及具体做法。

4. 楼梯详图的绘制方法与步骤

因楼梯详图包括楼梯平面图、楼梯剖面图和楼梯节点详图三部分内容，在图面布置时，尽量将这些图布置在一张图纸上，且平面图在左、剖面图在右。几个楼梯平面图应按照所在层次从下向上或从左向右排列，定位轴线对齐。

第一步：画楼梯间的定位轴线、墙身线。

第二步：确定楼梯段的长度、宽度及平台的宽度，并等分梯段。

第三步：检查后，按要求加深图线，进行尺寸标注，完成楼梯平面图。

楼梯平面图详图如图11-20所示。

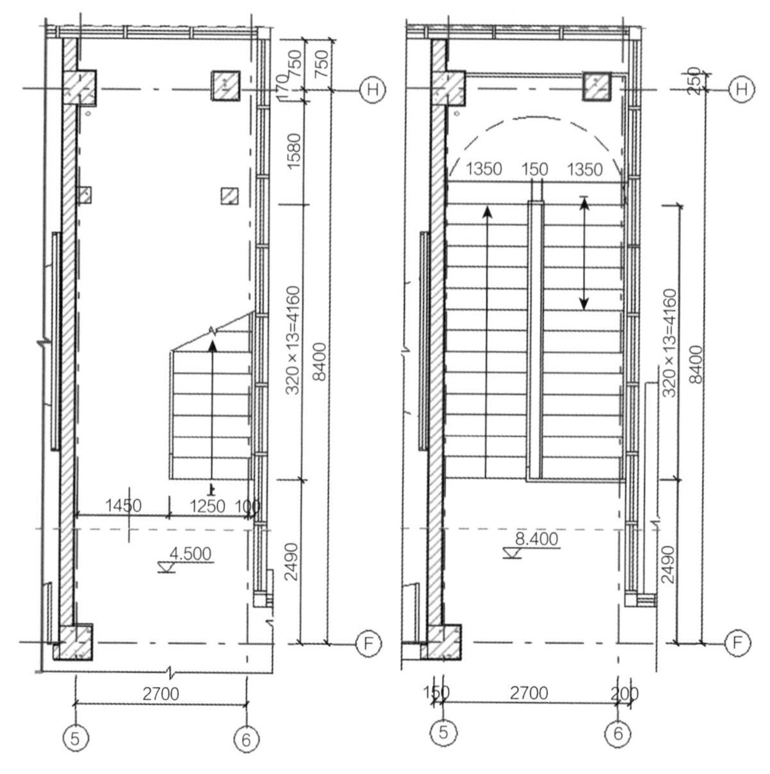

图 11-20

5.3 卫生间详图

卫生间详图需要标注空间分隔、洗脸盆、小便器、坐便器、蹲便器、无障碍卫生设施的位置、尺寸、材质等信息，有排水防水要求的空间还需要标注地面标高等信息。本例的卫生间详图如图 11-21 所示。

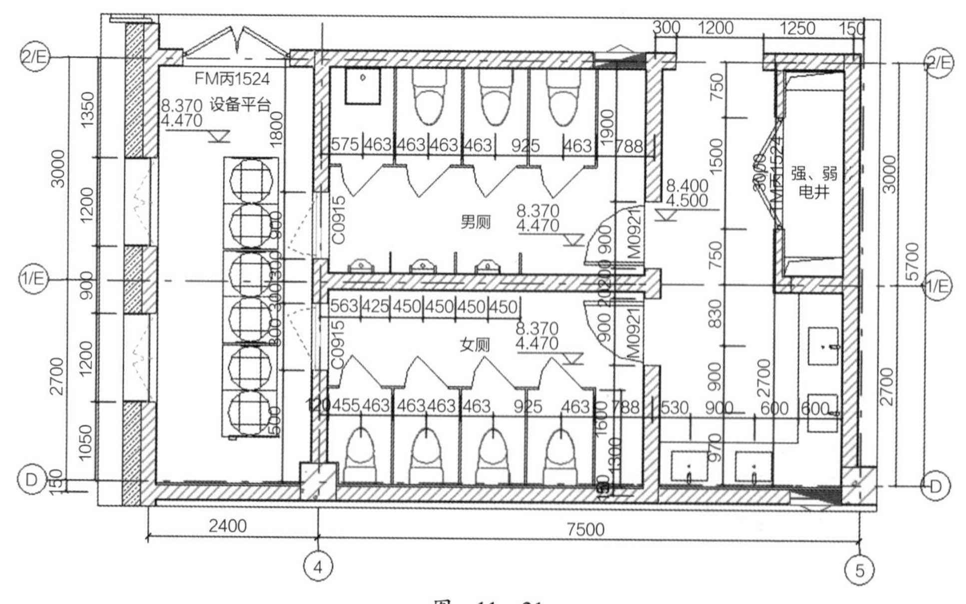

图 11-21

5.4 墙身大样图

墙身大样图用于详细表述在平面图、立面图中无法表达的细节。满足以下两点的必须画墙身大样图。

1）平面图、立面图、剖面图表达不够细致。

2）如果不表达细致会影响施工现场进度或其他专业跟进进度。

对于墙身而言，每个立面造型、变化对应的尺寸、材料、构造做法和结构的关系、墙和各层梁板的关系、墙和屋面构造的关系、地面收口及向下延伸等构造在平面图、剖面图和立面图都很难表达清楚，因此需要绘制墙身大样图。本例的墙身大样图如图 11－22 所示。

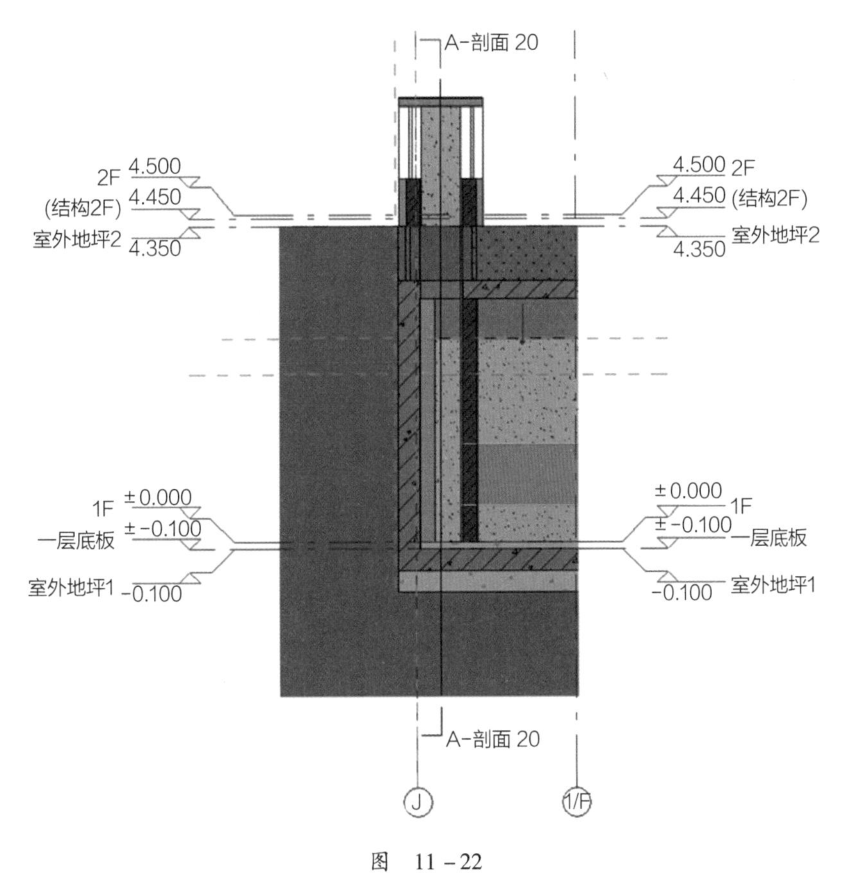

图　11－22

5.5 节点详图

建筑节点详图是把房屋构造局部要体现清楚的细节用较大比例绘制出来，表达出构造做法、尺寸、构配件相互关系和建筑材料等，相对于平面图、立面图、剖面图而言，是一种辅助图样，通常很多标准做法都可以采用通用设计详图集。

节点详图可反映节点处构件代号、连接材料、连接方法及施工安装等方面的内容，更重要的是可表达节点处配置的受力钢筋或构造钢筋的规格、型号、性能和数量。“结构节点”就是来保证“建筑节点”在该位置可以传递荷载，并且安全可靠。

一般中小型建筑常用节点有雨篷、坡道、散水、女儿墙、缝、檐口、楼梯、栏杆扶手、窗台、天沟等。

5.6 门窗详图

门窗详图应根据平面图上门窗的编号绘出，包括门窗立面图和节点构造详图。立面图所用的比例一般较小，只表示门窗的外形、开启方向及方式、主要尺寸和节点索引标志等内容；节点详图的比例较大，能表示门窗各部分的截面形状、用料尺寸、安装位置和门窗与门窗框的连接关系等内容。

在绘制门窗节点详图时，要将同一方向的节点详图尽可能地排列在一起，若节点仅截取了门窗的部分区域，则门窗被截取的边界处要用折断线分开，旁边注上详图编号与立面图上的编号相呼应。详图通常采用 1:5 或 1:2 的比例绘制。但木门窗和钢门窗，每省都有自己的标准图集，除有特殊要求者外，不需另外绘制。门窗详图如图11－23所示。

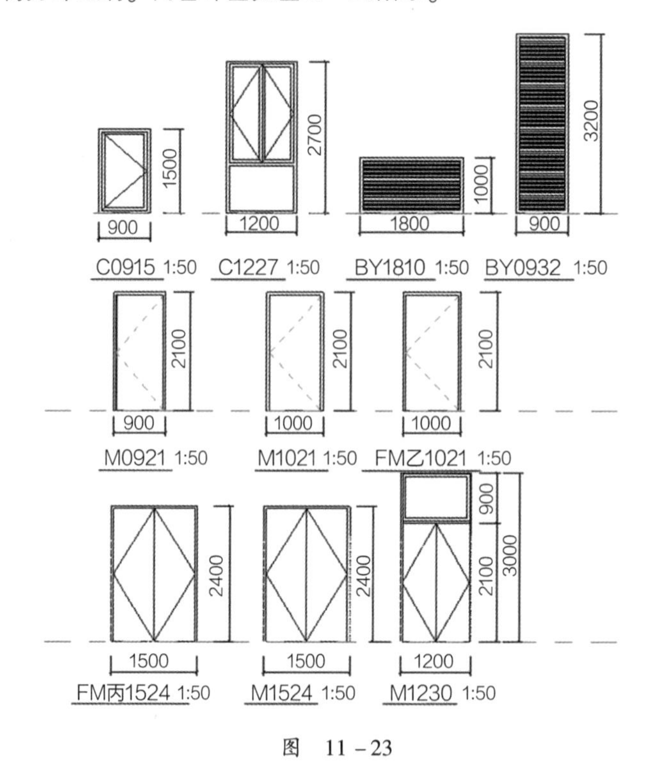

图 11－23

第 6 节 明细表的表达设置

6.1 门窗明细表

门窗明细表是明细表中最重要的一种，用于统计门窗种类、数量等重要信息。门窗明细表在创建的时候可选择视图选项卡，然后选择明细表即可。通常情况下，将图 11－24 中左侧需要的参数添加至右侧即可，然后依次设置“过滤器”“排序/成组”“格式”“外观”等选项获得需要的格式及表达。但是，有些参数并没有包括在明细表自带的属性中，此时需要添加参数。添加参数有两种情况。第一种情况：门窗构件是通过族建立的，在建立族的时候需要添加共享参数，这样的参数在导入项目后才能在明细表中出现。首先在族类型中新建参数，选择共享参数，设置共享参数即可，如图 11－25 所示。第二种情况：在项目中需要添加参数，通过管理选项卡下的项目参数添加即可，如图 11－26 所示。门明细表如图 11－27 所示。

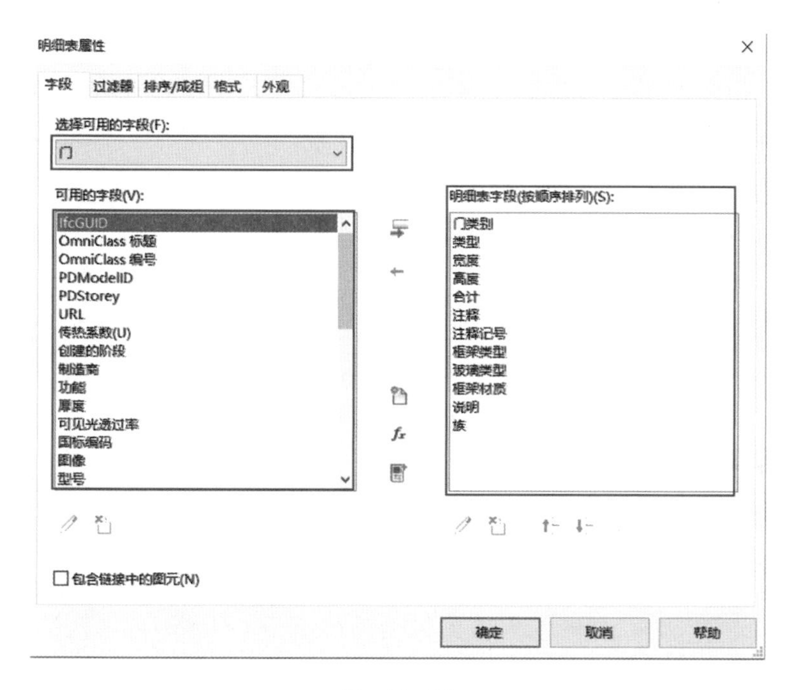

图　11－24

图　11－25

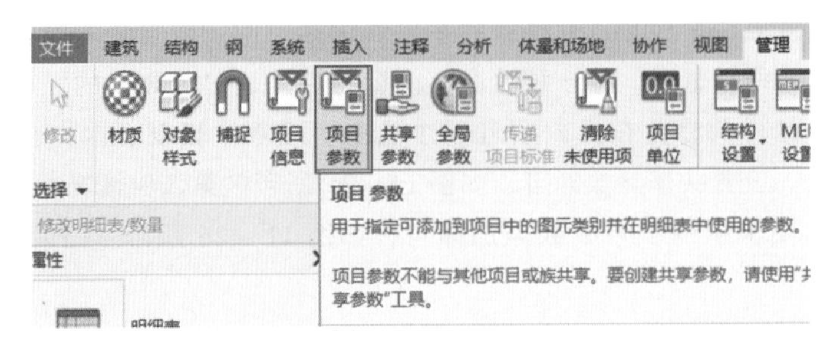

图 11－26

A	B	C	D	E	F	G	H	I	J
类别	类型	洞口尺寸（mm		总樘数	采用标准图集及编号		玻璃类型	框架材质	备注
		宽度	高度		图集代号	编号			
外门	M0921	900	2100	4	见本图			铝木复合	
外门	M1021	1000	2100	10	见本图			铝木复合	
外门	M1230	1200	3000	1	见本图		双层中空LOWE	断热铝合金多腔密封	
外门	M1524	1500	2400	7	见本图			铝木复合	
防火门	FM丙1524	1500	2400	5	国标12J609	参M1FM152		厂家定制	丙级防火门
防火门	FM乙1021	1000	2100	3	国标12J609	参M1FM102		厂家定制	乙级防火门

图 11－27

6.2 图纸目录明细表

图纸目录明细表的制作方法与门窗明细表的制作方法类似，选择“视图”选项卡，然后选择“明细表”“图纸列表”选项，如图 11－28 所示。

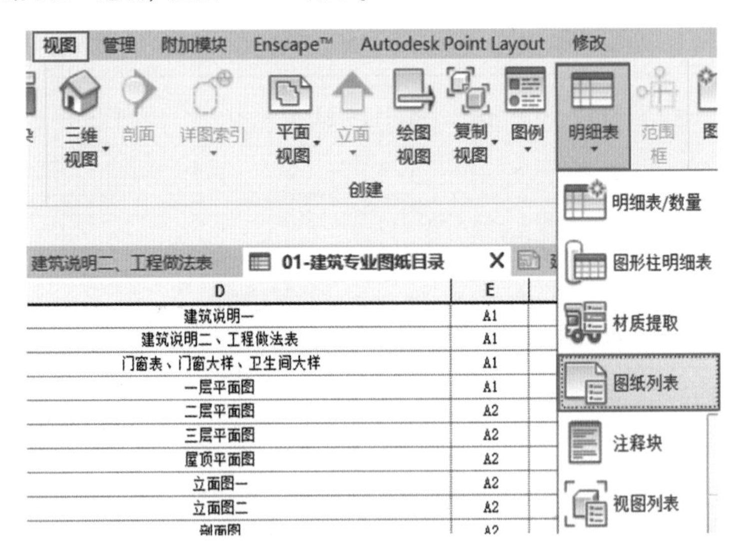

图 11－28

选择“图纸列表”后，根据需要，将图 11－29 左侧的属性参数添加至右侧中，然后依次设置“过滤器”“排序/成组”“格式”“外观”等属性。设置后的图纸目录明细表如图 11－30所示。

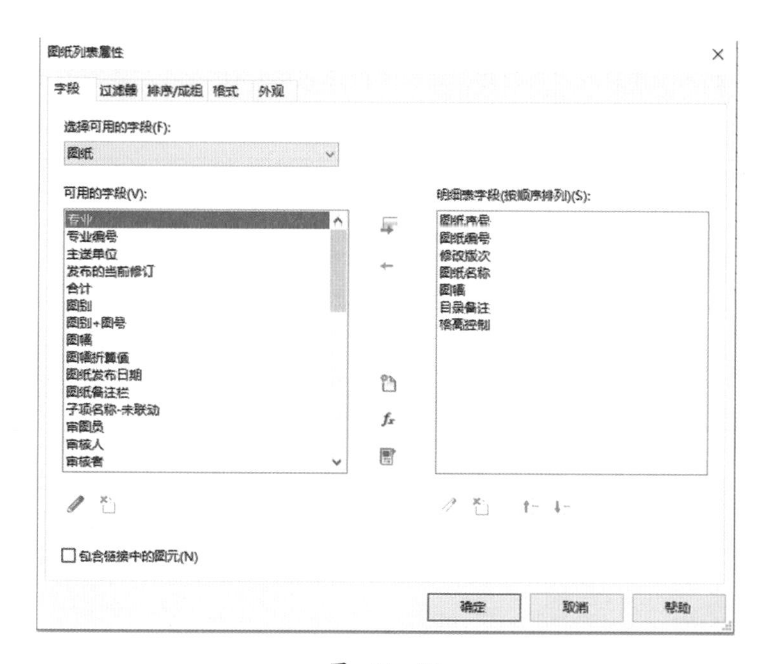

图　11－29

01	建施01		建筑说明一	A1		
02	建施02		建筑说明二、工程做法表	A1		
03	建施03		门窗表、门窗大样、卫生间大样	A1		
04	建施04		一层平面图	A1		
05	建施05		二层平面图	A2		
06	建施06		三层平面图	A2		
07	建施07		屋顶平面图	A2		
08	建施08		立面图一	A2		
09	建施09		立面图二	A2		
10	建施10		剖面图	A2		
11	建施11		大样图一	A2		
12	建施12		大样图二	A2		
13	建施13		墙身大样一	A2		
14	建施14		墙身大样二	A2		
15	建施15		建筑节能设计专篇	A1		

图　11－30

6.3　其他明细表

在实际项目操作中，还可以根据需要制作其他的明细表，本例中还有管件明细表、管道明细表、管道附件明细表、面积明细表等。其制作方法与前文叙述类似，这里就不再赘述。

第 7 节　说明的表达应用

7.1　图纸说明

图纸说明一般包括设计依据、工程概况、设计标高、墙体工程、门窗工程、装饰工程、防水工程、屋面工程、防火工程、室外工程、设备工程、建筑构造等。图纸说明需要通过视图选项卡

中图例选项进行制作。但是，在实践中，用 Revit 软件制作的图纸说明效果并不理想，会出现字体重叠等问题且调整起来工作量较大，因此，建议图纸说明用 CAD 制作。本例的图纸说明效果如图 11－31 所示。

建筑设计总说明

图 11－31

7.2 工程做法表

工程做法用于解释工程中分部分项工程的具体构造、材料及做法。工程做法主要包括道路、场地、台阶、坡道、散水、楼地面、踢脚、墙裙、内外墙面装修、顶棚、屋面等部位的建筑构造做法。《工程做法》05J909 适用于一般工业与民用建筑，图集中包括道路、场地、台阶、坡道、散水、楼地面、踢脚、墙裙、内外墙面装修、顶棚、屋面等部位的建筑构造做法。因此，实际制作工程做法表时可参照《工程做法》。与图纸说明的问题类似，如果用 Revit 制作工程做法表也会出现文字重叠等问题，因此建议使用 CAD 制作。工程做法表如图 11－32 所示。

第 8 节　图纸视图的设置

8.1 图纸的创建及属性设置

图纸的创建及属性设置过程如下。

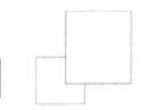

第一步：打开视图选项卡，选择对应图纸单击“确定”，如图 11－33 所示。

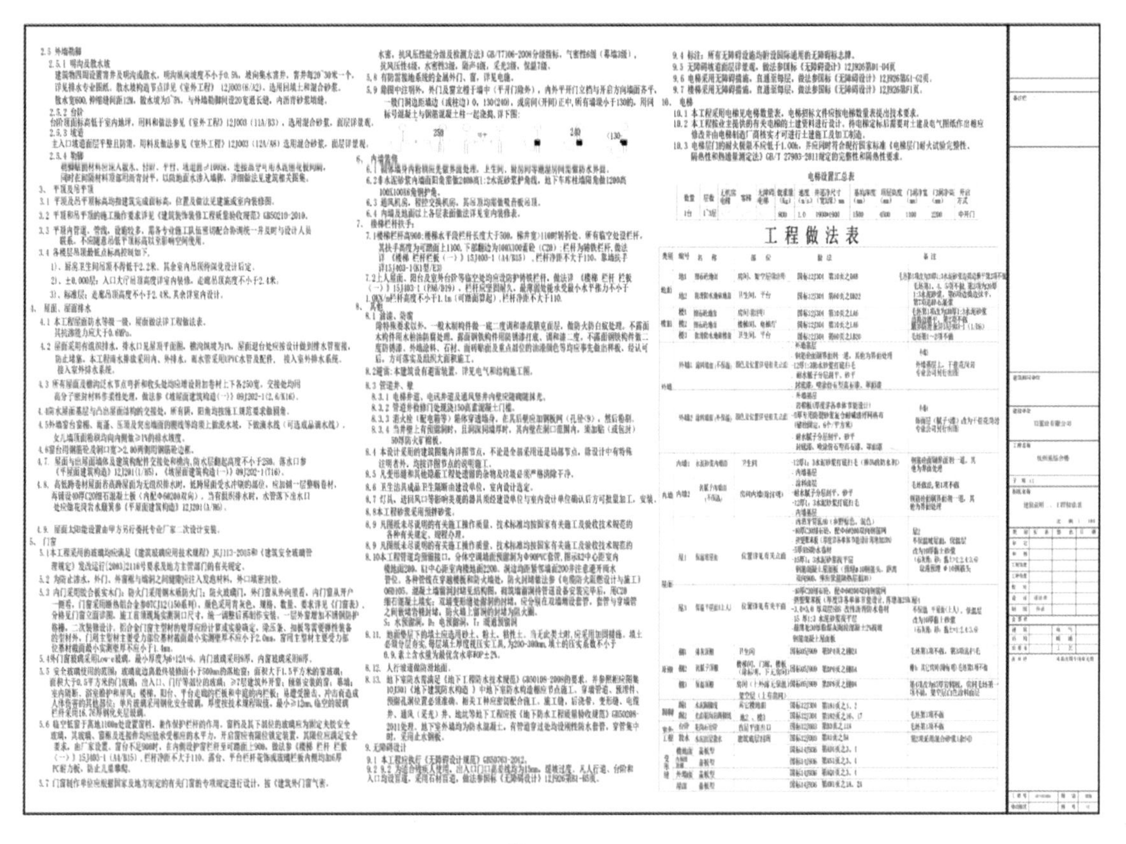

图　11－32

新建图纸

选择标题栏：

载入(L)...

A1 : A1
A2 : A2
目录 : GH-美院教师分部目录目录
目录 : 目录
无

选择占位符图纸：

新建

确定　取消

图　11－33

第二步：如果选项框中没有所需要的图纸，单击右上角的“载入”，选择标题栏文件夹中相应图纸即可，如图 11－34 所示。

第三步：按照图 11－35 的顺序依次设置图纸属性，填写所需的信息。

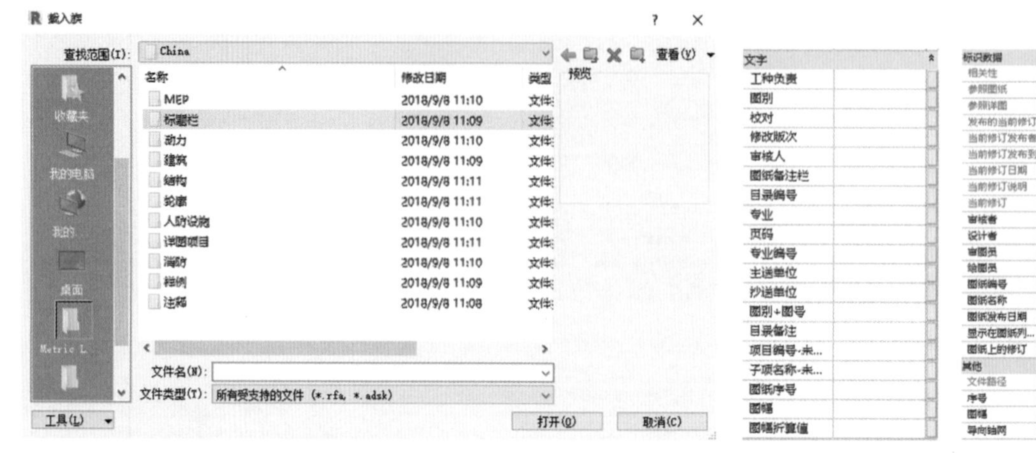

图　11－34　　　　图　11－35

8.2　自定义图框

如果软件中自带的图框不能满足使用要求，还可以根据需求进行自定义。

第一步：双击图框，进入图纸族。

第二步：选中图框中需要定义的线，在左侧属性栏中，根据需要进行参数设定及修改，如图 11－36所示。

第三步：选中图框中需要定义的文字，在左侧属性栏中，根据需要进行参数设定及修改，如图11－37所示。

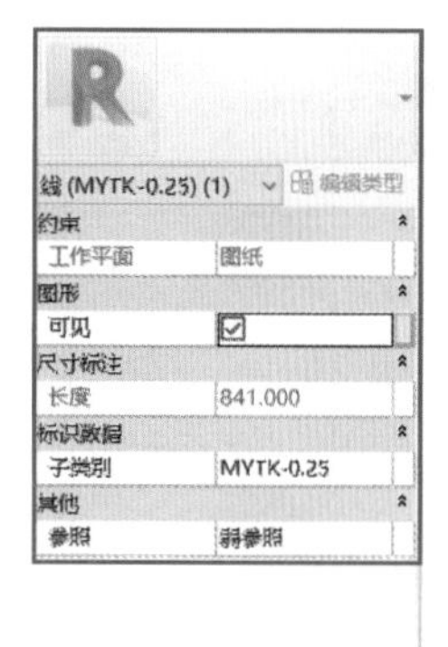

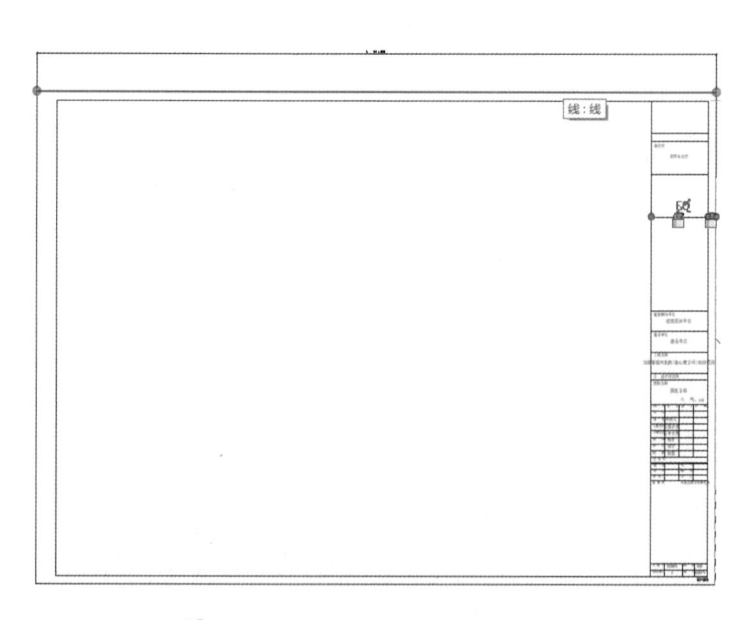

图　11－36

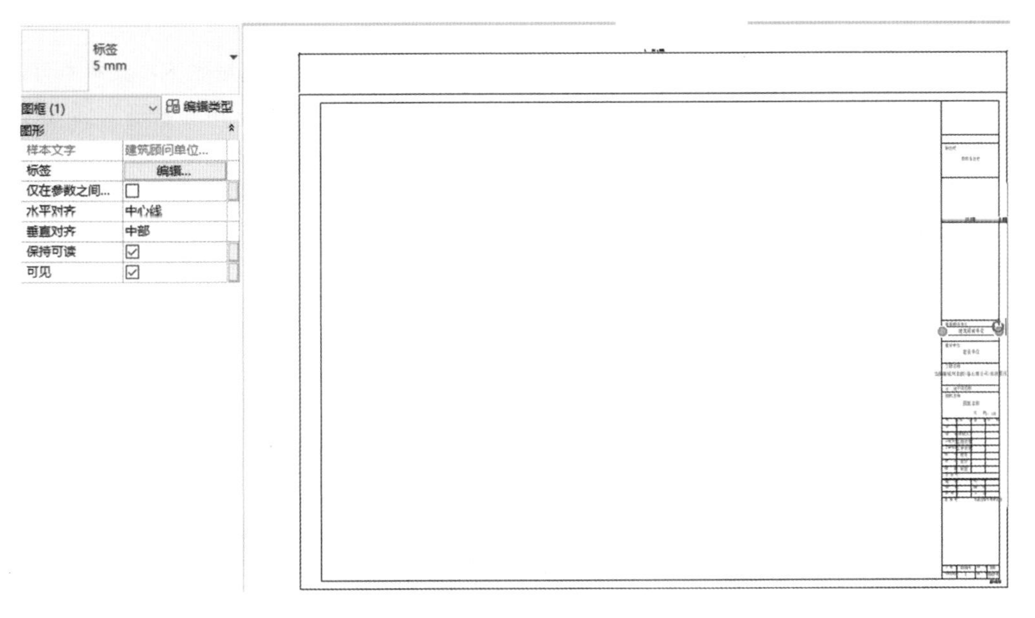

图　11－37

第 9 节　图纸的输出

9.1　打印的设置（打印、PDF 打印设置）

图纸的打印，可通过单击文件→打印命令实现，在打印中，选择打印设置，如图 11－38 所示。

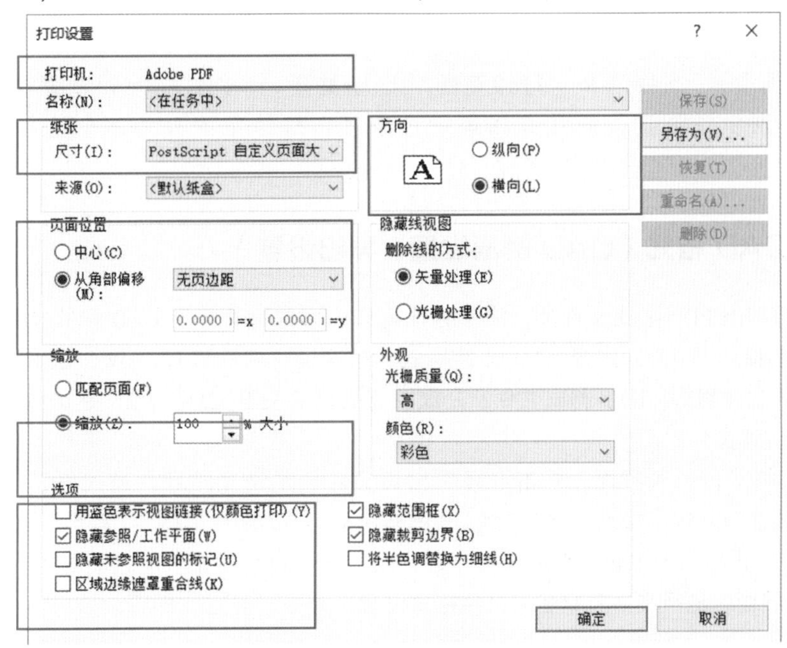

图　11－38

在该设置中，名称栏可选择输出方式，可使用 PDF 格式进行输出；在纸张下拉菜单中可以选择纸张大小，也可以选择自定义大小；页面位置可以选择“中心”或“从角部偏移”，如果选择“从角部偏移”则需要设置偏移量；“缩放”用于图纸和纸张的匹配，可以选择“匹配页面”，也可以选择自由缩放“大小”；选项中记录了四种方式，可根据情况进行选择，该选项为复选框，可以同时选择多个；方向分为“横向”和“纵向”，通常图纸为“横向”。设置后，单击“确定”选项，进入打印界面，如图 11－39 所示。

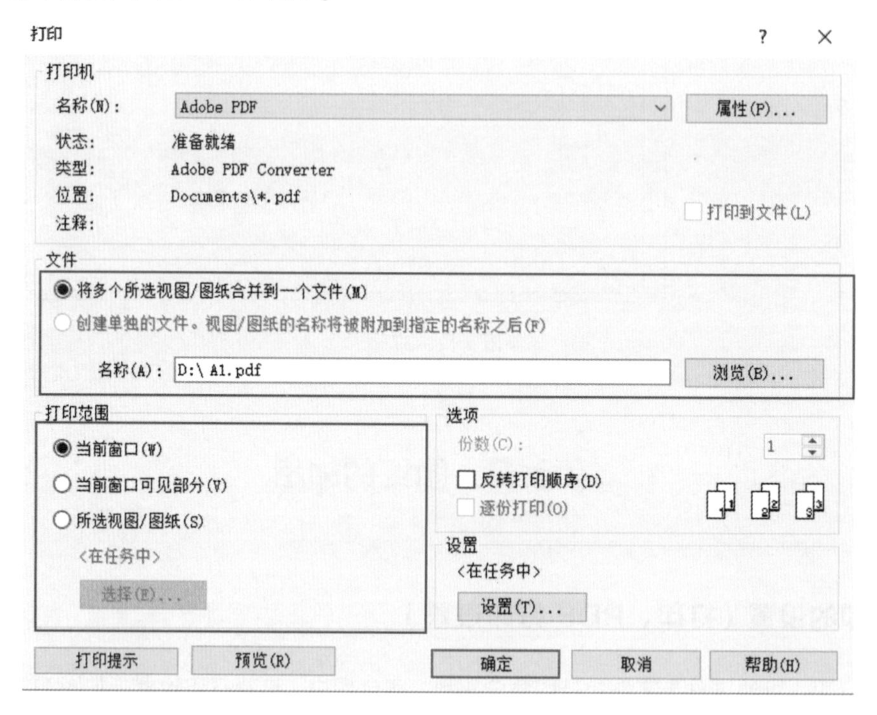

图 11－39

在打印界面中，“文件”和“打印范围”比较重要。“文件”可以选择合并成一个文件，也可以分别单独创建，通常选择第一个选项；打印范围分为三个选项，根据需要选择。

9.2 输出 CAD 格式（CAD 图层设置、导出设置）

除了需要打印出 PDF 格式文件外，为了方便打印，通常需要导出 CAD 格式文件。单击“文件”选项卡，选择“导出”，选择 CAD 文件格式。在这里有四种格式，DWG 是 CAD 格式文件，也是需要输出的文件格式；DXF 格式文件，是欧特克公司的交互文件；DGN 是奔特力软件的交互格式；ACIS 是实体文件。

选择 DWG 格式，进入界面。单击选择导出设置右侧的选项按钮，进入界面。然后选择图 11－40中所示的选项，依次修改“层”“线”“填充图案”“文字和字体”“颜色”“实体”“单位和坐标”“常规”进行修改设置。然后单击“确定”，回到 DWG 导出界面。单击“下一步”，进入导出 CAD 格式界面，进行文件名命名、文件格式设置，单击“确定”即可。

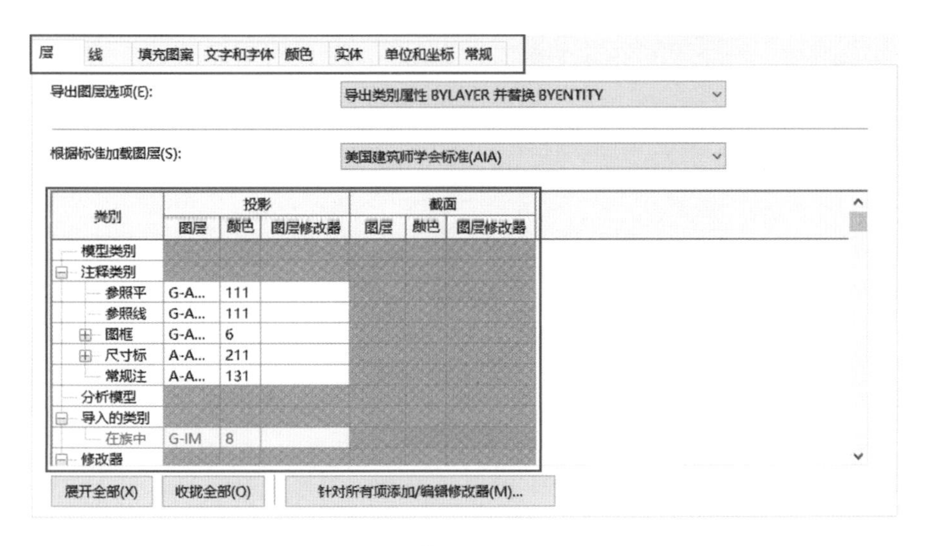

图　11－40

第 10 节　其他

图纸及模型完成后，对于校订、审核有以下建议：

1）模型尺寸、标高等标注是否正确。

2）模型及图纸是否齐全，是否达到设计深度要求、出图规范要求。

3）管道是否穿越禁止穿越的构件，模型之间是否有冲突。

4）模型建立是否有据可考，是否能够做到责任可追溯。

课后习题

1. 明细表的制作需要在（　　）选项卡下完成。

A. 注释　　B. 视图　　C. 协作　　D. 管理

2. 如图纸中没有所需要的图纸大小，可以通过载入族的方式载入，图纸是在（　　）中。

A. 注释　　B. 建筑　　C. 样例　　D. 标题栏

3. 在制作明细表时，如果明细表中没有参数，在项目环境下该通过（　　）添加参数。

A. 族文件　　B. 项目参数　　C. 共享参数　　D. 全局参数

4. 当填充区域不满足样式要求时，应该在（　　）下完成修改。

A. 注释　　B. 视图　　C. 协作　　D. 管理

5. 下列选项中（　　）不是楼梯详图的构成内容。

A. 楼梯平面图　　B. 楼梯剖面图　　C. 楼梯节点详图　　D. 楼梯仰视图

6. 遮盖命令是在（　　）选项卡下完成的。

A. 注释　　B. 视图　　C. 协作　　D. 管理

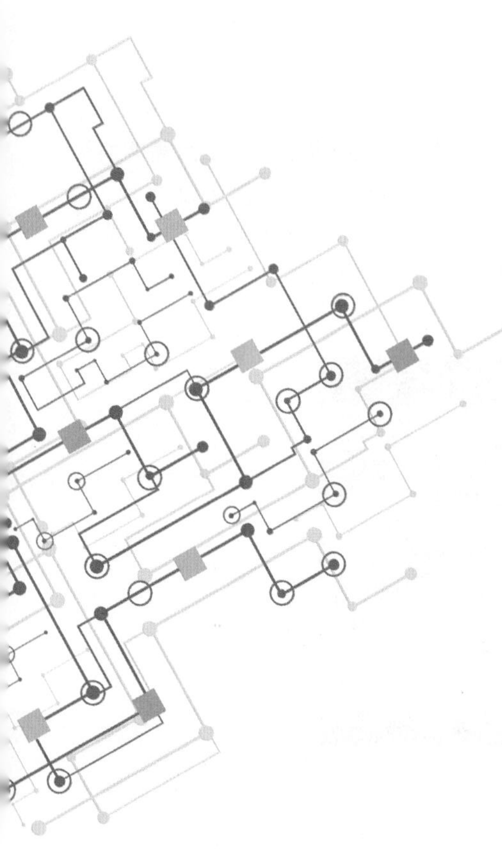

第3部分 Bentley案例实操及应用

PART 03

第12章
Bentley BIM 解决方案及工作流程

第1节 Bentley BIM 解决方案

1.1 Bentley 解决方案架构

Bentley 是一家具有 30 多年历史的软件公司，主要业务是为基础设施行业提供全生命周期的解决方案。从行业覆盖上来说，几乎涵盖了各个基础设施行业，例如，建筑、工厂、市政、轨道交通、园区、变电、污水处理、新能源、数字城市等。Bentley 公司大约有近 400 种软件产品，覆盖从设计、施工到后期运营维护和退役处理的各个环节，并通过不断地收购和本地研发扩展其产品线，如图 12－1 所示。

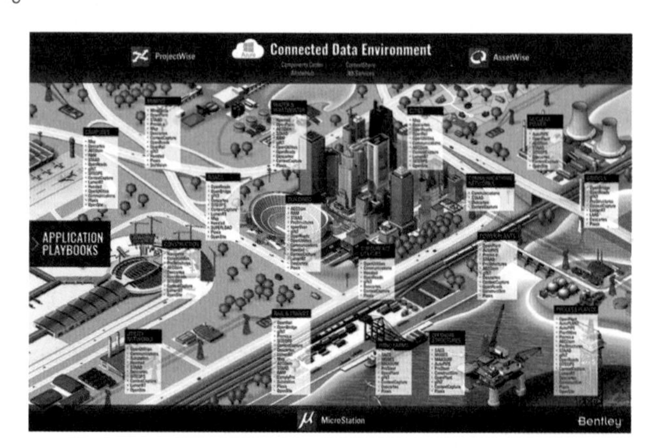

图　12－1

BIM 技术在基础设施行业的应用过程就是数字化工作流程的应用过程。从全生命周期的角度，这个工作流程需要基于一个互联的数据环境，通过综合建模环境下的多专业协作工作流程和综合性能环境下的全生命周期应用来实现，如图 12－2 所示。

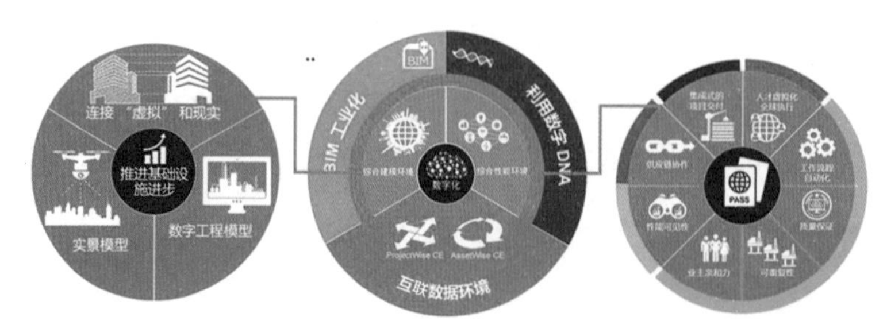

图　12－2

1.2　互联的数据环境

BIM 数字化工作流程是通过互联的工作环境来实现的，而互联的工作环境又根据数据所处的状态不同，分为综合建模环境和综合性能环境。

1. 综合建模环境

对于综合建模环境来讲，解决的核心问题是“**多专业协作**”，管理对象是过程中的 BIM 数据，需要确保数据被正确创建、被正确移交。在这个工作过程中，需要齐全的专业设计工具、统一的建模平台，同时也需要一个协同的工作平台来进行管理。

对于不同的专业来讲，需要通过不同的专业模块形成“数字工程模型”，而在这个工作过程中，也需要每个专业通过统一的内容创建平台 MicroStation 进行实时的数据协同。

MicroStation 工程内容创建平台（图 12-3）：用来支持多专业的应用工具集，几乎所有的专业应用模块都是基于 MicroStation 的，这就意味着专业间可以实时协同，无需转换。同时 MicroStation 具有非常强的数据兼容性，支持 dwg、skp、obj、fbx、rvt、rfa、ifc 等近 80 多种数据格式。

图　12-3

在 MicroStation 平台上有丰富的专业模块，包括：

AECOsim Building Designer（简称 ABD）：建筑类的专业模块，本书的 Bentley 部分就是以此为核心。

ProStructural：结构专业施工级详细模型应用，包括钢结构和混凝土两个模块。

Staad. Pro、RAM 系列：常用结构分析模块，除此之外，还有很多的结构分析模块，例如 RM 用于桥梁的分析应用。

OpenPlant 系列：工厂类等级驱动类关系系统设计模块，涵盖工艺流程、管道、设备、支吊架、电气仪表等分支专业应用。

OpenRoads 系列：市政交通类专业设计模块，涵盖场地、道路、地下管线、综合管廊等应用。

OpenRail 系列：轨道类设计模块。

Substation 电气系列：包括变电、电缆桥架等系列应用。

上面列举的是常用的模块，截止到 2018 年年底，Bentley 有将近 400 个专业模块，对应不同专业的应用需求。

除了通过这些专业的设计工具形成各专业的 BIM 模型以外，也可以利用航拍、无人机、点云等实景数据，通过实景建模的方式形成“实景模型”。从某种意义上讲，在设计、施工阶段建立数字工程模型时，现实中的“物理”模型还不存在，或者只是存在于一部分施工过程中，而实景模型可以将原始的周围环境、施工过程中的状态准确地记录下来。通过与数字工程模型结合，将“虚拟”和“现实”连接起来。图 12-4 是 Bentley 实景建模技术的应用场景。

图　12-4

ProjectWise 协同工作平台（图 12-5）：对于多专业协同的数字化工作流程，需要一个协同工作平台对工作过程进行管理，这样才能提高整个项目的效率。ProjectWise 就是这样的角色定位，它可以基于 B/S 和 C/S 结构进行部署，支持云相

图　12-5

关技术的应用。

ProjectWise 可以对基础设施行业多专业协作过程中的工作内容进行分级授权管理，对企业级的工作标准进行统一控制，对工作流程进行自动化控制。

ProjectWise 作为协同工作平台，不仅仅可以与 Bentley 的设计模块协作起来，也可以与其他的软件集成。例如 AutoCAD、Revit、Office 系列等。同时，它可以作为数字化移交的平台，实现构件级的管理，用于将设计、施工的 BIM 数据移交到后期的运维环节。

2. 综合性能环境

对于综合性能环境来讲，解决的核心问题是"**数据综合应用**"，管理对象是运维中的 BIM 数据，需要确保运维数据与实际数据的一致性以及变更过程中的可靠性。例如，当一个水泵被更换时，需要确保运维系统中的对象数据被更新，相关联管道、阀门也做了相应的更新。

AssetWise 资产管理平台（图 12-6）：设计、施工的 BIM 数据最终都要通过数字化移交的方式，移交到后期的运营维护环节。AssetWise 根据运营维护的需求，将设计、施工的 BIM 数据与运营维护的数据进行结合，例如备品备件信息、检修信息、供应商信息等，建立一个满足后期运营维护的"数据模型"。数据模型是指数据之间的逻辑关联关系，而不是指三维的形体模型。

图 12-6

综合性能环境是用来为资产的运营维护服务的。通过建立"数据模型"将三维信息模型数据、财务数据、运维数据、人员管理与培训等运维信息连接起来。通过变更管理、关键设备可靠性、备品备件管理等手段，保证资产 Asset 的可靠性，用于与企业的其他系统进行集成，例如 OA、ERP 等。

综合性能环境是通过人员、流程和技术来保证资产的性能，也就是让资产满足设计要求。这里涉及"关联关系管理"的概念，因为需求不同，构件在运维阶段的关联关系也不同，如图 12-7 所示。例如，一个阀门在运维阶段会与房间产生联系，因为它的关闭会决定房间是否受影响。

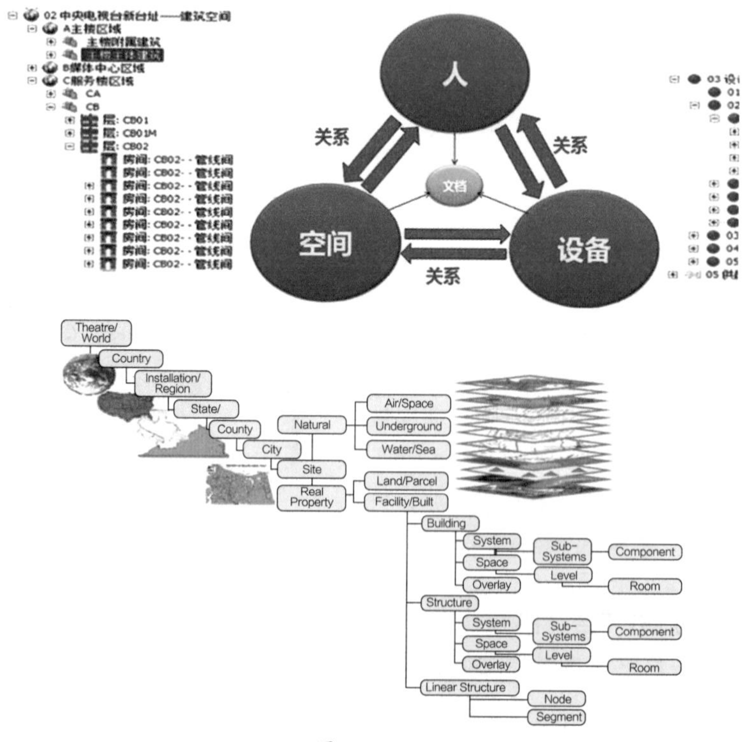

图 12-7

其他的应用系统，例如企业 OA、ERP 系统，也可以从这个运维系统中提取数据，如图 12－8 所示。

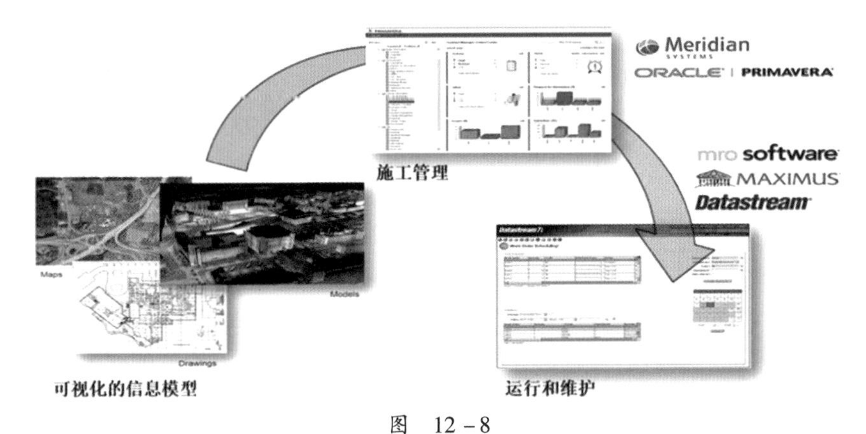

图　12－8

1.3　BIM 解决方案应用

对于 BIM 在全生命周期的应用来讲，是通过综合建模环境和综合性能环境来建立数字化的工作流程。

为了实现上述目的，需要对整个 BIM 应用所采用的解决方案进行配置，图 12－9 是一个典型市政工程的 BIM 解决方案应用的案例。除了传统的建筑类专业外，还需要地质、总图等专业的配合。

地质　总图　机电　土建　其他
二次开发商产品　Third Part Products
其他平台　Other Products
专业应用工具软件集
地质专业 GeoEngine/gINT　勘测专业 ContextCapture　其他辅助 ContextCapture Planner
总图专业 OpenRoads Series　道路专业 OpenRoads Series　施工专业 OpenRoads Series
水机专业 OpenPlant　电气专业 Substation/BRCM　金结专业 MicroStation/GC　管道分析 AutoPipe　其他辅助 OverHeadline
建筑 AECOsim Architecture　结构建模 AECOsim Structural　混凝土结构配筋 ProConcrete　钢结构详图 ProSteel　钢结构分析计算 STAAD.Pro　暖风水 AECOsim Mechnicalc　能耗分析 Energy Simulation
效果输出 MS/LumenRT　三维校审 Navigator　移动端应用 iApps　施工指导 Ipad Navigator/CC
碰撞检查 Detection　安装进度模拟 Schedule Simulation
工程内容创建平台及项目环境　MicroStation（2D/3D 一体化图形应用平台，EC，项目工作标准配置）
工程数据管理平台　ProjectWise Design integration（协同设计管理环境，非结构化数据管理/文档关系管理/版本管理/项目标准环境管理）
AssetWise（面向对象的工程数据库，任务管理/结构化数据管理/信息关系管理/信息变更管理/流程引擎）
信息模型发布及浏览　Navigator—信息模型综合应用　iModel 2.0—统一的数据结构　移动应用

图　12－9

由图 12－9 可知，Bentley BIM 解决方案分为三个应用层次。

1）“专业应用工具软件集”解决了多专业协作过程中每个专业都有特定的工具软件问题。

2）平台层，是通过 MicroStation、ProjectWise 和 AssetWise 三个平台，解决了全生命周期中协同协作的问题。

3）“信息模型发布及浏览”解决了数据存储与交流的问题，也包括了与其他工程数据的兼容。

Bentley BIM 解决方案定位于全生命周期应用，通过综合建模环境和综合性能环境来建立 BIM 数字化的工作流程。对于某个具体行业的应用来讲，Bentley 通过工具集、平台支持和数据支持进行解决方案的配置。

第2节　Bentley BIM 设计流程

Bentley BIM 解决方案是基于全生命周期的，包括设计、施工、运维以及某些行业的退役过程。每个环节都有一个数字化的工作流程与之对应。下面以设计环节为例介绍工作流程。

需要注意的是，BIM 的工作过程在于优化工作流程，这也包括不同环节的配合过程。所以，对于设计环节来讲，除了使用设计工具、协同平台外，还需要用到一些运维的工具来校核、检验设计的成果是否符合后期的运维需求。例如，通过空间规划的工具检测建筑设计的空间布置是否满足后期运维的功能需求。

下面以建筑行业为例，说明 Bentley BIM 解决方案的工作过程。

对于一个包含传统建筑专业的综合项目来讲，可以使用不同的工具建立多专业的三维信息模型，如图 12－10 所示。

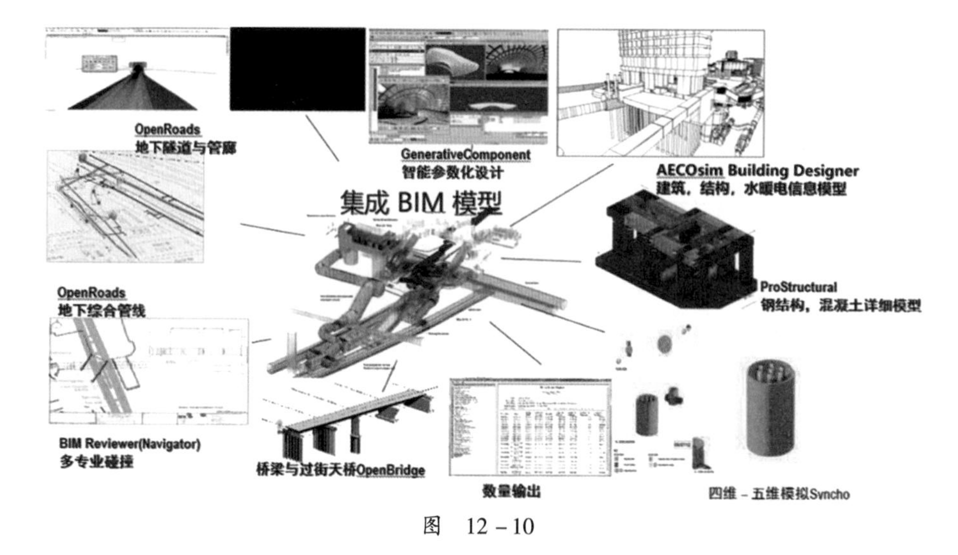

图　12－10

不同的软件通过一个协同的工作过程，形成了多专业的三维信息模型，输出相应的设计成果，为后期的施工和运维打好模型基础。

2.1　建筑专业设计

对于一个建筑项目来讲，需要从场地规划和建筑设计开始。首先需要根据所涉及建筑的外围环境、建筑性能规划来进行综合考量。

应用 Bentley Map、OpenSite 等模块，设计团队可以评估毗邻环境的使用情况对环境的影响，并开始建筑布局的评估，应用 OpenRoads Designer 的场地改造来做雨水控制、道路、停车场和建筑平面布局的评估，如图 12－11 所示。在这个过程中，也可以通过实景建模技术形成更加真实的环境场景模型，以优化设计方案。

当整体方案确定后，建筑专业会进行建筑内部的详细设计，包括了不同功能房间的布置、开间布局、具体三维模型的布置等。

当方案布置完成后，可以与规划初期的设计用途进行校核，判断各种功能区域是否满足设计需求，并在此基础上进行优化，如图 12－12 所示。

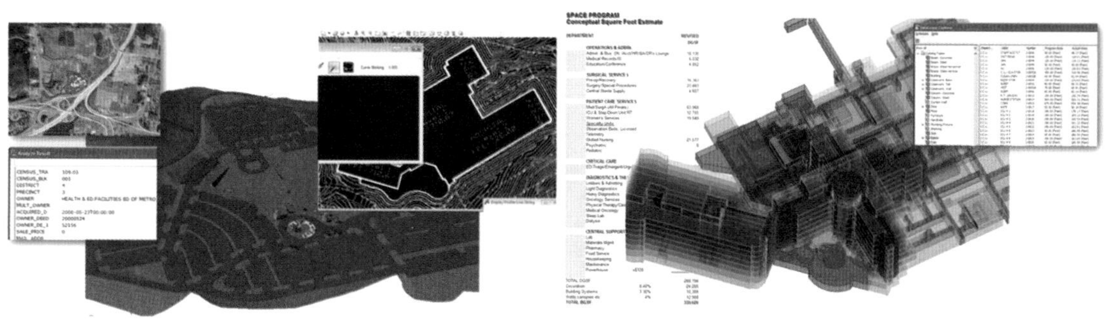

图　12－11　　　　图　12－12

初步设计完成后，可以将设计模型与实景模型相结合，如图 12－13 所示。

也可以输出到 LumenRT 中进行真实场景的展示，也支持虚拟现实技术，如图 12－14 所示。

图　12－13

图　12－14

在 ABD 中，可以采用参数化的设计工具和三维的设计环境，快速地表达设计创意，通过与实景技术的结合，更加有效地考虑与周围环境的协调一致。通过内置的 Luxology 渲染引擎和 LumenRT 表现手段，可以更加真实、容易地表达设计创意。

2.2　结构专业设计

结构设计和建筑设计几乎是同时进行的过程，一起探讨整体设计方案，通过基于 ABD 的实时参考技术很容易做到这一点。

当建筑设计方案确定后，结构专业开始利用 ABD 进行详细的结构设计过程。考虑各种荷载因素，结构工程师利用 ABD 建立初步的结构模型后，通过 ISM 文件交换技术，使用 Staad. Pro、RAM 等分析工具进行结构分析。根据分析结果对设计进行调整，如图 12－15 所示。

2.3　设备专业设计

设备专业设计包括了暖通、给水排水、消防、燃气等管线的设计内容。对于暖通专业设计来

讲，首先需要进行负荷计算，确定每个房间的负荷，以选择合适的暖通设备，通过水利计算，确定相应的管径。

使用 ABD 的 Energy Simulator 可以进行能耗计算和分析模拟，并支持 LEED 认证，计算模块可以直接读取建筑对象的房间对象，只需设置维护结构热工参数和气象数据就可以完成计算过程，如图 12－16 所示。

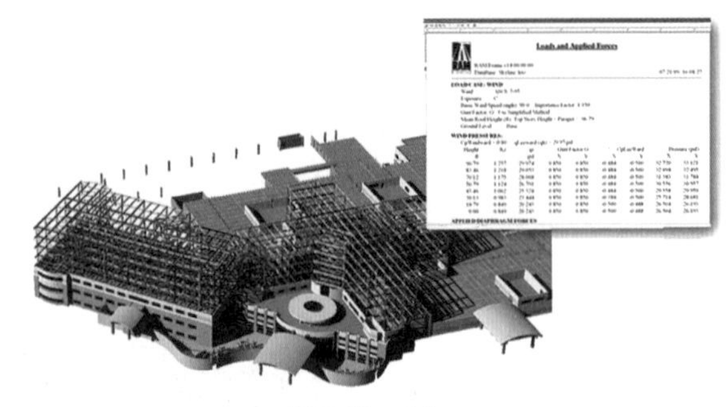

图 12－15

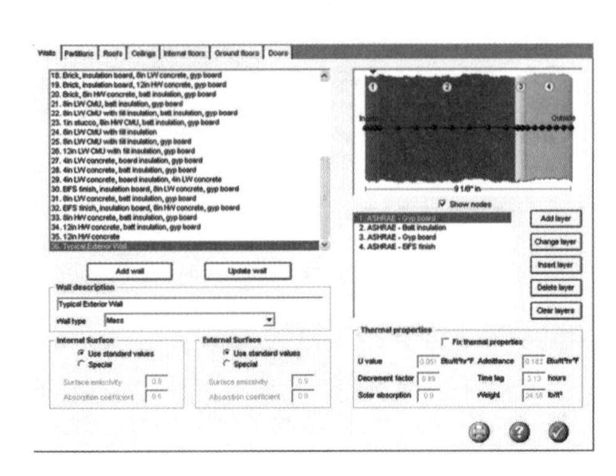

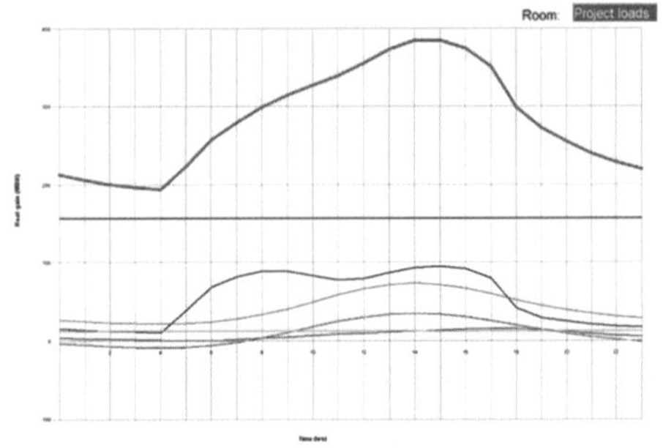

图 12－16

负荷计算完成后，根据计算结果进行参数化的布置，如图 12－17 所示。

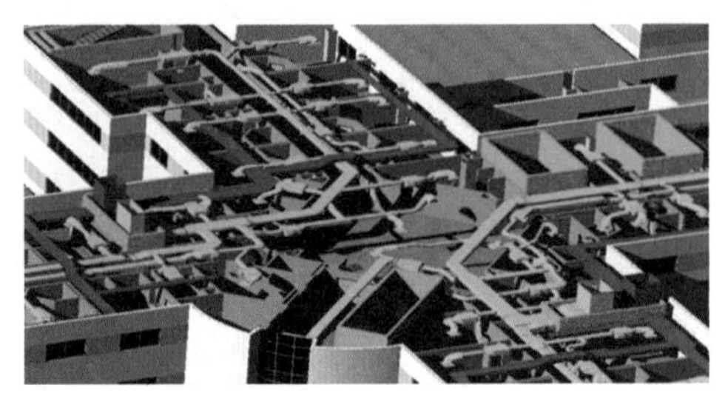

图 12－17

2.4 电气专业设计

电气专业设计包括了动力照明设计、火灾报警系统和桥架系统设计。设计的过程，需要参考建筑、结构等专业的三维模型，以精确定位电气设备。对于照明设计过程，可以与 Relux 或者 Acruity Brands 集成，进行照度分析，并根据结果自动布置灯具，如图 12－18 所示。

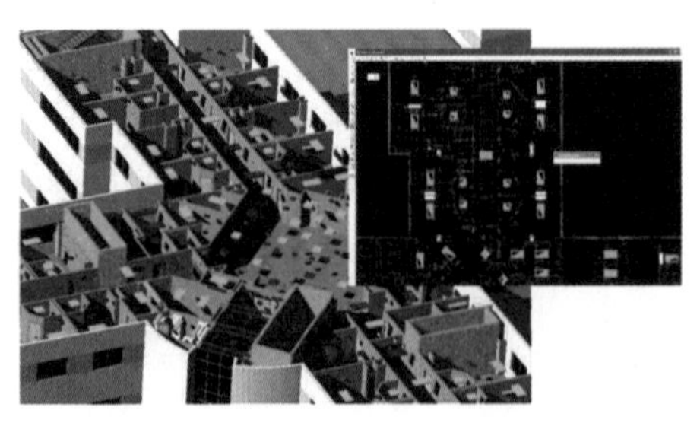

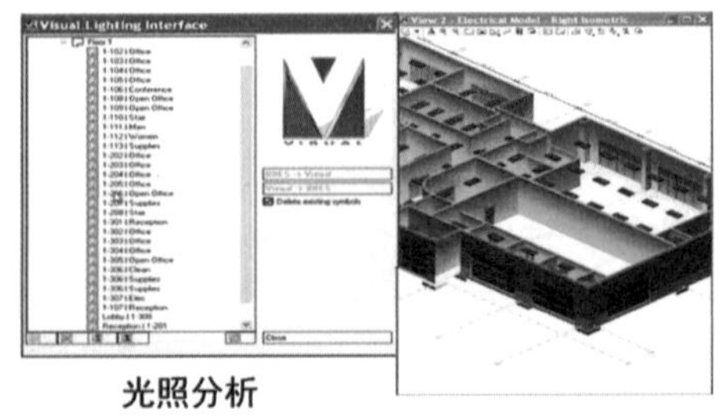

光照分析

图 12－18

上述是一个简单的建筑项目中各专业的协同工作过程，对于某些特殊的项目，还需要特殊的专业支持。例如，对于医院项目，还包括了医用管道的设计内容，这属于有压力的管道，需要使用 OpenPlant 软件来设计压力管道，并与其他管道类型进行管道综合，如图 12－19 所示。

图　12－19

OpenPlant 是专为具有等级驱动（Spec）概念的压力管道设计的，可以使用 Isometric 自动提取生成系统图。由于 OpenPlant 和建筑系统使用同一个平台 MicroStaion，所以这个过程是实时的协同工作过程。

通过上述设计过程，可以形成一个多专业三维信息模型，如图 12－20 所示。

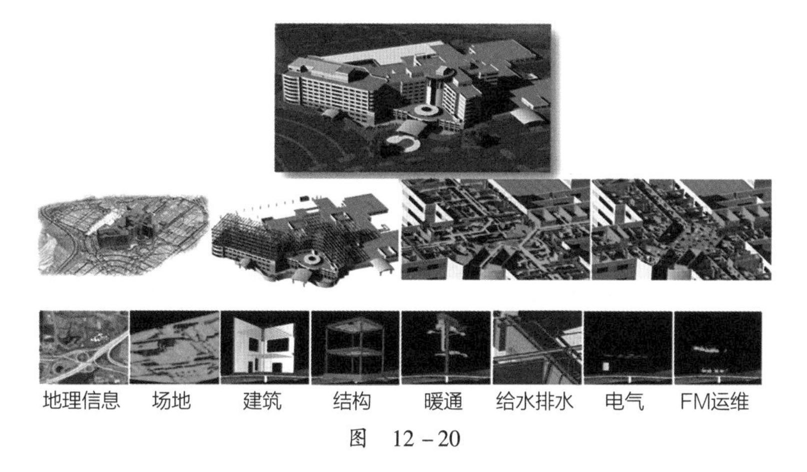

图　12－20

2.5　协同工作

BIM 的工作流程需要一个系统的工作环境。上述的整个工作过程是基于 ProjectWise 的协同环境下进行的。

综上所述，对于一个 BIM 工作流程来讲，既需要齐全的专业设计工具，又需要协同的工作过程。对于设计过程来讲，需要根据项目需求、人员角色进行工作流程的梳理，工作流程也简称工作流（Workflow），划分为三个部分，分别是建模工作流（图 12－21）、审核工作流（图 12－22）和文档生成工作流（图 12－23）。

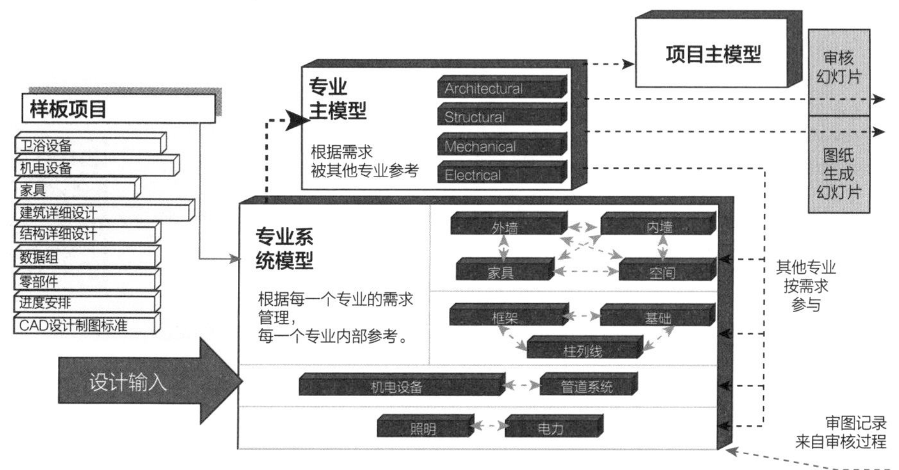

图　12－21

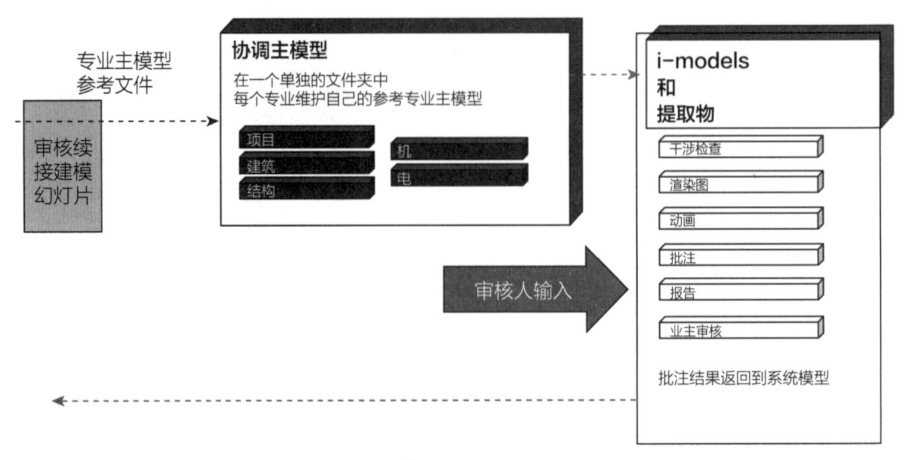

图 12－22

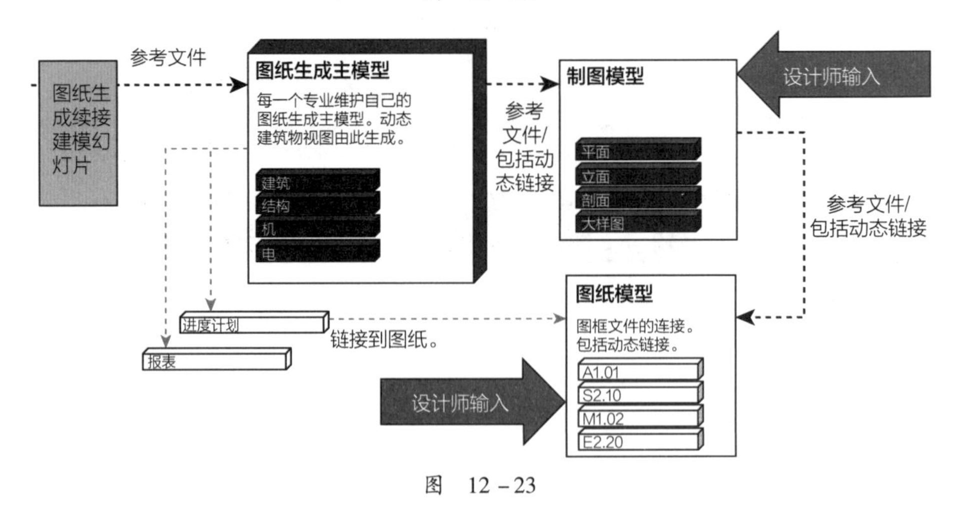

图 12－23

第 3 节 学习资源

由于篇幅限制，对于 Bentley 的实例操作部分，内容重点放在操作的流程和原则上，对于一些细节内容不再赘述，可以使用如下学习资源掌握更多的内容。

- **微信公众号**

可以关注微信公众号“BentleyBIM 问答社区”（非官方）来获取学习资源、软件试用、视频教学及案例分享（图 12－24）。上面也有 Bentley 更多的软件模块试用下载和介绍。

图 12－24

- **图书资料**

对于 ABD 的环境定制和整体 BIM 应用流程，可以参考《AECOsim Building Designer 协同设计管理指南》和《Bentley BIM 解决方案应用流程》（图 12－25），目前这两本书都是基于 V8i 版本，但原理一样，后续会陆续更新到 CE 版本。

- 论坛支持

在学习过程中，有问题可以通过中国优先社区：http：//www. bentley. com/ChinaFirst 获得更多的技术支持（图 12 –26）。

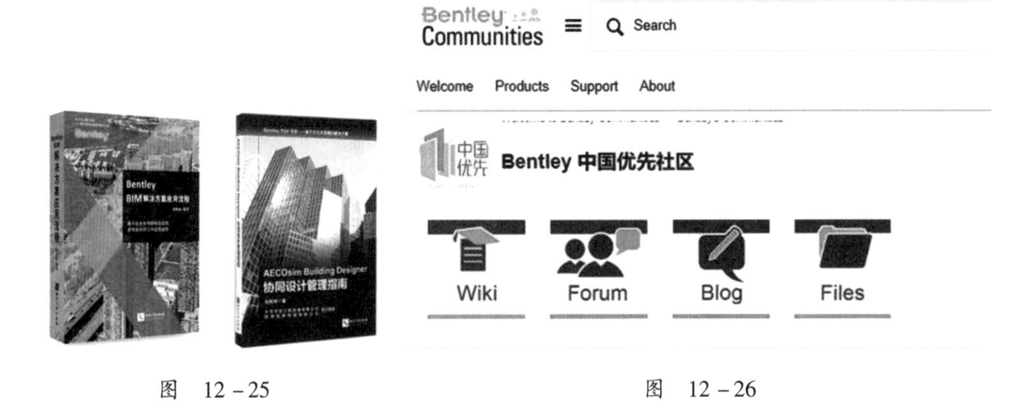

图　12 –25　　　　图　12 –26

课后练习

1. 下列关于 Bentley 软件的说法不正确的是（　　）。
   A. Bentley 的 AECOsim Building Designer 是建筑类的专业模块
   B. OpenRoads 系列包括了变电、电缆桥架等系列应用
   C. 如果是在工厂或者综合管廊中用到的压力管道，则需要采用基于等级驱动的 OpenPlant 系列
   D. 结构施工级模型采用 ProStructural，常用的结构类分析采用 Staad. Pro 系列
2. 下列关于 Bentley BIM 解决方案中互联的数据环境说法不正确的是（　　）。
   A. BIM 数字化工作流程是通过互联的工作环境来实现的，而互联的工作环境又根据数据所处的状态不同，分为综合建模环境和综合性能环境
   B. 对于综合建模环境来讲，解决的核心问题是“多专业协作”，管理对象是过程中的 BIM 数据
   C. 对于综合性能环境来讲，解决的核心问题是“数据综合应用”，管理对象是过程中的 BIM 数据
   D. 对于 BIM 在全生命周期的应用来讲，是通过综合建模环境和综合性能环境来建立数字化的工作流程
3. 下列关于 Bentley 通过数字化的方式推动全生命周期的应用解释不正确的是（　　）。
   A. Bentley 通过数字化的方式推动全生命周期的应用包含“综合的建模环境”和“综合的性能环境”两点
   B. 综合的建模环境：需要确保数据被正确创建、被正确移交，需要齐全的专业设计工具、统一的建模平台、协同的工作平台
   C. 综合的性能环境：需要确保运维数据与实际数据的一致性以及变更过程中的可靠性
   D. 综合性能环境是通过人员和技术来保证资产的性能
4. Bentley BIM 设计流程不包含（　　）。
   A. 建筑专业设计过程中通过应用 Bentley Map，设计团队可以评估毗邻地产的使用情况对环境

的影响，并开始建筑布局的评估

B. 建筑专业设计过程中，应用 LumenRT 的场地改造来做雨水控制、道路、停车场和建筑平面布局的评估

C. 结构工程师利用 ABD 建立初步的结构模型后，通过 ISM 文件交换技术，使用 Staad. Pro、RAM 等分析工具进行结构分析

D. 设备专业设计过程中，使用 ABD 的 Energy Simulator 可以进行能耗计算和分析模拟，并支持 LEED 认证，计算模块可以直接读取建筑对象的房间对象

5. 下列关于 Bentley BIM 设计流程中要点的表述不正确的是（　　）。

A. 对于设计环节来讲，除了使用设计工具、协同平台外，还需要用到一些运维的工具来校核、检验设计的成果是否符合后期的运维需求

B. 在 ABD 中，可以采用参数化的设计工具和三维的设计环境，快速地表达设计创意，通过与实景技术的结合，更加有效地考虑与周围环境的协调一致

C. OpenPlant 是专为具有等级驱动（Spec）概念的压力管道设计的，可以使用 Isometric 自动提取生成系统图。由于 OpenPlant 和建筑系统使用同一个平台 MicroStaion，所以这个过程是实时的协同工作过程

D. 对于一个 BIM 工作流程来讲，既需要齐全的专业设计工具，又需要协同的工作过程，所以，完全依靠软件可以完成整个工作流程

6. 在设计过程中，文档生成工作流程不包括（　　）。

A. 协调主模型　　B. 图纸生成主模型　　C. 制图模型　　D. 参考文件

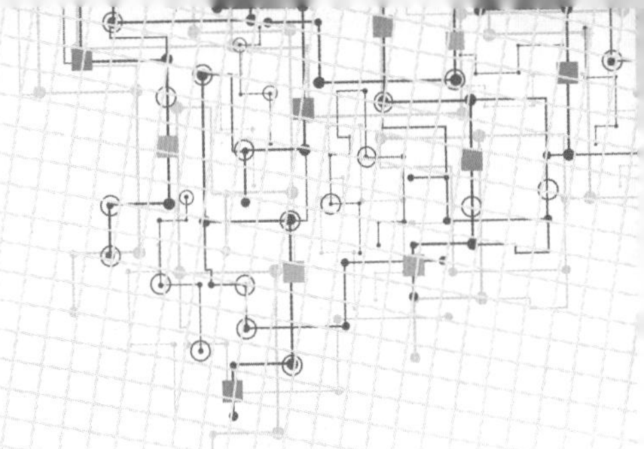

第 13 章　AECOsim Building Designer 通用操作

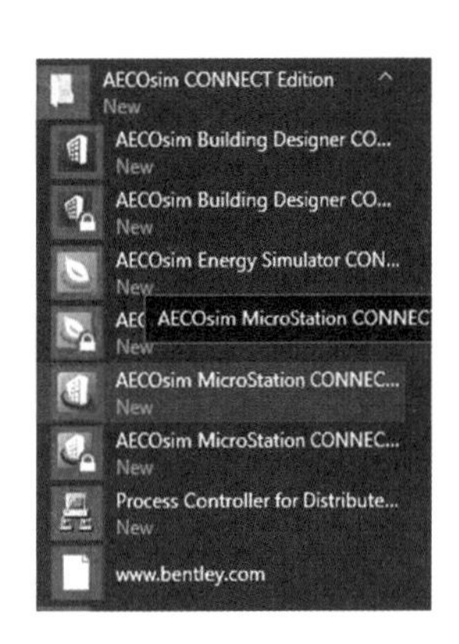

图　13－1

Bentley 所有的建模工具都是基于统一的建模平台 MicroStation，无论安装了 AECOsim Building Designer（简称 ABD）、ProStructural、BRCM、Substation 还是 OpenPlant，MicroStation 都会被自动安装，或者被“内嵌”在专业应用模块里。在某种程度上来说，ABD 只不过是 MicroStation 平台上的一系列针对建筑类应用的插件，所以，所有的 MicroStation 操作在 ABD 里都是有效的，也可以启动单独的 MicroStation，如图 13－1 所示。

由于篇幅限制，不讲解 MicroStation 和 ABD 的全部内容，只是通过一些典型的实例操作讲述应用的原则。

第 1 节　启动 AECOsim BD

当启动 AECOsim BD 时，系统首先弹出如图 13－2 所示的界面，可以通过相关的链接查看相关的案例、学习课程和一些 Bentley 的新闻公告。如果是商业授权用户，右上角为账号登录状态。单击“头像”，可以进入企业的项目管理站点。

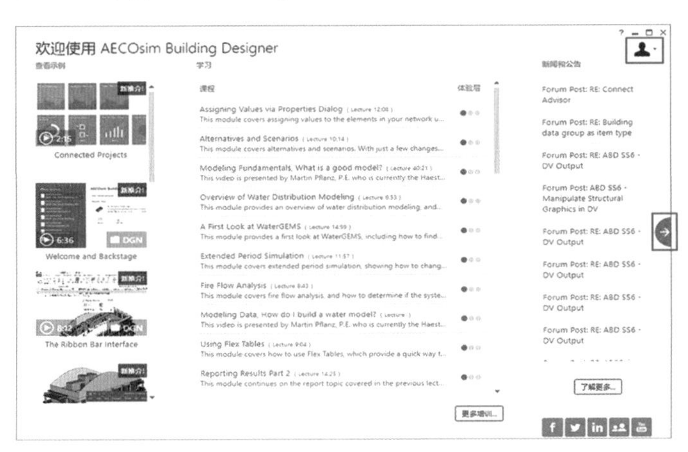

图　13－2

单击图 13－2 中的“向右侧”按钮，进入 ABD 的项目管理界面，在 ABD 中，以项目为单位来组织工作内容，称为工作集 Workset。多个专业的人员使用同一个工作集进行工作，工作集中保存了大家共同使用的对象类型、标注样式、字体样式、出图模板等。ABD 已经预置了不同国家和地区的工作集模板，工作集的使用，不依赖于 ABD 的语言版本，在英文版的 ABD 上，仍然可以使用具有中国设计环境的工作集。在安装 ABD 时，可以在安装过程中选择需要使用的工作集。在工作时，可以以此为模板，建立自己的工作集来管理自己的项目内容，如图 13－3 所示。

可以建立多个工作集来管理多个工程项目。工作集的标准设计环境，可以通过局域网共享或 ProjectWise 托管的方式，实现工作标准的统一管理。在这里，以预置的中国标准工作集为模板“BuildingTemplate_CN”，新建一个“Building-Project1”的工作集，如图 13－4 所示。

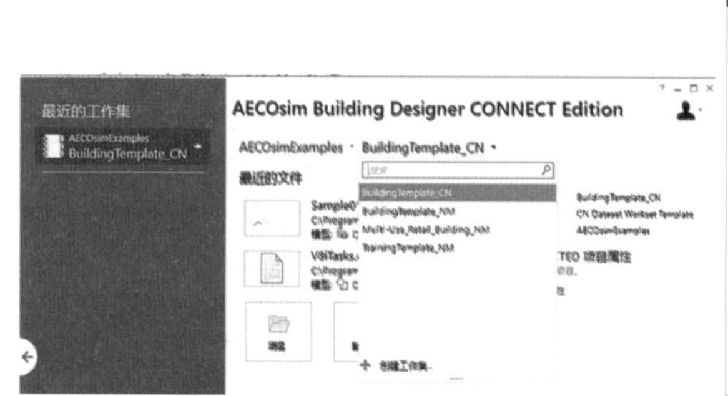

图 13－3

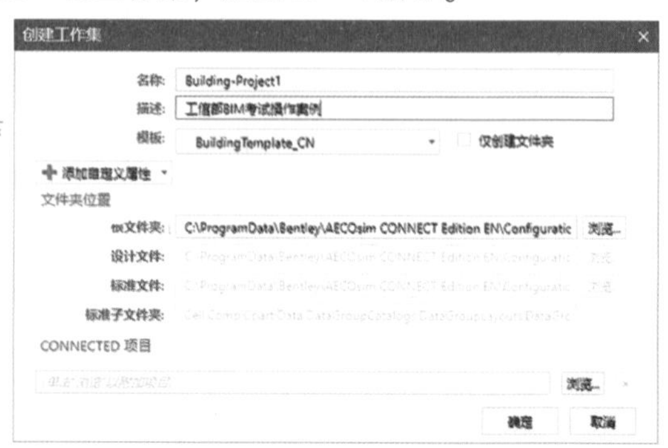

图 13－4

在建立工作集的过程中，系统需要设定工作集的根文件夹，以用来在这个位置存储模型图纸和标准等内容。如果没有 ProjectWise，也可以通过局域网共享的方式来使整个团队达到标准的统一。

然后，通过“浏览”或“新建”按钮，打开或者建立一个文件。在这里，建立一个“Project1-Arch-Floor1”的文件，文件的命名和划分，在后面的章节里会提到，这取决于如何组织工程内容，例如建筑的分层，还是暖通的分系统。

在这里需要注意的是，对于 ABD 的内容组织来讲，可以分为多个文件，以便于提高操作效率，毕竟打开一个大模型非常影响运行速度。整体模型，可以通过参考的方式组装起来。而对于多个文件所引用的“工作标准”，例如，一些库文件是放置在文件外面的。一个项目无论是几十个还是几万个文件，都可以通过指向同一个工作集设置来引用同一组标准。

在初次使用 ABD 时，会出现如下的对话框，这是对构件属性升级的提示，勾选“不再显示该警告”，如图 13－5 所示，然后单击“确定”即可。需要注意的是，这里的兼容提示，是指模型的属性可能用老版本无法显示，因为新版本用了新的工作集环境。而对于 DGN 文件来讲，甚至可以用十年以前的 MicroStation 或者老的应用软件打开。Bentley 在这方面是与其他厂商不同的，它的软件功能升级后不影响文件格式，文件格式可以保持一个非常长的时间周期，一般是 15 年以上。

图 13－5

第 2 节　AECOsim BD 操作界面

ABD 的操作界面如图 13－6 所示，这是一个基于微软 Ribbon 的标准操作界面，其整体的操作逻辑和 Word 没有太大的区别。ABD 只不过在此基础上增加了一些独有的操作方式，同时按照专业对功能进行组织。

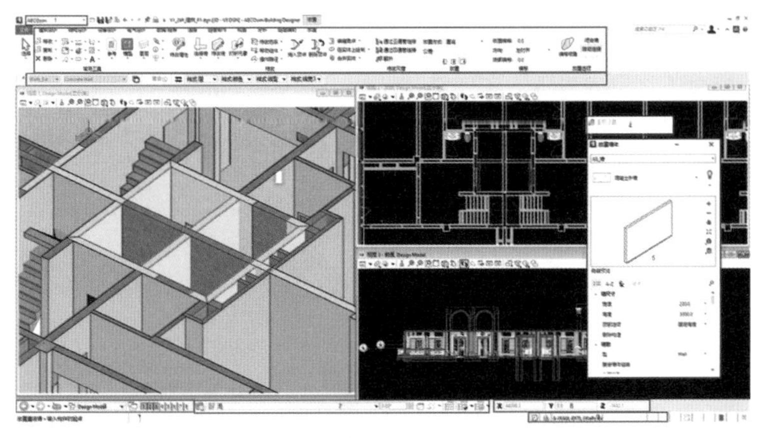

图　13－6

图 13－6 是一个创建墙体的典型 ABD 操作界面，中间是视图区域，每个视图上面都有操作视图的工具条，视图也可以像其他软件一样进行层叠、排列等，在这里不再赘述。

区域 1：功能分类区，通过下拉列表，可以选择 MicroStation 的各类功能以及 ABD 的各类功能，这个列表和功能的组织都是可自定义的。

区域 2：详细功能区，根据功能分类区的选择不同，会有不同的功能组合，当选择不同的工具时，也会有不同的参数设置。

区域 3：ABD 样式设置区，当在区域 5 中选择一类对象时，可以在区域 3 选择一种样式来控制对象的材质、图层、二维图纸表现、统计材料设置等。在 ABD 里，任何对象都用样式来控制所有的表现属性。

区域 4：工具属性设置，这个是 MicroStation 平台具有的公共设置。ABD 是基于 MicroStation 平台的，所以，无论是 MicroStation 的工具还是 ABD 的工具，都可以在这个属性框中设置属性，工具不同，可以设置的属性也不同。

区域 5：ABD 独有的属性设置，在 ABD 里创建对象的过程其实就是从“库”里选择的过程。这个区域可以进行选择，设置一些参数；也可以通过按钮来设置后台的库。需要注意的是，这个库存在于工作集中，并没有存储在文件中。

区域 6：历史记录和视图开关区，可以通过左侧按钮的下拉列表打开最近操作的文件，右侧可以决定打开几个视图。

区域 7：楼层选择，在 ABD 里楼层是个标高位置的概念，与其他的对象没有逻辑的关联，选择一个标高后，对象的定位点就放在这个高度，相当于辅助坐标系 ACS。后续会结合精确绘图来讲如何使用。

区域 8：精确绘图坐标，这是 ABD 的定位核心，在一个三维空间中精确定位，靠的就是 ABD 的精确绘图坐标系，在这个坐标系窗口激活的情况下，可以输入很多的“精确绘图快捷键”，来控制三维空间的精确定位。熟练使用精确绘图坐标，将大大提高在三维空间的操作效率。

区域 9：锁定捕捉设定区域，一些锁定的开关和属性的捕捉的设置。

第 3 节 内容组织与参考

在 ABD 中，倾向于将不同专业、不同楼层、不同系统、不同部位的模型放在不同的 dgn 文件中，然后通过灵活的参考技术，将不同的模型“组装”在一起。虽然，对 MicroStation 这个平台来讲，具有非常优秀的大模型承载能力，但从操作效率上来说，采用分布式的存储，效率更高。例如，可以建立一个空文件，将一层的建筑、结构、机电等专业的模型参考进来，形成一层的全专业三维信息模型，整个建筑、整个园区也是通过这样的方式，如图 13－7 所示。

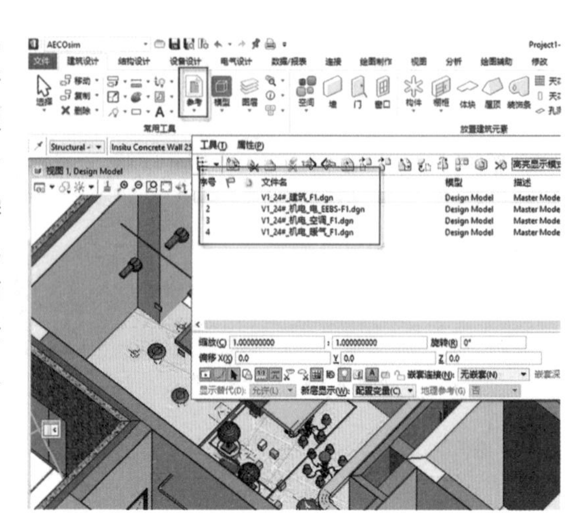

图 13－7

另外，专业之间通过参考的方式可以保持内容的独立和权限控制，同时可以实现实时的协同过程。对于一些大型项目来讲也更具优势。

对于一个项目或者一个专业的多人协作来讲，都是在同一个三维空间中来工作的，对于定位来讲，最简单的方式是参考同一个平面图和同一组标高设置。但对于一个复杂的项目，仍然需要制订一些规则，以下内容供参考。

3.1 文件划分

传统的建筑项目更倾向于用“层”的概念来进行文件划分，但对于一些外立面的设计，例如玻璃幕墙的设计反而是不对的，因为这样的文件划分会将一个 BIM 对象的“整体”划分为不同的部分，当组装在一起时，会产生中间的接缝。所以，在 BIM 设计模式下，更应该尊重实际的划分原则，图 13－8 是 BIM 设计模式下的实际划分案例。它是将一个建筑的电梯间、外墙、结构对象分成三个文件放置，然后参考在一起，形成整个建筑的模型。而传统意义上，建筑是按照层来划分的。在 BIM 工作流程中，可以采用更加灵活的方式。

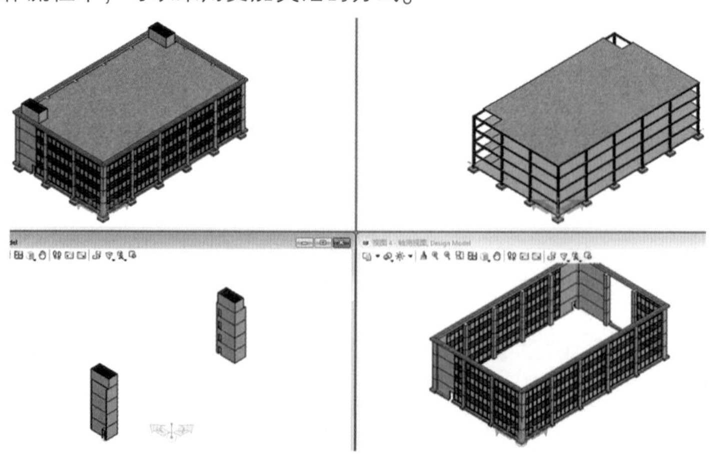

图 13－8

对于文件的划分原则，行业不同，专业不同，也会有很大的差异。但总的原则基于两点：

（1）本专业的应用需求 例如，建筑专业以层为模型的组织单位，将不同层的建筑模型分别放置在不同的文件里。对于建筑管道专业，在层的基础上，还可能分系统进行文件划分。

（2）专业之间的配合关系 在制订本专业的模型划分时，也要考虑到将来被其他专业参考的使用细节，以便于其他专业有针对性地引用某一具体文件，而不是整个模型。

对于文件的层级按照如下原则进行划分：专业、区域、模型文件，例如：厂房 - 主厂房 - 208.5 高程 . dgn

3.2 建议规则

建议规则如果对于一个项目能够形成标准，将大大提高整体协同的效率，由原来的口头交流变成根据规则解读含义。

1. 文件命名

文件命名规则的设定是为了“见名知意”，从而提高专业之间的沟通效率，当引用其他专业的工程内容时，通过名字知道文件里的内容。文件的命名规则和工程内容的组织规则、目录结构类似。文件的命名分为 5 部分，各部分以英文的下划线为分隔符号“_”，如图 13 - 9 所示。例如：××小区_24#楼_建筑_一层_赵某 . dgn。

图 13 - 9

对于文件命名，推荐采用英文字符的方式，因为中文的某些符号会有全角和半角之分，而且命名要尽量简短。例如：Sub14-DWL-Arch-F1-YolandaLee. dgn。

2. 文件目录

项目的目录结构设置分为三部分：

1）标准设置。这部分内容是全专业都需要遵守的规定，使用的资源。

2）工作流程。将工作过程分阶段存放相应的内容。

3）专业目录。每个专业都有自己的专业目录，在专业目录里又划分为不同的工作区域，每个工作区域里又根据自己的工作过程分为三维模型、二维图纸、提交条件、轴网布置等。对于 BIM 的工作过程来讲，应该把数据放在同一个位置，采用同一个目录，这才是协同的基础。如果采用 ProjectWise 的协同工作平台，可以为不同的工程师设定不同的权限。例如，建筑工程师对于暖通的目录结构中的数据，只能读取参考，而没有权限更改。图 13 - 10 是一个典型项目的目录结构，供大家参考。

每个专业下面又划分为不同的区域，并且放置一个目录作为所有专业的文件组装。专业目录结构如图 13 - 11 所示，专业内部工作流程如图 13 - 12 所示。

当一个项目很大时，甚至可以进一步划分。例如，可以对某个目录再进行划分，如图 13 - 13 所示。

S01-标准及规定	2016/10/20 15:45	File folder
S02-设计说明书	2016/10/20 15:45	File folder
S03-设备材料表	2016/10/20 15:45	File folder
S04-设计附图	2016/10/20 15:45	File folder
S05-项目管理	2016/10/20 15:45	File folder
W01-方案设计	2013/3/18 14:59	File folder
W02-初步设计	2013/3/18 14:59	File folder
W03-详细设计	2013/3/18 15:00	File folder
W04-三维校审	2013/3/18 15:01	File folder
W05-管线综合	2013/3/18 15:00	File folder
W06-图纸输出	2013/3/18 15:02	File folder
W07-材料报表	2013/3/18 15:02	File folder
W08-施工组织	2013/10/23 18:27	File folder
W09-项目移交	2013/10/23 18:27	File folder
Z01-建筑专业	2016/10/20 15:45	File folder
Z02-结构专业	2016/10/20 15:45	File folder
Z03-暖通专业	2016/10/20 15:45	File folder
Z04-给排水专业	2016/10/20 15:45	File folder
Z05-电气专业	2016/10/20 15:45	File folder
Z06-精装专业	2016/10/20 15:45	File folder
Z07-市政专业	2013/10/23 18:21	File folder
Z08-园林景观	2016/10/20 15:45	File folder

图 13-10

00-专业组装	2013/11/21 8:47	File folder
01-C01号楼	2016/10/20 15:45	File folder
02-C02号楼	2016/10/20 15:45	File folder
03-C03号楼	2016/10/20 15:45	File folder
04-E01号楼	2016/10/20 15:45	File folder
05-E02号楼	2016/10/20 15:45	File folder

图 13-11

00-总装文件	2013/11/21 9:44	File folder
01-定位基准	2013/3/18 21:22	File folder
02-原始资料	2013/3/18 21:19	File folder
03-三维模型	2013/11/21 9:44	File folder
04-二维成果	2013/3/18 21:21	File folder
05-接收条件	2013/3/18 21:23	File folder
06-提交条件	2013/3/18 21:23	File folder
07-中间过程	2013/3/18 21:24	File folder

图 13-12

3. 文件组装

整个项目模型的组装按照如下层级进行。

1）基本专业模型文件。它是指某一个专业按照自己的文件划分原则形成最小单位的模型文件。

2）专业区域组装。将基本专业模型文件按区域划分并进行组装，例如：12 号楼建筑专业三维模型组装文件，“12 号楼” 就是一个区域。由于在模型文件的工作过程中会相互参考，为避免重复引用，本层次参考时，“嵌套链接” 设为 “无嵌套”，即 “No Nesting”，如图 13-14 所示。

图 13-13

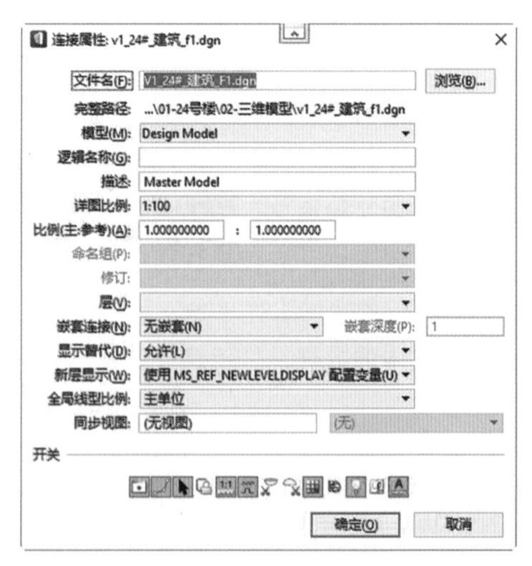

图 13-14

3）专业总装文件。将不同专业区域的总装文件进行总装，“嵌套链接”＝1。

4）全区总装。将各专业总装文件进行总装，“嵌套链接”＝2。所以，对于一个 BIM 项目来讲，“嵌套链接”最大到 2 就可以满足需求，同时在最底层的组装，“嵌套链接”一定等于 0，有效避免了同一个对象的多次引用，如图 13－15 所示。

在图 13－15 中，模型文件（绿色）工作过程中会相互参考，在进行组装时，“嵌套链接”等于 0 的情况下，总装文件里只看到 1、2、3 部分，其他的 4、5、6、7、8、9 由于模型文件是参考别人的，所以，在总装文件里看不到；如果“嵌套链接”等于 1，那么在总装文件里 4、5、6、7、8、9 就会被看到，但当再次参考 4、5、6 所在的模型文件时，就会出现在总装文件里同一个位置有两个模型，无法发现，这给后续出图、统计材料造成很大影响，如图 13－16 所示。

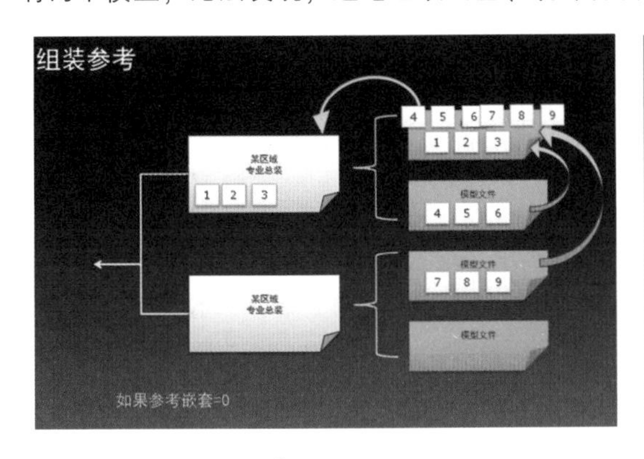

图 13－15

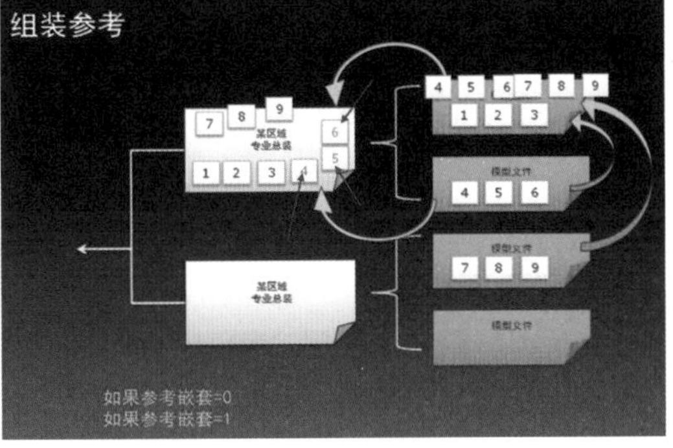

图 13－16

整个项目的目录组织结构如图 13－17 所示。

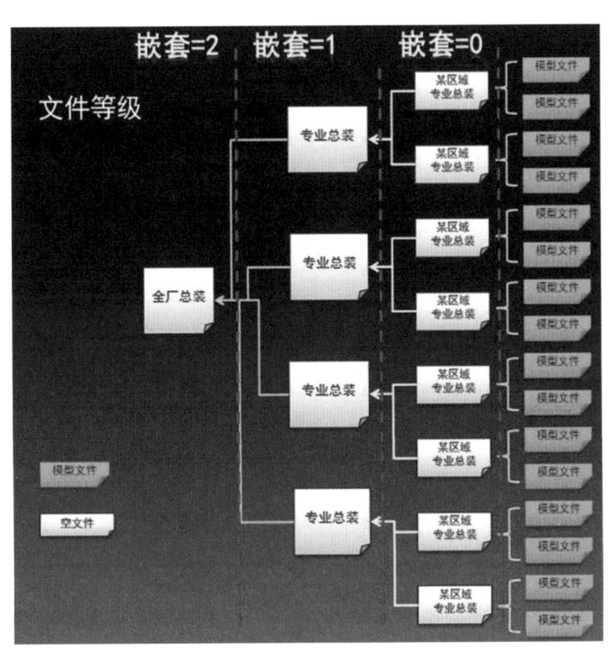

图 13－17

就经验而言，一般组装的层级也不会超过四层，多于四层很大程度上就属于特别复杂的项目。需要注意的是，上面介绍只是一种建议的方式，也可以不分级，但对于一些项目来讲，还是需要遵循规则。

第 4 节　标准库管理

ABD 工作的过程，就是从一个“库”里选择构件类型、型号，设置参数，然后放置的过程。这个“库”就是工作标准，不仅仅是一些三维信息模型的标准构件库，也保存了输出图纸所需的模板、切图规则、文字样式等。这些内容是保存在工作集里的，其工作过程如图 13－18 所示。

在 ABD 中，放置任何对象的对话框都是类似的，都是从这个“库”选择合适的类型和型号，然后通过定位进行放置，以完成三维信息模型的创建，如图 13－19 所示。

在任何放置界面右上角的灯泡图标都有一个下拉菜单，根据下拉菜单可以进入到“库”的操作界面，也可以通过单击图 13－20 所示的图标命令，进入后台“库”的操作。

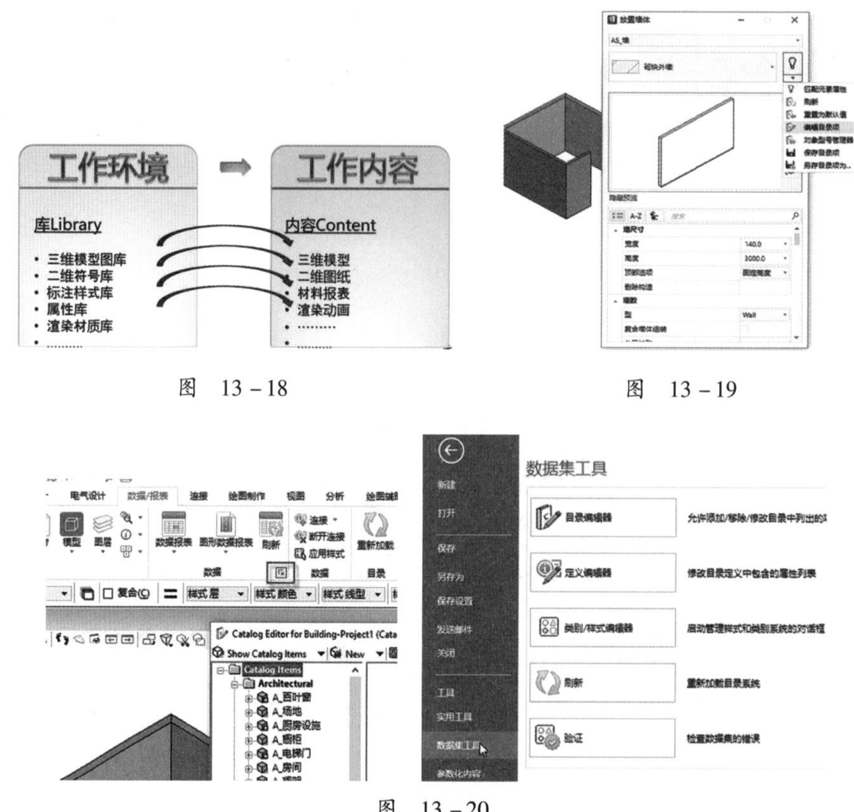

图　13－18

图　13－19

图　13－20

对于一个企业的项目环境来讲，“库”中保存了很多的内容。

第 5 节　三维建模环境

ABD 的工作环境是一个全三维的工作环境，可以在三维空间中直接定位，也可以像传统的二维设计一样，在一个二维视图中工作。通过定义标高来设定竖直方向的高度。

在这里说明一下，如果在新建文件时，选择了一个二维的模板文件，那么绘图空间就是二维的，没有 Z 坐标存在。

在 ABD 中，通过两种方式的组合来定位。

5.1　辅助坐标系 ACS

辅助坐标系 ACS 保存在 dgn 文件中，可以被共享。ACS 是 MicroStation 的底层应用，后面讲到的 ABD 的楼层管理器核心就是一组 ACS，只不过是通过楼层来组织。

在图 13－21 中，可以设置多个 ACS，通过双击某个 ACS 将 ACS 激活，当激活某个 ACS 后，需要锁定 ACS，才能使最后的点定位在 ACS 设置的平面上。如果没有锁定，则以捕捉的点为准。需要注意的是，ACS 里的定义是以世界坐标系为定位基点的，而且 ACS 的 Z 轴并不一定是竖直的，任何三个点都可以确定一个坐标系。例如 2m 的 ACS 设置如图 13－22 所示。

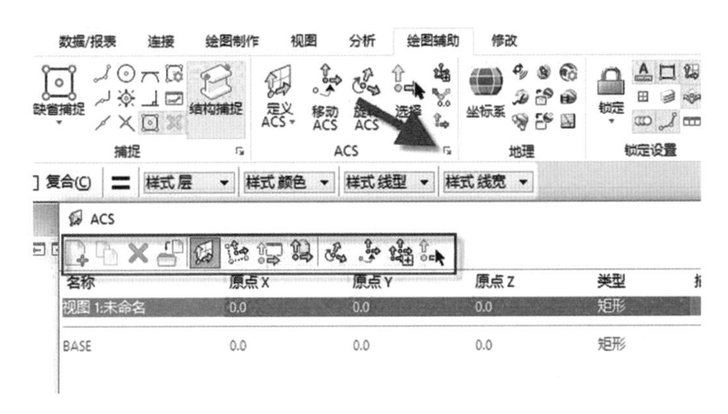

图　13－21

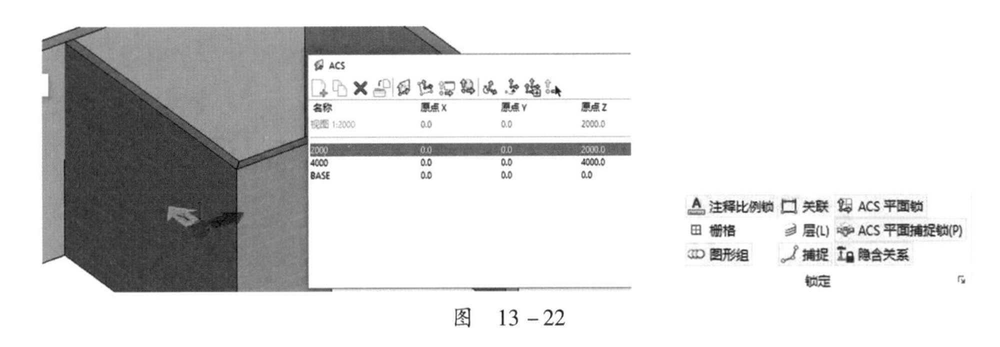

图　13－22

捕捉高度为墙高 3m 以上的点，定位点将落在 2m，如图 13－23 所示。

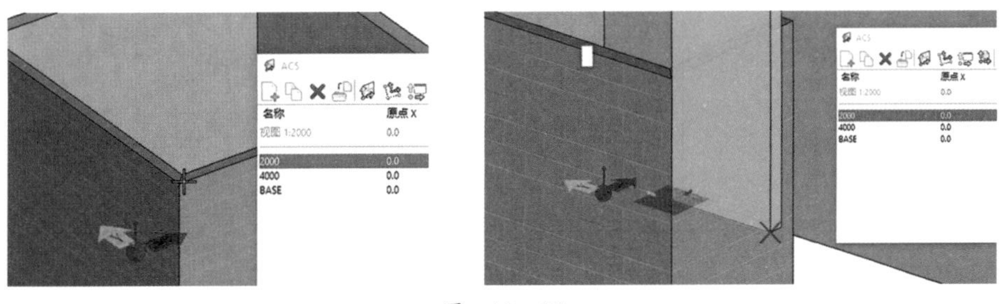

图　13－23

5.2 精确绘图坐标系 AccuDraw

使用精确绘图坐标系来控制鼠标移动的方向、距离、角度，也可以通过快捷键来做相应的辅助定位。所以，下面的 X、Y、Z 轴区域在激活的情况下，可以输入数值，以控制绘制对象的尺寸、偏移的距离等（图 13－24）；也可以通过快捷键来控制坐标系的方向。

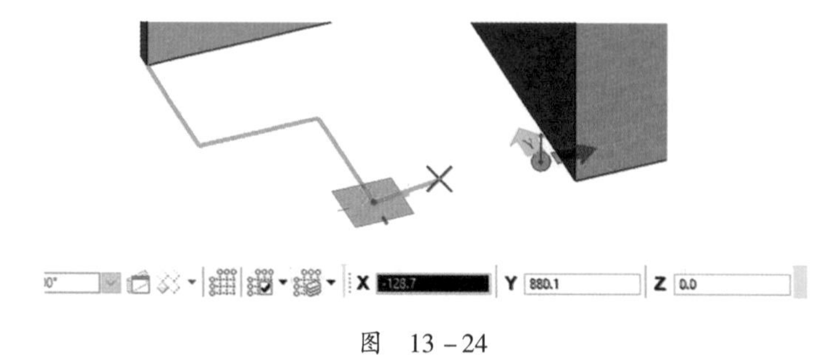

图 13－24

通过 F（ront）快捷键，使精确绘图坐标系与前平面对齐，以在竖直平面定位。

综上所述，通过辅助坐标系 ACS 和精确绘图坐标系 AccuDraw 可以非常灵活地在三维空间中进行定位。

建议学习相关的 MicroStation 定位操作，能提高效率，常用的快捷键主要有：

- 输入基于世界坐标系的点：P、M。
- 调整精确绘图坐标系方向：T、S、F。
- 将精确绘图坐标系放置在捕捉的点上：O，注意 ACS 的锁定情况。
- 基于精确绘图坐标轴旋转：RX、RY、RZ。
- 切换直角坐标系和极坐标系：M。
- 锁定坐标轴：回车键，再次回车解除锁定。
- 锁定当前的坐标值：X、Y、Z、D、A（D、A 应用于极坐标系长度和角度锁定）。

精确绘图快捷键是可以自定义的，是快捷键的一种。在 CE 版本中，下列几个快捷键也常用，如图 13－25 所示。

a）空格键：弹出快捷菜单

b）“Shift＋鼠标右键”视图菜单

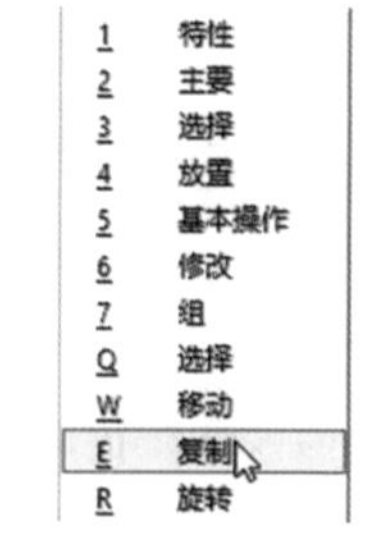

c）“Q”快捷菜单

图 13－25

第 6 节 楼层管理及轴网

楼层管理器是用来在一个项目里让所有人共享一组标高，它的核心就是存在工作集中的一组 ACS。

轴网是用来在一个项目中让所有人共享一组平面的定位基准的，当创建一个轴网时，系统会定义这个轴网是哪个楼层的轴网。对一个建筑来讲，系统会根据楼层管理器里标高的设置，每层的开间和进深信息创建一组三维的轴网系统。这组轴网在创建模型时可以灵活引用，在切图时也可以自动以合适的样式放置在二维图纸里。

6.1　楼层管理

ABD 里的楼层管理分为设置标高和引用标高，分别用“楼层管理器”和“楼层选择器”命令调用，如图 13－26 所示。楼层管理器是建立一组标高，楼层选择器是使用标高。

单击“楼层管理器”命令，弹出如图 13－27 所示的界面，进行楼层标高的管理，供整个项目的人使用。

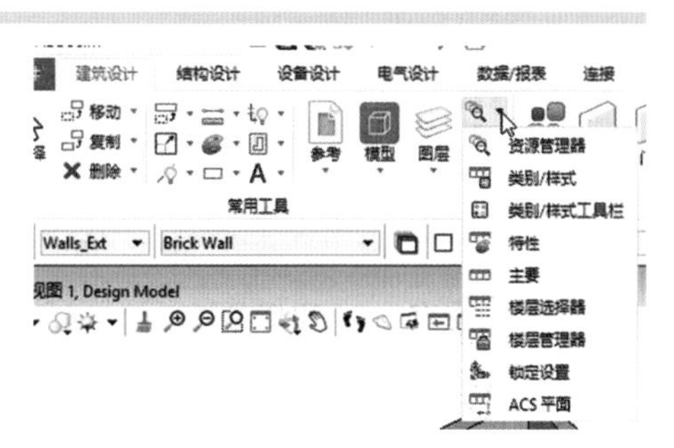

图　13－26

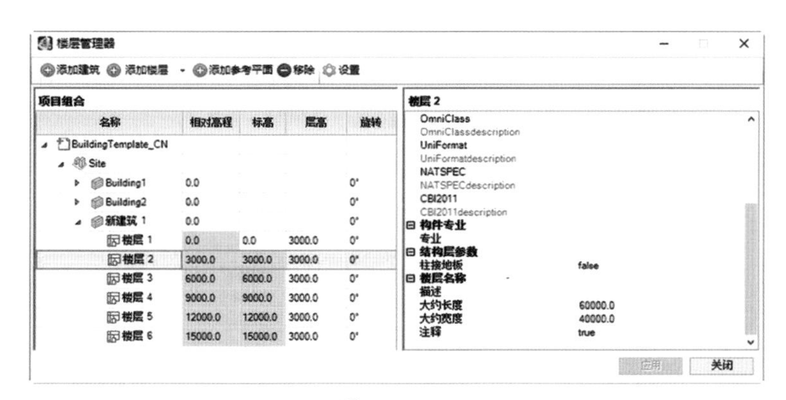

图　13－27

1. 楼层管理器

在楼层管理器界面下定义标高时，需要清楚标高的层次关系：Project→Site→Building→Floor→Reference Plan。一个项目（Project）可能分为几个地点（Site），每个地点（Site）上可能会有几个建筑（Building），一个建筑（Building）分为不同的楼层（Floor），每个楼层又可能分为不同的参考平面（Reference Plan），例如天花板的高度，风管的高度层。需要注意的是，这里的层次关系只是指标高的组织方式，与实际的对象没有必然的联系。

每个高度对象都有属性，这样的层次设置一方面便于管理标高，另一方面是为了将来输出到其他的管理系统中而设计的。

选择某个层级时，其上的工具条相应的工具也会亮显。如图 13－28 所示，每个标高也有相应的参数设置，在这里不一一说明。

在图 13－28 中，左边的“项目组合”是需要定义的高度信息，右边是具体的描述。对于一个建筑整体来讲，都有一个“0 平面”作为相对的标高基点，修改它，整个建筑的楼层实际高度都将调整。在每一层的设置里，只需设置具体的层高，当修改了某个层高的时候，其他的楼层也可以自动进行调整，这就是采用楼层管理器的好处。如图 13－29 所示，“24#Building”整个建筑以相对高程 10000mm 作为基准 0 平面（一般作为建筑 1 层的地面标高），那么“B1”层的层高是 3500mm，“B1”层的相对高程为 6500mm，在建筑标注时，标注“B1”层的地面

标高为 -3500mm。

也可以建立典型楼层，如图 13-30 所示。典型楼层相当于常说的标准层，系统会自动生成多个标高，如图 13-31、图 13-32 所示。在后续的应用过程中，这些高程在立面图、剖面图中会被自动标注，也有一些相应的设置，如图 13-33 所示。

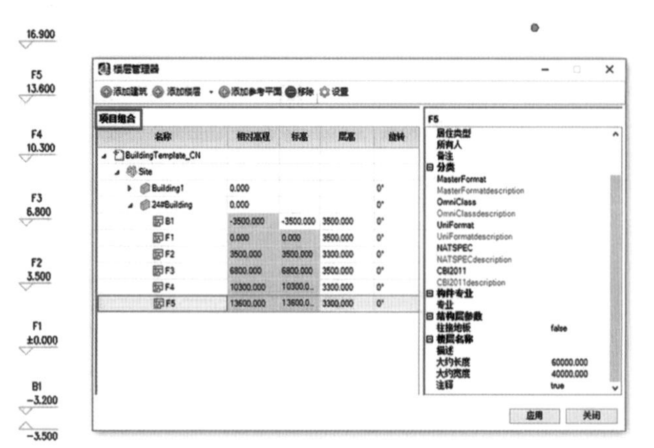

图 13-28

图 13-29

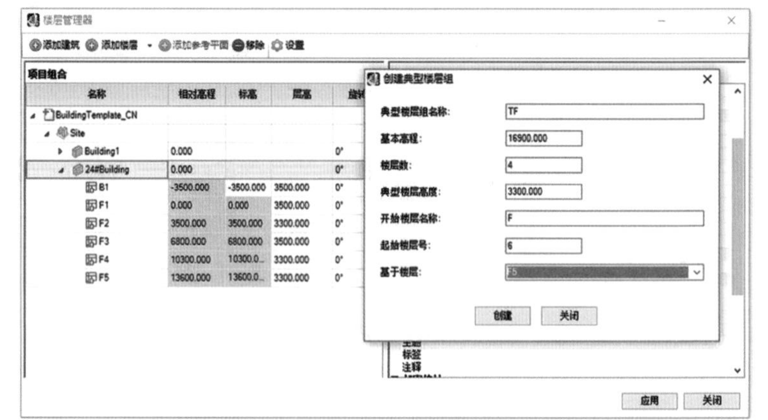

图 13-30　　图 13-31

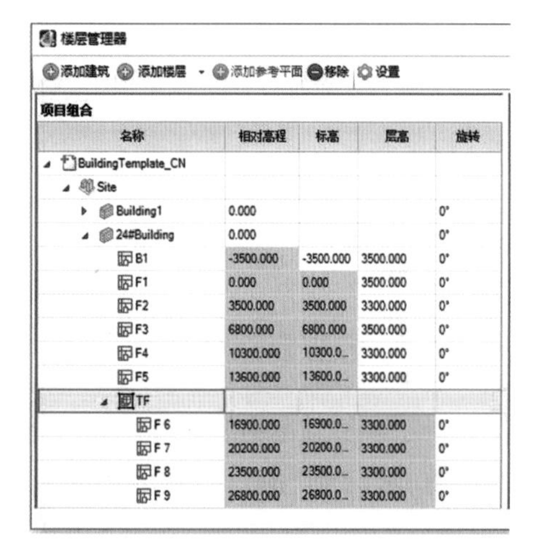

图 13-32

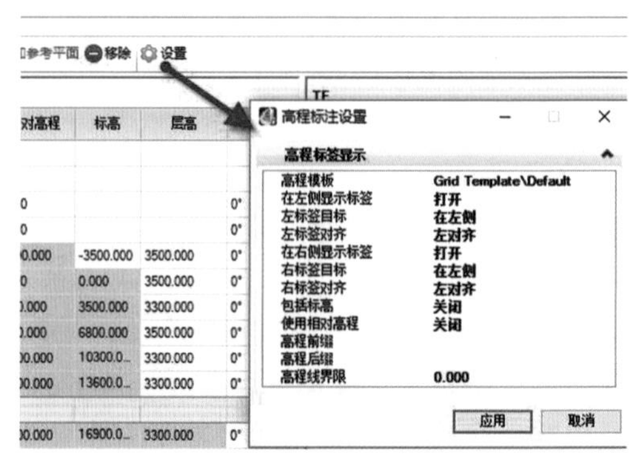

图 13-33

2. 楼层选择器

当建立好楼层标高后，在这个项目环境下，所有的文件都共享同一组标高，这通过楼层选择器来实现。单击“楼层选择器”命令，弹出如图 13－34 所示的界面，默认情况下，这个界面是显示的。

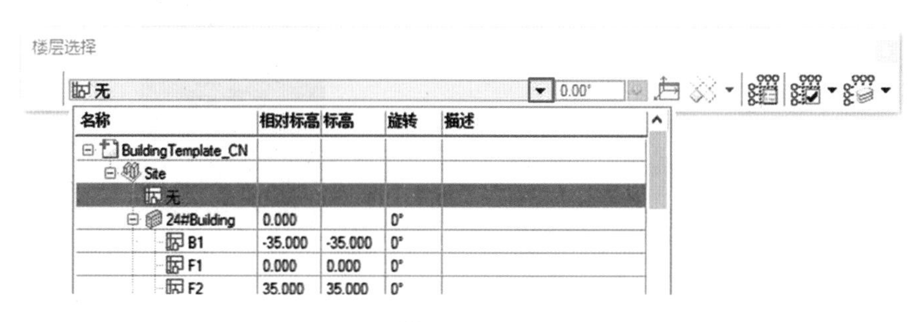

图 13－34

图 13－34 按钮，也可以进入楼层管理器，按钮右侧的下拉列表可以选择标高。

当选择一个楼层标高时，系统其实是“临时”在当前的文件中建立了一个 ACS，当然，它受 ACS 是否锁定的控制，如图 13－35 所示。

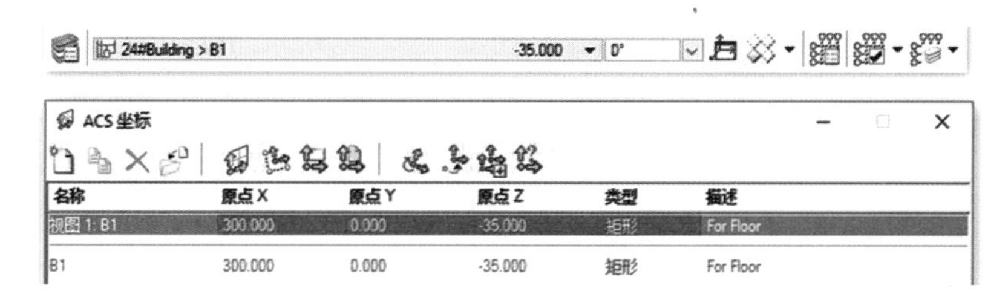

图 13－35

6.2 轴网

工程项目中常用轴网来定位开间和进深。在以往的二维设计里，期望所有的楼层都使用一个轴网，所以定义了涵盖所有楼层开间和进深的“大而全”的轴网系统。

在三维设计中，这样的操作也没有问题，但需要注意，当定义一个轴网时，对于一个实际的项目来讲，每层开间和进深是不同的，需要一个独特的轴网。这就意味着，需要根据每层开间和进深的不同，为每个楼层在相应的高度上建立一个“空间”的三维轴网系统，这就是轴网与楼层管理器协同工作的原因。

1. 轴网的建立

当启动轴网的命令，建立轴网时，弹出如图 13－36 所示界面，每个轴网都有一个或多个楼层与之对应，若想采用传统的方式，需要注意这个“大而全”的轴网仅仅是放置在某个特定的标高上。

从图 13－36 中可以看到，建立的每个轴网都是指定给某个建筑的某个楼层标高的，在下面的参数区域可以设置。在预览区域，也可以对这个三维轴网的某一层进行预览。

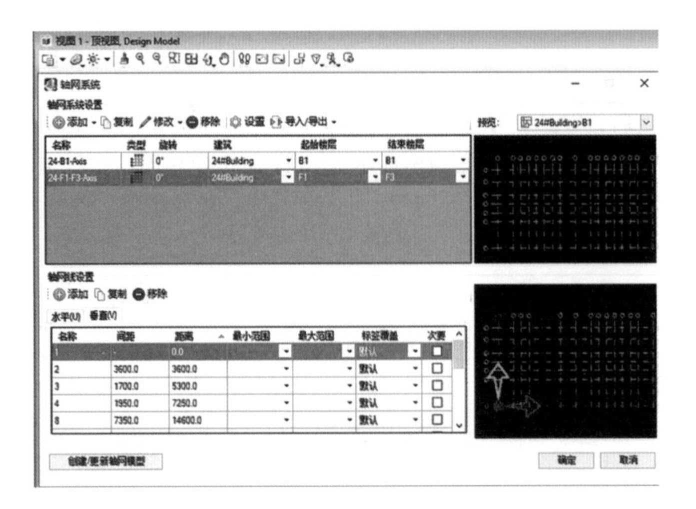

图 13－36

在 ABD 中，可以建立正交、弧形轴网以及自由轴网，如图 13－37 所示。

在一个楼层里，可以组合多个轴网进行定位，为方便定位，在某个楼层标高的右键属性菜单里，可以调出“偏移”选项参数，如图 13－38 所示。

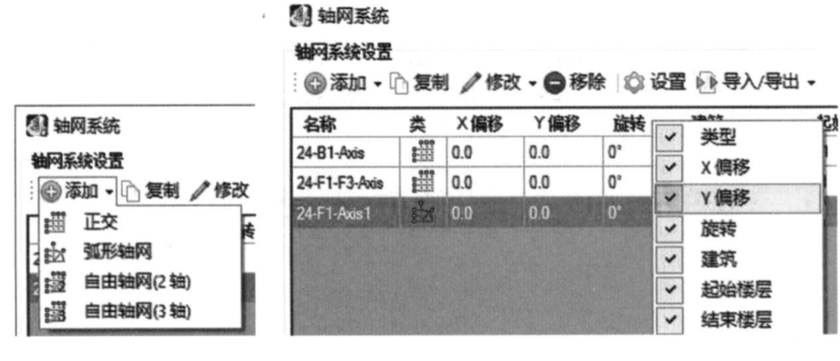

图 13－37　　　　图 13－38

设置的结果如图 13－39 所示。

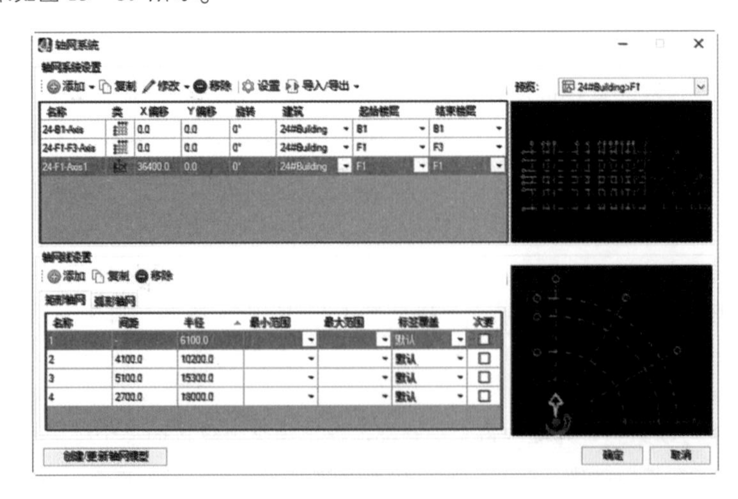

图 13－39

如果选择添加一个曲线轴网时，单击“添加”或“修改”按钮会弹出如图 13－40 所示界面对曲线轴网进行设置。

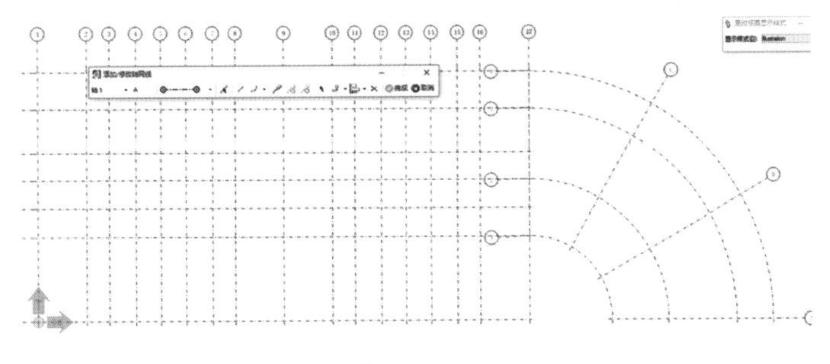

图 13－40

通过绘制轴网、识别轴网等方式进行曲线轴网的布置，其命令如图 13－41、图 13－42 所示。

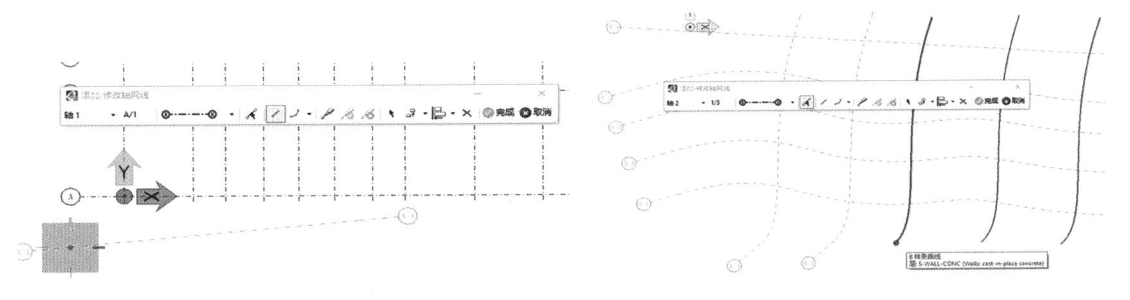

图 13－41　　图 13－42

当轴线的参数设置完毕后，单击对话框下的“创建/更新轴网模型”，可以生成三维轴网，如果只单击“确定”按钮，系统只保存参数，如图 13－43 所示。

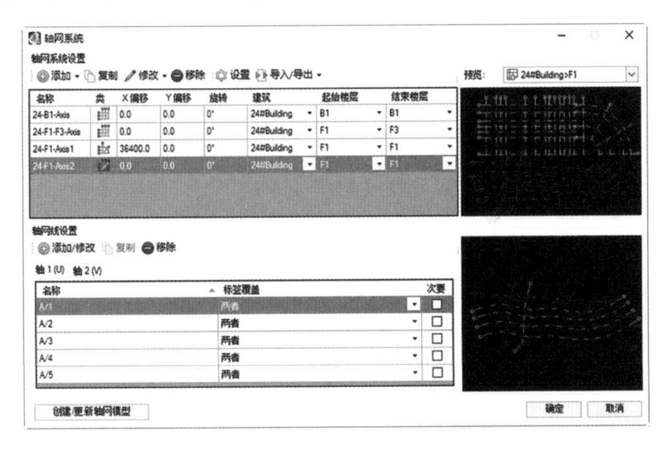

图 13－43

2. 轴网的使用

在创建模型时，需要通过楼层选择设定一个 Z 轴的高度，通过轴网进行平面定位。而在楼层管理器中，选择一个楼层标高时，系统会自动设定高度，把轴网“显示”在相应的标高上，从效果上与参考是一样的，如图 13－44 所示，需要注意，图中没有参考轴网。这就是智能轴网的意义，将来在切图时，轴网也会自动显示在二维图纸上，而不是“真实”的参考。所以，通过“楼层选择器”按钮，可以进行楼层管理器的设定，轴网是否显示等操作。

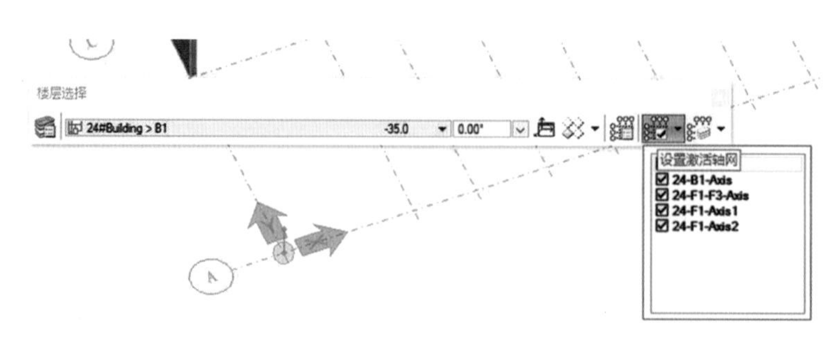

图 13-44

第 7 节　对象创建与修改

在 ABD 中，模型的建立和修正是通过一系列的创建模型和修改模型来完成的，不同的专业模块具有不同的对象创建和修改工具，这些工具都沿袭类似的操作方式。

7.1　对象的参数化创建

ABD 中建筑、结构、机电专业的模型创建及修改工具如图 13-45 ~ 图 13-47 所示。

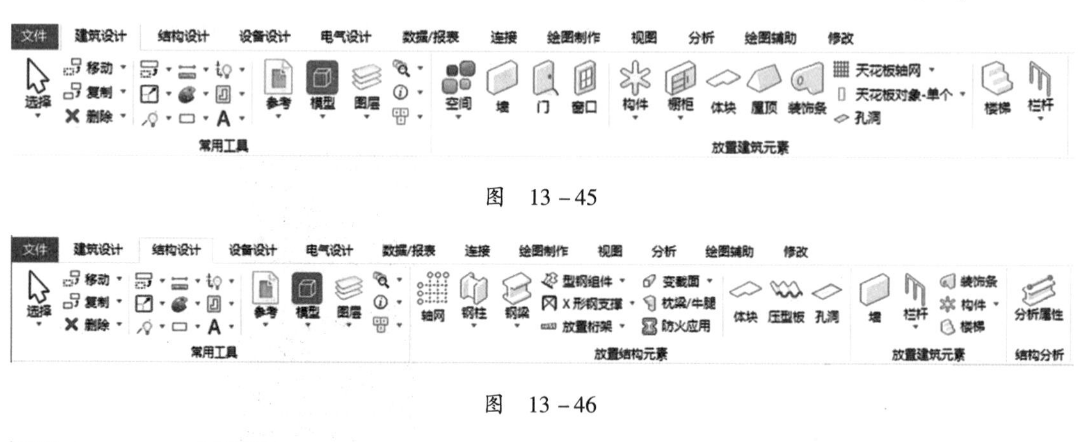

图 13-45

图 13-46

图 13-47

ABD 中，对象的创建过程遵循：选择命令，设置参数，通过空间定位三个步骤。创建的过程同样也是从“库”中选择一种型号进行放置的过程，图 13-48 为选择墙体类型进行放置墙体。

可以在选择完型号后修改参数，但建议修改参数后，把新的参数组合当成一种“新型号”存到库里去，这样就不用整个创建过程都在不停地修改参数，如图 13-49、图 13-50 所示。

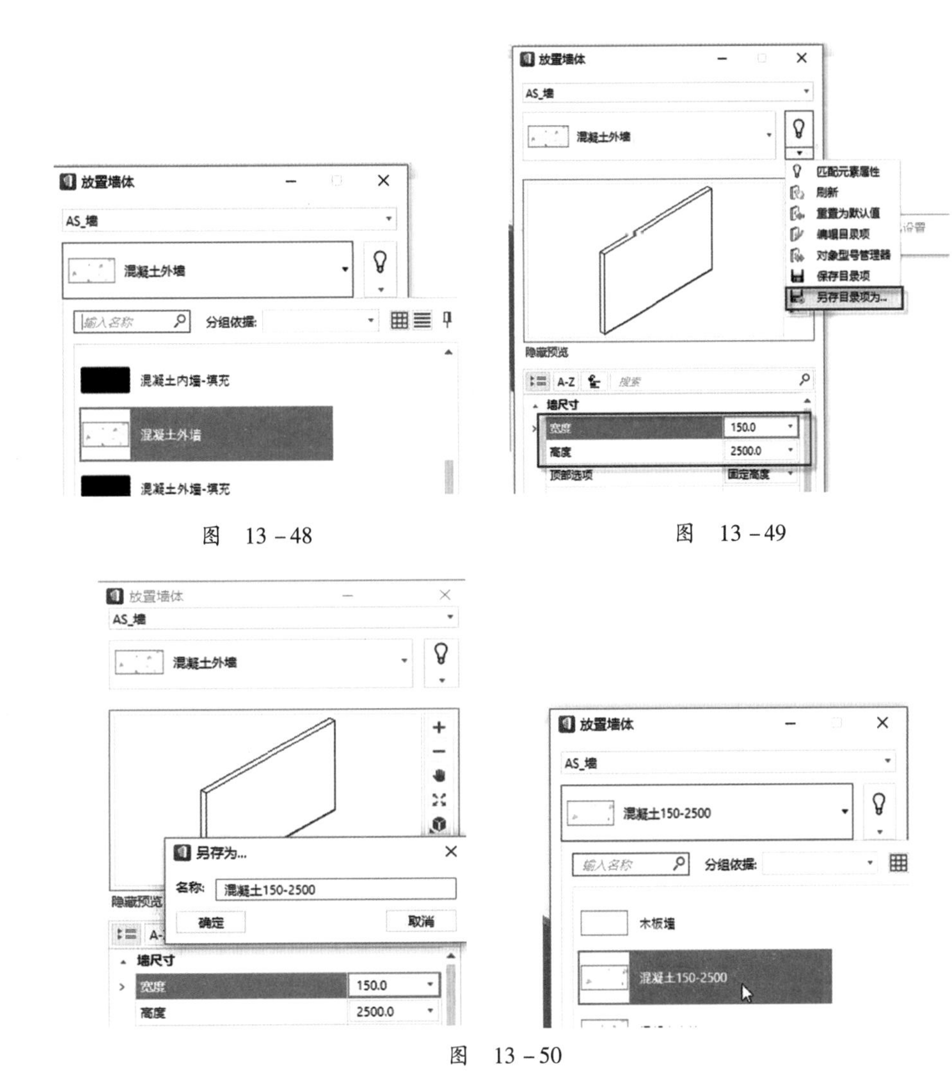

图　13－48

图　13－49

图　13－50

可以通过“放置选项”和“型号参数”控制放置的过程，如图 13－51 所示。

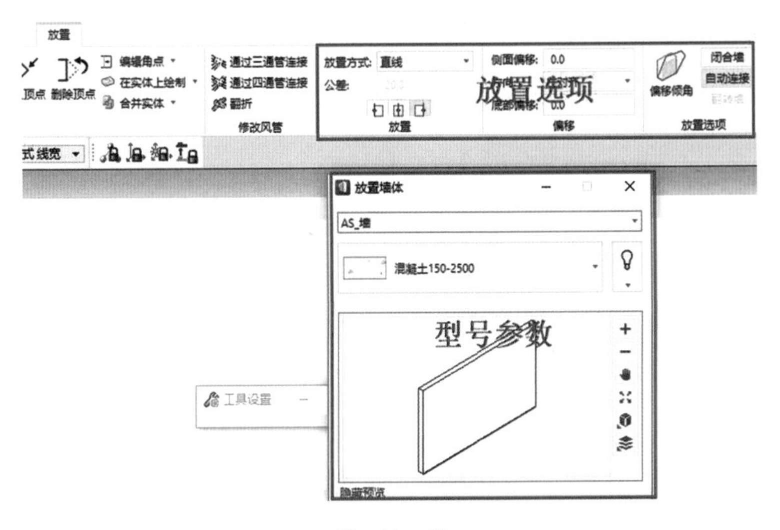

图　13－51

7.2 对象的参数化修改

对象的更改选项和创建时的参数控制一样，分为型号属性参数更改和特殊参数更改。有些对象类型有特殊的对象修改命令，例如：门可以修改门扇的开启方向，而这个操作命令对于墙对象而言是无效的。

ABD 的通用修改命令在“修改属性”命令选项卡里，一些命令是针对特定的对象类型的，例如修改墙、修改风管的命令，如图 13－52 所示。

图 13－52

7.3 ABD 对象操作原则

对于放置、修改过程，遵循以下原则，任何 ABD 的命令就将会使用。

1. 定位的原则

在 ABD 中，影响定位的因素只有两个：辅助坐标系 ACS 和精确绘图坐标系 AccuDraw。注意 ACS 是否锁定，精确绘图坐标系也可以通过 X、Y、Z、D、A 快捷键来锁轴。

定位的过程为：鼠标捕捉到某个点，如果 ACS 锁定了，那么单击鼠标时，实际点就会落在 ACS 的平面上，也可以使用字母“O”精确绘图快捷键，将精确绘图坐标系放到捕捉到的点上，以此来确定捕捉的点，注意这时并没有单击鼠标的左键。

然后通过 T、S、F 快捷键确定精确绘图坐标系的坐标平面，以此为原点来定位下一点。

2. 命令执行的原则

选择某个放置命令后，系统会显示相应的参数对话框，可以从系统库里选择相应的型号进行放置。如果是修改对象命令，虽然可以直接修改放置所选型号的参数，但修改后的对象型号与系统库中的型号参数会发生变化。

在 BIM 的工作流程中，因为某种具体的型号对应固定的参数，当修改一个对象的“参数”修改时，意味着一种“新型号”的产生，因此应将这种“新型号”放在库里。

无论是放置命令还是修改命令，都有一个“属性”对话框来设置参数。这个“属性”对话框，可以通过鼠标拖动粘连在窗口的边界上，任何对话框都可以通过这样的方式粘连到边界上，如图 13－53 所示。

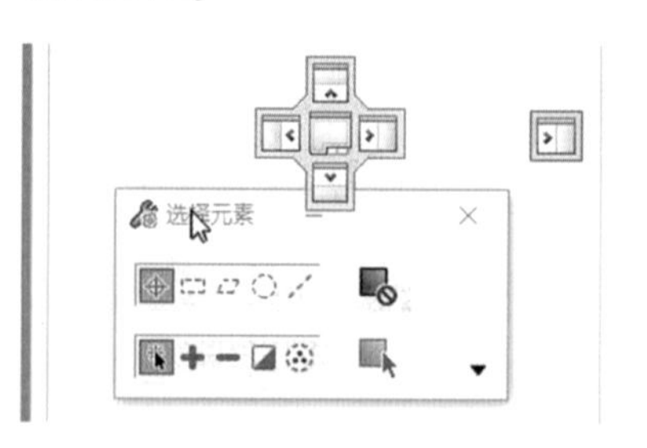

图 13－53

3. 修改对象的操作原则

修改单个对象时，系统会弹出与这个对象相关的修改命令，最常用的就是“修改属性”的命令，也可以通过双击对象来启动这一命令，如图 13－54 所示。通过对象的右键菜单选择相应的修改命令，如图 13－55 所示。

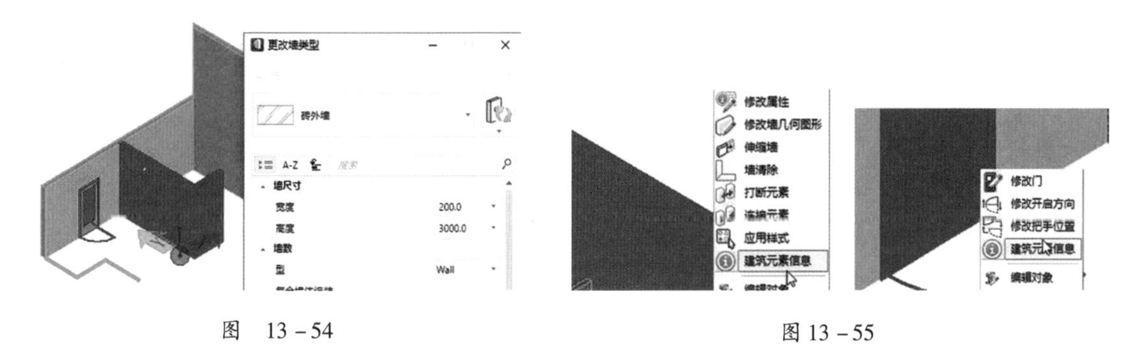

图 13－54　　　　图 13－55

当选择了多个不同类型的对象时，进入修改命令后，系统会首先提示需要同时修改哪类对象，如图 13－56 所示。修改对象的另外一种方式是通过后台的数据库批量更改。放置的任何一个对象，都会作为一条记录存储在后台的数据库中，后面的材料报表统计就是在这个数据库中提取数据而已，如图 13－57 所示。

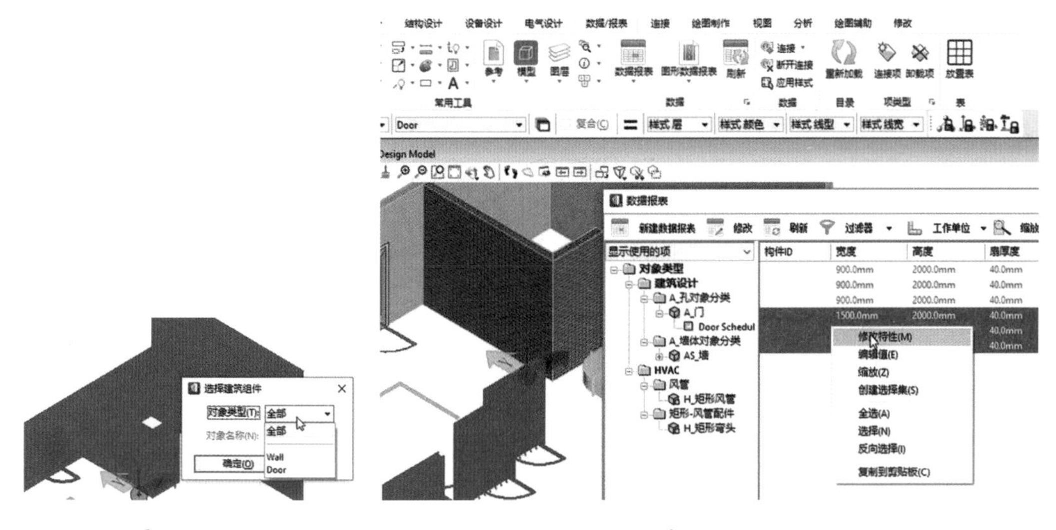

图 13－56　　　　图 13－57

当修改放置的对象时，也可以通过直接修改数据库参数的方式来实现，还可以通过不同参数来批量过滤，然后批量选择，最后批量更改，这个过程和操作 Excel 表类似。

另外，在数据库中操作时，需要确认修改的有效性，最好修改一些非图形参数时在数据库中操作，因为图形参数的修改会涉及其他对象。例如，批量修改风管尺寸，并不能保证连接件自动调整。

ABD 对于数据类型是开放的，可以随便放置一个形体，然后赋予属性作为一个 BIM 对象。所以，可以使用 MicroStation 的任何命令来建立模型。

ABD 中的 MicroStation 的建模工具，注意左上角选择“建模”功能分类，如图 13－58 所示。

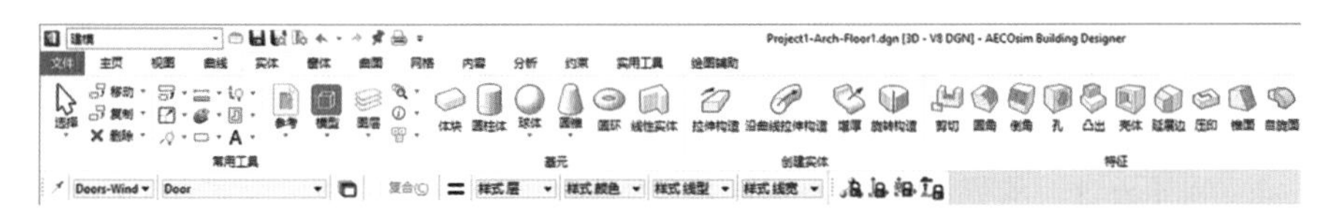

图 13－58

ABD 是基于 Ribbon 进行界面定义的，所以，可以采用 Ribbon 界面通用的定义功能，定义属于自己的操作界面，如图 13－59 所示，此处不再赘述。

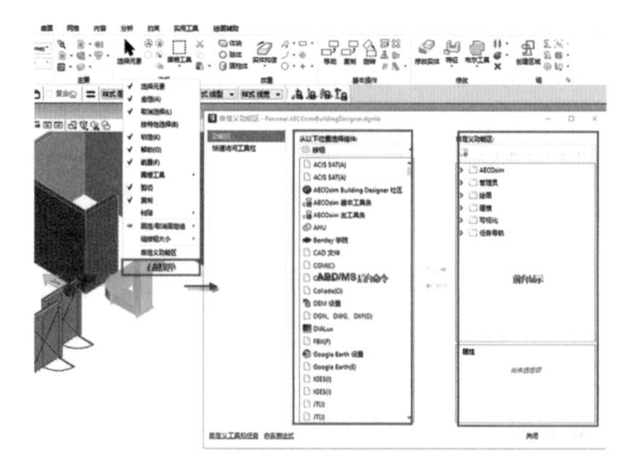

图 13-59

课后练习

1. 下列关于 AECOsim BD 软件基础的介绍，说法不正确的是（　　）。
   A. 当启动 AECOsim BD 时，系统会弹出“欢迎使用 AECOsim Building Designer”界面，可以通过相关的链接查看相关的案例、学习课程和一些 Bentley 的新闻公告
   B. 进入 ABD 的项目管理界面，在 ABD 中，以项目为单位来组织工作内容，称之为工作集 Workset
   C. 可以建立多个工作集来管理多个工程项目。工作集的标准，也可以通过局域网共享，ProjectWise 托管的方式，实现工作标准的统一管理
   D. 在建立工作集的过程中，系统需要设定工作集的根文件夹，以用来在这个位置存储模型图纸和标准等内容。如果没有 ProjectWise，是不能通过局域网共享的方式来使整个团队达到标准的统一
2. 下列不属于 AECOsim BD 操作界面的是（　　）。
   A. 功能分类区　　B. 详细功能区　　C. 工程属性设置　　D. 修改上下文选项卡
3. 在 ABD 中，下列关于内容组织与参考解释正确的是（　　）。
   A. 在 ABD 中倾向于将不同专业、不同楼层、不同系统、不同部位的模型放在不同的 dgn 文件中，然后通过灵活的参考技术，将不同的模型“组装”在一起
   B. 专业之间通过参考的方式可以保持内容的独立和权限控制，同时可以实现实时的协同过程
   C. 对于一个项目或者一个专业的多人协作来讲，都是在不同的三维空间中工作
   D. 对于定位来讲，最简单的方式是参考同一个平面图和同一组标高设置
4. 下列不属于 AECOsim BD 软件中 dgn 文件的命名原则的是（　　）。
   A. 项目名称　　B. 专业名称　　C. 区域名称　　D. 制图员
5. 下列关于 Bentley BIM 初步设计中软件使用解释不正确的是（　　）。
   A. ABD 工作的过程，就是从一个工作标准中选择构件类型、型号、设置参数，然后放置的过程
   B. 在工作标准中，不仅仅是一些三维信息模型的标准构件库，也保存了输出图纸所需的模板、切图规则、文字样式等
   C. 在 ABD 中，影响定位的因素只有辅助坐标系 ACS
   D. 轴网是工程项目中常用的定位方式，用轴网来定位开间和进深
6. 关于 Bentley BIM 设计，下列说法错误的是（　　）。
   A. ABD 中，对象的创建过程遵循了选择命令和设置参数两个步骤
   B. 对象的更改选项和创建时的参数控制一样，分为型号属性参数更改和特殊参数更改
   C. 对于放置、修改过程，需要遵循定位的原则、命令执行的原则、修改对象的操作原则
   D. 修改对象的方式有两种：多选实现批量选择和后台的数据库批量更改

第 14 章　建筑类对象建立与修改

在 ABD 中，建筑类对象统一集成在放置选项卡下的放置建筑元素面板中，可通过如图 14－1 所示的命令进行放置。

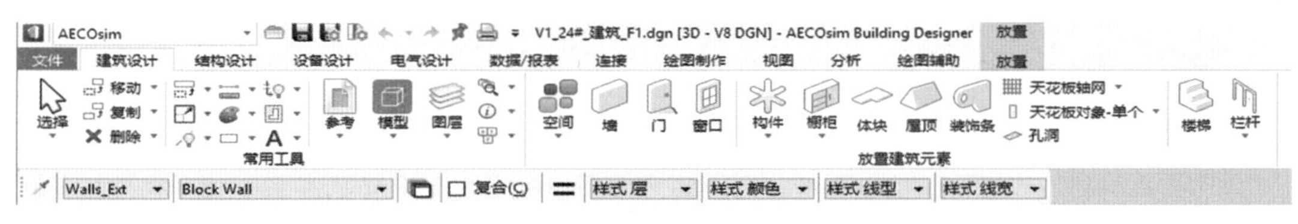

图　14－1

对于某些特殊的异形体或者需要自定义的对象，可以先通过 MicroStation 底层的体、曲面、参数化工具生成三维模型，然后赋予模型 BIM 类型属性和样式定义，就可以成为一个 BIM 对象。如图 14－2 所示，通过 MicroSation 建立三维模型；如图 14－3 所示，为该对象赋予 BIM 属性；如图

图　14－2

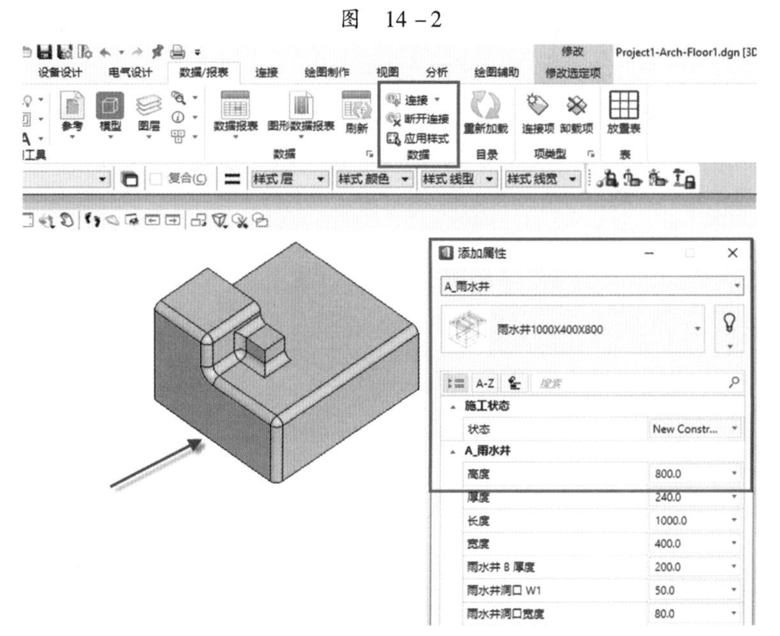

图　14－3

14－4 所示，赋予模型样式。在 ABD 中，“类型” 也是可以任意扩展的，使企业和个人都可以通过 ABD 提供的工具来扩展自己的 BIM 对象库。

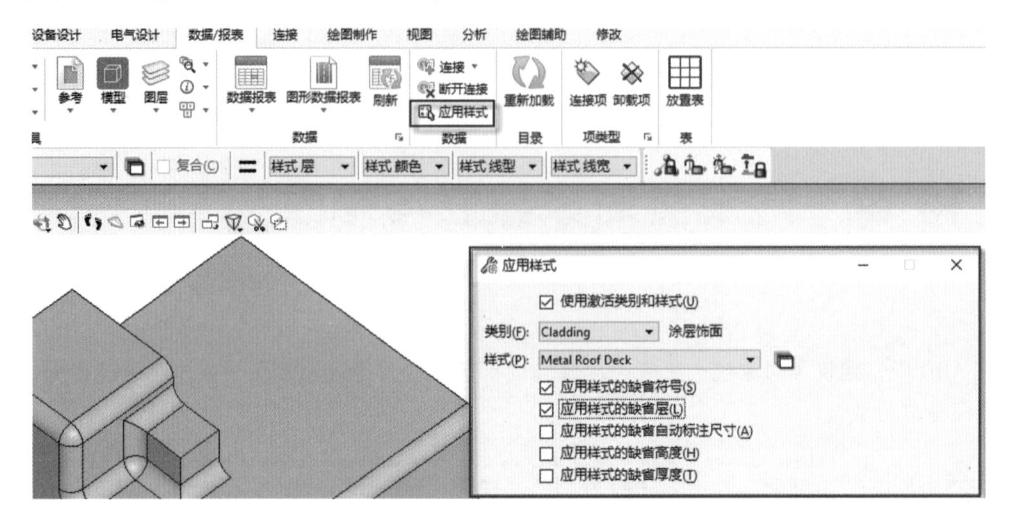

图　14－4

本节重点介绍工作流程和核心要点，而不会介绍所有的命令和具体的参数。每个命令的执行步骤和参数设置在 Help 文件中都有详细的描述，对于学习者来讲，需要学会查询 Help 帮助文件。

第 1 节　墙体类对象

1.1　放置设置

放置墙体前应对参数进行相应设置，首先应选择放置方式，如图 14－5 所示。常规墙体按照直线放置即可，特殊墙体可根据具体情况选择不同的放置方式。

图　14－5

放置方式确定后还需对墙体高度进行定义，其中应注意顶部选项的设置，如图 14－6 所示。可通过分组依据功能为墙体添加类型过滤，如图 14－7 所示。

图　14－6

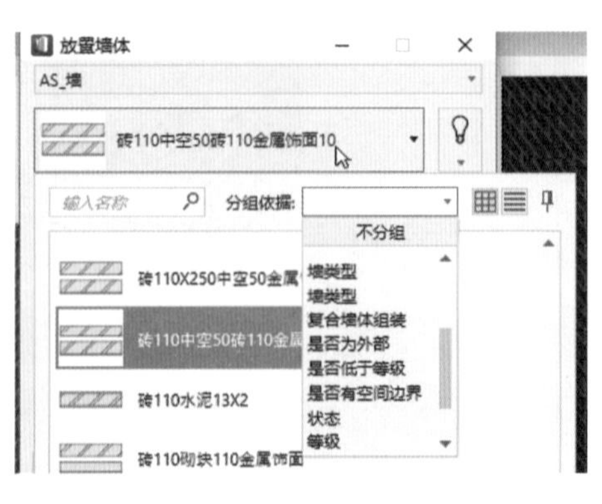

图　14－7

放置墙体，也可以通过空间对象实现，进行规划阶段的房间布置。放置房间其实就是放置一个逻辑的房间对象，可以通过此对象来生成墙体，如图 14－8～图 14－10 所示。

图　14－8

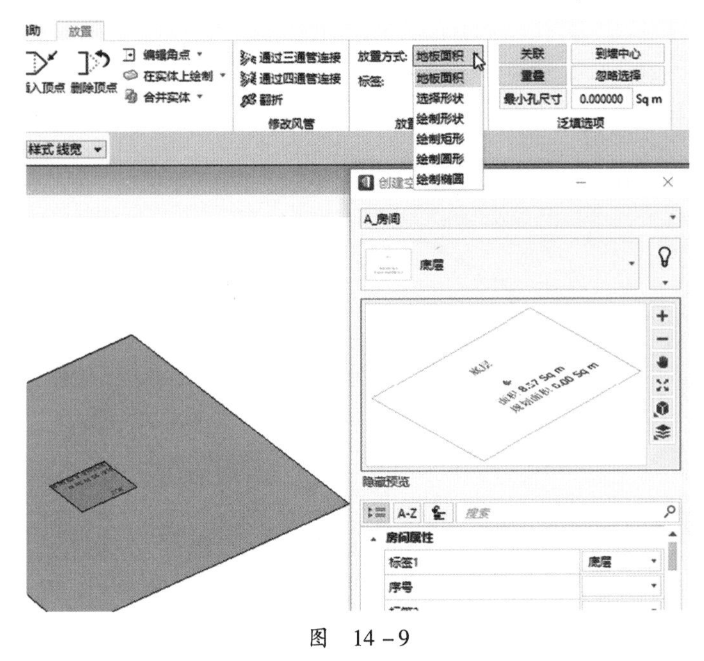

图　14－9

这样的方式更适合前期方案阶段，房间生成墙效果如图 14－10 所示。

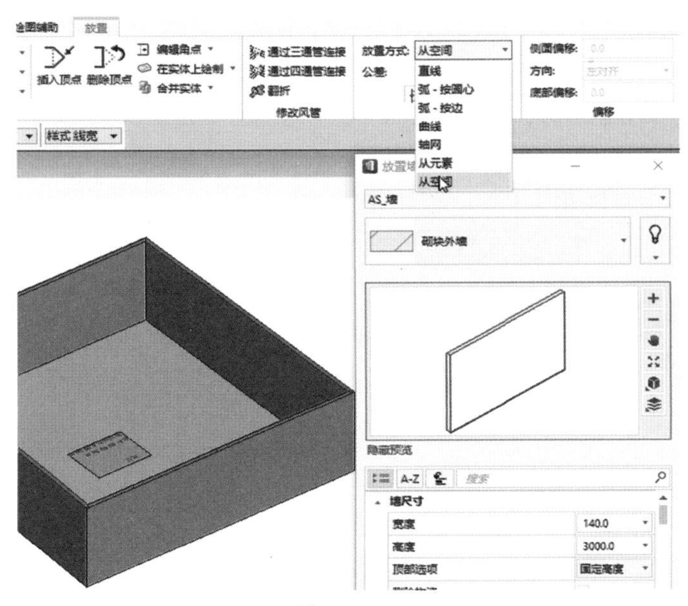

图　14－10

1.2 墙体的类型和选项

在 ABD 里创建的墙体，分为单层墙体和复合墙体。复合墙体就是多个单层墙体的组合，其放置的效果如图 14－11 所示。

复合墙体是在线性方向具有一致性，复合墙体结构如图 14－12 所示。对于下面的墙体布置，需要不停地配置复合墙体的“层次结构”衔接的地方还有接缝。

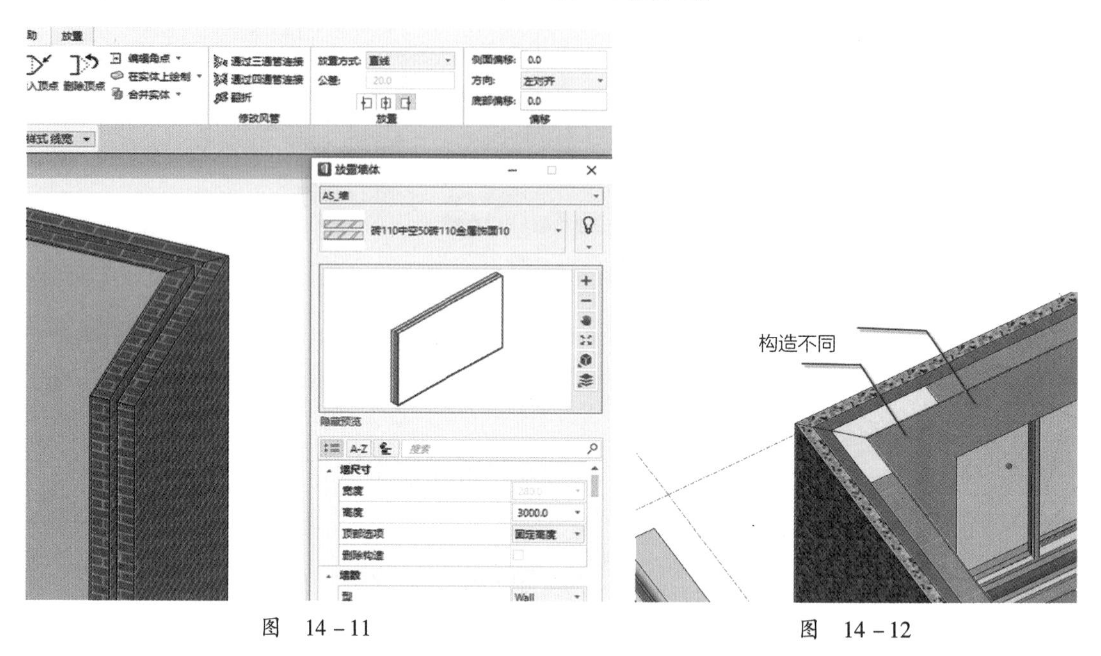

图 14－11　　图 14－12

实际上，复合墙体利用率并不高，用单层墙体来组合反而效率更高。

1.3 墙体的修改

墙体的修改分为属性更改和形体更改。参考 13 章 AECOsim Building Designer 通用操作部分内容，当一个墙体处于编辑状态时，会有如图 14－13 所示的参数出现。

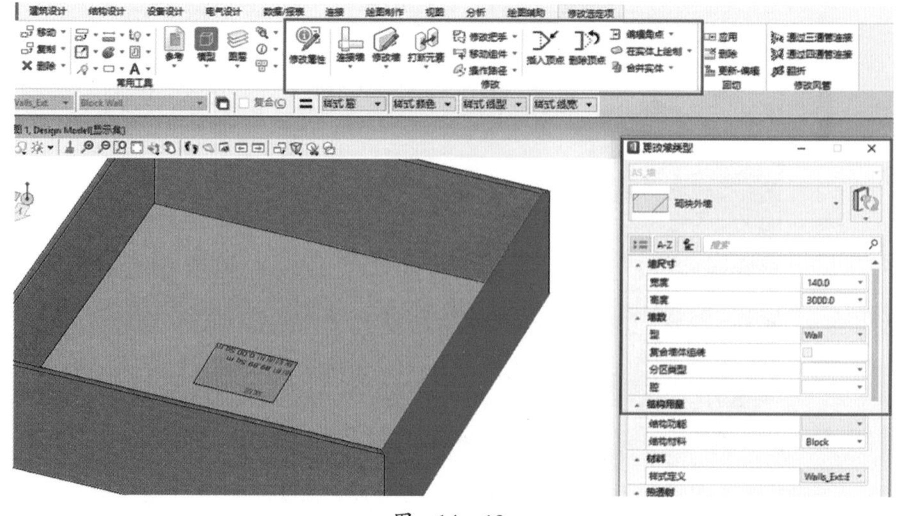

图 14－13

对于墙体的属性更改，可以通过通用修改方式进行。墙体的形体更改有打断和连接，如图 14－14、图 14－15 所示。

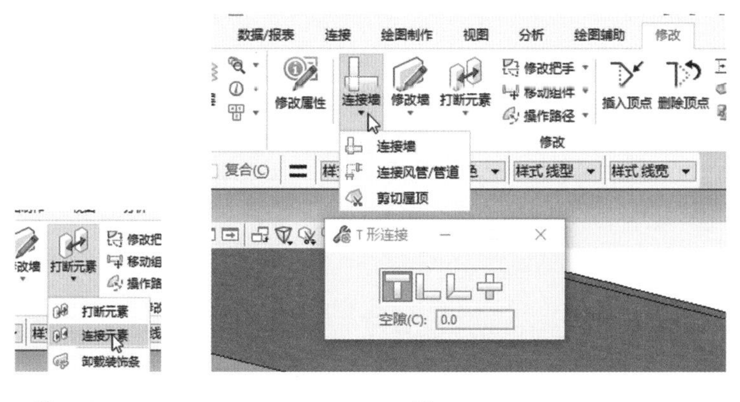

图　14－14　　　　　　　　　　图　14－15

墙体的形体修改，用到比较多的图 14－16 中的“修改墙”命令包括：对墙体的高度、厚度、长度进行更改，此对话框里有很多的选项设置，可以以精确绘图的方式定位，也可以设定相对、绝对的值。

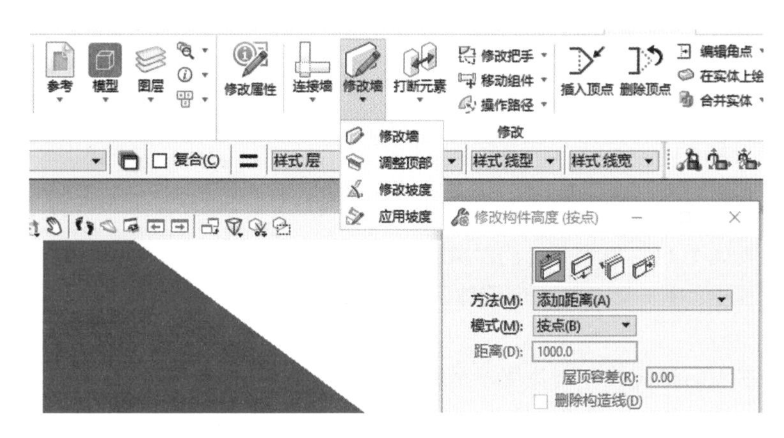

图　14－16

第 2 节　门窗洞口类对象

门对象、窗对象以及孔洞对象的放置是一样的，百叶窗等类型在“构件”命令里，如图 14－17所示。

需要注意的是，如果只是采用形体操作的命令对墙体或者板进行开洞操作，这个洞口并不能被统计，因为它不能作为一个独立的对象存在。

对于门窗类对象，一般都会依附一个“主体”对象，与主体对象对齐，然后在主体对象上开洞。所以，需要一定的属性设置来对这些参数进行控制，下面介绍几个核心的参数。

1. 是否启用 ACS

是否启用 ACS 决定放置的门窗类对象的高度基准是以主体对象为准，还是以 ACS 为准，如图 14－18 所示。

图 14－18

2. 感应距离

感应距离设置决定对象会被开洞的范围，如图 14－19所示。

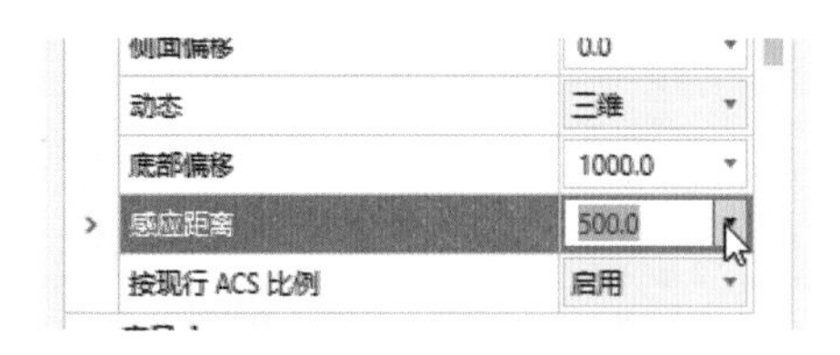

图 14－19

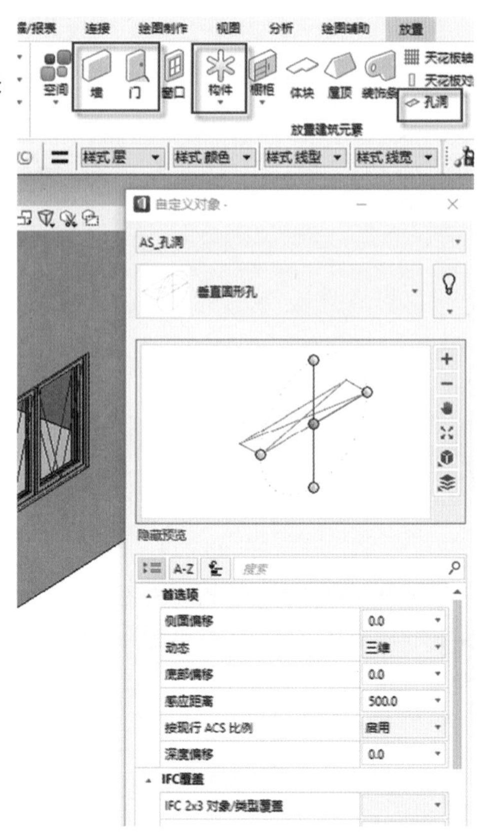

图 14－17

3. 窗台高度

窗台高度设置如图 14－20 所示，门对象默认的窗台高度为 0。

在布置的过程中，首先要单击一个墙体，并进行门窗类对象和墙体粘连，然后确定位置，并确定开启方向。

需要注意，在 MicroStation 下，高度不是对象的“属性”而是“位置”，也就是放置完毕后，没有必要通过修改属性的方式来修改位置，直接在三维空间内移动即可。

门窗类对象的更改除了参数和位置的通用更改外，还有一些开启方向和把手的更改（对于门来讲），如图 14－21 所示。

图 14－20

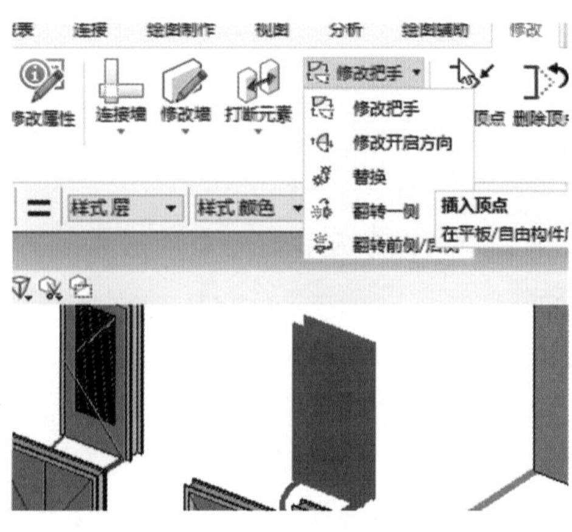

图 14－21

需要注意，空洞类对象其实是一种没有“窗扇”的窗户，被放置在垂直的墙和水平的板上，它的放置和窗户一样。

第 3 节　装饰条布置

装饰条布置命令如图 14 – 22 所示。装饰条对象的定义是通过一个 Cell 对象来定义界面的，系统会自动处理连接点，所以对于建筑设计里的一些天花线、装饰线、踢脚线可以快速布置，并且可以统计长度等工程量。图 14 – 23 所示为装饰条对象实例。

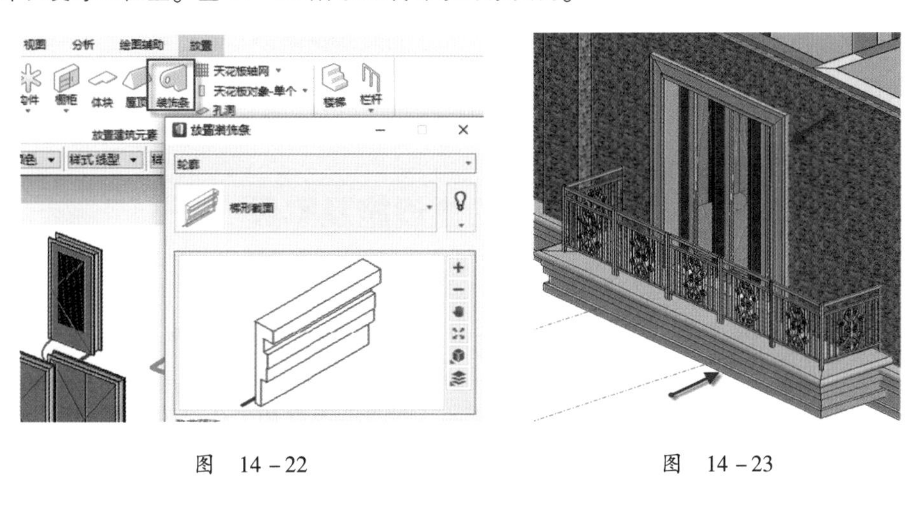

图　14 – 22　　　　图　14 – 23

第 4 节　房间类对象

前面在创建墙体时，可以通过房间对象形成墙体，房间类 Space 对象其实是 BIM 核心的概念，因为前期的规划、后期的运维都是以 Space 为对象的，而创建的墙体只不过是 Space 的围护结构。Space 具有一定的功能定义，建筑的初期规划是以功能为前提的，设定了不同功能区域的面积规划，然后才会设计楼层的定义等。

对于房间对象来讲，它的创建可以分为多种方式，可以采用绘制的方式，也可以采用识别已有的形状，以及泛填 Flood 的方式。在创建房间对象时，需要选择不同的房间对象类型。

在房间放置的对话框里也有很多的参数可以设置，如图 14 – 24 所示房间对象是一个三维的逻辑对象，在后期能耗计算和电气设计里，都是引用此房间对象。房间的创建和修改与其他类型构件相同，需要先选择房间类型，再修改对应的房间属性，如图 14 – 25 所示。

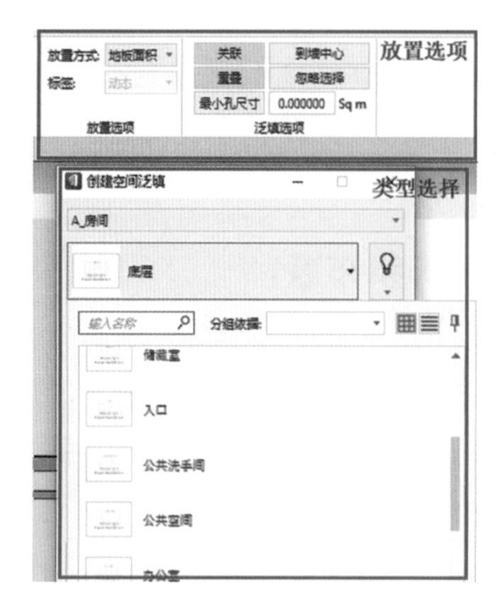

图 14-24

图 14-25

第 5 节　卫生设施及家具

对于卫生洁具和家具设施，都采用与门窗类对象相同的方式，其所涉及的命令如图 14-26 所示。ABD 采用开放的数据结构，所以可以扩展“构件”命令中的对象类型，例如，里面的人物、数目、阳台、台阶等对象类型就是根据标准制定的，在其他国家的工作集里，并没有这些对象类型。可扩展的构件类型如图 14-27 所示。

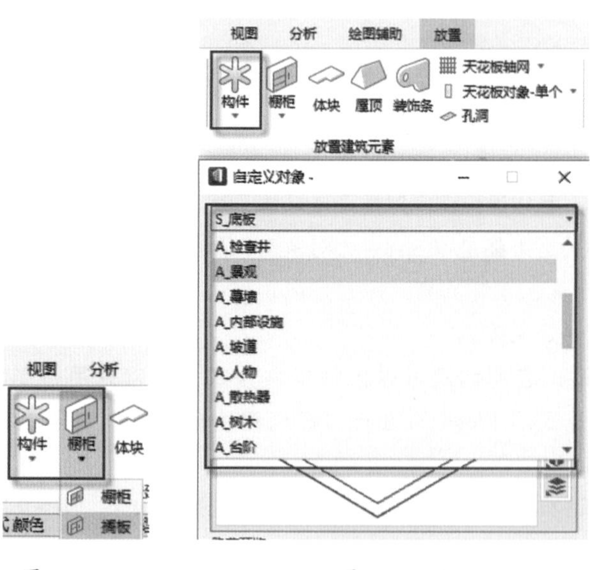

图 14-26　　图 14-27

从图 14-27 的列表里会发现，阳台、台阶、树木、人物都是根据中国地区的需求定制的，具体的定义过程在《AECOsim Building Designer 协同设计管理指南》里有详细的描述。

在 ABD 里很多的操作都是一样的，一个工具的操作原理与其他的操作也类似。

第 6 节　板类对象和屋顶设施

板类对象是建筑设计中常用的对象，如图 14－28 所示。板对象根据工程中的属性应该是上表面和下表面平行的对象，而四周可以不是竖直的，通过板类的创建对话框（图 14－29）就可以发现，有“侧面角度”的选项。

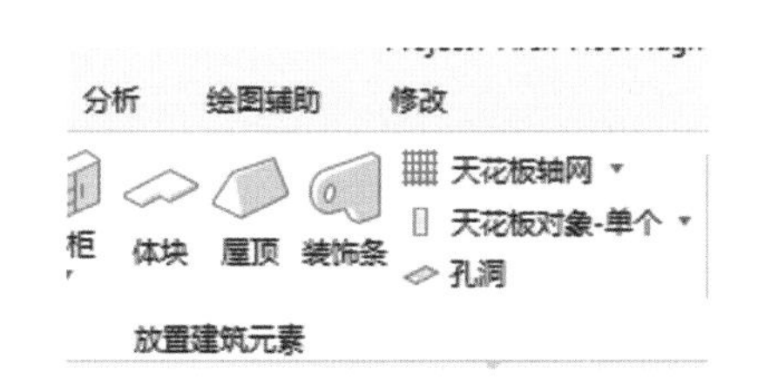

图 14－28　板类对象（体块）与屋顶对象

图 14－29　板创建对话框

对于板对象而言，在创建的选项里有“放置方式”选项，它也支持泛填 Flood 以及用结构对象生成的方式。例如，绘制了梁对象，它自动在梁对象之间布置板对象，如图 14－30 所示。

屋顶是一种特殊的“板”对象，它不一定是平板。如果是平板的话可以用上述的命令来实现，如果是坡屋顶或者异形屋顶，通过图 14－31 屋顶命令来实现特殊的异形屋顶，用 MicroStation 的建模命令创建，然后赋予属性。

对于普通的坡屋顶，需要事先绘制好外轮廓，设定各个边的坡度参数，然后单击右键生成。

对于曲线屋顶的创建过程，其实是选择两条曲线，一条是路径、一条是截面，截面沿路径略扫过的区域生成曲面实体，如图 14－32 所示。

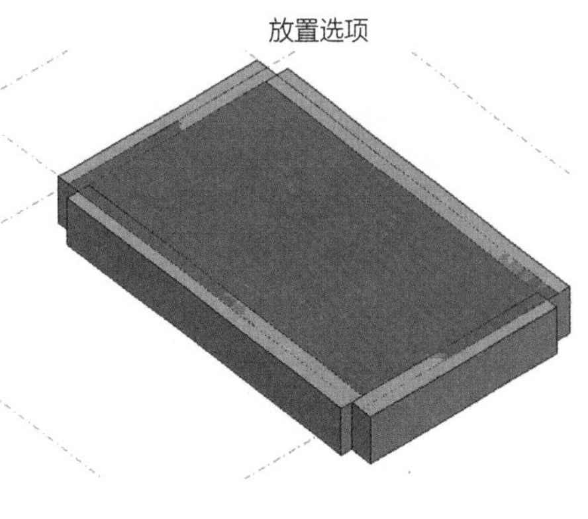

图　14－30

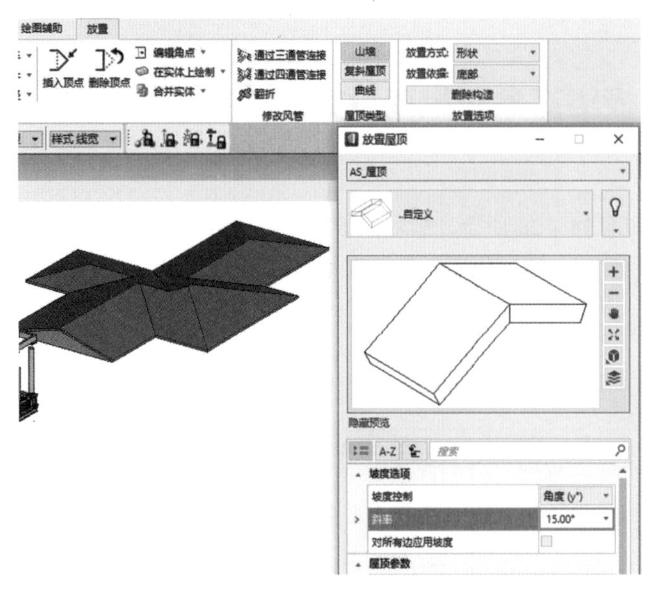

图 14-31

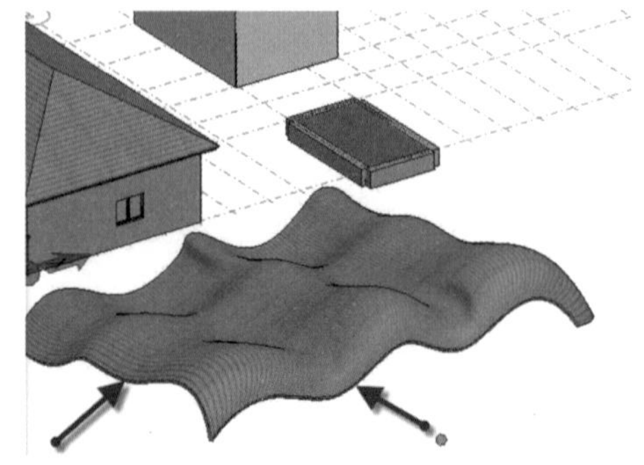

图 14-32

对于坡屋顶系统还提供了两个工具："修改坡度"可对屋顶的坡度进行调整，"修改屋顶"可对两个交接的屋顶进行剪切。其在右键菜单中可以找到，如图 14-33 所示。

对于屋顶设施，就是常规的对象布置到创建好的屋顶上，只要定位准确即可完成，如图 14-34所示。

图 14-33 屋顶修改工具

图 14-34 屋顶设施对象布置

第 7 节 开孔操作

在 ABD 里，开孔的操作包括两个命令：一个是前面讲的孔洞对象布置和门窗类对象布置；另一个就是在对象上的开孔操作，其实就是 MicroStation 的 CutSolid 操作。

开孔操作通过如图14－35所示的命令，通过一个形状、曲线来切割对象。

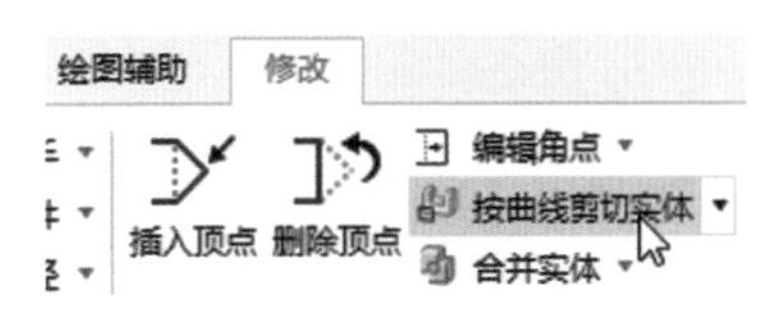

图14－35　开孔及切割对象

当对实体、墙体等对象进行开孔或者切割操作后，这个操作或者孔洞是以“特征”的形式存在的，单击空格键，在“移动、拷贝和删除”命令里进行“移动特征”“拷贝特征”和“删除特征”的操作，如图14－36所示。

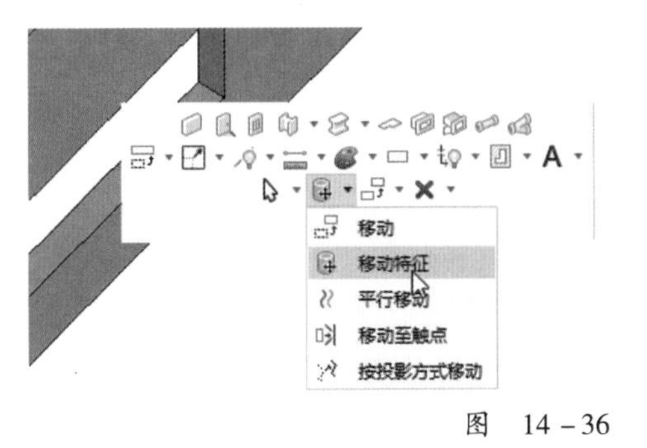

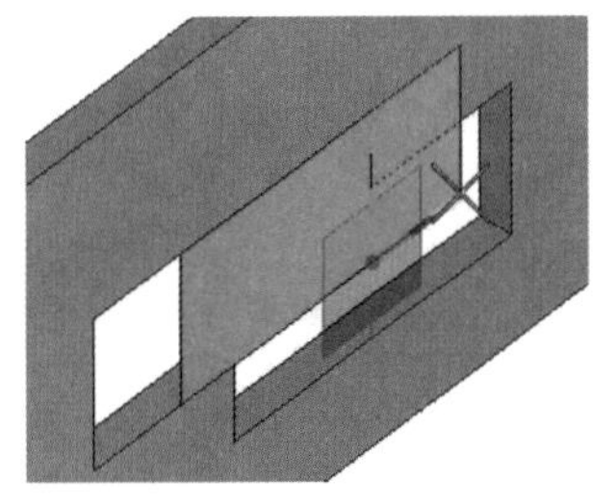

图　14－36

第8节　楼梯与栏杆

8.1　楼梯对象

无论是民用建筑、公共建筑，还是工业建筑，都有楼梯对象。在工程实际中，用到的楼梯分为常规楼梯和异形楼梯。

软件解决的更多的是常规楼梯，对于异形楼梯，很多时候都是靠自定义工具或者形体工具“拼”出来，再赋予属性。

参数化的产生一方面是由于对于简单、重复利用对象的快速布置需求，例如，墙体就是最简单的布置。另一方面是由于，在二维设计模式下，人们操作三维对象太麻烦，无法在三维空间中灵活定位或操作，而必须采用一个对话框来输入参数，在对话框里人们还得指明哪个参数是对应的哪个实体尺寸等，系统根据这些参数的变化在“后台”去操作对象，而不能直接在对象上更改。

对于如图14－37所示的异形对象，其实不需要一个参数化的界面去修改，用鼠标在三维空间中直接修改，直接精确定义尺寸即可。Push-Pull直观修改如图14－38所示。

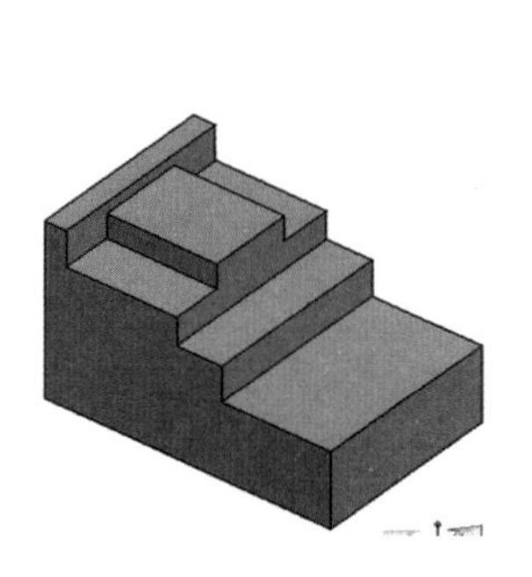

图14－37　异形构件

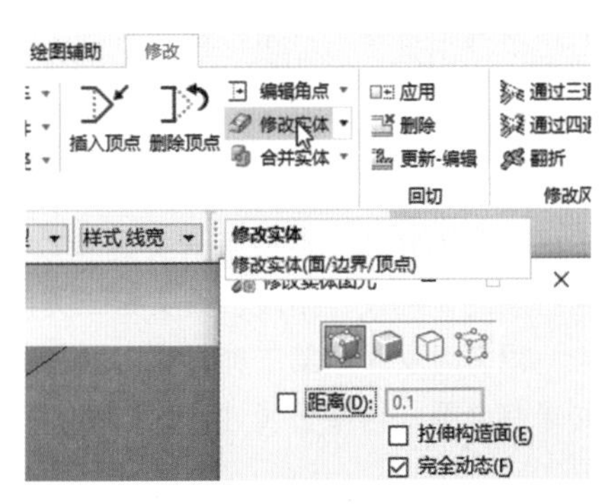

图14－38　Push-Pull直观修改

对于参数化的概念，在《AECOsim Building Designer 协同设计管理指南》中有专门的一章进行叙述。对于参数化，并不能简单地说它好还是坏，而是需要知道它可以解决哪些问题，不能解决哪些问题，把它放置在一个合适的位置上，才能让它发挥最大的作用，这和任何技术都是一样的。

在 ABD 中，楼梯的创建包含一系列命名，如图 14－39 所示，包括了楼梯、扶梯、爬梯、电梯、栏杆等对象。

楼梯的布置，需要选择楼梯类型、设定布置的定位点、设定参数，然后在三维空间中定位。楼梯很多时候对踏步高度、宽度都有规范的要求，以配置的形式存在，如图 14－40 所示的“加载楼梯设置”形式。

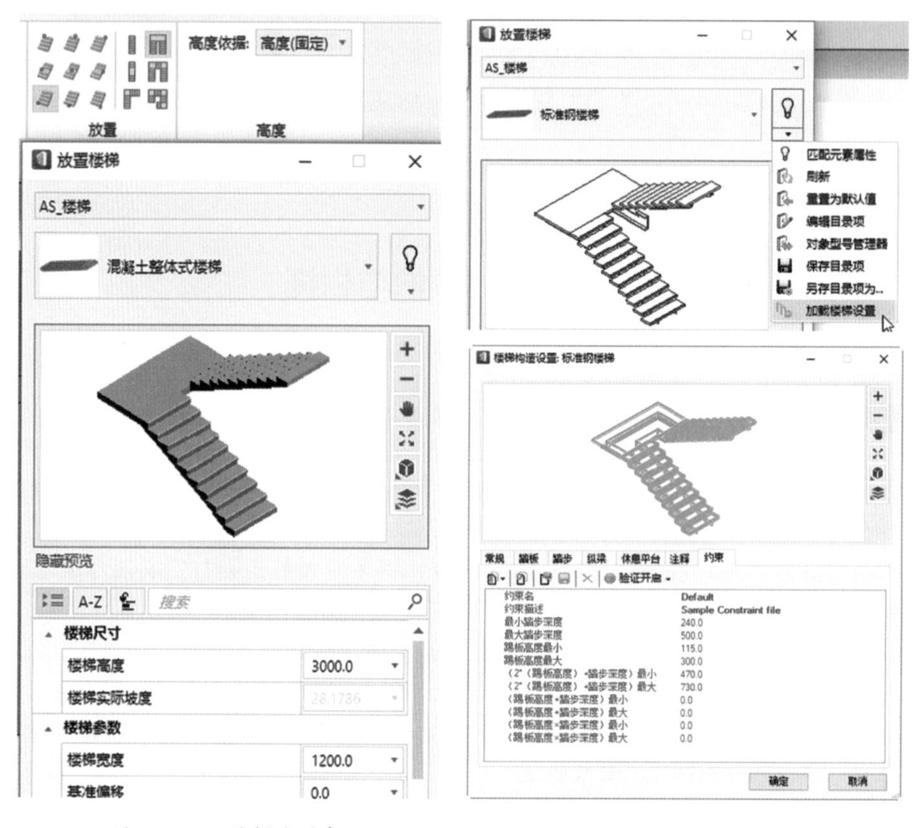

图 14－39　楼梯类对象　　　　图　14－40

扶梯及电梯的放置属于自定义对象，在“构件”里选择合适的类型即可。

8.2　栏杆对象

对于楼梯的栏杆其实也分为两类：第一类是参数化的扶手栏杆，第二类是通过实体创建的方式创建的栏杆。到后期的详细设计阶段，其实第二类用得更多。

在工程实际中，很多时候采用第二种方式，如图 14－41 所示，把不同的栏杆组件保存为 Cell，然后进行组装。如果有必要，再赋予属性，这样也更有利于材料统计。

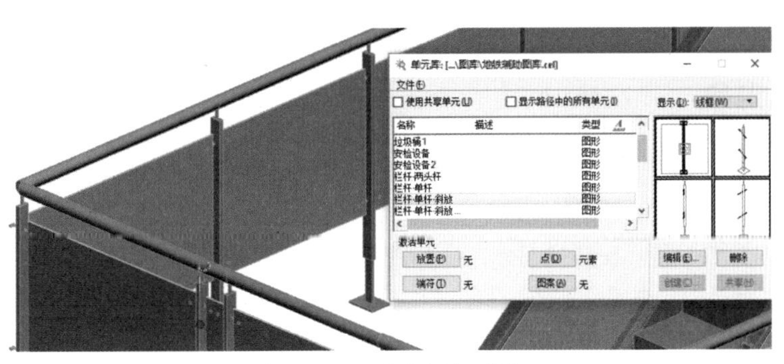

图 14－41　实体栏杆对象

对于参数化的栏杆，ABD 中的创建流程如图 14－42～图 14－45 所示，它是以一个楼梯对象或者一个“基线”来生成栏杆的。

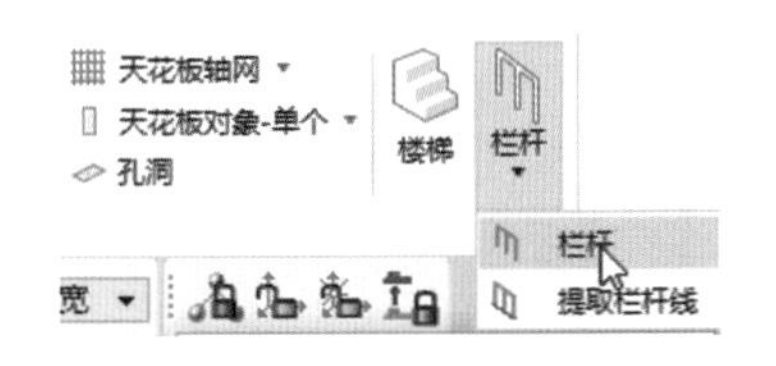

图 14－42　栏杆命令

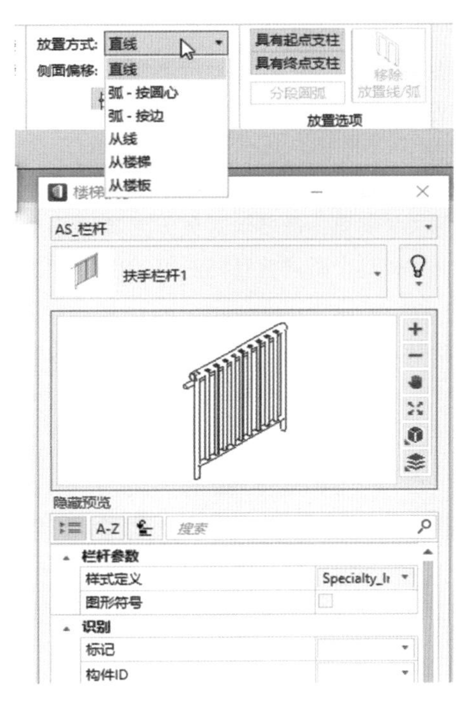

图 14－43　栏杆布置选项

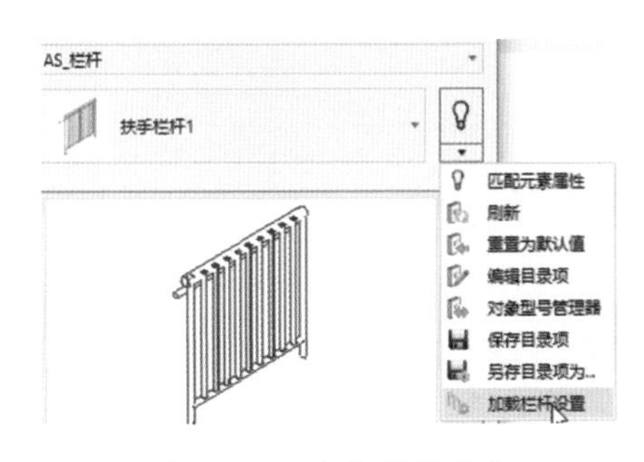

图 14－44　栏杆设置参数

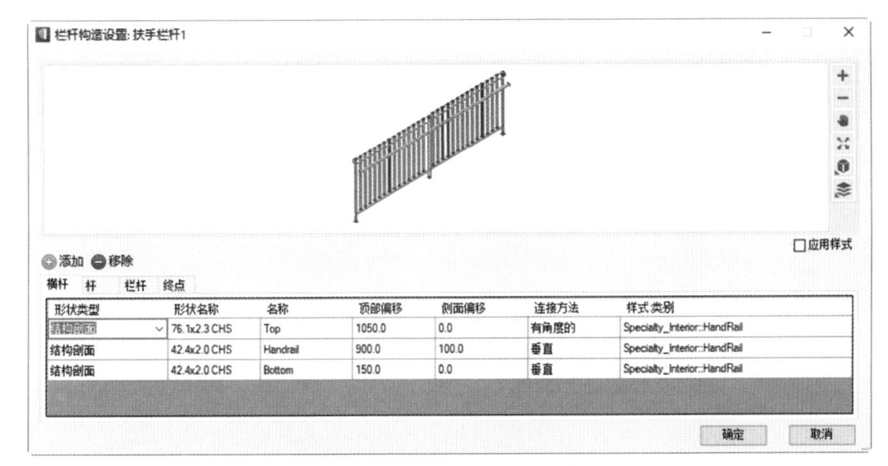

形状类型	形状名称	名称	顶部偏移	侧面偏移	连接方法	样式类别
结构剖面	76.1x2.3 CHS	Top	1050.0	0.0	有角度的	Specialty_Interior::HandRail
结构剖面	42.4x2.0 CHS	Handrail	900.0	100.0	垂直	Specialty_Interior::HandRail
结构剖面	42.4x2.0 CHS	Bottom	150.0	0.0	垂直	Specialty_Interior::HandRail

图 14－45　栏杆详细设施参数

8.3 自定义对象

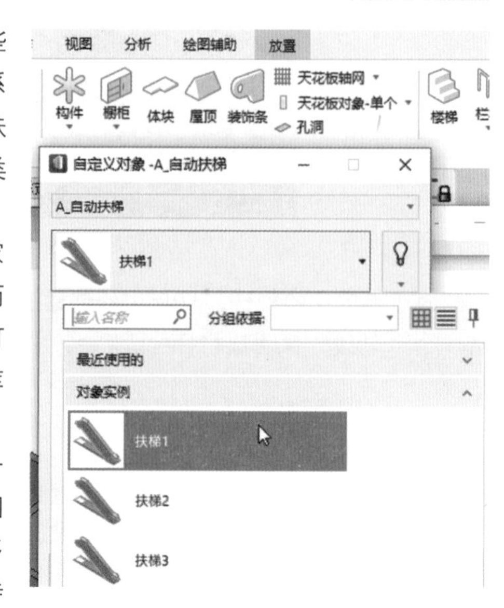

图 14-46　自定义对象

在 ABD 里，系统已经定义了很多的构件类型，但这些对象其实远远不能满足 BIM 对象需求。所以，在 ABD 里系统提供了自定义对象的功能。在楼梯部分，没有讲到的扶梯、爬梯等对象，就是以“自定义对象”（图14-46）的类型存在的，ABD 允许用户对构件类型进行扩展。

从本质上讲，前面布置的楼梯、幕墙、电梯门、家具等对象，只不过是调用了自定义对象的一种类型而已，这些构件类型的型号被保存在库里。设计人员也可以将一些常用的信息模型类型和型号定义好，放置在库 DataGroup 里。

Bentley 的解决方案从创建信息模型的角度来讲，一般以 ABD 作为平台，而不是 MicroStation，这完全是因为 ABD 提供了开放的、灵活的自定义对象功能。在很多的行业解决方案里，很多的对象无法具体归纳在某个特定的专业里，这个时候就需要使用 ABD 来定义这个构件类型。

系统在后台区分了“系统预定义类型”和“用户定义类型”。在前台使用上没有任何区别。对于“系统预定义类型”，更多的是处理一些专业的联动关系。系统类型如图 14-47 所示。

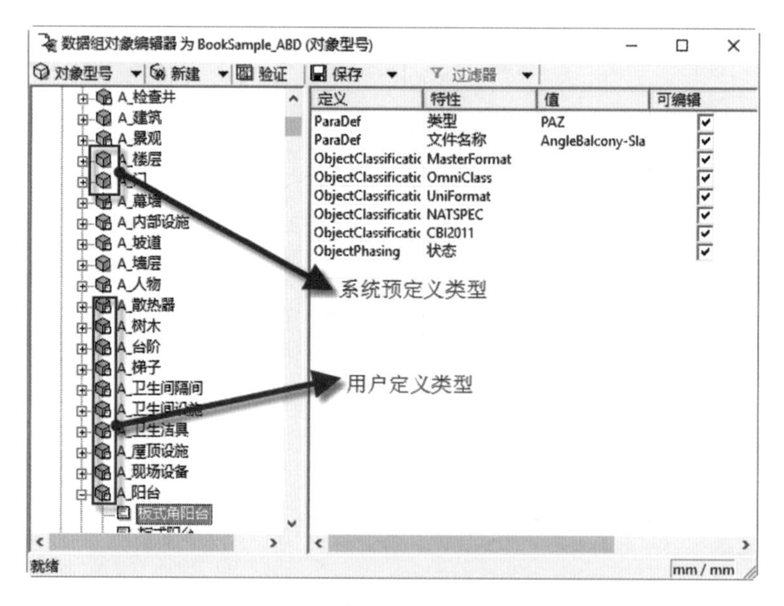

图 14-47

通过图 14-47 可以看出类型前面的图标是不一样的，但从使用上是没有区别的。

第 9 节　单元类对象

单元类对象是一个统称，包括了 MicroStation 提供的 Cell、Revit 的族文件和 ABD 独有的复合单元 Compound Cell。如果进行放置，只放置“模型”，而没有放置“信息”。可以用添加属性的工具，给“模型”加上“信息”，这个添加“信息”的操作对所有的“模型”都是有效的，相当于给模型贴一个“标签”，表明对象的类型和属性，如图 14－48、图 14－49 所示。

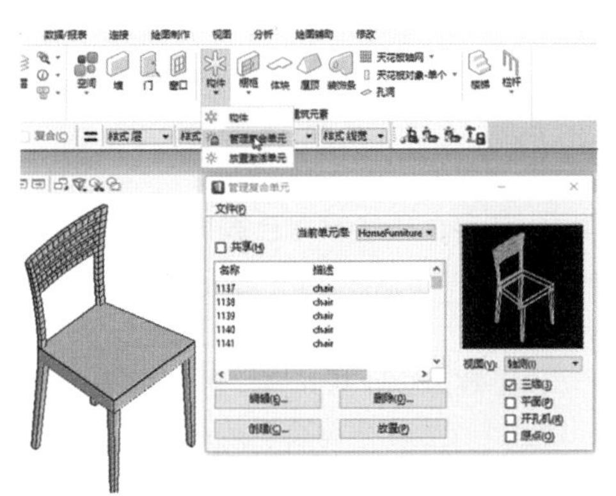

图 14－48　放置复合单元对话框

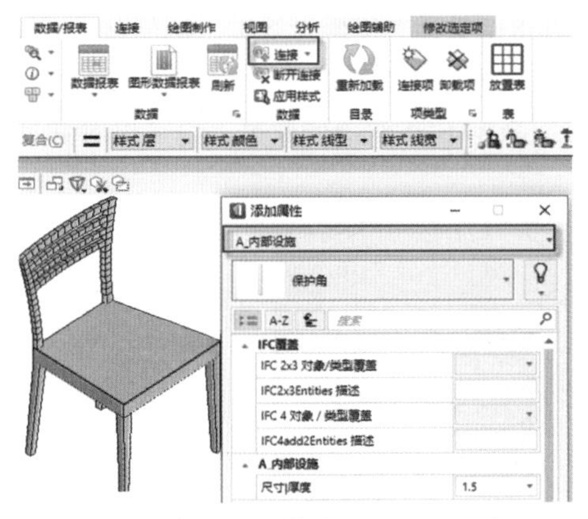

图 14－49　给“模型”添加“信息”

通过以上的构件放置和修改，可以知道，ABD 提供了统一的操作方式，只要学会定义和操作的原则和步骤，以及针对特殊对象的参数设置，就会学会所有的信息模型的建立操作。

课后练习

1. 下列不属于 ABD 建模三大步骤的是（　　）。

   A. 选择构件类型、型号　　B. 设置参数　　C. 放置　　D. 计算工程量

2. 单元类对象是一个统称，包括了（　　）。

   A. MicroStation 提供的 Cell　　B. Revit 的族文件

   C. ABD 独有的复合单元 Compound Cell　　D. 以上均是

第 15 章　数据管理与报表输出

创建和修改信息模型的过程，其实也是修改后台数据库里的每条记录。对于数据的统计，只是将这些数据导出来，可以通过图 15－1 的系列命令进行数据统计和报表输出，不同专业的不同工程量统计需求，采用不同的命令。

数据统计被分成两种类型：以个数为统计基础的“数据报表”和以工程量定义为统计基础的“统计工程量”。

“数据报表”统计的基础是根据对象属性为过滤条件进行分类统计，模型中每个被赋予属性的对象都是一个独立的个体。

“统计工程量”统计的基础是以某种工程量为基础，然后从不同的对象中提取相同的工程量。例如，某种标号的混凝土会用在楼梯上，也可以用在墙体上。工程量是在对象的样式里来定义的。在图 15－2 的数据报表中，可以查询 BIM 对象的数据，也可以对其进行编辑和修改，前台模型的属性也会自动更新。

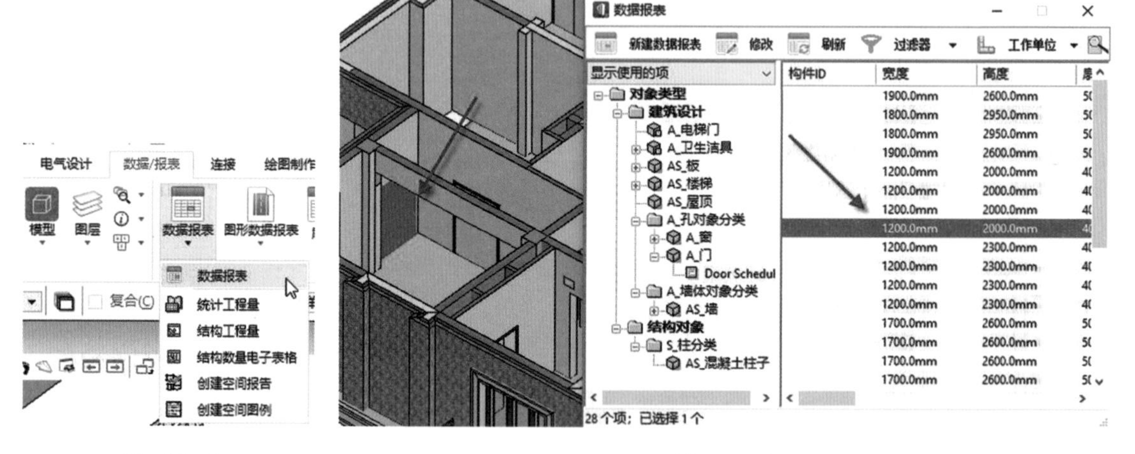

图　15－1　　　　　　　　　　图　15－2

第 1 节　数据报表

前台的每一个 BIM 对象，在后台都有一个数据项，可以根据属性的差异进行过滤，然后进行修改、统计等批量操作，也可以将这些数据输出为报表。

创建一个报表输出，包括以下几个步骤：

1）创建统计报表，选择需要统计的对象类型，在图 15－3 中，单击“新建编排”命令，然后选择需要统计的对象类型，可以选择多种对象类型，但需要保证它们在一起被统计时有意义，如图 15－4 所示。

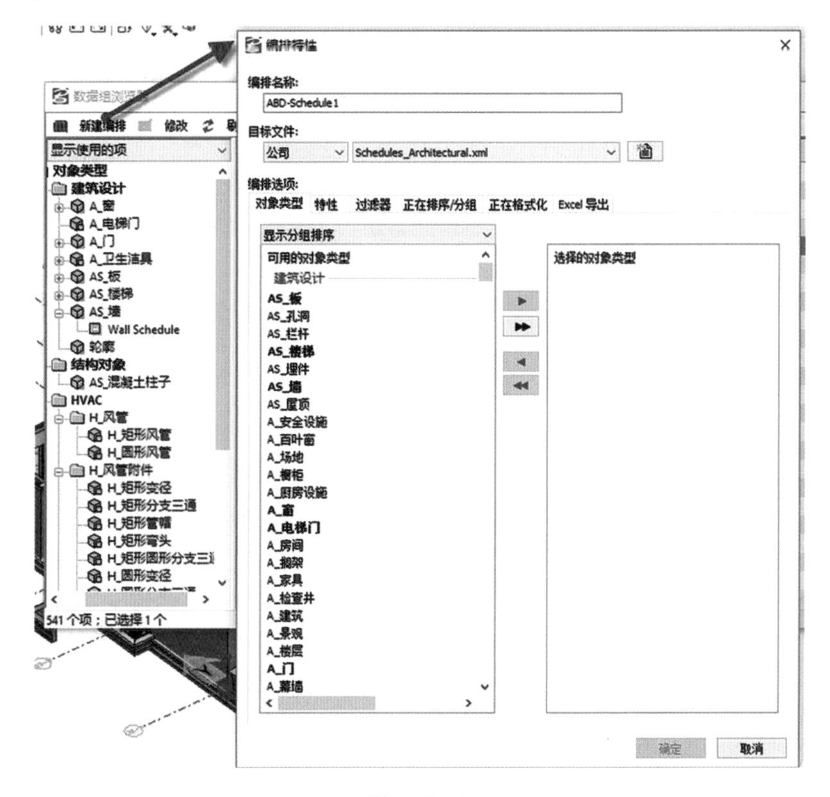

图　15－3

需要注意，创建的报表输出设定是保存在一个 xml 文件里，可以选择系统已有的文件，也可以新建一个 xml 文件。同时需要设定这个文件是项目用，还是整个公司用。

2）选择需要统计的对象类型（图 15－4）和特性（图 15－5）。在图 15－6 中，设定过滤条件，将符合条件的对象过滤出来。例如，只统计高度大于 2.2m 的门对象，并在图 15－7 中设定统计结果的排序条件，以及每种属性的数字格式（图 15－8）。

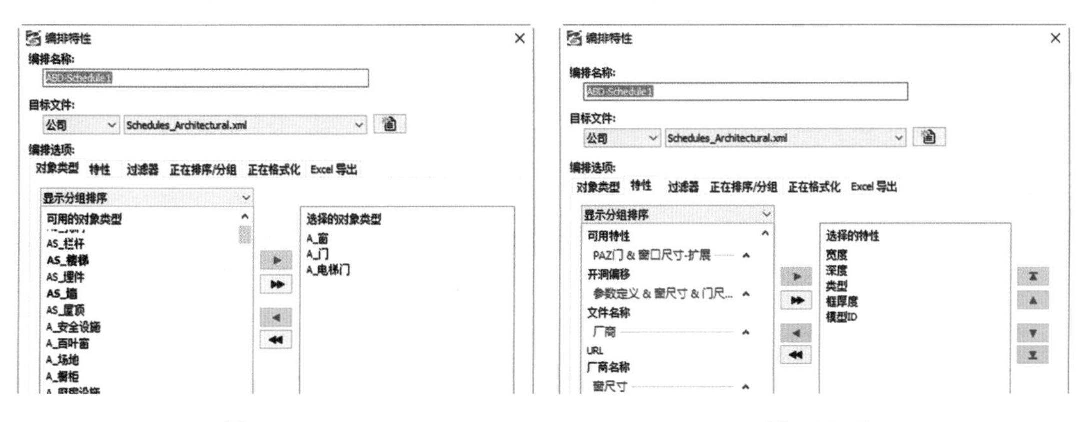

图　15－4　　　　　　　　　　　　图　15－5

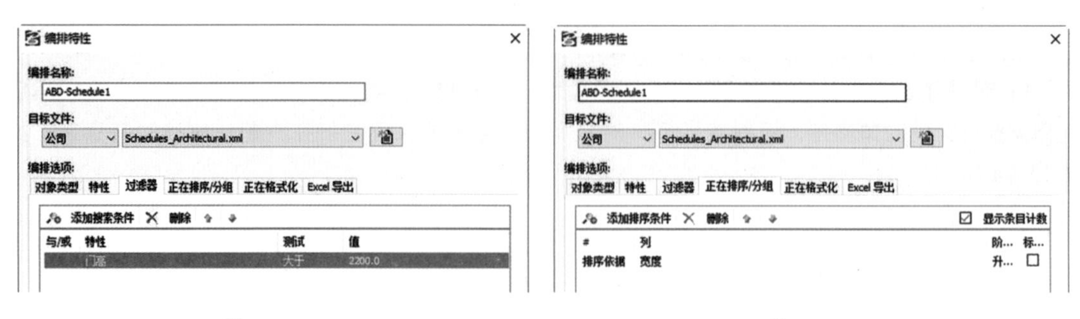

图 15-6　　　　图 15-7

3）选择一个 Excel 表作为报表的模板，如图 15-9 所示。报表的模板是通过一个 Excel 文件来定义的，系统只是将这些数据输出到 Excel 的单元格里，“选择的特性”与 Excel 文件是相对应的（图 15-10）设定以哪个单元格开始，可以自定义模板，如图 15-11 所示。系统在安装目录中也预置了很多模板，以与默认的报表定义配合。

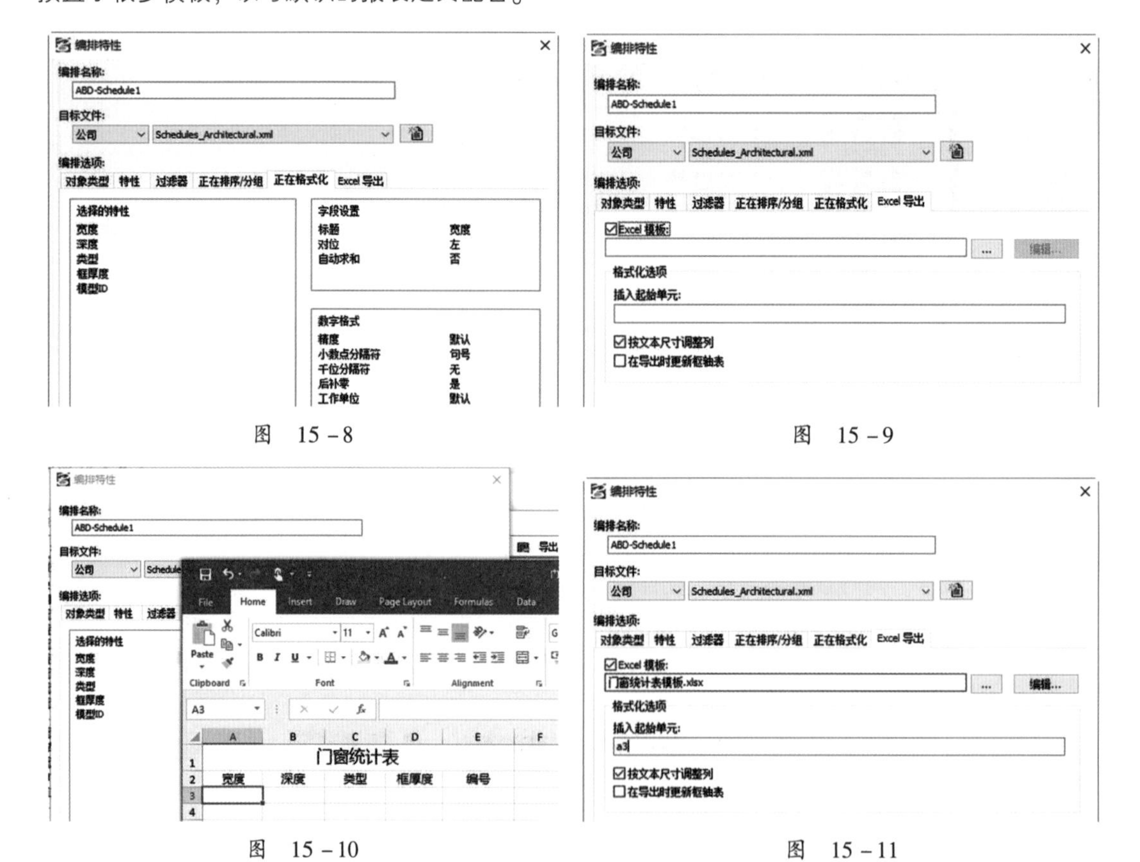

图 15-8　　　　图 15-9

图 15-10　　　　图 15-11

4）设置完毕后，可以将报表导出。将所有的数据导出去时，也可以通过 Excel 的数据透视表来统计。

第 2 节　统计工程量

以体积、长度等工程量为基准的统计方式，大多应用在建筑、结构专业。在 ABD 中，工程量的设定只有对象样式的一部分。针对这类统计，特别是建筑、结构专业，需要首先检查对象的工程量定义是否有效。在图 15－12 中，可以采用“验证样式”的工具，对当前文件的模型是否具有正确的工程量定义做验证。如果模型不具有正确的工程量定义（样式定义），就会出现图 15－13 的提示。可以通过图 15－14 的工具，对这些对象赋予正确的工程量定义。每种工程量的定义是通过样式来实现的，如图 15－15 所示。

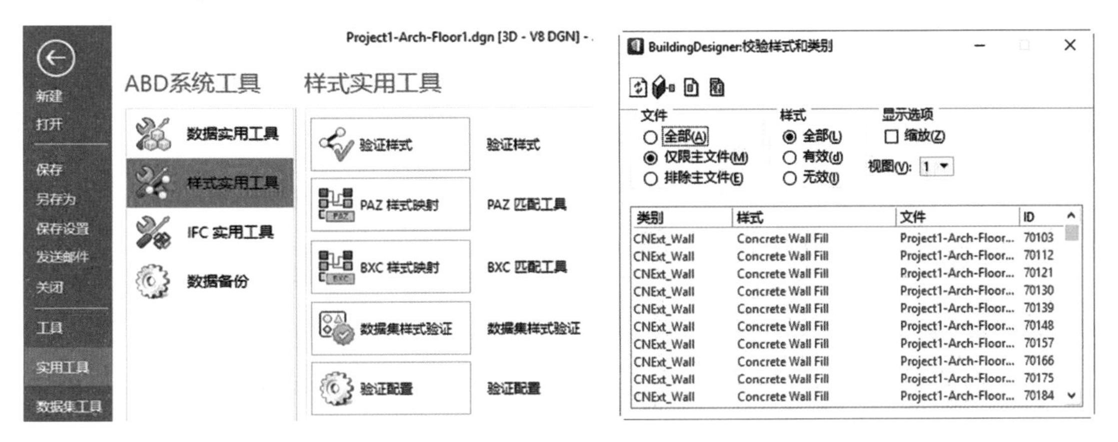

图　15－12　　　　图　15－13

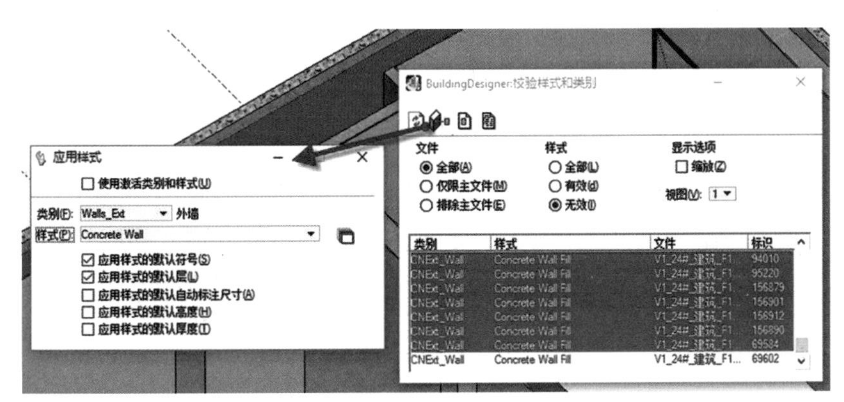

图　15－14

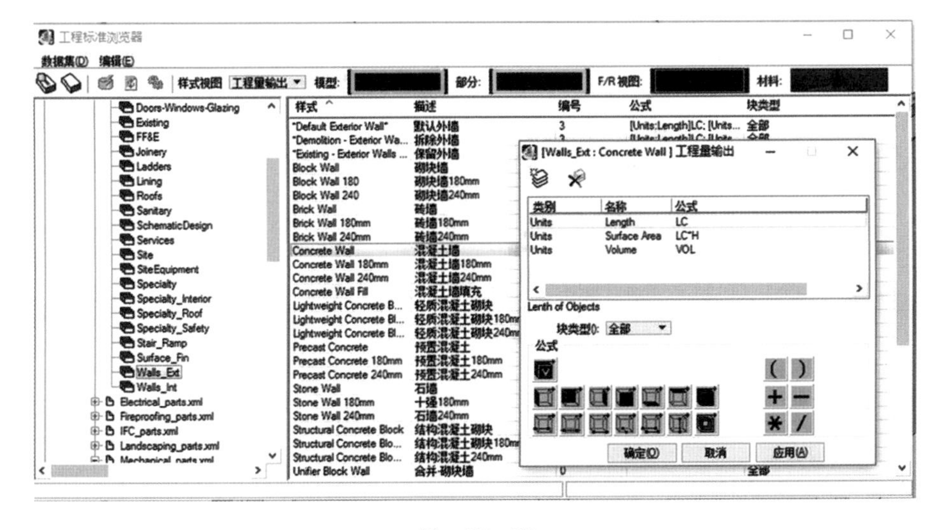

图　15－15

当样式没有问题后，就可以通过工程量统计的命令进行输出，如图 15－16 所示。可以通过图 15－17 的界面，设定统计的选项。

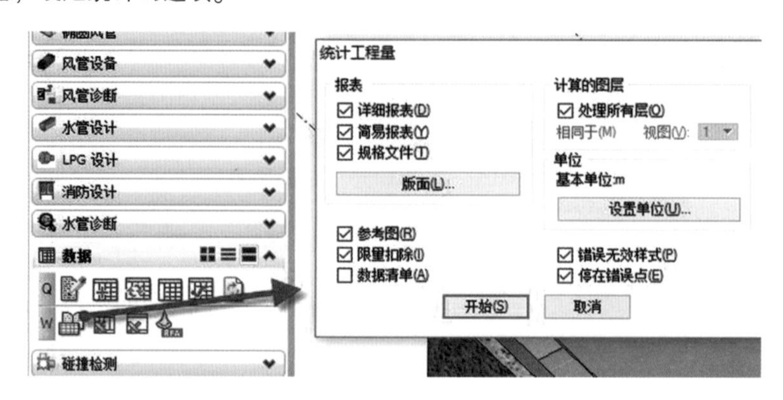

图 15－16

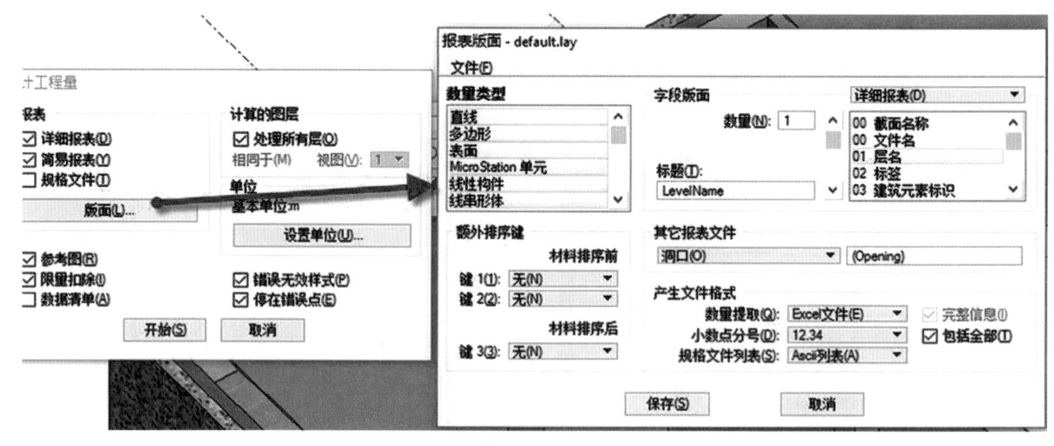

图 15－17

统计过程中，如果有错误，系统会给出提示，如图 15－18 所示，并可以查看详细的错误细节。图 15－19 所显示的错误是由于对象不具有合适的工程量定义，所以统计出现了错误。如果一切设置正常，就会出现图 15－20 和图 15－21 所示的统计结果。

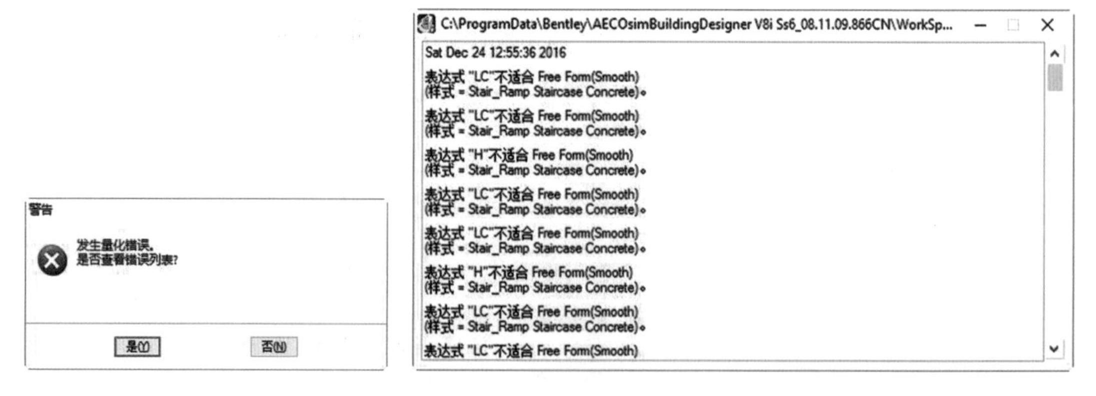

图 15－18　　图 15－19

S-SLAB-CONC	82578 Structural - Concrete	Slabs	混凝土板	Concrete	1 Concrete	0.083 m3	0	199.5 kg	
S-SLAB-CONC	82600 Structural - Concrete	Slabs	混凝土板	Concrete	1 Concrete	0.079 m3	0	189 kg	
S-SLAB-CONC	82619 Structural - Concrete	Slabs	混凝土板	Concrete	1 Concrete	0.083 m3	0	199.5 kg	
S-SLAB-CONC	83209 Structural - Concrete	Slabs	混凝土板	Concrete	1 Concrete	0.079 m3	0	189 kg	
S-SLAB-CONC	83228 Structural - Concrete	Slabs	混凝土板	Concrete	1 Concrete	0.083 m3	0	199.5 kg	
S-SLAB-CONC	83250 Structural - Concrete	Slabs	混凝土板	Concrete	1 Concrete	0.079 m3	0	189 kg	
S-SLAB-CONC	83269 Structural - Concrete	Slabs	混凝土板	Concrete	1 Concrete	0.083 m3	0	199.5 kg	
S-COLS-CONC	89732 Structural - Concrete	Insitu Concrete Column	混凝土柱	Concrete	1 Concrete	0.56 m3	0	1344 kg	5.(
S-COLS-CONC	89905 Structural - Concrete	Insitu Concrete Column	混凝土柱	Concrete	1 Concrete	0.56 m3	0	1344 kg	5.(
S-SLAB-CONC	90032 Structural - Concrete	Slabs	混凝土板	Concrete	1 Concrete	0.079 m3	0	189 kg	
S-SLAB-CONC	90051 Structural - Concrete	Slabs	混凝土板	Concrete	1 Concrete	0.079 m3	0	189 kg	
S-SLAB-CONC	90070 Structural - Concrete	Slabs	混凝土板	Concrete	1 Concrete	0.083 m3	0	199.5 kg	
S-SLAB-CONC	90092 Structural - Concrete	Slabs	混凝土板	Concrete	1 Concrete	0.083 m3	0	199.5 kg	
S-SLAB-CONC	90114 Structural - Concrete	Slabs	混凝土板	Concrete	1 Concrete	0.079 m3	0	189 kg	
S-SLAB-CONC	90133 Structural - Concrete	Slabs	混凝土板	Concrete	1 Concrete	0.083 m3	0	199.5 kg	
S-SLAB-CONC	90155 Structural - Concrete	Slabs	混凝土板	Concrete	1 Concrete	0.079 m3	0	189 kg	
S-SLAB-CONC	90174 Structural - Concrete	Slabs	混凝土板	Concrete	1 Concrete	0.083 m3	0	199.5 kg	
S-COLS-CONC	90196 Structural - Concrete	Insitu Concrete Column	混凝土柱	Concrete	1 Concrete	0.56 m3	0	1344 kg	5.(
S-COLS-CONC	94046 Structural - Concrete	Insitu Concrete Column	混凝土柱	Concrete	1 Concrete	0.56 m3	0	1344 kg	5.(
S-COLS-CONC	94066 Structural - Concrete	Insitu Concrete Column	混凝土柱	Concrete	1 Concrete	0.56 m3	0	1344 kg	5.(
S-COLS-CONC	94086 Structural - Concrete	Insitu Concrete Column	混凝土柱	Concrete	1 Concrete	0.56 m3	0	1344 kg	5.(
S-COLS-CONC	94304 Structural - Concrete	Insitu Concrete Column	混凝土柱	Concrete	1 Concrete	0.56 m3	0	1344 kg	5.(
S-SLAB-CONC	94337 Structural - Concrete	Slabs	混凝土板	Concrete	1 Concrete	0.083 m3	0	199.5 kg	
S-SLAB-CONC	94546 Structural - Concrete	Slabs	混凝土板	Concrete	1 Concrete	0.079 m3	0	189 kg	

图　15 – 20

	A	B	C	D	E	F	G	H
1	Fam.	Component	Description	Quantity	Unit	Unit Price	Total	
2	Concrete	1	Concrete	12.672	m^3	0	0	
3	Units	Length	Lenth of Objects	1013.02	m^3	0	0	
4	Units	Surface Area	Surface Area of Objects	3536.417	m^3	0	0	
5	Units	Volume	Volume of Objects	314.632	m^3	0	0	
6					Grand Total		0	
7								

图　15 – 21

课后练习

1. 下列关于 ABD 中数据管理与报表输出的说法不正确的是（　　）。
   A. 数据统计被分成以个数为统计基础的“数据报表”、以工程量定义为基础的“统计工程量”和“前面有模型，后台有数据”三种类型
   B.“数据报表”统计的基础是模型中每个被赋予属性的对象都是一个独立的个体，统计的基础也是根据对象属性为过滤条件进行分类统计
   C.“统计工程量”统计的基础是以某种工程量为统计基础，然后从不同的对象中提取相同的工程量
   D. 信息模型与后台数据库一一对应
2. 下列有关数据报表的说法错误的是（　　）。
   A. 前台的每一个 BIM 对象，在后台都有一个数据项，可以根据属性的差异进行过滤，然后进行修改、统计等批量操作，也可以将这些数据输出为报表
   B. 创建的报表输出设定是保存在一个 xml 文件里，可以选择系统已有的文件，也可以新建一个 xml 文件
   C. 报表的模板是通过一个 Excel 文件来定义的，系统不会自动将这些数据输出到 Excel 的单元格里，需要手动添加
   D. 将所有的数据导出去，通过 Excel 的数据透视表来统计

第 16 章　图纸输出

1.1　图纸输出原理

当建立了三维信息后，可以通过不同的切图模板输出不同类型的二维切图 Drawing，然后再组合成可供打印的图纸 Sheet。三维设计到二维出图的工作流程如图 16 - 1 所示。

在 MicroStation 的底层提供了动态视图 Dynamic View 的切图技术，将三维模型输出为二维图纸。而 ABD 只不过是在此基础上增加了一些专业的切图规则，例如，给墙体填充图案，管道变成单线等。

从图纸的表现来讲，其实就是确定一个切图的位置和一个切图的深度，将其合为一个视图 View 作为 Drawing，然后在 Drawing 里进行标注，最后再放到 Sheet 里进行出图。

图 16 - 2 显示的是从文件组织角度建议的切图流程。

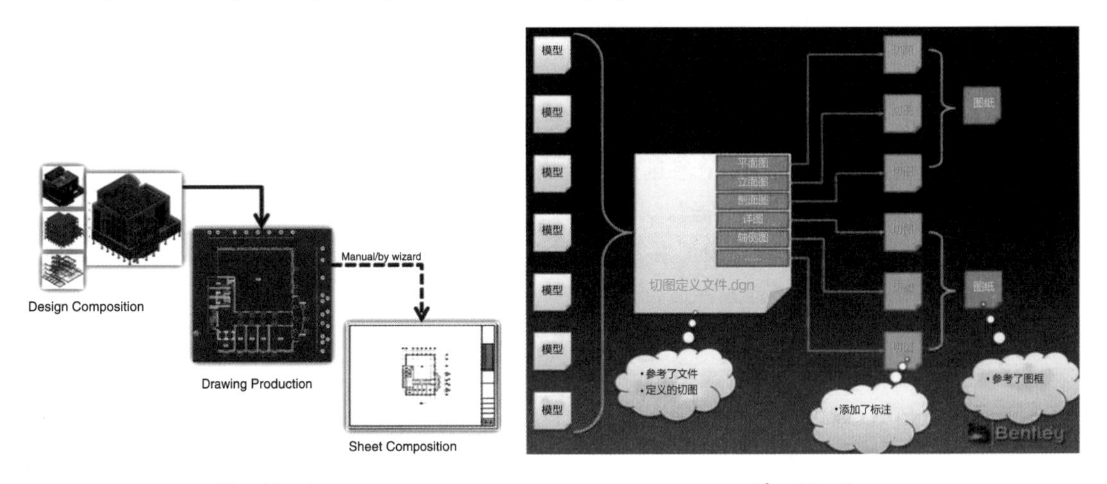

图　16 - 1　　　　图　16 - 2

1.2　图纸输出过程

以平面图和剖面图图纸类型为例说明图纸输出的过程。假定，输出为一张平面图、两张剖面图，然后把这三种切图放在同一张 A1 的图纸上。

在二维的设计流程里，倾向于将所有的文件都放在同一个文件夹里，这其实并不规范。基于分布式的文件组织方式，应将不同的内容放在不同的目录里，如图 16 - 3 所示。需要区分设计 Design，切图 Drawing 到最后组成 Sheet 的流程，如图 16 - 4 所示。

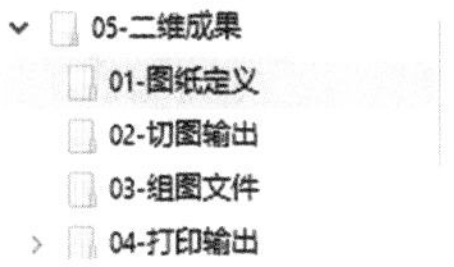

05-二维成果
01-图纸定义
02-切图输出
03-组图文件
04-打印输出

图　16 – 3

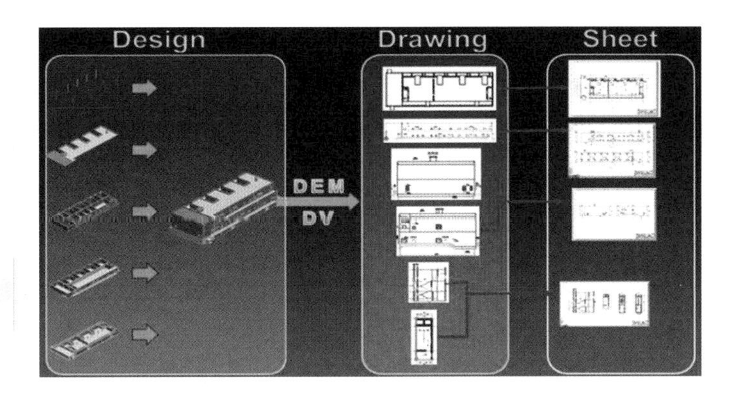

图　16 – 4

三维工作的图纸输出和二维设计的图纸输出的差异在于：在二维设计时，平、立、剖面图是绘制出来的，而在三维设计中，这些图是通过三维信息模型输出的。

图纸的输出过程的步骤包括：模型组织，切图定义及输出，切图标注及调整，组图输出。

1. 模型组织

建立了一个模型后，可以在这个文件里定义图纸，然后输出。但仍然倾向于建立一个空白的文件，然后把需要切图的模型组织在一起，如图 16 – 5 所示。

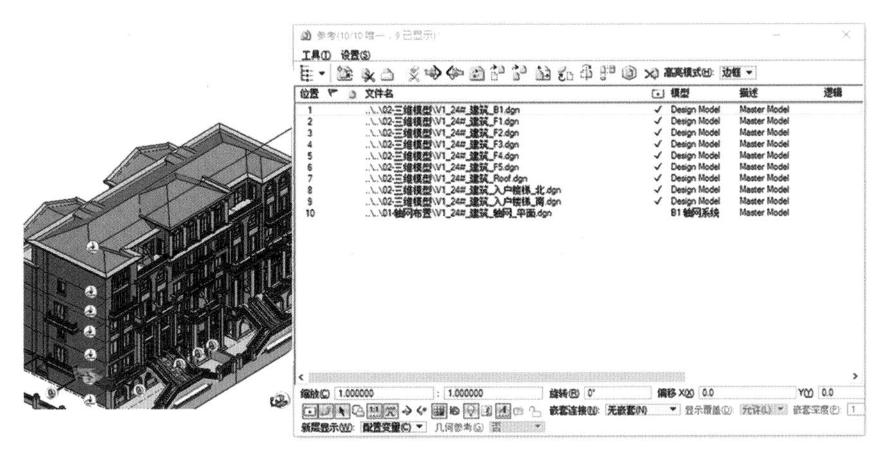

图　16 – 5

对于不参与切图的模型，可以通过图层显示的功能对参考文件里的图层进行关闭，如图 16 – 6 所示。

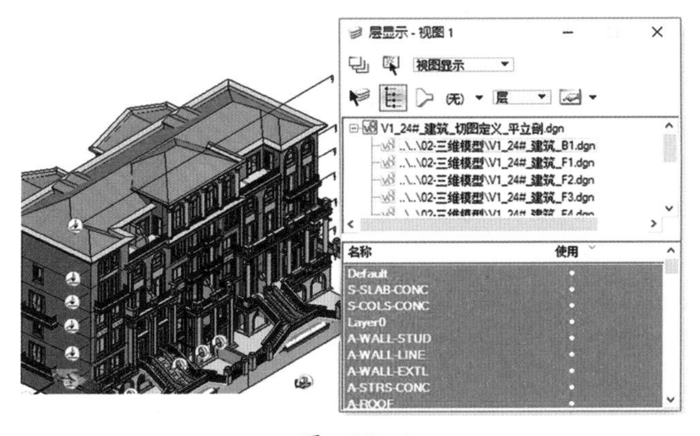

图　16 – 6

2. 切图定义及输出

当模型组装完毕后，就要定义切图的参数，然后进行切图输出的过程。

1）选择切图工具及切图模板，如图 16－7 所示。不同的切图工具对应不同的切图模板，切图模板里设定了一些规则来控制切图的输出。在图 16－8 中选择合适的切图模板。

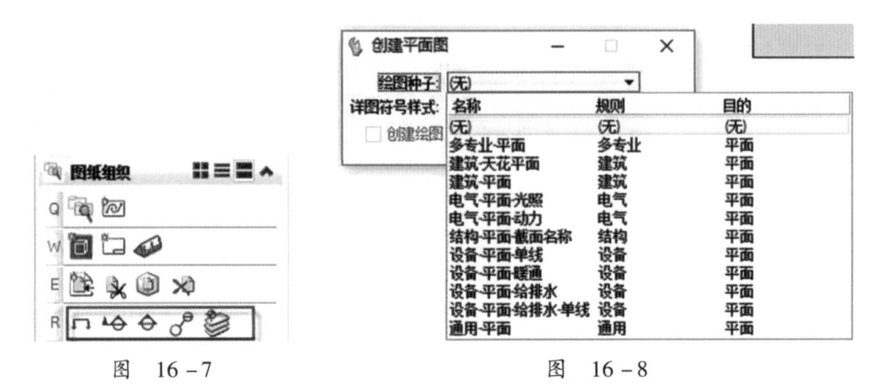

图 16－7　　　　图 16－8

2）选择切图模板后，在模型中定义切图的位置和切图的深度。首先要将模型调整到相应的视图上，例如在前视图中定义平面图的切图位置和方向。对于阶梯剖的情况，需要用〈Ctrl〉＋鼠标左键的形式确定阶梯剖的折点，如图 16－9 所示。

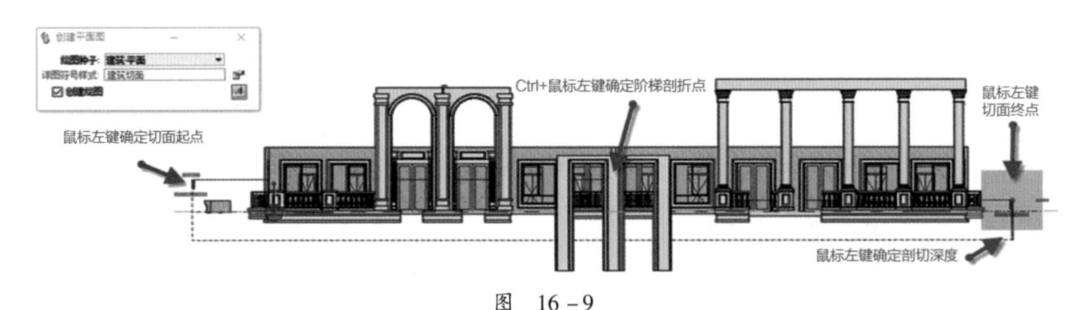

图 16－9

3）确定了切面的位置和深度后，弹出“创建绘图”对话框，如图 16－10 所示。在图 16－10 中的“创建绘图模型”的输出为 Drawing，而“创建图纸模型”的输出为 Sheet，可以将这些对象都放在当前的 dgn 文件中，也可以放置在不同的 dgn 文件中，以下操作是放置在当前文件中。

如果选择了“创建图纸模型”，创建完毕后，系统就生成了一个平面的切图 Drawing，同时建立了一张图纸来放置这个切图，如图 16－11 所示。勾选图 16－10 中的“打开模型”，将在创建完毕后打开最终的图纸文件，如图 16－12 所示。这个自动放置的图纸已经在切图模板里设置好图幅大小、并参考了图框。

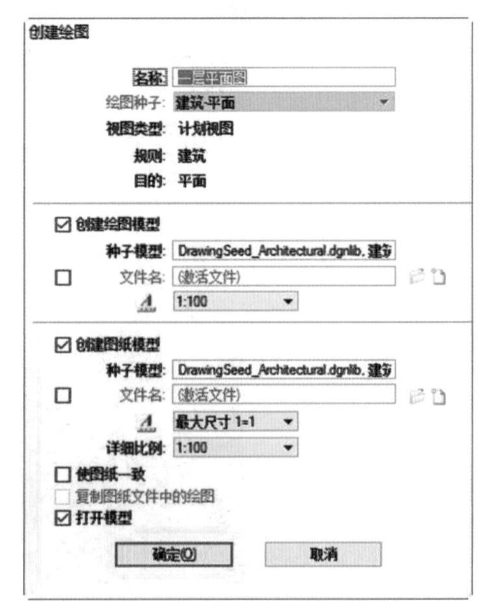

图 16－10

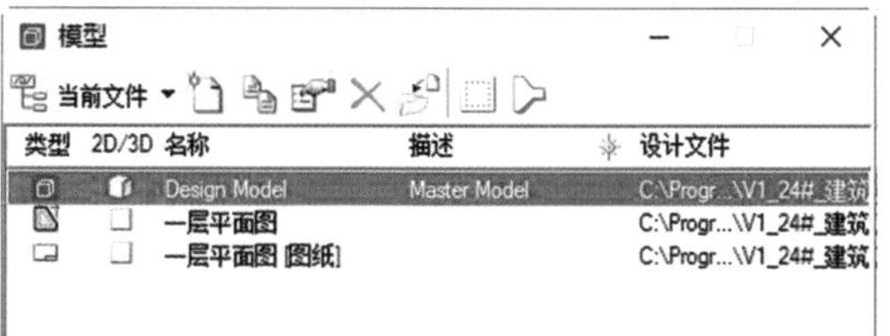

图　16－11

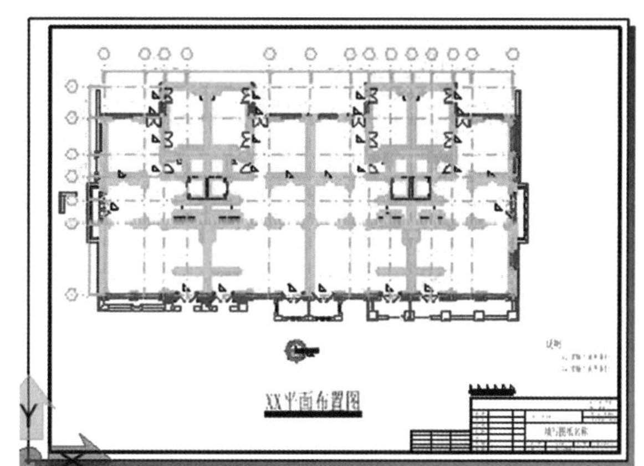

图　16－12

在这个案例中，将平、立、剖面图都放置在一张图纸 Sheet 上，所以，在定义好切图的位置和深度后，只生成切图 Drawing，而不生成 Sheet，如图 16－13 所示，不勾选“创建图纸模型”选项。

在图 16－13 的对话框中，需要注意注释比例的设置。Drawing 和 Sheet 肯定是存在某个 dgn 的 Model 里，而 Model 有个属性是注释比例用来控制注释对象的大小，这个比例就是常说的出图比例。

按照相同的方式创建剖面图，完成后生成不同的 Drawing，如图 16－14 和图 16－15 所示。

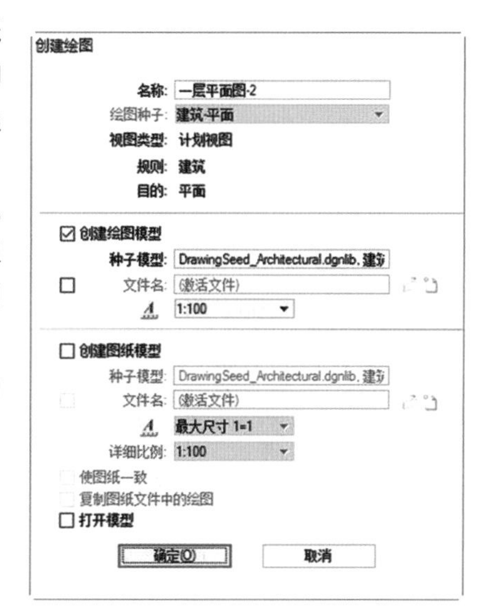

图　16－13

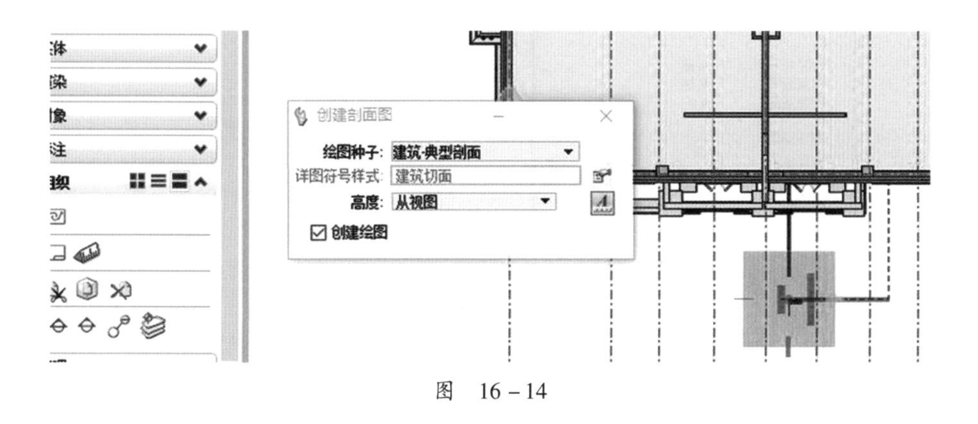

图　16－14

这些切图的定义是以 View 的方式保存在定义文件里，这就是 MicroStation 的动态视图原理。动态视图是一种更高级的 View，保存在 dgn 文件中，如图 16－16 所示。

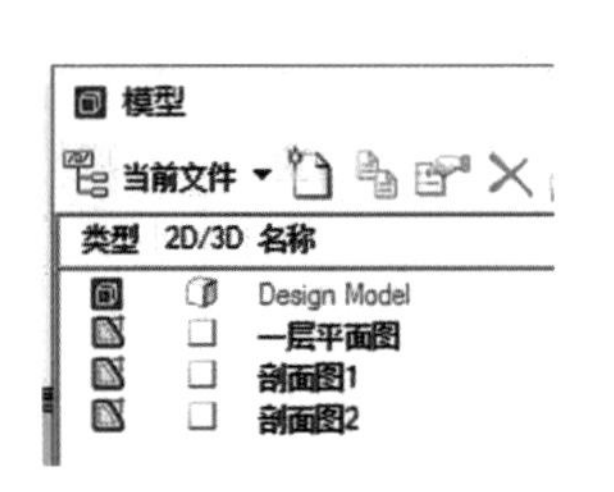

图 16－15

图 16－16

需要注意的是，动态视图和普通视图属于不同的 View 类型，可以通过图标看出差异。

3. 切图标注及调整

通过上述过程，将三维信息模型输出为二维图纸，如图 16－17 所示。

图 16－17 的切图是直接从三维模型中切出来的，在视图属性中有很多的设定参数。不同类型的图纸定义如图 16－18 所示，每一个切图定义属性中的切图规则控制如图 16－19 所示。

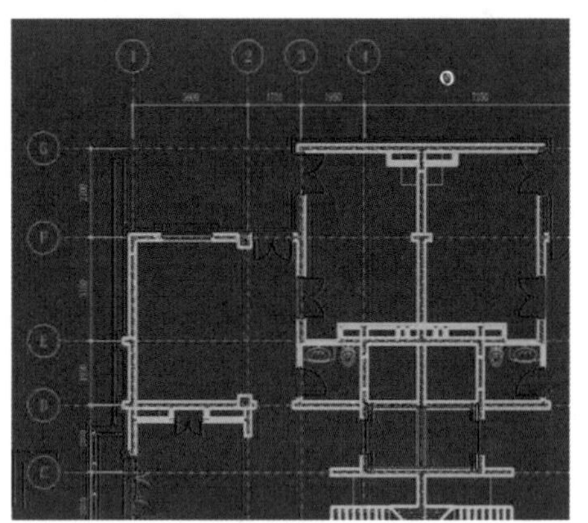

图 16－17

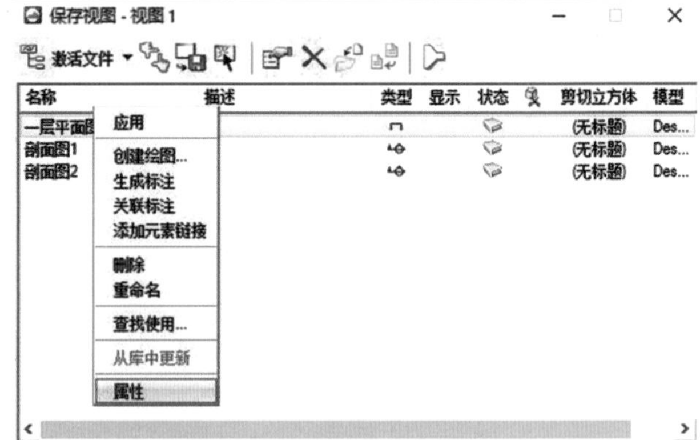

图 16－18

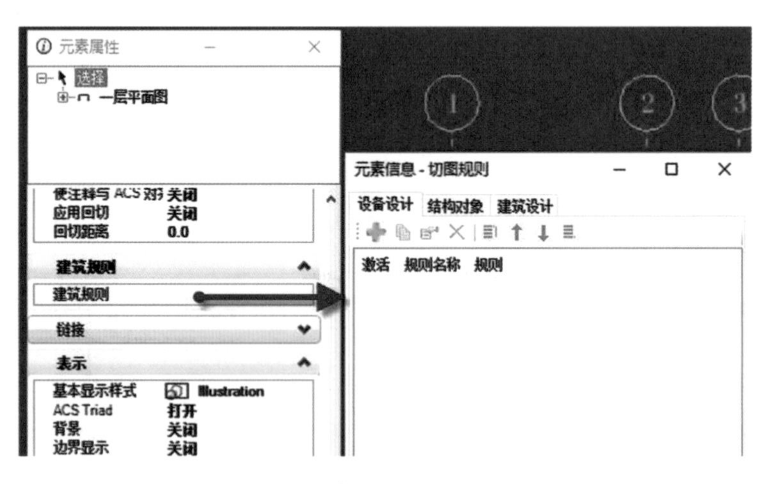

图 16－19

在每一个切图模板里，设定了上述参数后，当切图模板被调用时，这些切图设置也会被自动应用。

三维模型与切图的关联关系为 Model →View→Drawing。对 Drawing 的更改不影响 View 的定义，当然也不会影响标准库里的切图模板。其实，一个 View 定义形成后，可以输出多个 Drawing，这多个 Drawing 可以具有不同的切图参数。当然，同一个 View 生成的多个 Drawing，默认情况下是一样的。也可以用更改的 Drawing 参数来更新 View 定义，并不影响其他 Drawing 的输出。

打开一个 Drawing 后，可以通过图 16－20 修改 Drawing 的显示，这是 MicroStation 控制参考显示的命令，但它对于一个 Drawing 类型的 Model 有更多的选项。

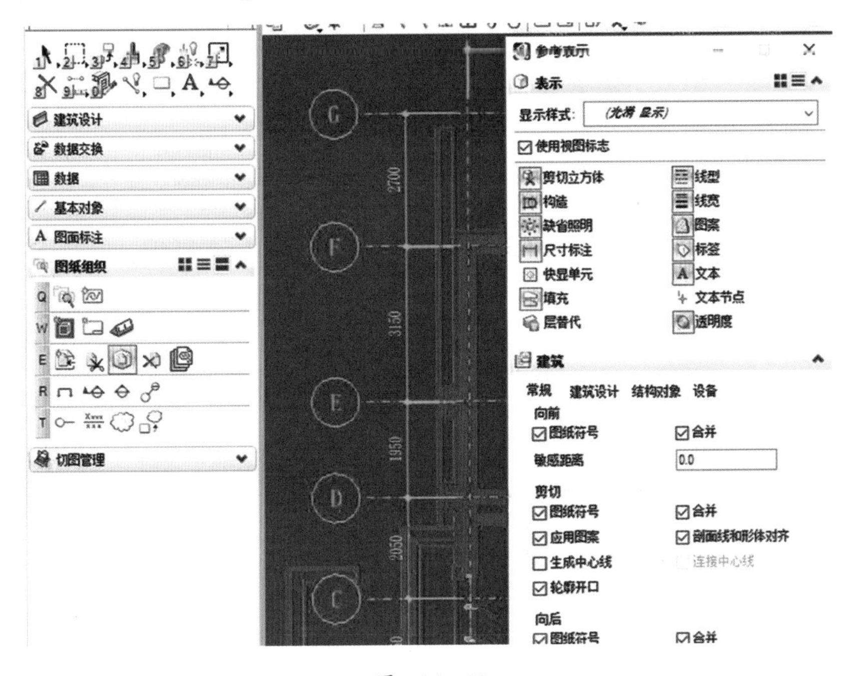

图 16－20

在图 16－20 的对话框里，为不同的专业模块设置了不同的规则定义，设定规则后，就会影响当前的 Drawing 输出。例如，通过取消勾选图 16－20 中的“应用图案”可不显示填充图案，如图 16－21 所示。

在 Drawing 里设置的参数，可以选择将这些设定更新到原始的切图定义中，也可以从原始的切图定义中读取默认的参数来覆盖当前的修改，如图 16－22 所示。

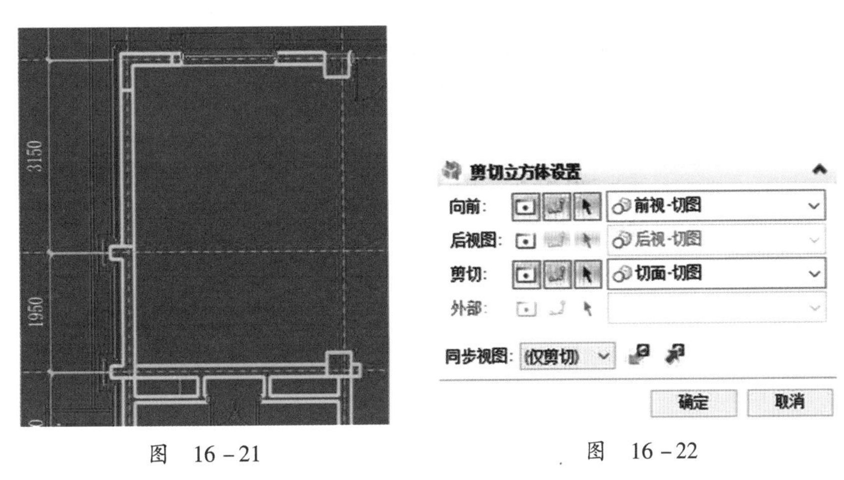

图 16－21

图 16－22

设置完毕后，可以使用一些标注工具来进行必要的标注操作，如图 16－23 所示。对于轴网的显示，也是一个切图的设定，让系统去“读取”轴网的数据，而不需要真的去参考一个真实的轴网文件，可通过勾选“显示轴网系统”来实现，如图 16－24 所示。

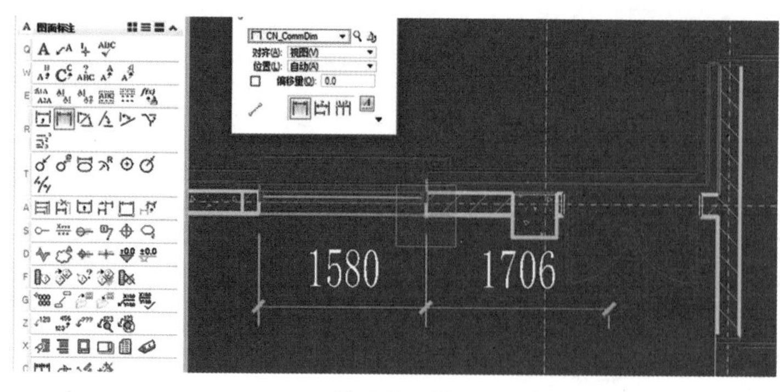

图　16－23

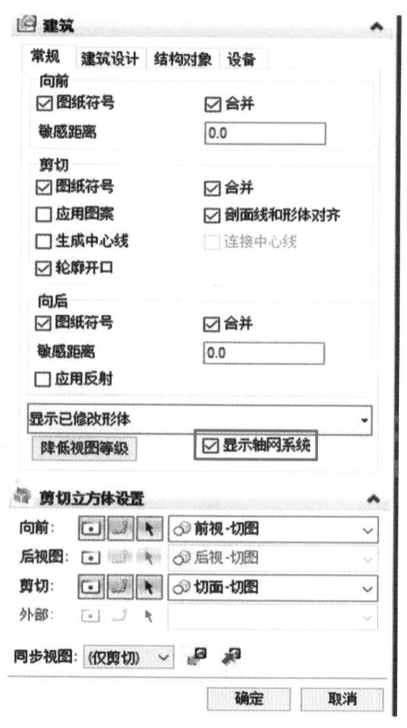

图　16－24

使用一系列的标注工具，对切图进行标注后，就形成了一张切图。需要注意的是，这些注释对象的大小是受注释比例控制的，如图 16－25 所示。

4. 组图输出

在自动出图过程中，系统会自动生成一张默认图幅大小的图纸。然后把 Drawing 放置在图纸 Sheet 上。但在实际工程中，更倾向于手工布置图纸，也就是手工建立一个 Sheet 图纸，然后把标注好的 Drawing 放置到这个 Sheet 里，新建一张图纸 Sheet 的对话框，如图 16－26 所示。

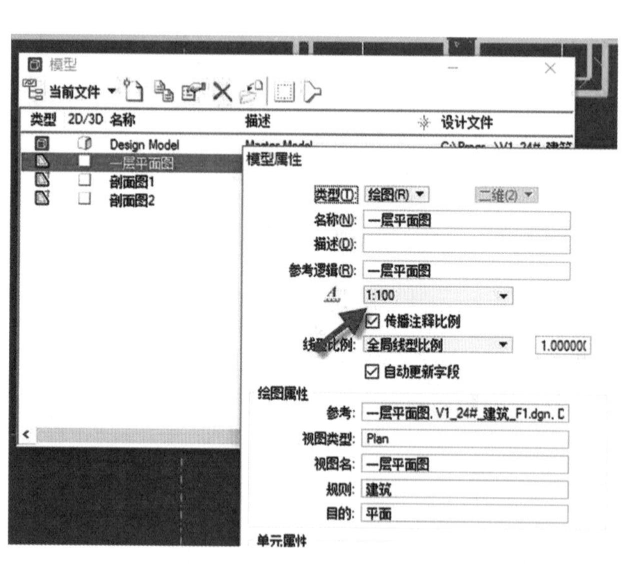

图　16－25

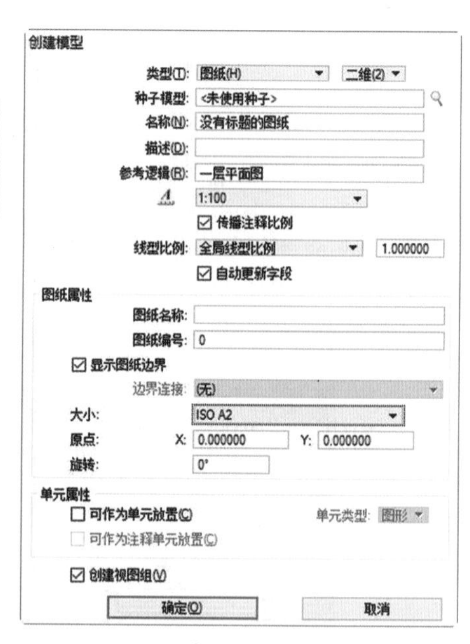

图　16－26

新建图纸，就是类似于 AutoCAD 新建布局的过程。每个 Sheet 具有固定大小的图幅设定，可以被打印程序所识别，也可以进行批打印。

在这个图纸里，需要设定图幅、参考图框，标题栏信息。对于一个企业来讲，图框等信息都是固定的，所以可以创建一个文件作为图纸的种子文件（图 16－27），在创建图纸的时候选择它即可，如图 16－28 所示。生成的空白图纸如图 16－29 所示。

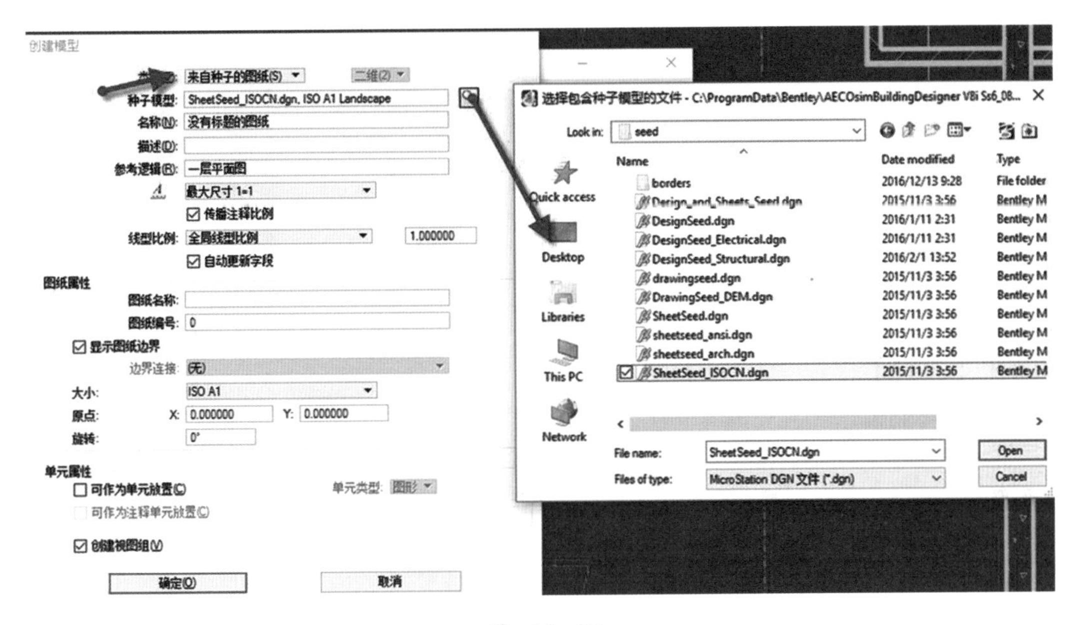

图　16－27

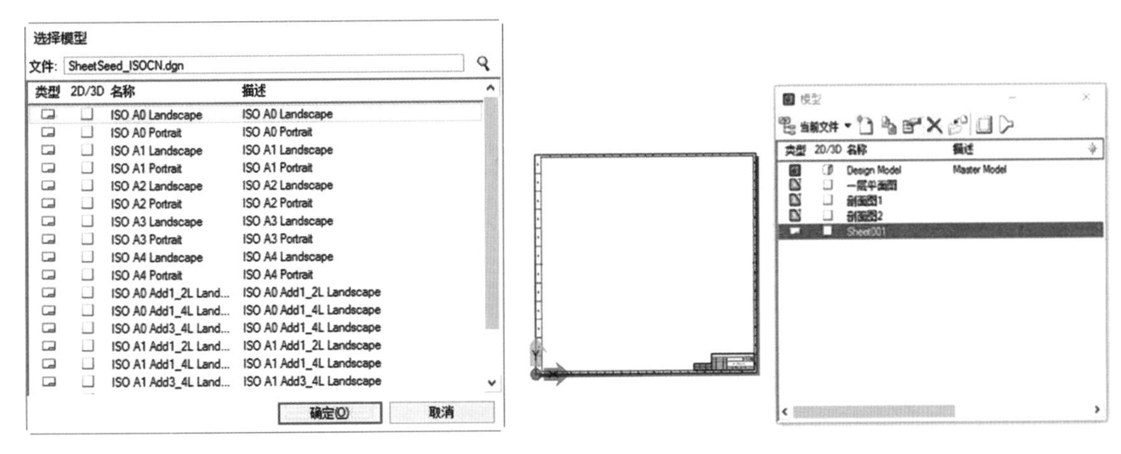

图　16－28

图　16－29

接下来需要将标注好的 Drawing 参考进来，可以用参考的命令，也可以在 Model 里拖动，然后放置在 Sheet 里，系统就会弹出图 16－30 所示的对话框，选择“推荐”的方式，然后在 Sheet 里确定放置的位置，如图 16－31 和图 16－32 所示。

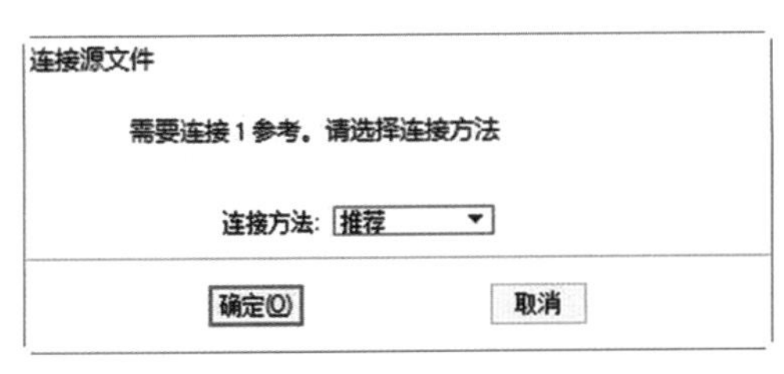

图　16－30

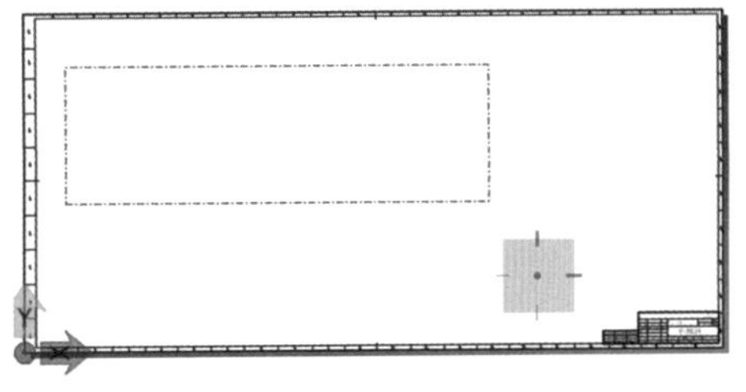

图　16－31

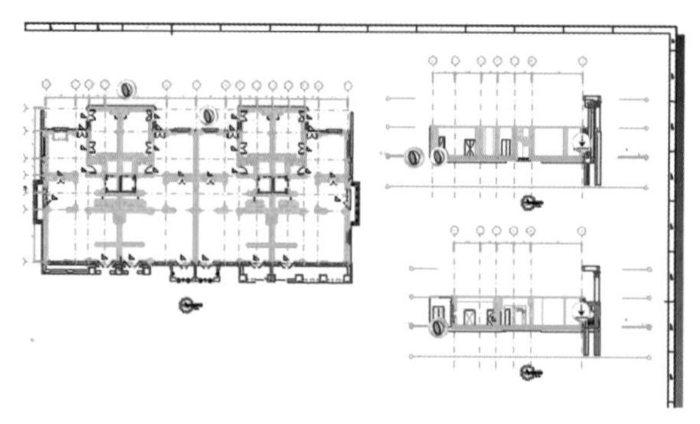

图 16－32

在上述 Design－＞Drawing－＞Sheet 的图纸输出过程中，将组图文件，Drawing 的输出以及图纸都放置在一个 dgn 文件中，当项目规模增大时，建议将不同的 Drawing 和 Sheet 都放置在单独的 dgn 文件里，每个 dgn 文件里只有一个 Model，这样效率会更高，如图 16－33～图 16－35 所示。

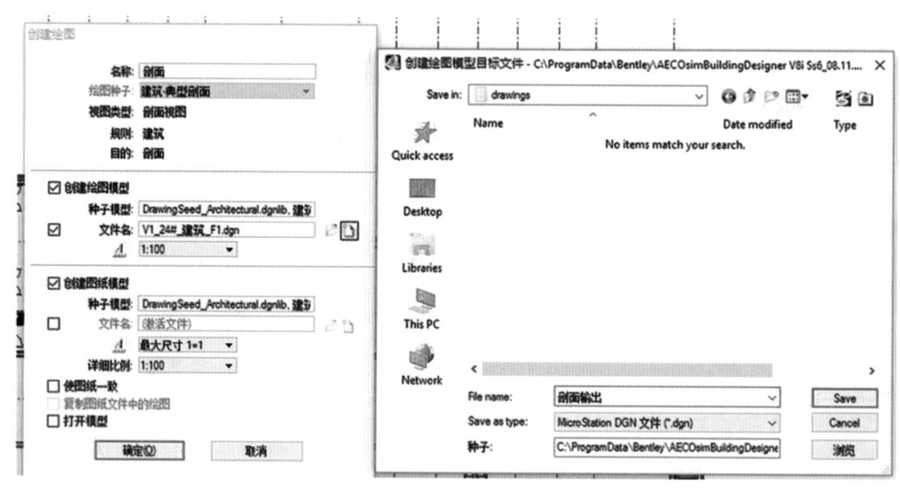

图 16－33

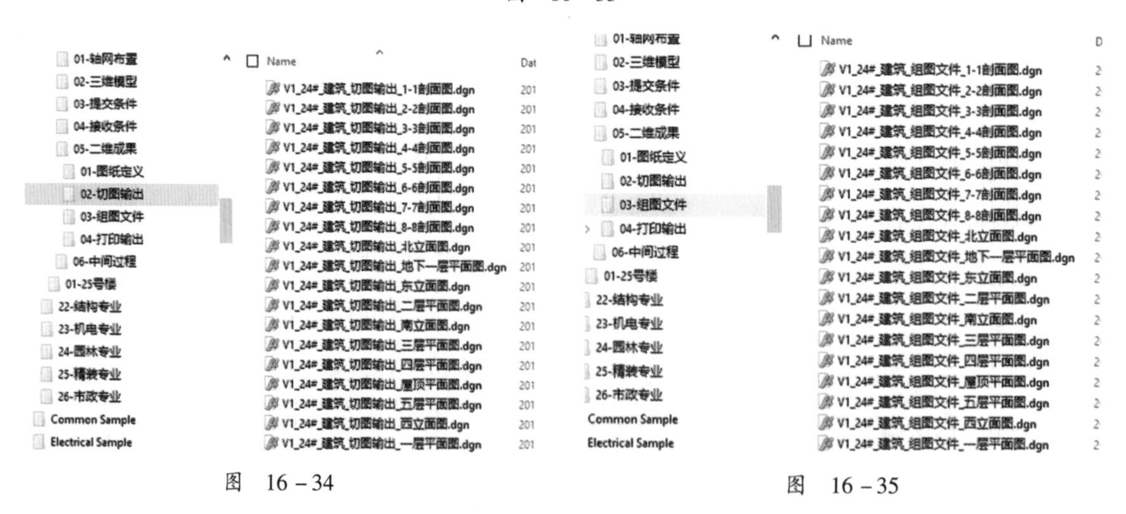

图 16－34　　　　图 16－35

明白了上述原理后，便可更加灵活地输出切图。切图的定义不一定非要在模型里进行，在已经放置好的 Drawing 和 Sheet 上都可以放置其他的切图输出，因为只是定义位置，这与在模型中定义是一样的，如图 16－36 和图 16－37 所示，可以在一个图纸 Sheet 里定义新切图的位置和范围。

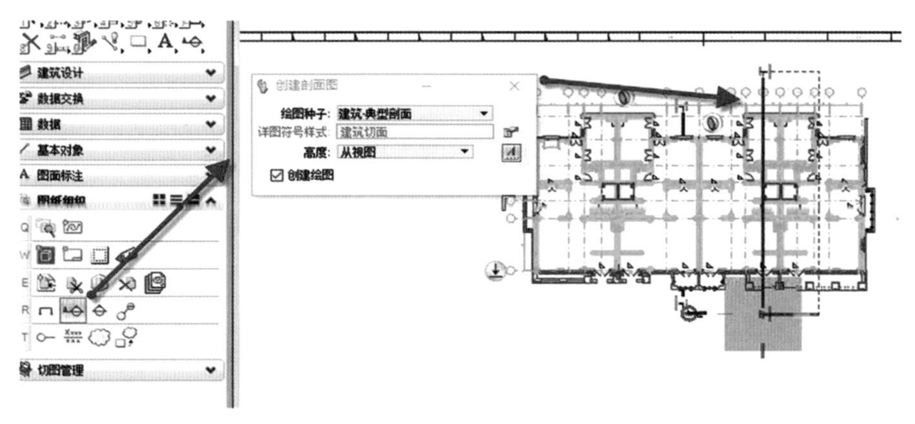

图　16 – 36

可以采用相同的方式将这个 Drawing 放置在 Sheet 里，当用移动的命令在 Sheet 里移动切图的符号时，切图 Drawing 也会自动更新，如图 16 – 38 所示。可以在 Sheet 里移动切图符号，对应的切图将自动更新。

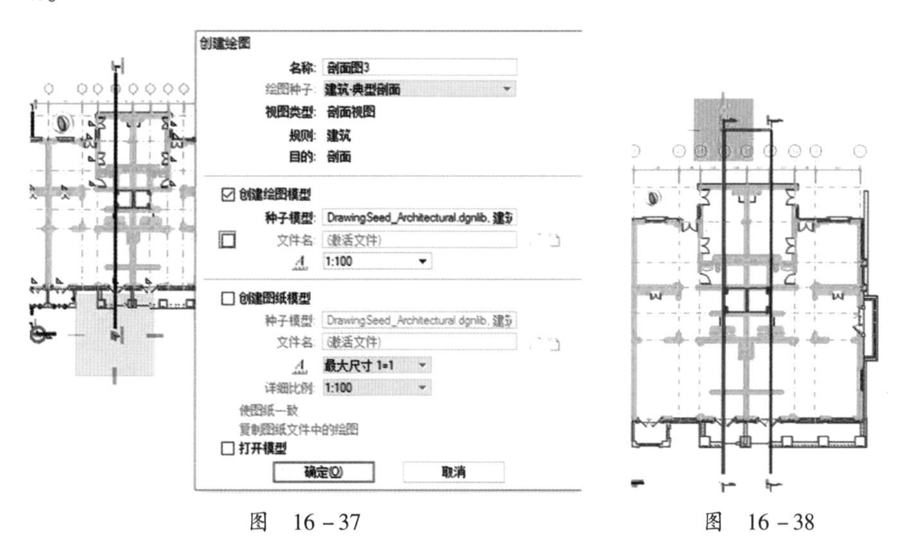

图　16 – 37　　　　图　16 – 38

1.3　图纸与模型的集成

在定义切图时，无论是在 Design、Drawing 还是在 Sheet 里，切图的位置都有相应的符号，如图 16 – 39 ~ 图 16 – 41 所示。

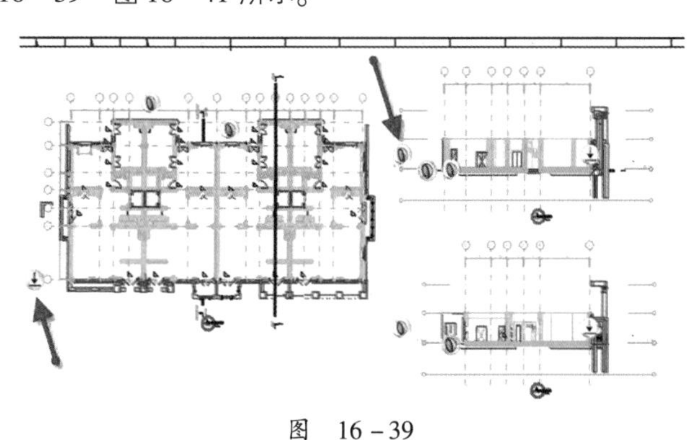

图　16 – 39　　　　图　16 – 40

如果这些符号不显示的话，可以在“视图属性”中打开相应的设置，如图 16－42 所示。

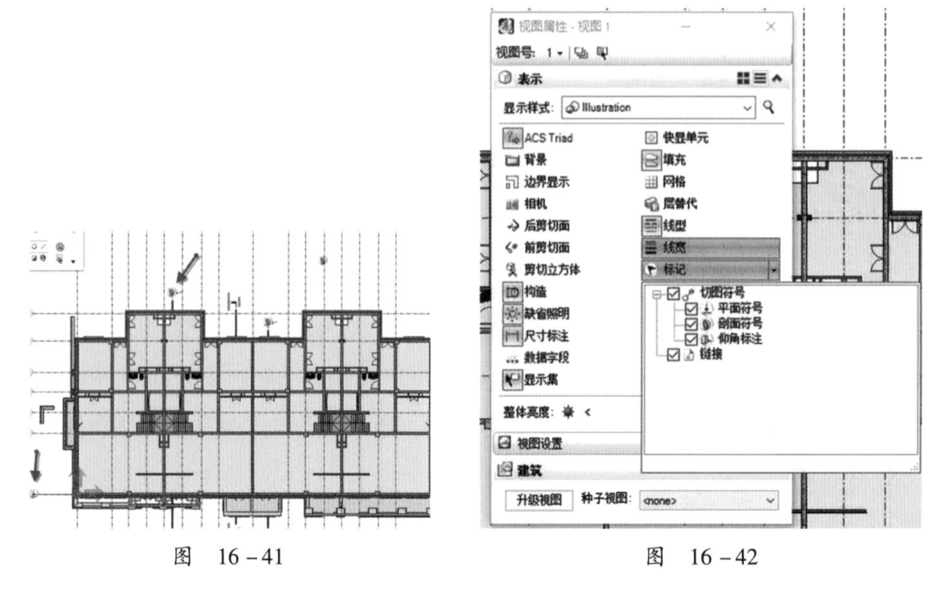

图　16－41　　　　　　　　　　图　16－42

当把鼠标放置在切图标记上时，可以通过链接进入相应的模型和图纸，也可以将二维图纸显示在三维模型上，如图 16－43 所示，选择显示图纸后最终的效果如图 16－44 所示。

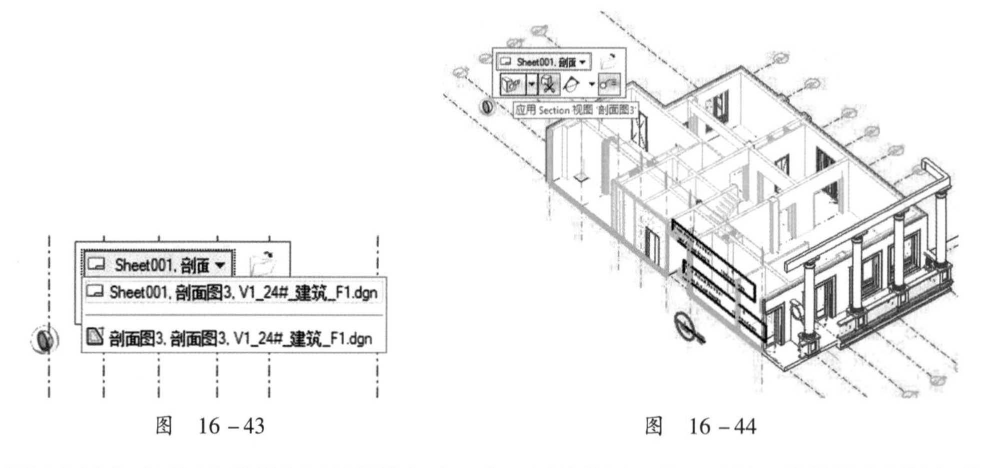

图　16－43　　　　　　　　　　图　16－44

通过上述方式可以将模型和图纸链接起来，也可以校核两者的一致性，推敲某些设计细节。

1.4　图纸输出与工作环境

从工作环境 WorkSpace 中选取切图模板，然后进行切图输出定义。

结合工作环境的架构和图纸输出的流程，总结如下。

在三维工作过程中，工作环境和工作流程的关系如图 16－45 所示。在工作环境中，选择切图定义，对三维模型进行切图操作（图 16－46），生成切图定义（图 16－47）。在这个过程中，切图定义和最后的切图成果之间的关系，如图 16－48～图 16－50 所示。

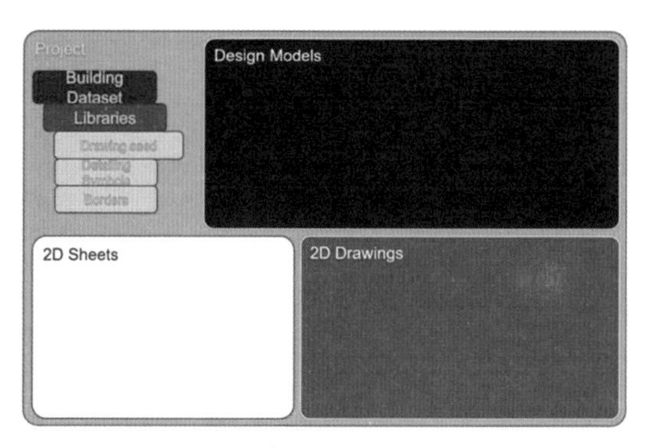

图　16 – 45

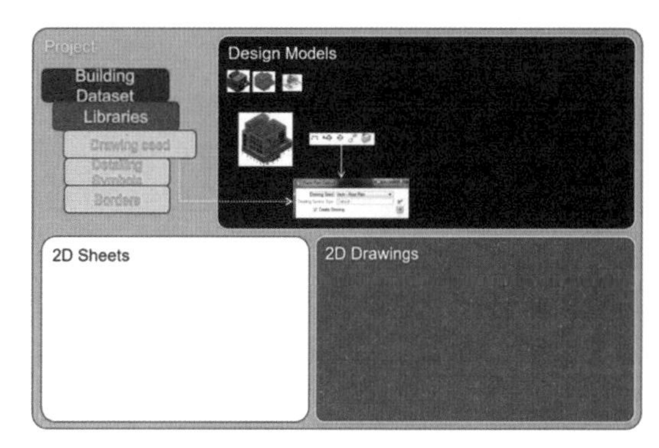

图　16 – 46

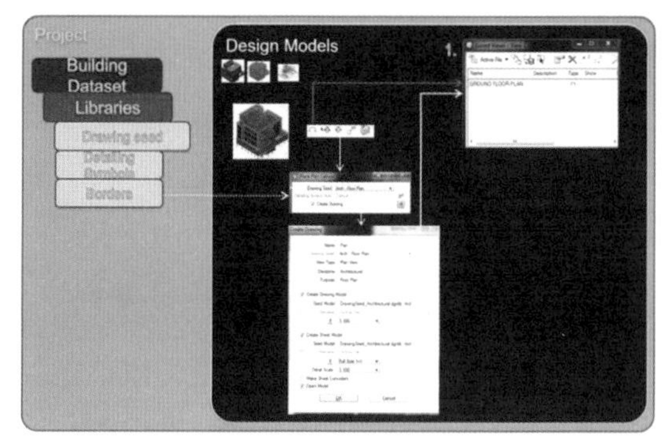

图　16 – 47

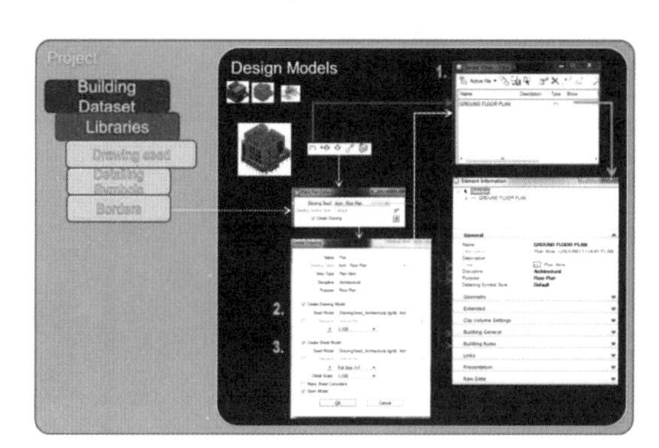

图　16 – 48

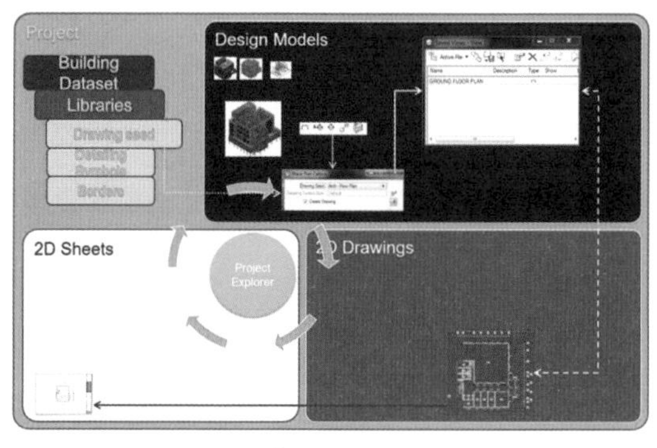

图　16 – 49

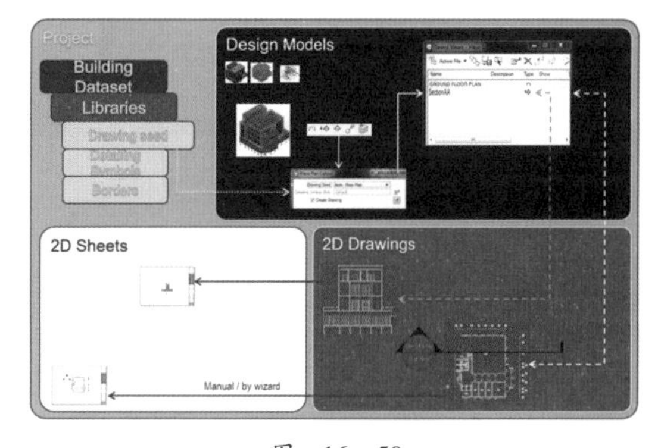

图　16 – 50

所以，对于 BIM 的三维设计过程来说，三维模型、二维图纸以及各个细节的二维图元定义都有密切的联系，如图 16 – 51 和图 16 – 52 所示。首先需要了解这个流程，然后才能有针对性地控制整个工作过程。

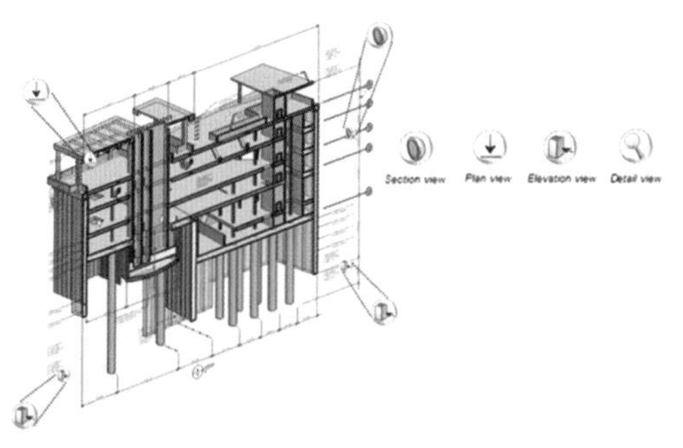

图　16 – 51

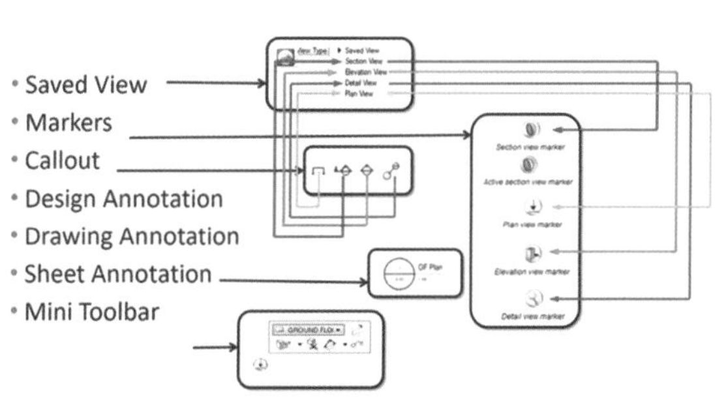

图　16 – 52

1.5 切图规则

在切图模板的定制过程中或者在 Drawing 的显示控制中，都会用到一些切图的规则控制。对于建筑、结构和设备模块，切图规则的定义不尽相同。建筑规则控制的是将对象的一些属性自动标注出来，它的规则和对象标注 DataGroup Annotiation 命令的设定有一定的联系，而暖通和结构的对象更像是一种“线性对象”，切图规则是控制单双线的设置以及一些属性的显示。

在切图模板中或者更改 Drawing 时，都可以进入“应用切图规则”的界面，如图 16－53 所示。在图 16－53 的右面是应用规则的界面，而不是定义的界面。在这个界面里，上面是过滤条件，下面是规则的名称。不同的模块，过滤条件也不同，如图 16－54 所示。

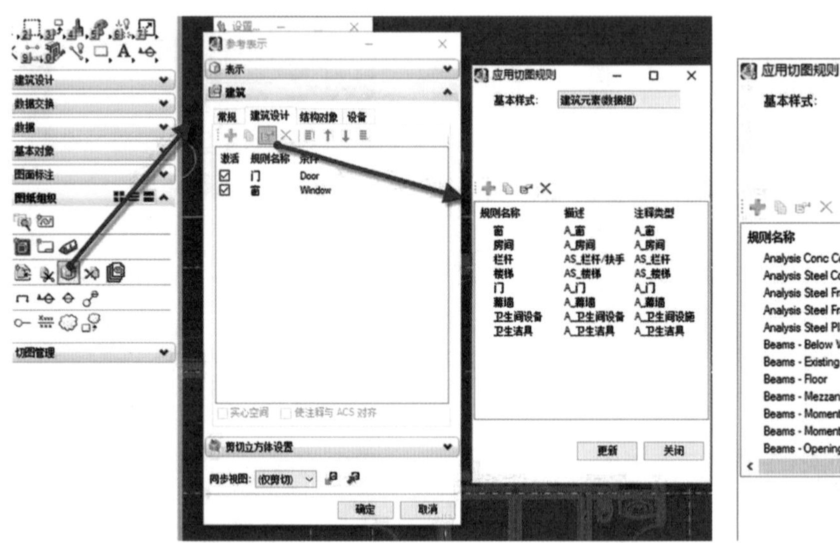

图 16－53

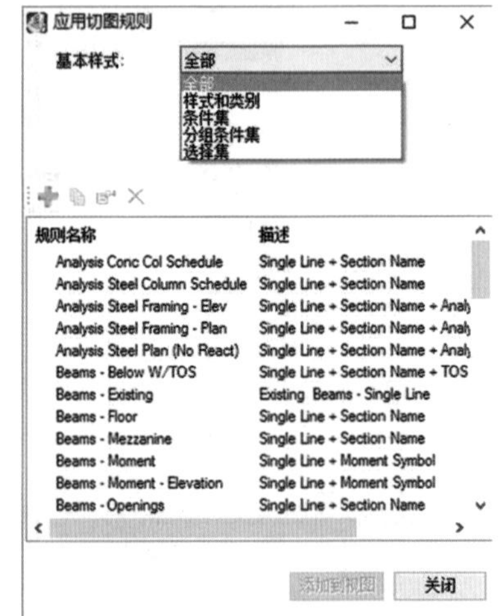

图 16－54

“结构对象”进入定义切图规则的界面操作如图 16－55 所示，“设备设计”进入定义切图规则的界面如图 16－56 所示。

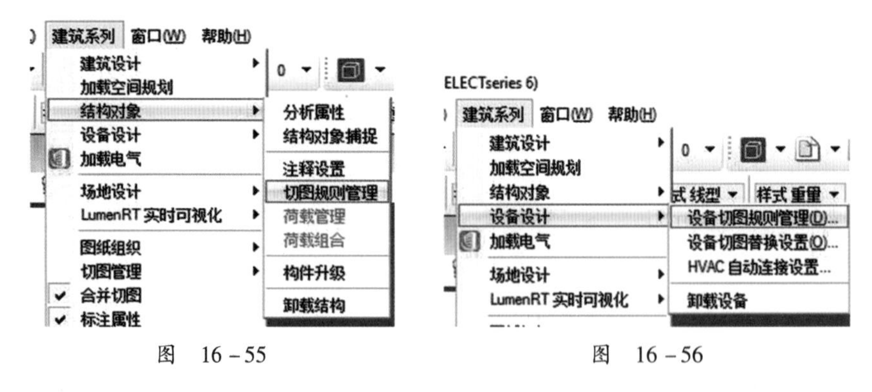

图 16－55　　　　图 16－56

不同模块的切图规则有不同的含义。

1. 建筑切图规则

建筑的切图规则主要是根据对象类型自动放置对象属性。对象的属性定义是受对象标注的工具定义，如图 16－57 所示。所以，在建筑切图规则的定义里，只是定义选取哪个注释单元来标注属性。

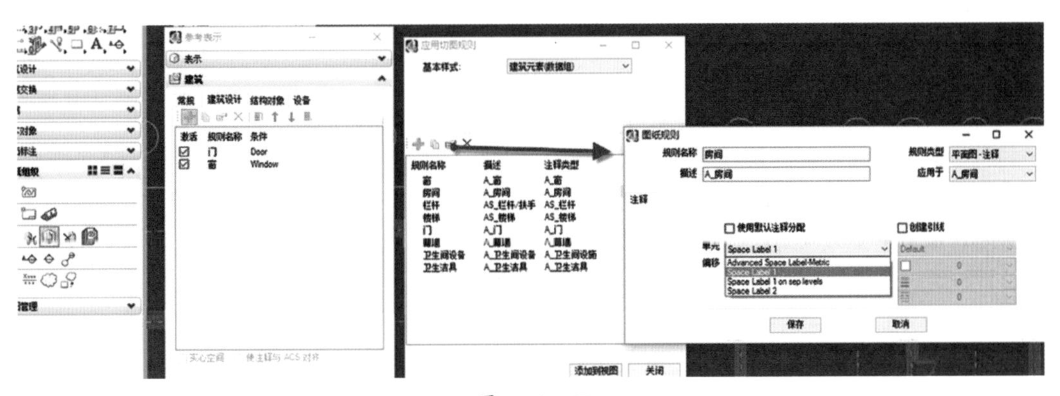

图　16－57

2. 结构切图规则

结构的切图规则需要设定单线、双线及自动标注的标签（图 16－58、图 16－59），还要设定规则应用的切图类型（图 16－60、图 16－61），因为对于剖面图来讲，有时需要特定的规则参数。

图　16－58

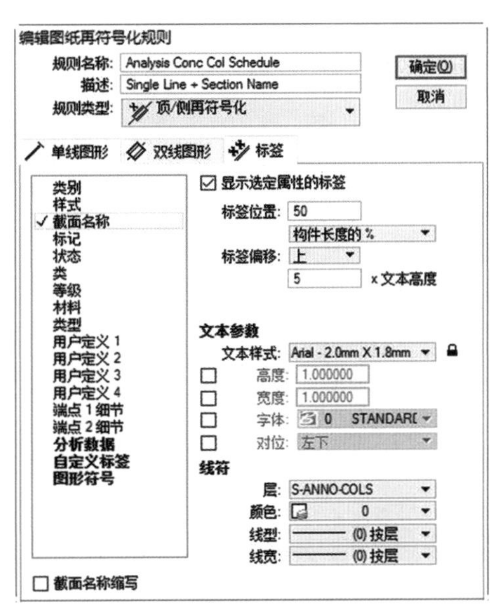

图　16－59

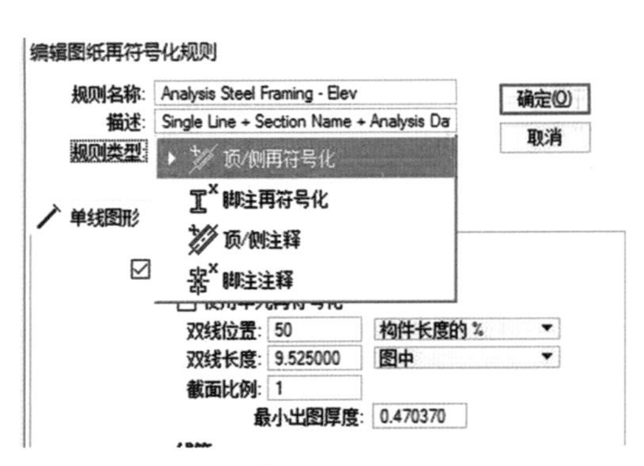

图　16－60

图　16－61

3. 设备切图规则

建筑设备的切图规则设置与结构类似，也是单双线设置及标签的设定，如图 16－62 所示。图 16－62 表达的是线性对象在切图时，线性方向和垂直方向的切图规则设定。图纸的“平面剖切”是指线性对象被垂直方向剖切时，需要显示的符号。

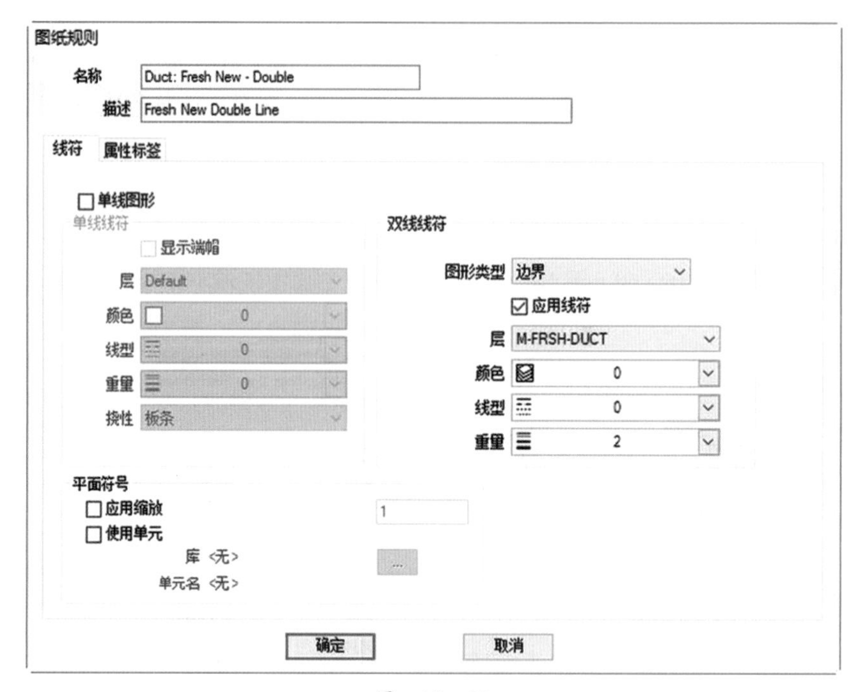

图　16－62

上述切图规则可以被内置在切图模板里，也可以在控制 Drawing 显示时进行调整和编辑，以控制最终的图纸输出，所以，切图规则就是三维模型和二维图纸之间的翻译器，通过定义翻译器将三维模型表达为不同要求的二维图纸。

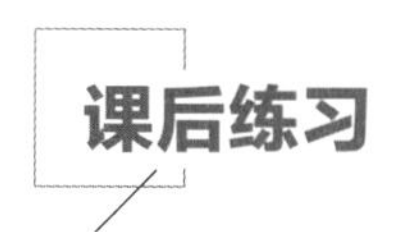

1. 下列关于 ABD 中图纸输出原理的说法不正确的是（　　）。
   A. 建立了三维信息后，可以通过不同的切图模板输出不同类型的二维切图 Drawing，然后再组合成可供打印的图纸 Sheet
   B. ABD 软件中含有动态视图 Dynamic View 的切图技术，可以将三维模型输出为二维图纸
   C. 从图纸的表现来讲，是确定一个切图的位置和一个切图的深度，将其合为一个视图 View 作为 Drawing，然后在 Drawing 里进行标注，然后再放到 Sheet 里进行出图
   D. 图纸输出原理的流程为模型、添加切图定义文件、添加标注和添加图框
2. 下列关于图纸输出过程的说法不正确的是（　　）。
   A. 将三种切图放在同一张 A1 的图纸上出图时，在二维的设计流程里，将所有的文件都放在同

一个文件里，是规范的出图方式

B. 将三种切图放在同一张 A1 的图纸上出图时，在二维的设计流程里，基于分布式的文件组织方式，将不同的内容放在不同的目录里

C. 图纸输出的步骤包含模型组织、切图定义及输出、图纸标注及调整和组图输出

D. 三维工作的图纸输出和二维设计的图纸输出的差异在于：在二维设计时，平、立、剖面图是绘制出来的，而在三维设计中，平立剖是通过三维信息模型输出的

3. 切图定义及输出的步骤有选择切图工具和（　　）。

A. Model→View→Drawing　　B. 切图标注及调整

C. 选择切图模板　　D. 组图输出

4. 下列关于选择切图模板的说法不正确的是（　　）。

A. 不同的切图工具对应不同的切图模板，切图模板里设定了一些规则来控制切图的输出

B. 将模型调整到相应的视图上，在选择切图模板后，对模型切图的位置和切图的深度没影响

C. Drawing 和 Sheet 存在某个 dgn 的 Model 里，而 Model 中“详细比例”是指注释比例，用来控制注释对象的大小，也就是出图比例

D. 切图的定义是以 View 的方式保存在定义文件里，这就是 MicroStation 的动态视图的原理

5. 下列关于切图规则的说法不正确的是（　　）。

A. 建筑、结构和设备模块，切图规则的定义没有区别

B. 建筑规则控制的是将对象的一些属性自动标注出来，它的规则和对象标注 DataGroup Annotation 命令的设定有一定的联系

C. 暖通和结构的对象更像是一种“线性对象”，切图规则是控制他们单双线的设置以及一些属性的显示

D. 在切图模板中或者更改 Drawing 时，都可以进入切图规则的应用界面

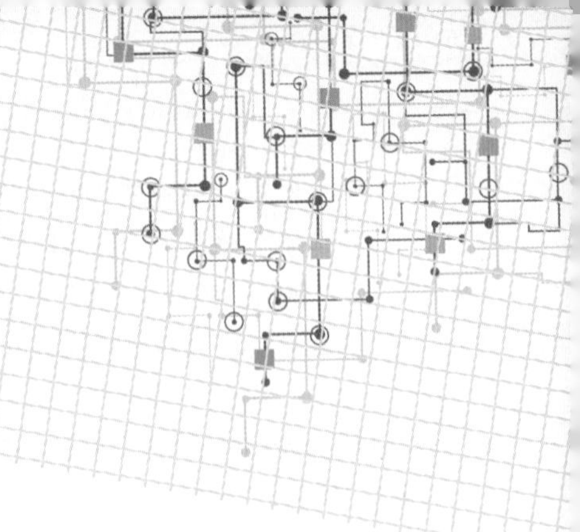

第 17 章　LumenRT 输出

当工程信息模型完成后，就可以使用 LumenRT 导出的选项将模型导出到 LumenRT 里做后期的效果。LumenRT 的命令在“可视化”的功能区，如图 17 -1 所示。

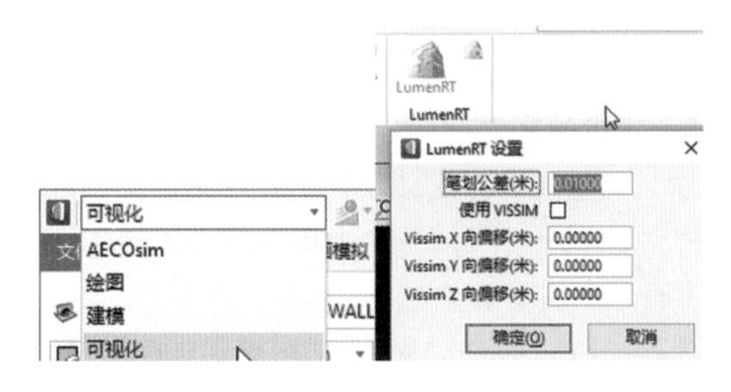

图　17 -1

第 1 节　模型导出及处理

模型导出到 LumenRT 后，会自动打开选择的场景，在左边有一列工具可对场景做相关的操作，如图 17 -2 所示。

下面对一些典型的操作进行介绍。

选中模型后“Object properties dialog”对话框将打开，如图 17 -3 所示，将“Lock Transform”选项解锁，以便于可以移动模型。

图　17 -2

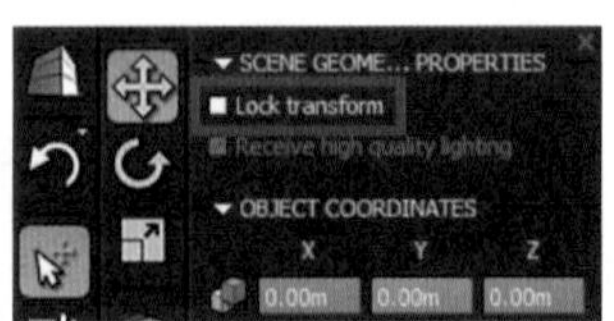

图　17 -3

可以通过单击箭头来垂直移动模型，如图 17－4、图 17－5 所示。

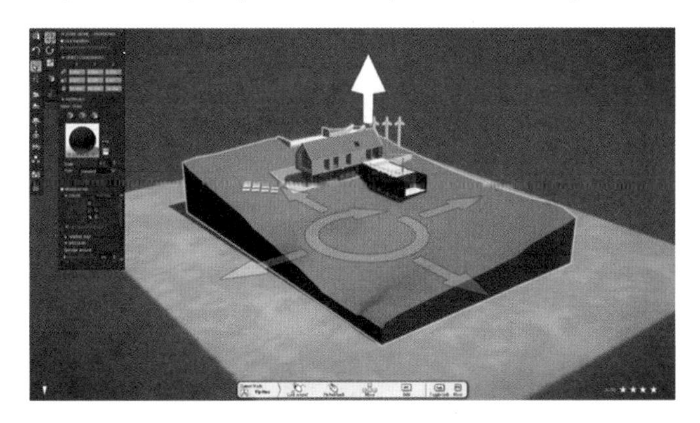

图 17－4

图 17－5

在主任务栏选择“Terrain & Ocean”，展开后选择“Sculp Terrain”工具，然后再选择“Flatten”工具，对地形进行调整。通过鼠标的拖动，可以多次调整场景地面与工程模型的场地相匹配，在这个过程中可以调整笔刷的半径以及边缘的曲度。

经过调整后，可以得到如图 17－6 所示的效果，当然也可以更加精细地控制边缘。

从左边的主菜单里，选择“Paint Terrain”工具，并且选择“Seasonal Grass”材质对地面进行材质赋予操作，如图 17－7 所示。

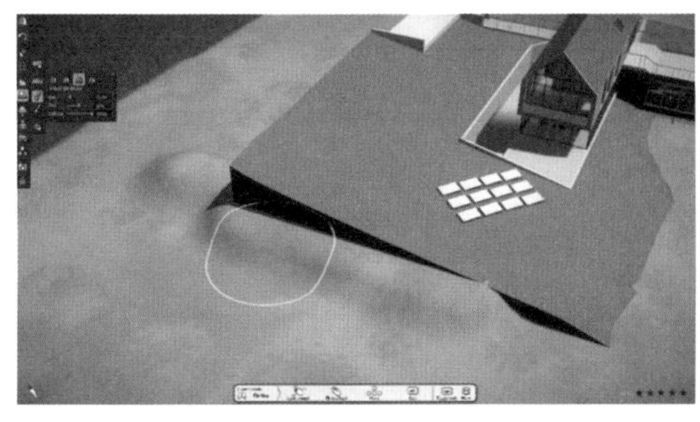

图 17－6

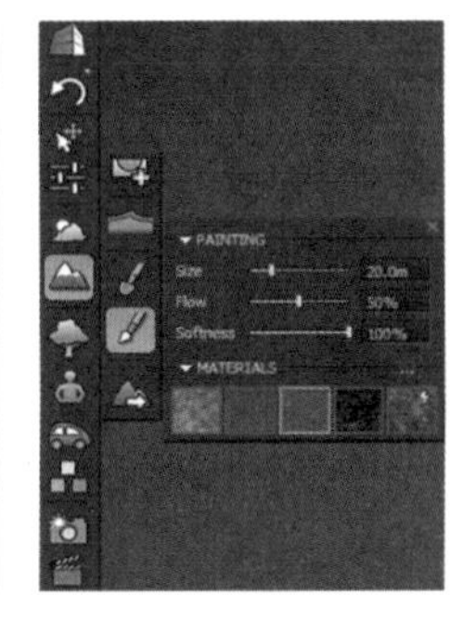

图 17－7

通过使用“Add Plant Tool”工具放置树木，使场景更加真实。该工具放置的树木会自动匹配地形高度，同时也可以通过选择工具对树木位置进行调整，如图 17－8 所示。

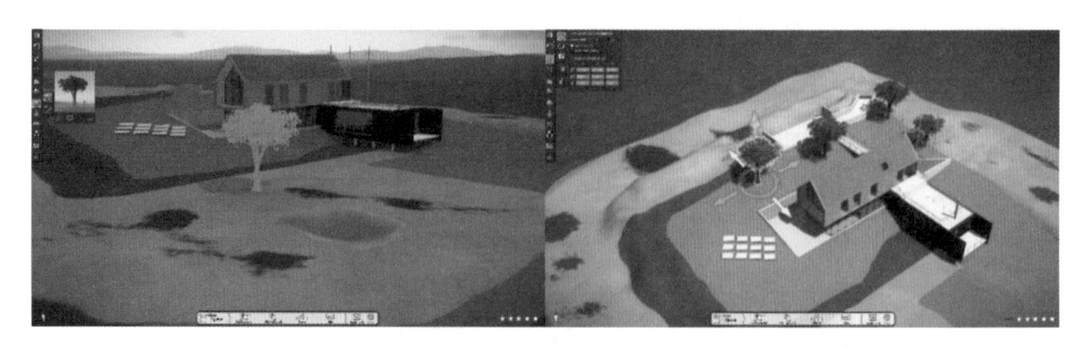

图 17-8

通过移动笔刷，快速地放置一批树木，树木的种类取决于选择的多个对象，系统随机放置，如图 17-9 所示。

图 17-9

经过添加不同的景观因素，场景变得更加真实，用相同的方式可以放置人物、设置其他构件，如图 17-10 所示。可以得到更多的效果，如图 17-11 所示。

图 17-10

图 17-11

第 2 节　媒体输出

2.1　保存图片

从主菜单中选择相机，显示 “Photo Options” 选项，如图 17-12 所示。

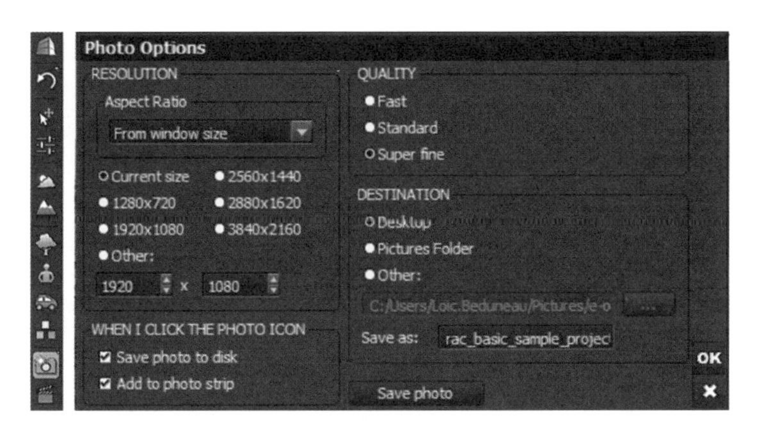

图　17－12

2.2　创建动画 Animation creation

选择 “Movie Editor” 工具，出现如图 17－13 所示的界面。

图　17－13

创建一个动画最简单的方法是创建一个关键帧动画，可以移动相机来改变场景，然后选择 “Add Key Frame”，如图 17－14 所示。

新的关键帧图片被创建，并出现在动画的时间线上。若要输出影片，可以选择 “Export Clip…”，如图 17－15 所示。

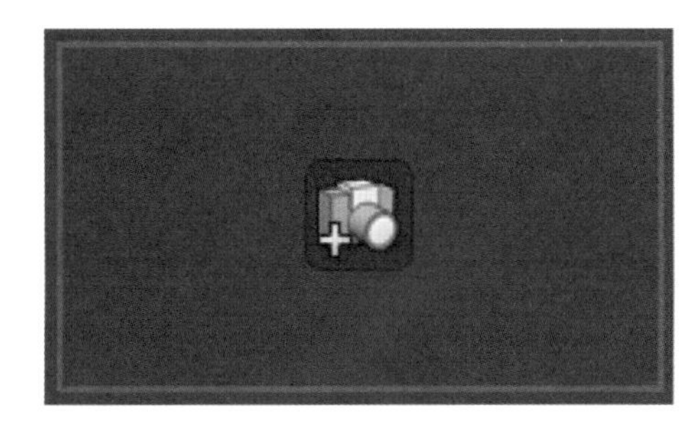

图　17－14

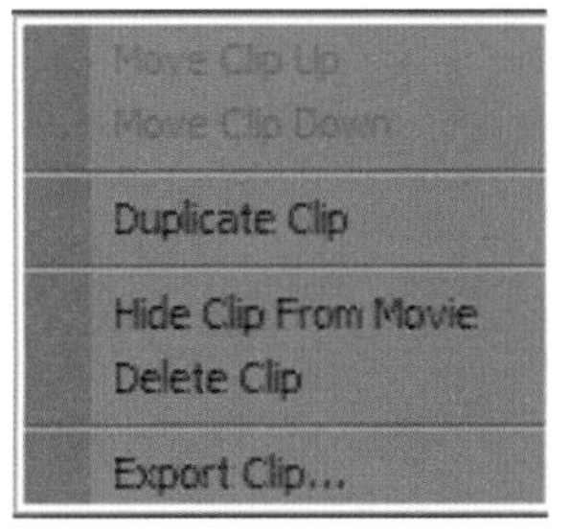

图　17－15

可以通过 “Movie Options” 设置输出影片的选项，以适应不同的播放需求，如图 17－16 所示。

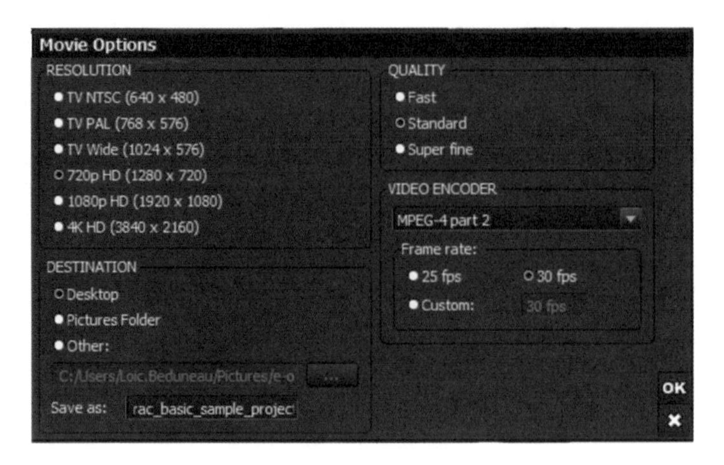

图 17-16

2.3 发布交互式场景“Live Cube”

在主菜单中选择“Share”工具，如图 17-17 所示。

在这个案例中，发布了一个完全独立的交互式场景动画，这是一个 exe 的文件，而且可以支持 Windows 和 Mac 系统，无需安装 LumenRT 就可以交互式地浏览这个场景，如图 17-18 所示。

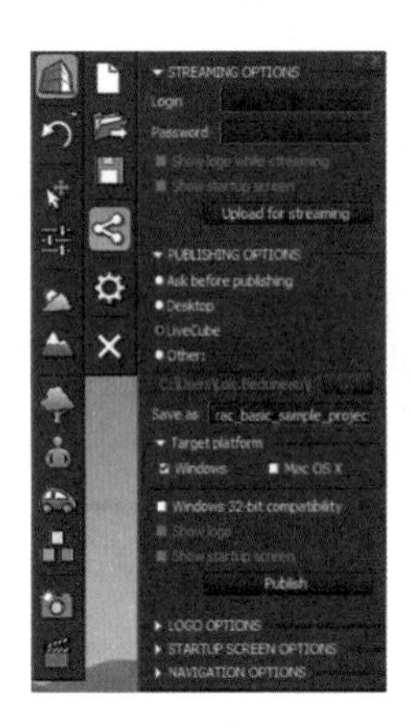

图 17-17

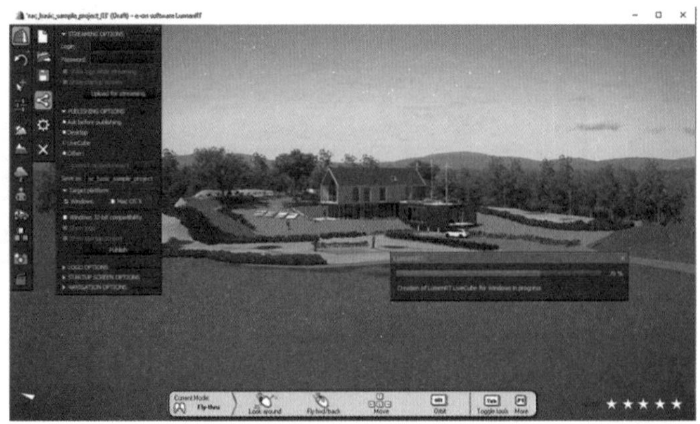

图 17-18

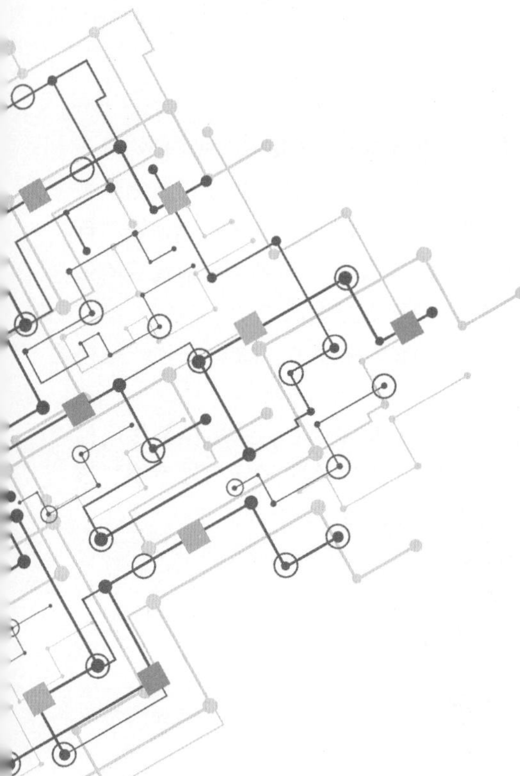

第 4 部分 其他软件的建筑 BIM 解决方案

PART 04

第18章　ArchiCAD的建筑BIM解决方案

第1节　ArchiCAD的建筑BIM解决方案概述

1.1　方案简介

ArchiCAD是由匈牙利的GRAPHISOFT公司开发的三维建筑设计软件。GRAPHISOFT公司于1982年由Gabor Bojar和Istvan Gabor在匈牙利首都布达佩斯创建，几十年来一直致力于建筑信息模型（BIM）设计软件的开发与推广。ArchiCAD开发者为专业建筑师，专门面向建筑设计领域，目前被销往全球100多个国家，有25种本地化版本以及17种不同语言的版本，是全世界最优秀的三维建筑设计软件之一，全球超过一百万个已建成的建筑是用ArchiCAD进行设计的。

BIM—Building Information Modeling（建筑信息模型）是AEC行业的新趋势。随着像BIM这样的新技术的到来，建筑行业的竞争变得越来越激烈。

BIM的主要优势是创造一个中央“虚拟”建筑信息模型用来得到更多信息，并从模型生成相关文档。经过30多年的持续开发和不断优化，GRAPHISOFT形成了一套完整的BIM生态系统，该系统由BIM创建工具、BIM数据管理、BIM数据访问三部分组成，如图18-1所示。

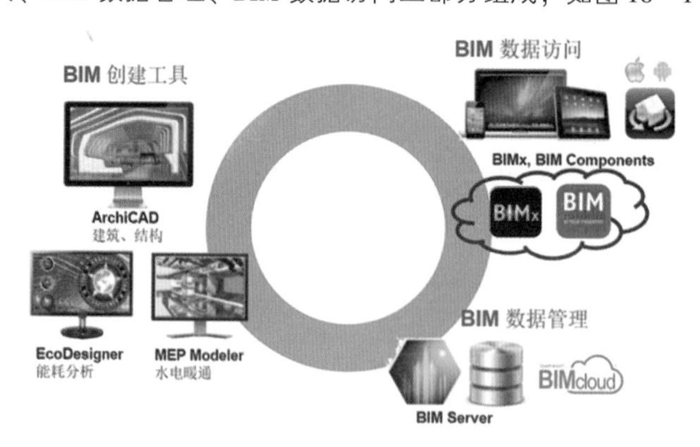

图　18-1

1.2　技术特点

ArchiCAD是由建筑师开发，为建筑师服务的。ArchiCAD使得用户能够创造伟大的建筑，并提高生产力。作为全世界最先进的BIM软件之一，ArchiCAD的主要特点如下。

1. 自由设计

每位建筑师都有着对设计的热情，期望他们的设计能够很好地实现，而不因图纸的准确度和质量受到限制。ArchiCAD 丰富的造型能力让设计师可以自由释放他们的创造性，并将 BIM 工作流延伸到翻新改造工程项目。ArchiCAD 软件扩展了其 BIM 工具的设计能力，包括新的壳结构、变形体工具，以此支持古典与现代建筑中更广泛的建筑外观与造型。

除了建筑造型的自由度以外，在三维空间中进行自由设计一直是建筑师渴望的。三维上自由造型的增加增添了空间定位的新难度，ArchiCAD 推出 3D 辅助线和编辑平面，革新了 3D 空间的定义，为建筑设计提供了真实的透视图及 3D 环境。在 3D 空间中进行准确、方便、快速地建模，是 ArchiCAD 的一大优势。如图 18－2 所示是利用 ArchiCAD 软件设计的昆山创意设计公共服务平台。

图 18－2

2. 图纸文档

快速准确地生成符合国标的图纸和文档，是 ArchiCAD 的又一大优势。ArchiCAD 不仅具有自由设计、形体建模方面的强大功能，在绘图、出图等二维工具上，也有多年积累的独特优势。另外，在 ArchiCAD 1.0 版本问世之初，GRAPHISOFT 的理念即：模型、图纸和工程量出自一个中央数据模型。因此，ArchiCAD 可以非常快捷、方便、准确地得到各种工程量、数量方面的计算。

3. 直观性——易学易用

ArchiCAD 是由建筑师设计、为建筑师服务的软件，因此它的一个重要特点是易学易用，符合建筑师的思维方式和操作习惯，操作界面如图 18－3 所示。普通建筑师，只需要经过 3 天的基础培训就可以开始用软件设计一个实际项目。这既节约了时间，也为设计院实施 BIM 技术降低了人力成本。

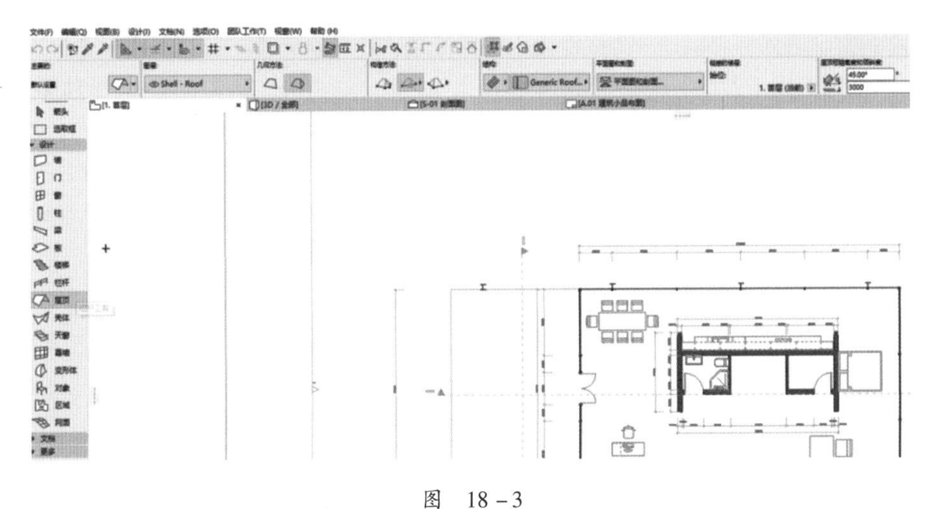

图 18－3

4. 良好的性能优势

在 BIM 软件性能和速度方面，ArchiCAD 拥有无与伦比的优势。使用 ArchiCAD 软件用户不仅可以设计大体量的模型，还可以将模型做得非常详细，真正起到辅助设计、辅助施工的作用。其

对硬件配置的要求远远低于其他 BIM 软件，设计院不需要花费大量资金进行硬件升级，即可快速开展 BIM 实施。

5. 一流的 BIM 工作流

1）交互式元素清单：可以修改清单设置，定制企业标准清单列表，自动生成工程量统计等。

2）导入/导出 IFC 模型：使用不同的 IFC 转换器，有针对性地进行模型传输，与其他专业进行顺畅的协作。

3）图库部件：独有的 GDL 语言，提供最丰富的参数化对象图库；最新的在线图库部件搜索和共享功能，无限扩充了图库对象的范围。

4）实时/异地协同工作：开创了 BIM 协同的新时代。

5）ArchiCAD 全新的外立面设计工作流程可协助建筑师通过模块化图案自由设计、深化及细节化分级制幕墙系统。设计时，在常规设计环境中通过正常的图形输入进行 3D 或 2D 立面设计，ArchiCAD 则保证了幕墙系统具有正确的结构形式，同时符合出图和清单的本地要求。通过模块模式在本地 BIM 环境内自由设计复杂幕墙系统，精确的垂直和水平节点可以自动创建，并通过在一系列百叶窗或其他附件中选择组件来完善设计。自定义不同的精细程度以满足不同的出图标准。元素清单内包含已创建边框、竖梃及附件的精确信息。优化的 ArchiCAD-Grasshopper 实时连接工具支持算法设计工作流程。设计师可以在 Grasshopper 画布上使用任何 2D 线条组合来创建幕墙样式、管理所有子元素，并且在 ArchiCAD 中创建美轮美奂的外立面，如图 18－4 所示。

图 18－4

6）ArchiCAD 参数化截面编辑器结合了参数化设计的优势和自定义截面的自由度。通过在截面编辑器内的参数化设置轮廓，可以为墙、梁、柱等创建更多的智能截面。这项功能支持在截面属性或具体实例中，单个或多个边相对于中心进行偏移——无论是通过图形设置还是元素设置。通过“自定义几何图形编辑器”，建筑师可以把一个截面用于不同的墙、柱和梁元素。通过调整参数截面的尺寸，相同的截面设置可应用于项目中几个不同的详图。比如，复合结构构造层厚度可进行单独调整。

7）ArchiCAD 允许使用逻辑表达式获得关于元素本身参数的新属性和属性值。其工作流程可协助设计师自动确定所有计算规则，将其视为某一元素属性值并进行自动更新，节省时间且避免人为因素产生的错误。其结果可应用于标记或过滤元素，可通过任一图形、表达或模型输出显示，通过数字、逻辑及文本处理操作进行管理——比如 Excel 中的函数。带有 URL 的属性值可在交互式清单内生成一个即时 URL 超链接，快速访问任意已连接网页或在线数据，用户可通过简单的数据字段定义表达式。使用数字、文本或布尔数据创建元素信息，然后通过这些信息对元素进行标记或过滤，利用图形、表格或模型输出对其进行呈现。

6. 丰富的生态圈

ArchiCAD 形成了一系列插件生态圈，丰富了产品的应用范围。

1）国内常用基于 GRAPHISOFT 生态系统的 BIM 软件插件有 Rhino-Grasshopper-ArchiCAD、Revit-ArchiCAD、PKPM-ArchiCAD 等。

2）国外基于 GRAPHISOFT 生态系统的常用 BIM 软件插件有 Rebro、Solibri、DDS、dRofus、Precast、RIK 等。

7. ArchiCAD 二次开发

ArchiCAD 是一个为满足建筑师和设计师全部设计需求和文档需求而设计的软件，目前它还不能完全满足所有地区和一些企业内部的自有标准。在一些项目或部分专业应用中可以设计一些特殊的构件作为 ArchiCAD 标准构件库的补充，通过客户化工具可以很快、很轻松地做到这一点，在此方面的投入很快会获得回报。对于那些想开发特殊解决方案并能够使别人也来应用的人有很多机会，例如可以创建一些特殊的 GDL 构件库或插件来满足一些特殊的应用，成为 ArchiCAD 平台的一个组成部分。

1）GDL：GRAPHISOFT 的 GDL（Geometric Description Language）语言已经逐渐成为 3D 参数化构件模型的通用标准，它也是 ArchiCAD 的一部分，GDL 可以用来创建自己的构件。用户不需要 ArchiCAD 以外的特殊工具来开发 GDL 构件，它包含在 ArchiCAD 产品包中。

2）API：ArchiCAD 的很多功能都是通过 API（Application Programming Interface）接口实现的，用户也可以通过操作数据库加入参数来创建一些元素并保存到 ArchiCAD 中。利用这种技术可以将一些物理属性或结构参数加载到元素上。开发环境可以选择 Mac 或 Windows 平台，开发工具使用 C 语言。

GRAPHISOFT Developer Center 是 ArchiCAD 为第三方开发者提供的官方网上平台，在这里可以找到所有的技术和市场信息，可以免费下载 API 与 GDL 开发工具包。

1.3　数据交互

1. 数据管理

GRAPHISOFT 在 BIM 数据管理方面，由 GRAPHISOFT BIM 服务器技术和 BIMcloud 平台实现。

1）GRAPHISOFT BIM 服务器。建筑信息模型给设计团队带来一个特别的挑战：在一个大型项目运用 BIM 技术时，在模型访问和工作流管理方面经常会陷入瓶颈。ArchiCAD 推出的 GRAPHISOFT BIM 服务器（图 18－5）是基于模型的团队协同解决方案中的先行者。通过行业领先的 Delta Server 技术，在服务器和客户端之间传输的不再是文件，而是仅修改的元素。通过网络传输的文件量，由 100M 级字节缩减为 100K 级字节，瞬间流量降低至最小，确保了在办公室内或通过互联网的协同工作和数据交换的速度及可靠性。通过互联网的实时异地协同，既提高了工作效率，也打破了地理位置的限制。

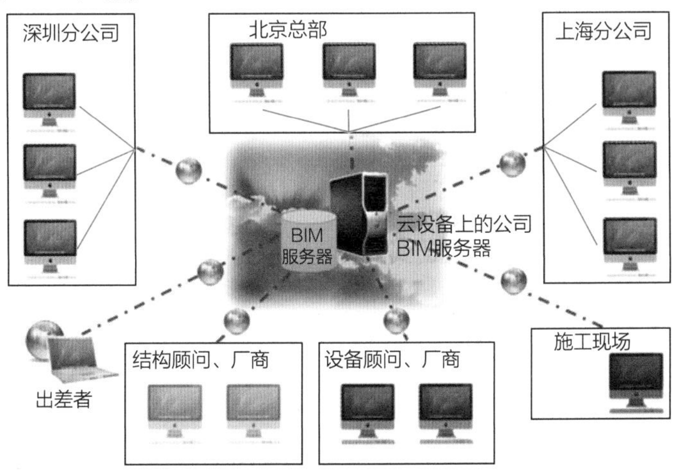

图　18－5

2）GRAPHISOFT BIMcloud。GRAPHISOFT 的 BIMcloud 是一个针对企业级 BIM 实施的云解决方案，而非云服务。它由最初为 GRAPHISOFT 的 BIM 服务器建立的“Delta-Server”技术发展而来，BIMcloud 不仅仅是一个简单的“云”技术 BIM 服务器，它能够充分利用其自身优势使之前在传统 IT 设置中无法做到的资源管理和工作流整合。

BIMcloud 是一个功能齐全的软件解决方案，客户可以将其运用在现有的服务器上，也可以在私有云、公有云的基础设施平台上以任意组合方式组合。它从概念和技术上将硬件层和管理层分开，在 BIM 协同和团队与项目管理上达到了一个全新的水平。

3）开放的设计协同（OPEN BIM）。OPEN BIM 是由 GRAPHISOFT 公司和 BuildingSMART、TEKLA 公司 2009 年共同注册的商标，如图 18－6 所示。OPEN BIM 是实现设计协同并完成建造的一种独特方法，参与项目的所有成员无论使用什么软件，都可以参与到 BIM 流程中。

OPEN BIM 是基于开放标准和工作流进行协同设计、建筑实现和运营的一个普遍方式。它具有以下优势：为众多项目创建一个共同的语言——IFC，形成服务评价和数据质量保证的方法；为整个项目全生命周期提供唯一的数据源，避免多次输入相同数据带来的重复工作和人为错误；ArchiCAD 软件推行其开放的设计协同道路，完善与各学科协同工作流，比如通过改善模型修改的监测及对 IFC 性能的优化，对 IFC 界面的持续更新帮助我们维护及提升在这个领域的领导力，其也是 ArchiCAD 软件最重要的一个不同之处，ArchiCAD 开放协同如图 18－7所示。

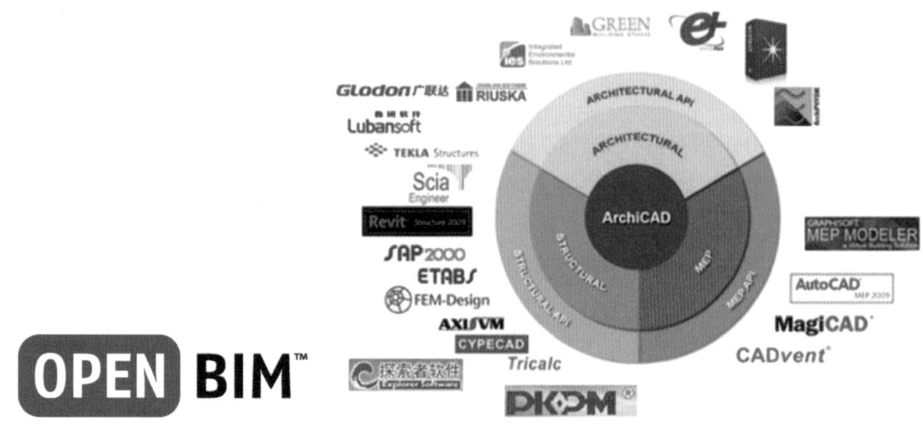

图 18－6　　　　图 18－7

2. 数据访问和表现

GRAPHISOFT 的 BIMx 是为建筑师服务的一个创新的交互式 3D 表现工具，为设计交流和表现设定了新的标准。BIMx 不仅可用于浏览漫游，还可以在漫游过程中显示构件属性、测量尺寸和距离，显示平面图等。同时，BIMx 还支持在移动设备上浏览，为 GRAPHISOFT 用户提供独有的竞争优势。新版本的 BIMx 提供即时交互功能，可以使远在施工现场的设计师能实时反馈变更修改信息，与设计师进行交流，提高工程沟通效率。最新发布的 BIMx Docs 和 BIMx Pro，引入了超级模型和在线沟通的理念，不仅可以对模型进行浏览漫游，更可以随意查看各个角度、视点对应的图纸文档，自由进行剖切；并且可以将移动端的批注、意见等，通过网络发回到 ArchiCAD 里，真正实现无缝沟通，如图 18－8 所示。

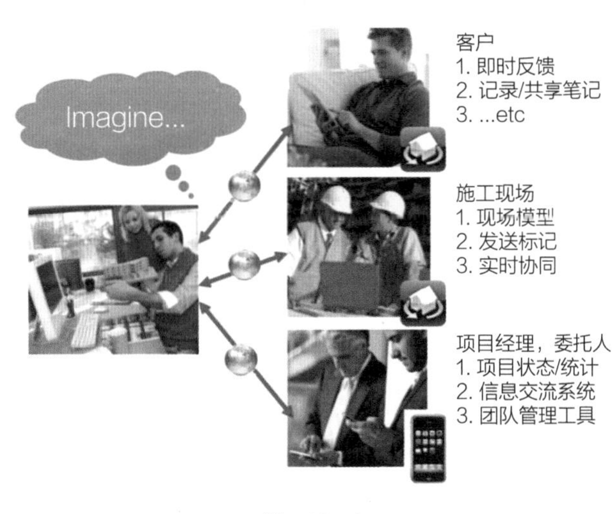

图 18-8

第 2 节 ArchiCAD 在建筑 BIM 项目中的实际应用

2.1 项目概况

项目名称：重庆万象城

项目类型：办公楼、配套商业的综合体

建设规模：51 万 m^2

项目设计单位：成都基准方中建筑设计有限公司

重庆万象城项目位于重庆市九龙坡区，紧邻杨家坪商业圈，是重庆市全新的商业地标性建筑，该项目总面积约 51 万 m^2，此次 BIM 设计涉及区域为地下室部分，总共约 18 万 m^2，其主要功能为地下停车库以及配套的设备用房。地上区域为商业裙楼以及一栋 LOFT 办公楼，为一栋甲级写字楼，层数分别为 25 层、28 层以及一处 36 层的甲级写字楼，如图 18-9 所示。

图 18-9

BIM 设计使得设计人员可以更直观、更深入地去了解建筑的各个细节，以前在二维设计中被忽略或是不易发现的问题都将更多地暴露出来，其带来的好处就是减少了施工现场返工。

BIM 设计的一大特点是模型和图纸始终是在一个文件中的，并且模型和图纸有着相互关联的特性。在 iPad 等移动设备上安装 BIMx 软件，可以便捷地浏览 BIM 设计成果，快速准确地找到需要的节点信息，在模型和图纸之间快速地切换，更有效地管控施工现场，从而减少纸质图纸在现场的使用频率，真正实现所有数据一手在握。参数驱动——类似二维设计中库的概念，BIM 设计中的库较之功能扩展更多、也更复杂，需要同时估计二维和三维表达。通过对库进行符合本地化项目需求的定制，能够帮助设计人员更快更便捷地完成 BIM 设计任务，达到设计成品质量和效率的平衡。

2.2 应用标准

1. 建筑专业

1）优化机房布置，明确综合管线走向，减少碰撞及施工难度。

2）优化综合管线与土建空间的配合，有效利用既定空间满足尺度及管线配置，使各管线施工节点与施工工序得到优化。

3）管线配置设计，考虑后期施工维修的有效空间，如图 18 – 10 所示。

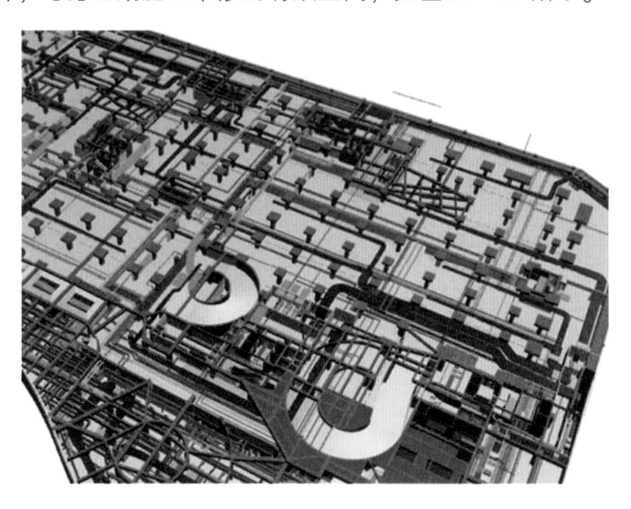

图 18 – 10

2. 结构专业

短周期多次修改项目中的缺陷，有效降低结构配置与图面错漏问题，提高设计质量。

3. 设备专业(水、暖、电)

1）设备专业各项管线桥接与翻越碰撞检查，保证其合理性，并实现净高与美观两项要求。

2）水专业：大幅度优化水管走向，减少管线数量与错误。

3）电专业：管线桥接优化，并减少与其他专业管线碰撞的错误。

4）暖通专业：风管位置优化，减少风管对其他专业的影响。

4. 经济专业

1）减少基坑的开挖，有效节约甲方成本。

2）提供整体管线的工程量，减少施工损失。

3）管线配置上，走向与垂直关系优化，减少母线翻越，降低管线成本。

5. 幕墙与门窗表格系统处理

解决问题：精细化门窗表；开洞尺寸精细化设计；幕墙指导、幕墙面积计算。

6. 停车位虚拟展示

解决问题：实现设计对营销的支撑。

7. 电梯厅入口效果体验

解决问题：净高检查；吊顶模拟；入户体验模拟；采光模拟。

2.3 实现价值

1. 工程总量的统计

在模型中自动生成所有构件，根据构件参数进行筛选，可以很快找出工程信息。其不仅提供了部分构件、编号、尺寸信息，还可进一步计算构件工程造价与总量。

2. 现场施工与复杂节点指导

针对过于复杂的节点或二维施工无法表达的细部，可持平板或电子仪器展示三维模型，指导现场施工，降低因图纸表达局限所带来的错误。

3. 建筑施工模拟

通过仿真模型，提供了与对应环境的关系。例如，管线是否穿防火卷帘，桥接部分是否上下对齐等。在项目进行中施工方就可以制作标准，减少错误，缩短工期。

课后练习

1. ArchiCAD生态链中，GRAPHISOFT公司将自己的BIM整体解决方案分成了三部分，分别是BIM数据创建、BIM数据管理以及（　　）。

   A. BIM数据交互　　B. BIM数据处理　　C. BIM数据访问及表现　　D. BIM数据存储

2. OPEN BIM是基于开放标准和工作流进行协同设计、建筑实现和运营的一个普遍方式。其遵循共同的数据格式语言（　　），作为服务评价和数据质量保证的方法。

   A. IFC　　B. P-BIM　　C. FBX　　D. DWG

3. 在一些项目或部分专业应用里，需要设计一些特殊的构件作为ArchiCAD标准构件库的补充，（　　）是ArchiCAD里的一种参数化程序设计语言，是智能化参数驱动构件的基础。

   A. dynamo　　B. API　　C. GDL　　D. Grasshopper

4. 关于BIMx，下列说法错误的是（　　）。

   A. BIMx是为建筑师服务的一个创新的交互式3D表现工具
   B. BIMx为设计交流和表现设定了新的标准
   C. BIMx可以在漫游过程中显示构件属性、测量尺寸和距离，显示平面图，唯一的缺点就是不能漫游
   D. BIMx支持在移动设备上浏览

5. 下面（　　）不是ArchiCAD的特点。

   A. 在3D空间中进行准确、方便、快速地建模
   B. 快速准确地生成符合国标的图纸和文档
   C. 为业主节约成本
   D. 易学易用，符合建筑师的思维方式和操作习惯

6. 在幕墙与门窗表格系统处理方面，（　　）是ArchiCAD不能解决的。

   A. 精细化门窗表　　B. 开洞尺寸精细化设计
   C. 幕墙面积计算　　D. 幕墙价格昂贵